KUHMINSA

한 발 앞서나가는 출판사, 구민사
독자분들도 구민사와 함께 한 발 앞서나가길 바랍니다.

구민사 출간도서 中 수험서 분야

- 용접
- 자동차
- 조경/산림
- 품질경영
- 산업안전
- 전기
- 건축토목
- 실내건축

- 기술사
- 기계
- 금속
- 환경
- 보일러
- 가스
- 공조냉동
- 위험물

전문가를 위한 첫걸음, 구민사는 그 이상을 봅니다!

전국 도서판매처

- 일산남부서점
- 포항학원사
- 안산대동서적
- 울산처용서림
- 대구북앤북스
- 창원그랜드문고
- 대구하나도서
- 순천중앙서점
- 부산브레인박스
- 광주조은서림

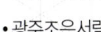

www.kuhminsa.co.kr

전문가를 위한 첫걸음, 주민사는 그 이상을 봅니다!

상시시험 12종목
굴착기운전기능사, 지게차운전기능사, 미용사(일반), 미용사(피부), 미용사(네일), 미용사(메이크업), 조리기능사(양식, 일식, 중식, 한식), 제과·제빵기능사

필기 합격 확인
큐넷(www.q-net.or.kr) 사이트에서 확인

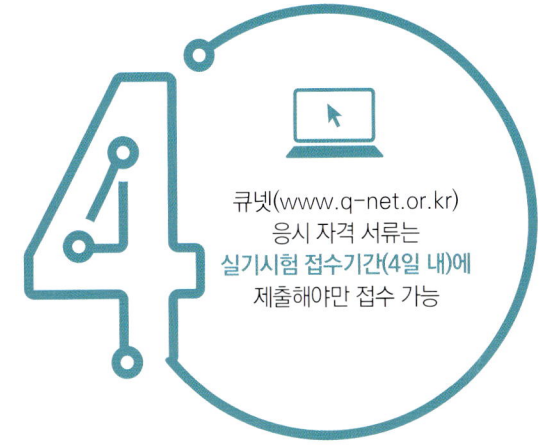

실기 원서 접수
큐넷(www.q-net.or.kr) 응시 자격 서류는 **실기시험 접수기간(4일 내)**에 제출해야만 접수 가능

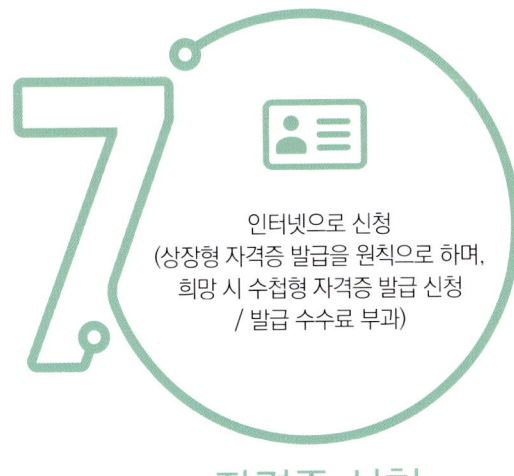

자격증 신청
인터넷으로 신청
(상장형 자격증 발급을 원칙으로 하며, 희망 시 수첩형 자격증 발급 신청 / 발급 수수료 부과)

자격증 수령
인터넷으로 발급(출력)
(수첩형 자격증 등기 수령 시 등기 비용 발생)

PREFACE

화학분석기능사는 화학반응, 유기화합물, 원자구조 등 화학물질의 성분을 분석하기 위해 필요한 기본지식과 화학적 소양을 갖추고 안전하게 화학물질을 취급할 수 있는 숙련된 기술인력을 양성하고자 제정된 자격증입니다.

따라서 산업이 발달함에 따라 배출되는 오염물질을 분석하고 유해성을 확인하는 업무를 담당하는 화학분석기능사는 지속적으로 수요가 증가할 것으로 예상되며, 취업에 아주 유리한 자격증으로 전망이 됩니다.

■ 본 교재의 Part별 특징 ■

(1) 1 Part : 핵심이론

필기시험 출제 핵심인 일반화학과 분석화학 그리고 기기분석에 대한 방대한 이론을 완벽하게 준비한다는 것이 결코 쉽지 않습니다. 따라서 본 수험서는 수험생들이 꼭 알아야 하는 핵심이론 위주로 정리하고, 예제문제를 통해 한번 더 실전문제에 대비할 수 있도록 하였습니다.

(2) 2 Part : 핵심 계산문제

출제경향을 분석해 가장 출제빈도가 높은 계산문제들을 위주로 정리하였고, 상세한 문제풀이는 물론이고, 문제풀이에 필요한 단위나 변환방법 등은 Tip으로 정리를 해 두어 보다 쉽고 빠르게 이해를 할 수 있도록 하였습니다.

(3) 3 Part : 실전 모의고사

기존에 출제된 기출문제를 바탕으로 각 문제마다 상세한 해설과 풀이, 그리고 기초적인 내용은 Tip을 통해 수험생들이 보다 쉽고 빠르게 이해를 하고, 실전문제에 대비할 수 있도록 하였습니다.

(4) 4 Part : CBT 시험

4 Part에서는 문제와 풀이를 분리해 모의고사 형식으로 구성을 함으로써, CBT 문제를 통해서 자가진단을 할 수 있도록 하였습니다.

(5) 5 Part : 필답형 실기

필답형 과년도 문제를 분석하여 출제 빈도가 높은 문제를 다수 수록하였으며 계산식 중심의 풀이를 바탕으로 반복 학습함으로써 실전에 대비할 수 있도록 하였습니다.

(6) 6 Part : 작업형 실기

분광광도법에 의한 제시된 표준용액의 흡광도를 측정하여 검량선을 작성한 다음 미지시료의 흡광도를 측정하여 검량선으로부터 미지시료의 농도를 구하는 작업형 전체 과정을 각 단계별로 상세한 내용과 설명으로 실험 수행 과정에서부터 답안지 작성까지 실전에서 필요한 모든 과정을 충분히 대비할 수 있도록 하였습니다.

아무쪼록 본 수험서를 통하여 화학분석기능사 자격증을 준비하는 수험생들이 보다 쉽게 접하고 이해할 수 있기를 바라며, 저자와 출판사 임직원 모두는 최고의 화학분석기능사 전문수험서를 만들기 위해 최선의 노력을 다하겠습니다.

마지막으로 본 수험서가 출간되기까지 수고를 아끼지 않으신 도서출판 구민사 대표님을 비롯한 임직원 여러분, 그리고 항상 묵묵히 서포트한 천혜린 쌤에게 진심으로 감사의 말씀을 드립니다.

저자 씀

CONSTRUCT

핵심이론 정리

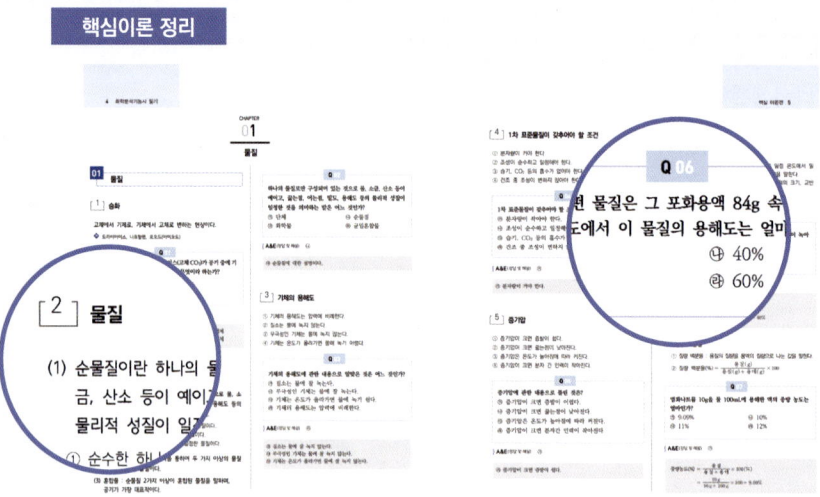

일반화학, 분석화학, 기기분석에 대한 방대한 이론을 핵심이론 위주로 정리하고 예제문제를 통해 한번 더 실전문제에 대비할 수 있도록 하였습니다.

핵심 계산문제

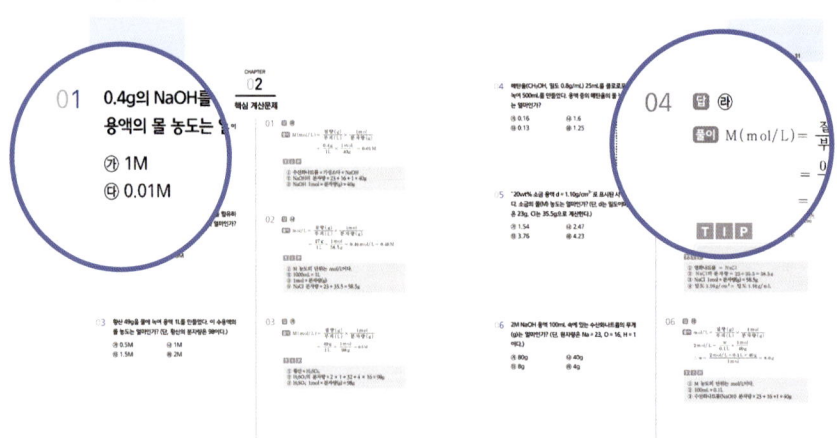

출제경향을 분석해 가장 출제빈도가 높은 계산문제들을 위주로 정리하였습니다.
상세한 문제풀이와 함께 문제풀이에 필요한 단위나 변환방법 등을 Tip으로 정리하여 이해를 도왔습니다.

실전 모의고사

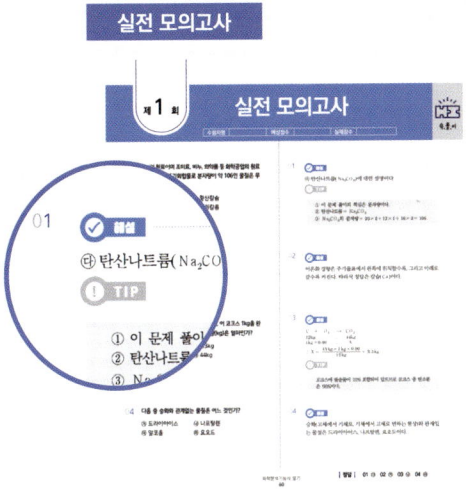

기존에 출제된 기출문제를 바탕으로 각 문제마다 상세한 해설과 풀이, 그리고 기초적인 내용은 Tip을 통해 수험생들이 보다 쉽고 빠르게 이해할 수 있게 하였습니다.

CBT 시험

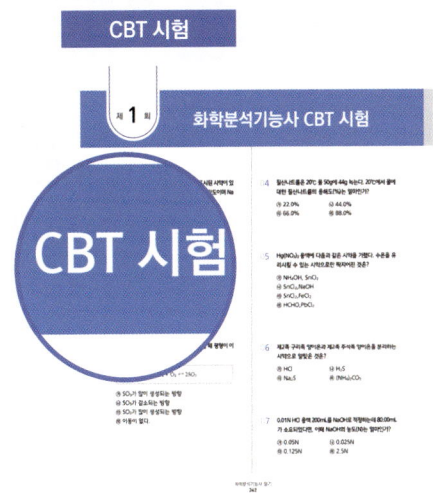

문제와 풀이를 분리해 모의고사 형식으로 구성함으로써 CBT문제를 통해 자가진단을 할 수 있도록 하였습니다.

필답형 실기

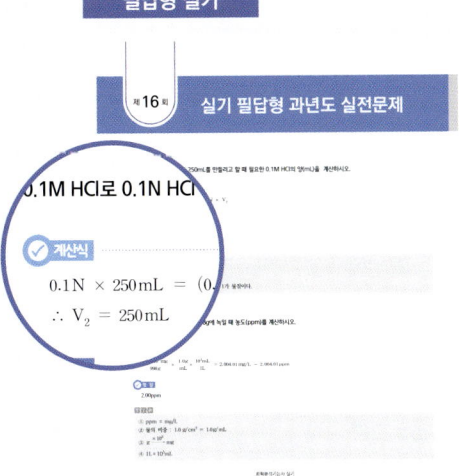

필답형 실기는 계산식 풀이와 중요 내용을 팁으로 정리한 실전 문제 위주로 구성하였습니다.

작업형 실기

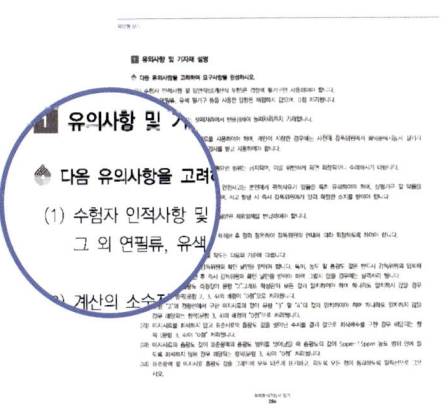

작업형 실기는 작업형 전체 과정을 각 단계별로 상세한 내용과 설명을 통해 실전에 필요한 모든 과정을 충분히 대비할 수 있도록 하였습니다.

CONSTRUCT

> #미리보기 #알고 풀자# 핵심계산공식
> (위 내용은 #키워드로써 계산공식을 숙지하시길 바랍니다.)

01. 몰농도

① $M(mol/L) = \dfrac{질량(g)}{부피(L)} \times \dfrac{1mol}{분자량(g)}$

② $M(mol/L) = \dfrac{밀도(g)}{(mL)} \times \dfrac{10^3 mL}{1L} \times \dfrac{1mol}{분자량(g)} \times \dfrac{\%농도}{100}$

02. 노르말 농도

① $N(eq/L) = \dfrac{질량(g)}{부피(L)} \times \dfrac{1eq}{1당량\ g}$

② $N(eq/L) = \dfrac{밀도(g)}{(mL)} \times \dfrac{10^3 mL}{1L} \times \dfrac{1eq}{1당량\ g} \times \dfrac{\%농도}{100}$

03. 몰랄농도 : $\dfrac{mol}{kg} = \dfrac{M농도(mol)}{(L)} \times \dfrac{(L)}{밀도(kg)}$

04. 중량농도(%) : $\dfrac{용질(g)}{용질(g)+용매(g)} \times 100(\%)$

05. 용해도(%) : $\dfrac{용질(g)}{용매(g)} \times 100$

06. 이상기체상태 방정식

$P \times V = \dfrac{W}{M} \times R \times T$

여기서 P : 압력(atm)
V : 부피(L)
W : 질량(g)
M : 분자량(g)
R : 기체상수(atm·L/mol·K)
T : 절대온도(K)

07. 보일의 법칙 : $P_1 \times V_1 = P_2 \times V_2$

08. 샤를의 법칙 : $\dfrac{V_1}{T_1} = \dfrac{V_2}{T_2}$

09. 흡광도

$A = \varepsilon \times C \times L$ 여기서 A : 흡광도

ε : 몰흡광도계수(L/mol·cm)

C : 농도(M농도 = mol/L)

L : 용액의 두께(cm)

10. 희석배수치와 표준용액 조제

① 희석배수치 = $\dfrac{희석\ 전\ 용액의\ 농도}{희석\ 후\ 용액의\ 농도}$

② 표준용액의 양(mL) = $\dfrac{시료\ 조제용량(mL)}{희석배수치}$

11. pH 계산공식

① 산성물질에서 pH = $-\log[H^+]$

② 알칼리성물질에서 pH = $14 + \log[OH^-]$

12. 온도변환 방법

① K(절대온도) → ℃(섭씨온도) : K-273

② ℃(섭씨온도) → °F(화씨온도) : ℃$\times 1.8 + 32$

③ °F(화씨온도) → °R(랭킨온도) : °F$+460$

PLAN

D-60 화학분석기능사 합격 플랜

(위의 플랜은 가장 이상적인 것이므로 참고하여 개인의 상황과 일정에 맞춰 준비하시기 바랍니다.)

월요일	화요일	수요일	목요일	금요일	토요일	일요일
D-60	D-59	D-58	D-57	D-56	D-55	D-54
			PART 1. 핵심이론			
D-53	D-52	D-51	D-50	D-49	D-48	D-47
			PART 2. 핵심 계산문제			
D-46	D-45	D-44	D-43	D-42	D-41	D-40
			PART 3. 실전 모의고사			
D-39	D-38	D-37	D-36	D-35	D-34	D-33
		PART 3. 실전 모의고사 & PART 4. CBT 시험				
D-32	D-31	D-30	D-29	D-28	D-27	D-26
		PART 5. 필답형 실기 & PART 6. 작업형 실기				

놓친 부분 다시보기

월요일	화요일	수요일	목요일	금요일	토요일	일요일
D-25	D-24	D-23 이론 복습 (O/X)	D-22	D-21	D-20	D-19 문제 풀이 (O/X)
D-18	D-17	D-16 이론 복습 (O/X)	D-15	D-14	D-13	D-12 문제 풀이 (O/X)
D-11	D-9	D-8 이론 복습 (O/X)	D-7	D-6	D-5	D-4 문제 풀이 (O/X)
D-3	D-2	D-1 이론 복습 (O/X)				

CONTENTS

PART 1. 핵심 이론편

CHAPTER 1 물질 — 4
1. 승화 — 4
2. 물질 — 4
3. 기체의 용해도 — 4
4. 1차 표준물질이 갖추어야 할 조건 — 5
5. 증기압 — 5
6. 농도 — 5
7. 용액의 종류 — 6

CHAPTER 2 결합 — 7
1. 배위결합 — 7
2. 공유결합 — 7
3. 이온결합 — 8
4. 수소결합 — 8
5. 금속결합 — 8

CHAPTER 3 기기분석 — 9
1. 기기분석의 특징 — 9
2. 기기분석의 종류 — 9

CHAPTER 4 이온화 — 15
1. 이온화 에너지의 특징 — 15
2. 주기의 특징 — 15
3. 족의 특징 — 15
4. 분족시약의 특징 — 16
5. 전기음성도의 특징 — 16
6. 알칼리 금속의 특징 — 16
7. 전이원소 — 16
8. 전형원소 — 17
9. 원자의 성질 — 17
10. 비활성기체의 특징 — 17

CHAPTER 5 반응 — 18
1. 산화 — 18
2. 환원 — 18
3. 산화제 — 18
4. 환원제 — 18
5. 산(Acid) — 18
6. 염기(Base) — 18
7. 산(Acid)의 성질 — 18
8. 중화반응 — 19
9. 마시 시험 — 19
10. 산화 · 환원 적정법 — 19
11. 적정법의 종류 — 20
12. 침전 적정법 — 20
13. 모르(Mohr) 적정법 — 20
14. 킬레이트 적정 — 20
15. 염화나트륨 용액을 전기분해할 때 일어나는 반응 — 20
16. 반응의 특성 — 21

CHAPTER 6 현상 — 22
1. 광전효과 — 22
2. 빛의 간섭 — 22
3. 틴들현상 — 22

CHAPTER 7 화합물 — 23
1. 탄산나트륨(Na_2CO_3) — 23
2. 염화제일주석($SnCl_2$) — 23
3. 수산화나트륨(NaOH) — 23
4. 톨루엔(C_7H_8) — 24
5. 무기화합물과 비교한 유기화합물의 특징 — 24
6. 알데하이드의 특성 및 반응 — 24
7. 전이금속 화합물 — 25
8. 탄소화합물 — 25
9. 할로겐 물질 — 25

CHAPTER 8 안전관리	26
1. 약품을 보관하는 방법	26
2. 실험 기자재	26
3. 유리 기구의 취급 방법	26
4. 시약의 취급방법	27
5. 실험실 안전 수칙	27

PART 2. 핵심 계산문제편   30

PART 3. 실전 모의고사

제1회 실전모의고사	60
제2회 실전모의고사	74
제3회 실전모의고사	88
제4회 실전모의고사	102
제5회 실전모의고사	115
제6회 실전모의고사	128
제7회 실전모의고사	142
제8회 실전모의고사	156
제9회 실전모의고사	169
제10회 실전모의고사	183
제11회 실전모의고사	197
제12회 실전모의고사	211
제13회 실전모의고사	224

PART 4. CBT 시험

제1회 화학분석기능사 CBT 시험	242
❖ 정답 및 해설	250
제2회 화학분석기능사 CBT 시험	256
❖ 정답 및 해설	264
제3회 화학분석기능사 CBT 시험	270
❖ 정답 및 해설	277
제4회 화학분석기능사 CBT 시험	284
❖ 정답 및 해설	291
제5회 화학분석기능사 CBT 시험	299
❖ 정답 및 해설	305
제6회 화학분석기능사 CBT 시험	311
❖ 정답 및 해설	317
제7회 화학분석기능사 CBT 시험	323
❖ 정답 및 해설	330

PART 5. 실기[필답형]

제1회 과년도 실전문제	338
제2회 과년도 실전문제	343
제3회 과년도 실전문제	348
제4회 과년도 실전문제	352
제5회 과년도 실전문제	356
제6회 과년도 실전문제	360
제7회 과년도 실전문제	366
제8회 과년도 실전문제	371
제9회 과년도 실전문제	376
제10회 과년도 실전문제	380
제11회 과년도 실전문제	385
제12회 과년도 실전문제	390
제13회 과년도 실전문제	395
제14회 과년도 실전문제	399
제15회 과년도 실전문제	403
제16회 과년도 실전문제	408

PART 6. 실기[작업형]

제1장 유의사항 및 기자재 설명	414
제2장 요구사항 및 조제방법	416
제3장 답안지	420
제4장 답안지 작성법 해설	423

출제기준 – 필기

직무분야	화학	중직무분야	화공	자격종목	화학분석기능사	적용기간	2022.1.1~2026.12.31
직무내용	화학물질의 성분, 조성, 함량 등을 분석하기 위해 실험실의 안전을 고려하여 화학반응이나 분석기기 등을 활용한 시료 준비, 화학분석기초, 문서관리 등의 화학분석 업무를 수행하는 직무이다.							
필기검정방법	객관식		문제수	60		시험시간	1시간	

필기과목명	문제수	주요항목	세부항목
화학분석 및 실험실 안전관리	60	1. 일반화학	1. 물질의 종류 및 성질 2. 원자의 구조와 주기율 3. 화학결합 및 분자간의 힘
		2. 무기화학	1. 금속 및 비금속원소와 그 화합물
		3. 유기화학	1. 유기화합물 및 고분자 화합물
		4. 화학반응	1. 화학반응
		5. 분석일반	1. 분석화학이론
		6. 이화학 분석	1. 정량·정성분석
		7. 기기분석 일반	1. 분광광도법 2. 크로마토그래피 3. 전기분석법
		8. 분석실험 준비	1. 분석장비 준비 2. 실험기구 준비 3. 시약 준비
		9. 분석시료 준비	1. 고체시료 준비 2. 액체시료 준비 3. 기체시료 준비
		10. 기초 화학분석	1. 기초 이화학 분석 2. 기초 분광 분석 3. 기초 크로마토그
		11. 실험실 환경·안전점검	1. 안전수칙 파악 2. 위해요소 확인 3. 폐수·폐기물 처리
		12. 화학물질 유형 파악	1. 화학물질 정보 확인
		13. 화학물질 취급 시 안전작업 준수	1. 개인 보호구 착용 2. 작업별 안전수칙 준수
		14. 실험실 문서관리	1. 시험 분석결과 정리 2. 실험실 관리일지·시험기록서 작성 3. 시약·소모품 대장 기록

출제기준 – 실기

직무분야	화학	중직무분야	화공	자격종목	화학분석기능사	적용기간	2022.1.1~2026.12.31
직무내용	화학물질의 성분, 조성, 함량 등을 분석하기 위해 실험실의 안전을 고려하여 화학반응이나 분석기기 등을 활용한 시료 준비, 화학분석기초, 문서관리 등의 화학분석 업무를 수행하는 직무이다.							
수행준거	1. 분석실험을 위하여 분석 표준작업지침서에 따라 분석장비, 실험기구, 시약을 준비할 수 있다. 2. 화학물질 분석을 위하여 고체시료, 액체시료, 기체시료를 준비할 수 있다. 3. 물질의 물리적 특성과 조성 분석을 위하여 실험 목적에 적합한 기구와 장비를 준비하고, 분석 진행을 토대로 결과를 도출할 수 있다. 4. 실험실 환경과 안전 관리를 위하여 안전수칙을 숙지하고, 위해요소를 확인하며 폐기물을 처리할 수 있다. 5. 분석 업무에 필요한 실험실 문서를 분류하거나 정리·기록하고, 측정 결과를 항목별로 기록 작성할 수 있다. 6. 화학물질의 유해성·위험성을 확인하기 위하여 화학물질안전관리규정 검색, 화학물질 종류를 확인, 정보를 파악할 수 있다. 7. 화학물질을 안전하게 취급하기 위하여 물질의 특성에 따라 개인 보호구를 선별하여 착용하고, 작업별 안전수칙을 준수할 수 있다. 8. 시험결과보고서 작성 항목에 대한 이해를 토대로 시험분석결과를 정리하고 측정결과를 분석하여 항목별로 시험결과를 기록, 작성할 수 있다.							
실기검정방법	복합형			시험시간			4시간 정도 (필답형 : 1시간, 작업형 : 3시간 정도)	

실기과목명	주요항목
화학분석실무	1. 분석실험 준비
	2. 분석시료 준비
	3. 기초 화학분석
	4. 실험실 환경·안전점검
	5. 실험실 문서관리
	6. 화학물질 유형 파악
	7. 화학물질 취급 시 안전작업 준수
	8. 시험결과보고서 작성

동영상 강의 수강자를 위한 전쌤의 무료 동영상 카페 이용방법

동영상강의 바로가기   cafe.naver.com/makels

01
STEP 1.

교재를 구입하셨나요?
전쌤의 무료 동영상 강의로
시작하세요.
열심히 해서 합격해보자구요!

03
STEP 3.

카페에서 도서인증 후
무료 동영상 강의를
마음껏 시청하세요.

02
STEP 2.

전쌤 강의는
네이버카페 자격증만들기를 통해
전쌤과 함께 공부하실 수 있습니다.
cafe.naver.com/makels

04
STEP 4.

공부하거나 궁금한 점이 있거나
알고 넘어가야하는 문제가 있으신가요?
네이버카페 자격증만들기를 통해
문의해 주세요.

최고의 합격 수험서!

전화택 원장님이 제시하는 합격 완벽대비!

수질계열
수질환경 기사 필기·과년도
수질환경 산업기사 필기·과년도
수질환경 기사 실기
수질환경 산업기사 실기

대기계열
대기환경 기사 필기·과년도
대기환경 산업기사 필기·과년도
대기환경 기사 실기
대기환경 산업기사 실기

환경계열
환경기능사 필기&실기

폐기물계열
폐기물처리 기사 필기·과년도
폐기물처리 산업기사 필기·과년도
폐기물처리 기사 실기
폐기물처리 산업기사 실기

화학계열
화학분석기능사 필기&실기

교재분야
수질환경분석
환경학개론
환경기초학 및 환경방지기술
수질오염
대기오염

❖ 네이버카페 **자격증만들기** ❖
http://www.cafe.naver.com/makels

도서출판 구민사 Address (07293) 서울특별시 영등포구 문래북로 116, 604호(문래동3가 46, 트리플렉스)
Tel 02)701-7421   Fax 02)3273-9642   homepage http://www.kuhminsa.co.kr/

PERIODIC TABLE

원소주기율표

1 H 수소																	2 He 헬륨
3 Li 리튬	4 Be 베릴륨											5 B 붕소	6 C 탄소	7 N 질소	8 O 산소	9 F 플루오린	10 Ne 네온
11 Na 나트륨	12 Mg 마그네슘											13 Al 알루미늄	14 Si 규소	15 P 인	16 S 황	17 Cl 염소	18 Ar 아르곤
19 K 칼륨	20 Ca 칼슘	21 Sc 스칸듐	22 Ti 타이타늄	23 V 바나듐	24 Cr 크로뮴	25 Mn 망가니즈	26 Fe 철	27 Co 코발트	28 Ni 니켈	29 Cu 구리	30 Zn 아연	31 Ga 갈륨	32 Ge 저마늄	33 As 비소	34 Se 셀레늄	35 Br 브로민	36 Kr 크립톤
37 Rb 루비듐	38 Sr 스트론튬	39 Y 이트륨	40 Zr 지르코늄	41 Nb 나이오븀	42 Mo 몰리브덴	43 Tc 테크네튬	44 Ru 루테늄	45 Rh 로듐	46 Pd 팔라듐	47 Ag 은	48 Cd 카드뮴	49 In 인듐	50 Sn 주석	51 Sb 안티몬	52 Te 텔루륨	53 I 아이오딘	54 Xe 제논
55 Cs 세슘	56 Ba 바륨	57 La 란타넘	72 Hf 하프늄	73 Ta 탄탈	74 W 텅스텐	75 Re 레늄	76 Os 오스뮴	77 Ir 이리듐	78 Pt 백금	79 Au 금	80 Hg 수은	81 Tl 탈륨	82 Pb 납	83 Bi 비스무트	84 Po 폴로늄	85 At 아스타틴	86 Rn 라돈
87 Fr 프랑슘	88 Ra 라듐	89 Ac 악티늄	104 Rf 러더포듐	105 Db 더브늄	106 Sg 시보귬	107 Bh 보륨	108 Hs 하슘	109 Mt 마이트너륨	110 Ds 다름슈타튬	111 Rg 뢴트게늄							

58 Ce 세륨	59 Pr 프라세오디뮴	60 Nd 네오디뮴	61 Pm 프로메튬	62 Sm 사마륨	63 Eu 유로퓸	64 Gd 가돌리늄	65 Tb 테르븀	66 Dy 디스프로슘	67 Ho 홀뮴	68 Er 에르븀	69 Tm 툴륨	70 Yb 이터븀	71 Lu 루테튬
90 Th 토륨	91 Pa 프로트악티늄	92 U 우라늄	93 Np 넵투늄	94 Pu 플루토늄	95 Am 아메리슘	96 Cm 퀴륨	97 Bk 버클륨	98 Cf 캘리포늄	99 Es 아인슈타이늄	100 Fm 페르뮴	101 Md 멘델레븀	102 No 노벨륨	103 Lr 로렌슘

원자번호 — 20 Ca 칼슘
원소기호(예: Hg: 액체, a: 기체, a: 고체)
이름

□ 금속 □ 비금속 □ 전이원소 □ 란타넘족 □ 악티늄족

01
핵심 이론편

CHAPTER 01 물질

CHAPTER 02 결합

CHAPTER 03 기기분석

CHAPTER 04 이온화

CHAPTER 05 반응

CHAPTER 06 현상

CHAPTER 07 화합물

CHAPTER 08 안전관리

CHAPTER 01 물질

01 물질

1. 승화

고체에서 기체로, 기체에서 고체로 변하는 현상이다.

예) 드라이아이스, 나프탈렌, 요오드(아이오드)

Q 01

물질의 상태변화에서 드라이아이스(고체 CO_2)가 공기 중에 기체로 변화하는데, 이와 같은 현상을 무엇이라 하는가?

㉮ 증발 ㉯ 응축
㉰ 액화 ㉱ 승화

A&E (정답 및 해설) ㉱

㉮ 증발 : 액체 → 기체 ㉯ 응축 : 기체 → 액체
㉰ 액화 : 기체 → 액체 ㉱ 승화 : 고체 → 기체

2. 물질

(1) 순물질이란 하나의 물질로만 구성되어 있는 것으로 물, 소금, 산소 등이 예이고, 끓는점, 어는점, 밀도, 용해도 등의 물리적 성질이 일정한 것을 의미하는 말이다.

  ① 순수한 하나의 물질로만 구성되어 있는 물질이다.
  ② 산소, 칼륨, 염화나트륨 등과 같은 물질이다.
  ③ 끓는점, 어는점 등 물리적 성질이 일정한 물질이다.

(2) 균일 혼합물 : 물리적 조작을 통하여 두 가지 이상의 물질로 나누어지는 물질이다.

(3) 혼합물 : 순물질 2가지 이상이 혼합된 물질을 말하며, 공기가 가장 대표적이다.

Q 02

하나의 물질로만 구성되어 있는 것으로 물, 소금, 산소 등이 예이고, 끓는점, 어는점, 밀도, 용해도 등의 물리적 성질이 일정한 것을 의미하는 말은 어느 것인가?

㉮ 단체 ㉯ 순물질
㉰ 화학물 ㉱ 균일혼합물

A&E (정답 및 해설) ㉯

㉯ 순물질에 대한 설명이다.

3. 기체의 용해도

① 기체의 용해도는 압력에 비례한다.
② 질소는 물에 녹지 않는다.
③ 무극성인 기체는 물에 녹지 않는다.
④ 기체는 온도가 올라가면 물에 녹기 어렵다.

Q 03

기체의 용해도에 관한 내용으로 알맞은 것은 어느 것인가?

㉮ 질소는 물에 잘 녹는다.
㉯ 무극성인 기체는 물에 잘 녹는다.
㉰ 기체는 온도가 올라가면 물에 녹기 쉽다.
㉱ 기체의 용해도는 압력에 비례한다.

A&E (정답 및 해설) ㉱

㉮ 질소는 물에 잘 녹지 않는다.
㉯ 무극성인 기체는 물에 잘 녹지 않는다.
㉰ 기체는 온도가 올라가면 물에 잘 녹지 않는다.

[4] 1차 표준물질이 갖추어야 할 조건

① 분자량이 커야 한다.
② 조성이 순수하고 일정해야 한다.
③ 습기, CO_2 등의 흡수가 없어야 한다.
④ 건조 중 조성이 변하지 않아야 한다.

Q 04

1차 표준물질이 갖추어야 할 조건 중 틀린 것은?
㉮ 분자량이 작아야 한다.
㉯ 조성이 순수하고 일정해야 한다.
㉰ 습기, CO_2 등의 흡수가 없어야 한다.
㉱ 건조 중 조성이 변하지 않아야 한다.

A&E (정답 및 해설) ㉮

㉮ 분자량이 커야 한다.

[5] 증기압

① 증기압이 크면 증발이 쉽다.
② 증기압이 크면 끓는점이 낮아진다.
③ 증기압은 온도가 높아짐에 따라 커진다.
④ 증기압이 크면 분자 간 인력이 작아진다.

Q 05

증기압에 관한 내용으로 틀린 것은?
㉮ 증기압이 크면 증발이 어렵다.
㉯ 증기압이 크면 끓는점이 낮아진다.
㉰ 증기압은 온도가 높아짐에 따라 커진다.
㉱ 증기압이 크면 분자간 인력이 작아진다.

A&E (정답 및 해설) ㉮

㉮ 증기압이 크면 증발이 쉽다.

[6] 농도

(1) 용해도

① 용해도의 정의 : 고체를 액체에 녹일 때 일정 온도에서 일정량의 용매에 녹일 수 있는 용질의 최대량을 말한다.
② 용해속도에 영향을 주는 인자로는 고체 표면적의 크기, 교반 속도, 온도의 변화 등이 있다.
③ 용해도(%) = $\frac{용질}{용매} \times 100$

Q 06

40℃에서 어떤 물질은 그 포화용액 84g 속에 24g이 녹아 있다. 이 온도에서 이 물질의 용해도는 얼마인가?
㉮ 30%   ㉯ 40%
㉰ 50%   ㉱ 60%

A&E (정답 및 해설) ㉯

$$물질의\ 용해도(\%) = \frac{용질(g)}{용매(g)} \times 100$$
$$= \frac{24g}{84g - 24g} \times 100 = 40\%$$

(2) 질량 백분율

① 질량 백분율 : 용질의 질량을 용액의 질량으로 나눈 값을 말한다.
② 질량 백분율(%) = $\frac{용질(g)}{용질(g) + 용매(g)} \times 100$

Q 07

염화나트륨 10g을 물 100mL에 용해한 액의 중량 농도는 얼마인가?
㉮ 9.09%   ㉯ 10%
㉰ 11%   ㉱ 12%

A&E (정답 및 해설) ㉮

$$중량농도(\%) = \frac{용질}{용질 + 용매} \times 100(\%)$$
$$= \frac{10g}{10g + 100g} \times 100 = 9.09\%$$

TIP
① 물의 비중 $1.0\,g/cm^3 = 1.0\,g/mL$
② 물$(g) = 100\,mL \times 1.0\,g/mL = 100\,g$

(3) 몰농도 (M농도)

① 몰농도의 정의 : 용액 1L 중에 들어 있는 용질의 몰수를 말한다.

② 몰농도$(mol/L) = \dfrac{질량(g)}{부피(L)} \times \dfrac{1\,mol}{분자량(g)}$

$= \dfrac{밀도(g)}{(mL)} \times \dfrac{10^3\,mL}{1\,L} \times \dfrac{1\,mol}{분자량(g)} \times \dfrac{\%농도}{100}$

Q 08

황산 49g을 물에 녹여 용액 1L를 만들었다. 이 수용액의 몰 농도는 얼마인가? (단, 황산의 분자량은 98이다.)

㉮ 0.5M ㉯ 1M
㉰ 1.5M ㉱ 2M

A&E(정답 및 해설) ㉮

$M(mol/L) = \dfrac{질량(g)}{부피(L)} \times \dfrac{1\,mol}{분자량(g)}$

$= \dfrac{49\,g}{1\,L} \times \dfrac{1\,mol}{98\,g} = 0.5\,M$

TIP
① 황산 = H_2SO_4
② H_2SO_4의 분자량 = $2 \times 1 + 32 + 4 \times 16 = 98g$
③ H_2SO_4 1mol = 분자량(g) = 98g

(4) 노르말 농도

① 노르말 농도의 정의 : 용액 1L 중에 녹아있는 용질의 g 당량 수로 나타낸 농도이다.

② 노르말 농도$(eq/L) = \dfrac{질량(g)}{부피(L)} \times \dfrac{1\,eq}{1당량\,g}$

$= \dfrac{비중(g)}{(mL)} \times \dfrac{10^3\,mL}{1\,L} \times \dfrac{1\,eq}{1당량\,g} \times \dfrac{\%농도}{100}$

Q 09

순황산 9.8g을 물에 녹여 250mL로 만든 용액은 몇 노르말 농도인가? (단, 황산의 분자량은 98이다.)

㉮ 0.2N ㉯ 0.4N
㉰ 0.6N ㉱ 0.8N

A&E(정답 및 해설) ㉱

$eq/L = \dfrac{질량(g)}{부피(L)} \times \dfrac{1\,eq}{분자량(g)/가수}$

$= \dfrac{9.8\,g}{0.25\,L} \times \dfrac{1\,eq}{49\,g} = 0.8\,eq/L = 0.8\,N$

TIP
① N 농도의 단위는 eq/L이다.
② 250mL = 0.25L
③ 황산(H_2SO_4)는 H^+가 2개이므로 2가 물질이며 2당량이다.
④ $1\,eq = \dfrac{분자량(g)}{가수} = \dfrac{98\,g}{2} = 49\,g$
⑤ 황산(H_2SO_4) 분자량 = $2 \times 1 + 32 + 4 \times 16 = 98\,g$

7 용액의 종류

① 포화용액 : 일정한 온도 및 압력하에서 용질이 용매에 최대한 녹아있는 용액을 말한다.
② 불포화용액 : 일정한 온도 및 압력하에서 용질이 용매에 용해도 이하로 용해된 용액을 말한다.
③ 과포화용액 : 일정한 온도 및 압력하에서 용질이 용해도 이상으로 용해된 용액을 말한다.
④ % 농도 = $\dfrac{용질(g)}{용액(g)} \times 100$

Q 10

10℃에서 염화칼륨의 용해도는 43.1이다. 10℃, 염화칼륨 포화 용액의 % 농도는 얼마인가?

㉮ 30.1 ㉯ 43.1
㉰ 76.2 ㉱ 86.2

A&E(정답 및 해설) ㉮

① 용해도 = $\dfrac{용질}{용매} \times 100$에서
$43.1 = \dfrac{용질(g)}{100\,g} \times 100$
따라서, 용질 = 43.1g

② % 농도 = $\dfrac{용질(g)}{용액(g)} \times 100$
$= \dfrac{43.1\,g}{43.1\,g + 100\,g} \times 100 = 30.12\%$

CHAPTER 02

결합

1. 배위결합

① 비공유 전자쌍을 가지는 원자가 이 비공유 전자쌍을 일방적으로 제공하여 이루어진 공유결합을 말한다.
② 가장 대표적인 물질이 암모늄이온(NH_4^+)이다.

Q 11

다음 중 분자 안에 배위결합이 존재하는 화합물은 어느 것인가?
㉮ 벤젠
㉯ 에틸알콜
㉰ 염소이온
㉱ 암모늄이온

A&E (정답 및 해설) ㉱

배위결합이란 비공유 전자쌍을 가지는 원자가 이 비공유 전자쌍을 일방적으로 제공하여 이루어진 공유결합을 말하며, 암모늄이온(NH_4^+)이 가장 대표적인 물질이다.

2. 공유결합

(1) 공유결합의 정의

각 원자가 같은 수의 맨 바깥 전자껍질의 전자를 내놓아 전자쌍을 이루어 서로 공유하여 결합하는 것이다.

(2) 공유결합(Covalent bond)의 특성

① 두 원자가 전자쌍을 공유함으로써 형성되는 결합이다.
② 공유되지 않고 원자에 남아 있는 전자쌍을 비결합 전자쌍 또는 고립 전자쌍이라고 한다.
③ 수소 분자나 염소 분자의 경우 분자 내 두 원자는 한 개의 결합 전자쌍을 가지는 단일결합을 한다.
④ 분자 내에서 두 원자가 2개 또는 3개의 전자쌍을 공유할 수 있는데, 이것을 다중 공유결합이라고 한다.
⑤ 전기음성도가 비슷한 비금속 사이에서 주로 일어나는 결합이다.
⑥ CO_2와 H_2O는 모두 공유결합으로 된 삼원자 분자인데 CO_2는 비극성이고 H_2O는 극성을 띠고 있다. 그 이유는 결합구조가 H_2O는 굽은형이고 CO_2는 직선형이기 때문이다.
⑦ 끓는점과 녹는점이 낮다.
⑧ 전기 전도성이 거의 없다.
⑨ 극성물질인 물에는 잘 녹지 않지만 비극성 물질에는 잘 녹는다.

Q 12

공유결합(Covalent bond)에 관한 내용으로 틀린 것은?
㉮ 두 원자가 전자쌍을 공유함으로써 형성되는 결합이다.
㉯ 공유되지 않고 원자에 남아 있는 전자쌍을 비결합 전자쌍 또는 고립 전자쌍이라고 한다.
㉰ 수소 분자나 염소 분자의 경우 분자 내 두 원자는 두 개의 결합 전자쌍을 가지는 이중결합을 한다.
㉱ 분자 내에서 두 원자가 2개 또는 3개의 전자쌍을 공유할 수 있는데, 이것을 다중 공유결합이라고 한다.

A&E (정답 및 해설) ㉰

㉰ 수소 분자나 염소 분자의 경우 분자 내 두 원자는 한 개의 결합 전자쌍을 가지는 단일결합을 한다.

[3] 이온결합

(1) 이온결합의 정의
이온결합이란 금속원소와 비금속원소 사이에서 이루어지는 결합이다.

(2) 이온결합의 특징
① 이온 결정은 극성 용매인 물에 잘 녹는다.
② 전자를 잃은 원자는 양이온이 되고, 전자를 얻은 원자는 음이온이 된다.
③ 이온 결정은 고체 상태에서는 양이온과 음이온이 강하게 결합되어 있기 때문에 전류가 흐르지 않는다.
④ 전자를 잃기 쉬운 금속 원자로부터 전자를 얻기 쉬운 비금속 원자로 하나 이상의 전자가 이동할 때 형성된다.
⑤ 전기음성도 차이가 매우 큰 경우에 주로 형성된다.

> **Q 13**
>
> 이온결합에 관한 내용으로 틀린 것은?
> ㉮ 이온 결정은 극성 용매인 물에 잘 녹지 않는 것이 많다.
> ㉯ 전자를 잃은 원자는 양이온이 되고, 전자를 얻은 원자는 음이온이 된다.
> ㉰ 이온 결정은 고체 상태에서는 양이온과 음이온이 강하게 결합되어 있기 때문에 전류가 흐르지 않는다.
> ㉱ 전자를 잃기 쉬운 금속 원자로부터 전자를 얻기 쉬운 비금속 원자로 하나 이상의 전자가 이동할 때 형성된다.

A&E (정답 및 해설) ㉮

㉮ 이온 결정은 극성 용매인 물에 잘 녹는다.

[4] 수소결합

① 분자와 분자 사이의 결합이다.
② 전기음성도가 큰 F, O, N의 수소화합물에 나타난다.
③ 수소결합을 하는 물질은 수소결합을 하지 않는 물질에 비해 녹는점과 끓는점이 높다.
④ 대표적인 수소결합 물질로는 HF, H_2O, NH_3 등이 있다.

> **Q 14**
>
> 다음 중 수소결합에 관한 내용으로 틀린 것은?
> ㉮ 원자와 원자 사이의 결합이다.
> ㉯ 전기음성도가 큰 F, O, N의 수소화합물에 나타난다.
> ㉰ 수소결합을 하는 물질은 수소결합을 하지 않는 물질에 비해 녹는점과 끓는점이 높다.
> ㉱ 대표적인 수소결합 물질로는 HF, H_2O, NH_3 등이 있다.

A&E (정답 및 해설) ㉮

㉮ 분자와 분자 사이의 결합이다.

[5] 금속 결합

① 양이온과 자유전자 사이의 결합이다.
② 열과 전기의 도체이다.
③ 연성과 전성이 크다.
④ 금속 원자끼리의 결합이다.
⑤ 금속결합의 특성은 자유전자 때문에 나타난다.
⑥ 고체 상태나 액체 상태에서 전기를 통한다.
⑦ 모든 파장의 빛을 반사하므로 고유한 금속 광택을 가진다.

> **Q 15**
>
> 금속결합 물질에 관한 내용으로 틀린 것은?
> ㉮ 금속 원자끼리의 결합이다.
> ㉯ 금속결합의 특성은 이온전자 때문에 나타난다.
> ㉰ 고체 상태나 액체 상태에서 전기를 통한다.
> ㉱ 모든 파장의 빛을 반사하므로 고유한 금속 광택을 가진다.

A&E (정답 및 해설) ㉯

㉯ 금속결합의 특성은 자유전자 때문에 나타난다.

CHAPTER 03

기기분석

03 기기분석

1 기기분석의 특징

① 원소들의 선택성이 높다.
② 전처리가 비교적 간단하다.
③ 낮은 오차 범위를 나타낸다.
④ 보수, 유지관리가 비교적 복잡하다.

Q 16

기기 분석법의 장점으로 틀린 것은?
㉮ 원소들의 선택성이 높다.
㉯ 전처리가 비교적 간단하다.
㉰ 낮은 오차 범위를 나타낸다.
㉱ 보수, 유지관리가 비교적 간단하다.

A&E (정답 및 해설) ㉱

㉱ 보수, 유지관리가 비교적 복잡하다.

2 기기분석의 종류

1) 기체크로마토그래피(GC)

기체시료 또는 기화한 액체나 고체시료를 운반가스에 의하여 분리, 관 내에 전개시켜 기체 상태에서 분리되는 각 성분을 크로마토그래피적으로 분석하는 방법으로 일반적으로 무기물 또는 유기물의 정성 및 정량분석에 이용한다.

(1) 기체크로마토그래피의 기본 원리
① 이동상은 기체이며, 고정상(정지상)은 비휘발성 액체이다.
② 물질의 분리는 혼합물이 정지상(고정상)이나 이동상에 대한 친화성이 서로 다른 점을 이용한다.
③ 두 가지 이상의 성분을 단일 성분으로 분리하는데, 혼합물의 각 성분은 이동속도 차이에 의해서 분리된다.
④ 분리된 각 성분들은 검출기에서 검출된다.

Q 17

기체크로마토그래피의 기본 원리로 틀린 것은?
㉮ 이동상이 기체이다.
㉯ 고정상은 휘발성 액체이다.
㉰ 혼합물이 각 성분의 이동 속도의 차이 때문에 분리된다.
㉱ 분리된 각 성분들은 검출기에서 검출된다.

A&E (정답 및 해설) ㉯

㉯ 고정상은 비휘발성 액체이다.

(2) 기체크로마토그래피의 특징
① 기체크로마토그래피는 정량분석과 정성분석이 가능하다.
② 혼합물로부터 각 성분들을 순수하게 분리하거나 확인, 정량하는데 사용하기 편리한 방법이다.
③ 두 가지 이상의 혼합 물질을 단일 성분으로 분리하는 분석법은 크로마토그래피법이다.
④ 운반 기체는 불활성 기체로 수소, 헬륨, 질소, 아르곤을 사용한다.
⑤ 크로마토그램에서 시료의 주입점으로부터 피크의 최고점까지의 간격을 나타낸 것을 절대머무름시간이라 한다.
⑥ 분리관의 성능에 영향을 주는 요인으로는 분리관의 길이, 분리관의 온도, 고정상의 충전 방법이 있다.
⑦ 기록계에 나타난 크로마토그램을 이용하여 피크의 넓이 또는 높이를 측정하여 분석하는 것은 정량분석이다.
⑧ 어떤 특정한 실험조건하에서 그 성분물질마다 고유한 값을 나타내는 보유 용량을 이용해 분석하는 것은 정성분석이다.
⑨ 기체크로마토그래피에서 검출기 필라멘트 온도에 따른 전류는 일반적으로 전개가스가 헬륨인 경우에는 200mA 정도이다.

Q 18

기체크로마토그래피의 기록계에 나타난 크로마토그램을 이용하여 피크의 넓이 또는 높이를 측정하여 분석할 수 있는 것은 어느 것인가?
㉮ 정성분석 ㉯ 정량분석
㉰ 이동 속도 분석 ㉱ 전위차 분석

A&E(정답 및 해설) ㉯

㉯ 정량분석에 대한 설명이다.

(3) 검출기의 종류
① 불꽃이온화 검출기(FID)
  ㉠ 기체의 전기전도도가 기체 중의 전하를 띤 입자의 농도에 직접 비례한다는 원리를 이용한 검출기이다.
  ㉡ 불꽃이온화검출기에 사용되는 불꽃을 위해 필요한 기체는 수소이다.
  ㉢ 검출물질 : 탄화수소화합물
② 불꽃광도 검출기(FPD)
  ㉠ 황이나 인을 포함한 탄화수소화합물이 불꽃이온화 검출기 형태의 불꽃에서 연소될 때 화학적인 발광을 일으키는 성분을 생성하는데 시료의 특성에 따라 황화합물은 393nm, 인 화합물은 525nm의 특정 파장의 빛을 발산한다.
  ㉡ 검출물질 : 황, 인을 포함한 화합물
③ 전자포획형 검출기(ECD)
  ㉠ 방사성 물질인 Ni-63 혹은 삼중수소로부터 방출되는 선이 운반 기체를 전리하여 이로 인해 전자포획 검출기 셀에 전자구름이 생성되어 일정 전류가 흐르게 된다. 이러한 전자포획 검출기 셀에 전자 친화력이 큰 화합물이 들어오면 셀에 있던 전자가 포획되어 이로 인해 전류가 감소하는 것을 이용하는 방법이다.
  ㉡ 검출물질 : 유기 할로겐 화합물, 니트로 화합물, 유기금속 화합물
④ 열전도도 검출기(TCD)
  ㉠ 금속필라멘트 또는 전자저항체를 검출소자로 하여 금속판 안에 들어있는 본체와 여기에 안정된 직류전기를 공급하는 전원회로, 전류조절부, 신호검출 전기회로, 신호 감쇄부 등으로 구성된다.
  ㉡ 검출물질 : 유기 및 무기 화합물

Q 19

기체크로마토그래피의 검출기에서 황, 인을 포함한 화합물을 선택적으로 검출하는 검출기는 어느 것인가?
㉮ 열전도도 검출기(TCD)
㉯ 불꽃광도 검출기(FPD)
㉰ 열이온화 검출기(TID)
㉱ 전자포획형 검출기(ECD)

A&E(정답 및 해설) ㉯

㉯ 불꽃광도 검출기(FPD)에 대한 설명이다.

(4) 정지상(고정상)에 사용하는 흡착제의 조건
① 점성이 낮아야 한다.
② 성분이 일정해야 한다.
③ 화학적으로 안정해야 한다.
④ 낮은 증기압을 가져야 한다.

2) 분광광도법(가시 · 자외선 흡수 분광법)
(1) 분광광도법의 원리
시료물질이나 시료물질의 용액 또는 여기에 적당한 시약을 넣어 발색시킨 용액의 흡광도를 측정하여 시료 중의 목적 성분을 정량하는 방법으로 파장 200~1200nm에서의 액체의 흡광도를 측정한다.

(2) 분광광도계의 장치 구성순서
광원부 – 파장 선택부 – 시료부 – 측광부

(3) 분광광도계의 광원
① 가시부와 근적외부 : 텅스텐램프
② 자외부 : 중수소방전관

(4) 흡수셀의 재질
① 플라스틱 셀 : 근적외부 파장 범위
② 유리 셀 : 가시 및 근적외부 파장 범위
③ 석영 셀 : 자외부 파장 범위

(5) 분광광도법의 특징
① 용액 중의 물질이 빛을 흡수하는 성질을 이용하는 분석기기이다.

② 빛의 파장을 선택하기 위한 단색화 장치로 사용되는 것은 프리즘, 회절격자이다.
③ 측광부는 광전관, 광전자증배관, 광전도셀 또는 광전지 등을 사용하여 빛의 세기를 측정하는 장치이다.
④ 투과도는 투사광의 강도에 비례한다.
⑤ 투과도는 액층의 두께에 비례한다.
⑥ 흡광도는 용액의 농도와 용액의 두께에 비례한다.
⑦ 미지 시료의 농도를 측정할 때 시료를 담아 측정하는 기구의 명칭은 흡수셀이다.
⑧ 분광광도계의 검출부의 장치로는 광전 증배관, 광 다이오드, 광 다이오드 어레이가 있다.
⑨ 분광광도계에서 정성분석에 대한 정보를 주는 흡수 스펙트럼 파장은 최대 흡수파장이다.
⑩ 분광광도법에서 정량분석의 검량선 그래프의 X축은 농도를 나타내고 Y축은 흡광도를 나타낸다.
⑪ 스펙트럼 띠가 1차, 2차로 병렬적으로 나타나는 분광 장치로 분광광도계에서 가장 많이 쓰이는 것은 회절격자이다.
⑫ 분광광도계에서 낮은 에너지의 전자가 자외선과 가시광선 영역에서 빛 에너지를 흡수하여 들뜬 상태의 에너지가 된다.
⑬ 분광광도계에서 빛이 지나가는 순서는 입구슬릿 → 분산장치 → 출구슬릿 → 시료부 → 검출부 순이다.
⑭ 가시-자외선 분광광도계의 기본적인 구성요소의 순서는 광원 - 단색화 장치 - 흡수용기 - 검출기 - 기록계 순이다.

Q 20

람베르트-비어 법칙에 관한 내용으로 알맞은 것은?
㉮ 흡광도는 용액의 농도에 비례하고 용액의 두께에 반비례한다.
㉯ 흡광도는 용액의 농도에 반비례하고 용액의 두께에 비례한다.
㉰ 흡광도는 용액의 농도와 용액의 두께에 비례한다.
㉱ 흡광도는 용액의 농도와 용액의 두께에 반비례한다.

A&E(정답 및 해설) ㉰

흡광도(A) = 몰흡광계수(ϵ) × 농도(C) × 두께(L)

(6) 분광광도법 공식
① 람베르트-비어법칙
  ㉮ $I_t = I_o \cdot 10^{-\epsilon \times C \times L}$
  ㉯ $I_o = I_t \cdot 10^{\epsilon \times C \times L}$
② 흡광도(A) = $\log \dfrac{1}{\text{투과도}(T)} = \log \dfrac{1}{\left(\dfrac{\text{투사광 강도}(I_t)}{\text{입사광 강도}(I_o)}\right)}$
  $= \log \dfrac{\text{입사광 강도}(I_o)}{\text{투사광 강도}(I_t)}$
③ 투과도(T) = $\dfrac{\text{투사광 강도}(I_t)}{\text{입사광 강도}(I_o)}$
④ 흡광도(A) = $\epsilon \cdot c \cdot L$
⑤ $\log \dfrac{I_o}{I_t} = \epsilon \cdot c \cdot L$

Q 21

분광광도계를 이용하여 측정한 결과 투과도가 10%이었다. 흡광도는 얼마인가?
㉮ 0   ㉯ 0.5
㉰ 1   ㉱ 2

A&E(정답 및 해설) ㉰

흡광도(A) = $\log \dfrac{1}{\text{투과도}} = \log \dfrac{1}{0.1} = 1.0$

3) 원자흡수분광법

(1) 원자흡수분광법의 원리

시료를 적당한 방법으로 해리시켜 숙성원사로 증기화하여 생긴 기저 상태의 원자가 이원자 증기층을 투과하는 특유 파장의 빛을 흡수하는 현상을 이용하여 광전측광과 같은 개개의 특유 파장에 대한 흡광도를 측정하여 시료 중의 원소 농도를 정량하는 방법으로 유해 중금속 분석에 주로 이용된다.

(2) 원자흡수분광도계의 특징
① 공해물질의 측정에 사용된다.
② 금속의 미량 분석에 편리하다.
③ 정성분석보다는 정량분석에 주로 이용된다.
④ 유기재료의 불순물 측정에는 사용되지 않는다.
⑤ 다른 분광광도계의 원리와 비슷하다.

⑥ 조작이나 전처리가 비교적 용이하다.
⑦ 광원으로는 속 빈 음극램프를 사용할 수 있다.
⑧ 광원으로 속 빈 음극 등에 사용되는 기체는 네온(Ne), 아르곤(Ar), 헬륨(He)이다.
⑨ 감도에 영향을 끼치는 가장 중요한 요인은 중성원자를 만드는 원자화 과정이다.
⑩ 시료원자부가 하는 역할은 시료를 원자 상태로 환원시키는 것이다.
⑪ 선택성이 좋고 감도가 좋다.
⑫ 방해물질의 영향이 비교적 적다.
⑬ 반복하는 유사분석을 단시간에 할 수 있다.
⑭ 대부분의 원소를 동시에 검출할 수 없고, 주로 중금속을 분석한다.

Q 22

원자흡수분광광도계에 관한 내용으로 틀린 것은?
㉮ 다른 분광광도계의 원리와 비슷하다.
㉯ 광원으로는 속 빈 음극램프를 사용할 수 있다.
㉰ 정량분석보다는 정성분석에 주로 이용된다.
㉱ 감도에 영향을 끼치는 가장 중요한 요인은 중성원자를 만드는 원자화 과정이다.

A&E (정답 및 해설) ㉰

㉰ 정성분석보다는 정량분석에 주로 이용된다.

4) 액체크로마토그래피(liquid chromatography)
  (1) 액체크로마토그래피의 특징
    ① 용매만 있으면 모든 물질을 분리할 수 있다.
    ② 비휘발성이거나 고온에 약한 물질 분리에 적합하다.
    ③ 용매 및 컬럼, 검출기의 조합을 선택하여 넓은 범위의 물질을 분석 대상으로 할 수 있다.
  (2) 이동상으로 사용하는 용매의 구비 조건
    ① 점도가 작아야 한다.
    ② 적당한 가격으로 쉽게 구입할 수 있어야 한다.
    ③ 관 온도보다 20~50℃ 정도 끓는점이 높아야 한다.
    ④ 분석물의 봉우리와 겹치지 않는 고순도이어야 한다.

  (3) 정상 용리(normal phase elution)의 특성
    ① 극성의 정지상을 사용한다.
    ② 이동상의 극성은 작다.
    ③ 극성이 작은 성분이 먼저 용리된다.
    ④ 이동상의 극성이 증가하면 용리 시간이 감소한다.

Q 23

액체크로마토그래피 분석법 중 정상 용리의 특성으로 틀린 것은?
㉮ 극성의 정지상을 사용한다.
㉯ 이동상의 극성은 작다.
㉰ 극성이 큰 성분이 먼저 용리된다.
㉱ 이동상의 극성이 증가하면 용리 시간이 감소한다.

A&E (정답 및 해설) ㉰

㉰ 극성이 작은 성분이 먼저 용리된다.

5) 고성능 액체크로마토그래피
  (1) 고성능 액체크로마토그래피의 원리
    비휘발성 화학종 또는 열적으로 불안정한 물질을 분리할 수 있으며, 유기물과 무기물의 정성분석 및 정량분석에 이용된다.

  (2) 고성능 액체크로마토그래피의 특징
    ① 용리액으로 불리는 이동상을 고압 펌프로 운반하는 크로마토 장치를 말한다.
    ② 펌프, 주입기, 컬럼, 검출기, 데이터 처리 장치 등으로 구성되어 있다.
    ③ 검출기에서 나오는 전기적 신호를 시간에 대한 신호의 크기로 받아 크로마토그램을 그려내는 장치는 데이터 처리 장치이다.
    ④ 고정상의 종류에는 분배, 흡착, 이온 교환, 크기별 배제 크로마토그래피가 있다.

Q 24

고성능 액체크로마토그래피의 구성 중 검출기에서 나오는 전기적 신호를 시간에 대한 신호의 크기로 받아 크로마토그램을 그려내는 장치는 무엇인가?
㉮ 펌프   ㉯ 주입구
㉰ 데이터 처리장치   ㉱ 검출기

A&E(정답 및 해설)   ㉰

㉰ 데이터 처리장치에 대한 설명이다.

6) 종이크로마토그래피

(1) 종이크로마토그래피의 원리

정지상으로 작용하는 물을 흡착시켜 머무르게 하기 위한 지지체로서 거름종이를 사용하는 분배크로마토그래피이다.

(2) 전개액

구리, 비스무스, 카드뮴 이온을 분리할 때 사용하는 전개액으로 사용하는 물질은 묽은 염산, n-부탄올이다.

(3) 종이크로마토그래피의 특징
① 종이 조각은 사용 전에 습도가 조절된 상태에서 보관한다.
② 점적의 크기는 직경을 약 5mm 이상으로 만든다.
③ 시료를 점적할 때는 주사기나 미세 피펫을 사용한다.
④ 시료의 농도가 너무 묽으면 여러 방울을 찍어서 농도를 증가시킨다.
⑤ 종이크로마토그래피에서 우수한 분리도에 대한 이동도의 값은 0.4~0.8이다.

Q25

종이크로마토그래피 제조법에 관한 내용으로 틀린 것은?
㉮ 종이 조각은 사용 전에 습도가 조절된 상태에서 보관한다.
㉯ 점적의 크기는 직경을 약 2mm 이상으로 만든다.
㉰ 시료를 점적할 때는 주사기나 미세 피펫을 사용한다.
㉱ 시료가 농도가 너무 묽으면 여러 방울을 찍어서 농도를 증가시킨다.

A&E(정답 및 해설)   ㉯

㉯ 점적의 크기는 직경을 약 5mm 이상으로 만든다.

7) 전해분석법

(1) 전해분석법의 원리

금속이온의 수용액에 음극과 양극 2개의 전극을 담그고 직류전압을 통하여 주면 금속이온이 환원되어 석출된다. 이때, 석출된 금속 또는 금속산화물을 칭량하여 금속시료를 분석하는 방법이다.

(2) 전해분석법의 특징
① 석출물은 다른 성분과 함께 전착되어서는 안 된다.
② 이온의 석출이 완결되었으면 비커를 아래로 내리고 전원 스위치를 끈다.
③ 석출물을 세척, 건조 칭량할 때에 전극에서 벗겨지거나 떨어지지 않도록 치밀한 전착이 이루어지게 한다.
④ 한 번 사용한 전극을 다시 사용할 때에는 따뜻한 6N-HN$_3$ 용액에 담궈 전착된 금속을 제거한 다음 세척하여 사용한다.
⑤ 폴라로그래피(Polarography)에서 작업 전극으로 주로 사용하는 전극은 적하 수은 전극이다.
⑥ 한계전류란 전해로에서 석출되는 속도와 확산에 의해 보충되는 물질의 속도가 같아서 흐르는 전류이다.

TIP HN$_3$는 하이드라존산(hydrazioc acid)이다.

Q26

전해 분석에 관한 내용으로 틀린 것은?
㉮ 석출물은 다른 성분과 함께 전착하거나, 산화물을 함유하도록 한다.
㉯ 이온의 석출이 완결되었으면 비커를 아래로 내리고 전원 스위치를 끈다.
㉰ 석출물을 세척, 건조 칭량할 때에 전극에서 벗겨지거니 떨어지지 않도록 치밀한 전착이 이루어지게 한다.
㉱ 한번 사용한 전극을 다시 사용할 때에는 따뜻한 6N-HN$_3$ 용액에 담궈 전착된 금속을 제거한 다음 세척하여 사용한다.

A&E(정답 및 해설)   ㉮

㉮ 석출물은 다른 성분과 함께 전착되어서는 안된다.

8) 전위차법

(1) 전극
① 전극전위란 일반적으로 어떤 금속을 그 금속이온이 포함된 용액 중에 넣었을 때 금속이 용액에 대하여 나타내는 전위이다.
② 기준전극이란 전위차법 분석용 전지에서 용액 중의 분석물질 농도나 다른 이온 농도와 무관하게 일정값의 전극전위를 갖는 것을 말한다.
③ 포화 칼로멜 전극의 내부관에 채워져 있는 재료로는 Hg, Hg_2Cl_2, 포화 KCl가 있다.
④ 전위차법에서 사용하는 전극은 포화 칼로멜 전극-유리 전극이다.

(2) 전위차법에서 이상적인 기준 전극의 조건
① 온도 사이클에 대하여 히스테리시스를 나타내지 않아야 한다.
② 가역적이고 이상적인 비편극 전극으로 작동하여야 한다.
③ 큰 전류가 흐른 후에는 본래 전위로 돌아오지 않아야 한다.
④ Nernst식에 벗어나지 않아야 한다.
⑤ 반전지 전위값이 알려져 있어야 한다.
⑥ 일정한 전위를 유지하여야 한다.

Q 27

전위차법에서 사용되는 기준 전극의 구비 조건으로 틀린 것은?
㉮ 반전지 전위값이 알려져 있어야 한다.
㉯ 비가역적이고 편극 전극으로 작동하여야 한다.
㉰ 일정한 전위를 유지하여야 한다.
㉱ 온도 변화에 히스테리시스 현상이 없어야 한다.

A&E(정답 및 해설) ㉯

㉯ 가역적이고 이상적인 비편극 전극으로 작동하여야 한다.

TIP
① 히스테리시스란 전진각과 후진각의 차이를 의미한다.
② 전진각이란 액체를 기판 위에 떨어뜨리는 다음 바늘을 통해 액체의 양을 서서히 증가시키면서 3상(고체, 액체, 기체)의 계면을 관찰할 때 계면이 움직이기 직전의 각을 의미한다.
③ 후진각이란 바늘을 통해 서서히 액체의 양을 감소시켜 3상(고체, 액체, 기체)의 계면이 움직이기 바로 직전의 각을 의미한다.

(3) 표준수소 전극의 특징
① 수소의 분압은 1기압이다.
② 수소 전극의 구성은 백금으로 되어 있다.
③ 용액의 이온 평균 활동도는 보통 1에 가깝다.
④ 전위차계의 마이너스 단자에 연결된 왼쪽 반쪽 전지를 말한다.

Q 28

표준수소 전극에 관한 내용으로 틀린 것은?
㉮ 수소의 분압은 1기압이다.
㉯ 수소 전극의 구성은 구리로 되어 있다.
㉰ 용액의 이온 평균 활동도는 보통 1에 가깝다.
㉱ 전위차계의 마이너스 단자에 연결된 왼쪽 반쪽 전지를 말한다.

A&E(정답 및 해설) ㉯

㉯ 수소 전극의 구성은 백금으로 되어 있다.

(4) pH 미터 보정에 사용하는 완충용액의 종류
① 붕산염 표준용액 ② 프탈산염 표준용액
③ 옥살산염 표준용액 ④ 인산염 표준용액
⑤ 탄산염 표준용액

9) 폴라로그래피

(1) 폴라로그래피의 원리
분극성의 미소전극과 비분극성의 대극과의 사이에 연속적으로 변화하는 전압을 가하여 전해에 의해 생긴 전류를 측정해 전압과 전류의 관계곡선(전류 - 전압 곡선)을 그려 이것을 해석하여 목적 성분을 분리하는 방법이다.

(2) 특정 물질의 전류와 전압의 2가지 전기적 성질을 동시에 측정하는 방법이다.

Q 29

특정 물질의 전류와 전압의 2가지 전기적 성질을 동시에 측정하는 방법은 무엇인가?
㉮ 폴라로그래피 ㉯ 전위차법
㉰ 전기전도도법 ㉱ 전기량법

A&E(정답 및 해설) ㉮

CHAPTER 04
이온화

04 이온화

[1] 이온화 에너지의 특징

① 이온화 에너지가 가장 작은 물질은 원자번호가 가장 작은 나트륨이다.
② 이온화 에너지가 증가할수록 같은 주기에서는 원자번호가 증가한다.
③ 이온화 에너지가 가장 작은 것은 알칼리 금속으로 양이온으로 되기 쉬운 물질이다.
④ 이온화 에너지가 가장 큰 것은 비활성기체로 이온이 되기 어렵다.
⑤ 이온화 에너지가 작아질수록 할로겐원소의 원자번호는 증가한다.
⑥ 이온화 에너지는 같은 족에서 원자번호가 증가할수록 작아진다.

Q 30

다음 중 이온화 에너지가 가장 작은 것은?
㉮ Li ㉯ Na ㉰ K ㉱ Rb

A&E (정답 및 해설) ㉱

① 이온화 에너지는 같은 족에서 원자번호가 증가할수록 작아진다.
② 원자번호
 ㉮ Li(리튬) : 3번   ㉯ Na(나트륨) : 11번
 ㉰ K(칼륨) : 19번   ㉱ Rb(루비듐) : 37번

[2] 주기의 특징

① 같은 주기에서는 원자번호가 증가할수록 이온화 에너지는 증가한다.
② 같은 주기에서는 1족에서 7족으로 갈수록 원자 반지름은 감소한다.
③ 같은 주기에 있는 원소들은 왼쪽에서 오른쪽으로 갈수록 산화물들이 점점 산성이 강해진다.
④ 같은 주기에서는 왼쪽에서 오른쪽으로 갈수록 전기음성도가 증가한다.
⑤ 같은 주기에 있는 O와 F의 전기음성도는 F > O이다.
⑥ 주기를 결정하는 것은 전자 껍질이다.

Q 31

다음 원소 중 원자의 반지름이 가장 큰 원소는?
㉮ Li ㉯ Be ㉰ B ㉱ C

A&E (정답 및 해설) ㉮

같은 주기에서는 원자번호가 증가할수록 원자의 반지름이 감소하므로 원자의 반지름이 가장 큰 원소는 리튬(Li)이다.

[3] 족의 특징

① 같은 족에서 원자 반지름은 아래로 내려갈수록 커진다.
② 같은 족에서는 원자번호가 증가하면 원자 반지름도 증가한다.
③ 원자번호가 증가할수록 원자 반지름이 일반적으로 증가하는 이유는 전자껍질이 증가하기 때문이다.
④ 같은 족에서는 아래로 갈수록 전기음성도가 감소한다.
⑤ 같은 족에 있는 F, Cl, Br의 전기음성도는 F > Cl > Br 순이다.
⑥ 같은 족에서 원자번호가 클수록 금속성이 증가한다.
⑦ 족을 결정하는 것은 최외각 전자이다.
⑧ 같은 족에서는 원자번호가 커짐에 따라 물리적 성질(끓는점, 녹는점 등)이 규칙적으로 증가한다.
⑨ 같은 족에서 이온화 에너지는 원자번호가 증가할수록 작아진다.

Q 32

다음 알칼리 금속 중 이온화 에너지가 가장 작은 물질은?
㉮ Li ㉯ Na ㉰ K ㉱ Rb

A&E (정답 및 해설) ㉱

같은 족에서 이온화 에너지는 원자번호가 증가할수록 작아지므로 Rb(루비듐)이 정답이 된다.

[4] 분족시약의 특징

① 족에 따른 분족시약

구분	1족	2족	3족
분족시약	염화수소(HCl)	황화수소(H_2S)	암모니아수 (NH_4OH)

구분	4족	5족	6족
분족시약	황화수소(H_2S), 암모니아수 (NH_4OH)	탄산암모늄 $((NH_4)_2CO_3)$	분족시약 없음

② 제4족 양이온 분족 시 최종 확인 시약으로 디메틸글리옥심을 사용하는 것은 니켈이다.

Q 33

양이온 제1족의 분족시약은 어느 것인가?
㉮ HCl ㉯ H_2S ㉰ NH_4OH ㉱ $(NH_4)_2CO_3$

A&E (정답 및 해설) ㉮

양이온 제1족의 분족시약은 염산(HCl)이다.

[5] 전기음성도의 특징

① 전기음성도는 같은 주기에서는 왼쪽에서 오른쪽으로 갈수록 증가한다.
② 전기음성도는 같은 족에서는 아래로 갈수록 감소한다.
③ 전기음성도는 같은 주기에 있는 O와 F는 F > O 이다.
④ 전기음성도는 같은 족에 있는 F, Cl, Br은 F > Cl > Br 순이다.

Q 34

전기음성도의 크기 순서로 알맞은 것은?
㉮ Cl > Br > N > F   ㉯ Br > Cl > O > F
㉰ Br > F > Cl > N   ㉱ F > O > Cl > Br

A&E (정답 및 해설) ㉱

전기음성도의 크기순서는 ㉱번이다.

[6] 알칼리 금속의 특징

① 공기 중에서 쉽게 산화되어 금속광택을 잃는다.
② 원자가전자가 1개이므로 +1가의 양이온이 되기 쉽다.
③ 할로겐원소와 직접 반응하여 할로겐화합물을 만든다.
④ 염소와 1:1 화합물을 형성한다.
⑤ 알칼리 금속으로는 리튬(Li), 나트륨(Na), 칼륨(K), 루비듐(Rb), 세슘(Cs), 프란슘(Fr)이 있다.

Q 35

알칼리 금속에 관한 내용으로 틀린 것은?
㉮ 공기 중에서 쉽게 산화되어 금속 광택을 잃는다.
㉯ 원자가전자가 1개이므로 +1가의 양이온이 되기 쉽다.
㉰ 할로겐원소와 직접 반응하여 할로겐화합물을 만든다.
㉱ 염소와 1:2 화합물을 형성한다.

A&E (정답 및 해설) ㉱

㉱ 염소와 1:1 화합물을 형성한다.

[7] 전이원소

① 모두 금속이며, 대부분 중금속이다.
② 녹는점이 매우 높은 편이고 열과 전기 전도성이 좋다.
③ 색깔을 띤 화합물이나 이온이 대부분이다.
④ 반응성이 약한 편이다.

Q 36

전이원소의 특성에 관한 내용으로 틀린 것은?
㉮ 모두 금속이며, 대부분 중금속이다.
㉯ 녹는점이 매우 높은 편이고 열과 전기 전도성이 좋다.
㉰ 색깔을 띤 화합물이나 이온이 대부분이다.
㉱ 반응성이 아주 강하며, 모두 환원제로 적용한다.

A&E (정답 및 해설) ㉱

㉱ 반응성이 약한 편이다.

8 전형원소

① 전형원소는 1족, 2족, 12~18족이다.
② 전형원소는 대부분 밀도가 작은 금속이다.
③ 전형원소는 금속원소와 비금속원소가 있다.
④ 전형원소는 원자가 전자수가 족의 끝 번호와 일치한다.
⑤ 같은 주기에서 원자번호가 증가할수록 이온화 에너지는 증가하고 전자친화도 증가한다.
⑥ 같은 주기에서 원자번호가 증가할수록 전기음성도와 전자친화도 모두 증가한다.
⑦ 같은 주기에서 원자번호가 증가할수록 금속성과 원자의 크기가 모두 감소한다.
⑧ 같은 주기에서 원자번호가 증가할수록 금속성은 감소하고 전자친화도는 증가한다.

Q 37

주기율표에서 전형원소에 관한 내용으로 틀린 것은?
㉮ 전형원소는 1족, 2족, 12~18족이다.
㉯ 전형원소는 대부분 밀도가 큰 금속이다.
㉰ 전형원소는 금속원소와 비금속원소가 있다.
㉱ 전형원소는 원자가 전자수가 족의 끝 번호와 일치한다.

A&E (정답 및 해설) ㉯

㉯ 전형원소는 대부분 밀도가 작은 금속이다.

9 원자의 성질

① 원자란 정상적인 조건에서 더 간단한 물질로 쪼개질 수 없는 것으로 물질의 가장 기본단위이다.
② 원자가 양이온이 되면 크기가 작아진다.
③ 0족의 기체는 최외각의 전자껍질에 전자가 채워져서 반응성이 낮다.
④ 전기음성도 차이가 큰 원자끼리의 결합은 공유결합성 비율이 작아진다.
⑤ 염화수소(HCl) 분자에서 염소(Cl)쪽으로 공유된 전자들이 더 많이 분포한다.
⑥ 원자번호 = 전자수 = 양성자수
⑦ 질량수 = 중성자수 + 양성자수

Q 38

나트륨(Na) 원자는 11개의 양성자와 12개의 중성자를 가지고 있다. 원자번호와 질량수는 각각 얼마인가?
㉮ 원자번호 : 11, 질량수 : 12
㉯ 원자번호 : 12, 질량수 : 11
㉰ 원자번호 : 11, 질량수 : 23
㉱ 원자번호 : 11, 질량수 : 10

A&E (정답 및 해설) ㉰

① 원자번호 = 양성자수 = 11
② 질량수 = 양성자수 + 중성자 = 11 + 12 = 23

TIP
① 원자의 표시 $^{질량수}_{원자번호}X^{전하량}_{원자수}$
② 원자번호 = 양성자수 = 전자수
③ 질량수 = 양성자수 + 중성자수

10 비활성기체의 특징

① 전자배열이 안정하다.
② 상온에서 무색, 무미, 무취의 물질이다.
③ 방전할 때 특유한 색상을 나타내므로 야간광고용으로 사용된다.
④ 다른 원소와 화합하여 반응을 일으키기 어렵다.
⑤ 비활성기체는 0족 기체이다.
⑥ 종류에는 헬륨(He), 네온(Ne), 아르곤(Ar), 크립톤(Kr), 크세논(Xe), 라돈(Rn)이 있다.

Q 39

비활성기체에 관한 내용으로 틀린 것은?
㉮ 전자배열이 안정하다.
㉯ 특유의 색깔, 맛, 냄새가 있다.
㉰ 방전할 때 특유한 색상을 나타내므로 야간광고용으로 사용된다.
㉱ 다른 원소와 화합하여 반응을 일으키기 어렵다.

A&E (정답 및 해설) ㉯

㉯ 상온에서 무색, 무미, 무취의 물질이다.

CHAPTER 05 반응

05 반응

[1] 산화

① 전자를 주는 것
② 산화수 증가
③ 산소와 화합하는 반응
④ 원자가 증가하는 현상
⑤ 수소화합물에서 수소를 잃는 것

[2] 환원

① 전자를 얻는 것
② 산화수 감소
③ 수소와 화합하는 반응
④ 원자가 감소하는 현상
⑤ 산소화합물에서 산소를 잃는 것

Q 40

다음 중 환원의 정의로 알맞은 것은?
㉮ 어떤 물질이 산소와 화합하는 것
㉯ 어떤 물질이 수소를 잃는 것
㉰ 어떤 물질에서 전자를 방출하는 것
㉱ 어떤 물질에서 산화수가 감소하는 것

A&E (정답 및 해설) ㉱

㉮, ㉯, ㉰는 산화에 대한 설명이다.

---

[3] 산화제

자신은 환원되면서 다른 물질은 산화시켜 주는 물질

① 다른 물질로부터 전자를 빼앗는 것
② 자신이 환원되는 물질
③ 상대방을 산화시키는 물질

[4] 환원제

자신이 산화되면서 다른 물질은 환원시켜 주는 물질

① 다른 물질에게 전자를 주는 것
② 자신이 산화되는 물질
③ 상대방을 환원시키는 물질

[5] 산(Acid)

① Arrhenius는 수용액에서 양성자[H^+]를 내어 놓는 물질이다.
② Brönsted-Lowry는 양성자[H^+]를 내어 주는 물질이다.
③ Lewis는 전자쌍을 수용액에서 받는 화학종이다.

[6] 염기(Base)

① Arrhenius는 수용액에서 수산화이온[OH^-]를 내어 놓는 물질이다.
② Brönsted-Lowry는 양성자[H^+]를 받는 분자나 이온이다.
③ Lewis는 전자쌍을 수용액에서 주는 화학종이다.

[7] 산(acid)의 성질

① 물에 용해되어 수소이온(H^+)을 내는 물질이다.
② 양성자(H^+)를 내어 주는 분자 또는 이온이다.

③ 푸른색 리트머스 종이를 붉게 변화시킨다.
④ 비공유 전자쌍을 받는 물질이다.
⑤ 신맛이 난다.
⑥ 물에 용해되면 전해질이 된다.
⑦ 염기와 중화 반응한다.
⑧ 금속과 반응하여 수소를 발생한다.

Q 41

다음 중 산의 성질로 틀린 것은?
㉮ 신맛이 있다.
㉯ 붉은 리트머스를 푸르게 변색시킨다.
㉰ 금속과 반응하여 수소를 발생한다.
㉱ 염기와 중화 반응한다.

A&E (정답 및 해설)   ㉯

㉯번의 설명은 염기성(알칼리성)의 성질에 해당한다.

8 중화반응

① 강산과 강염기의 작용에 의하여 생성되는 화합물의 액성은 중성이다.
② 산과 염기가 반응하여 염과 물을 생성하는 반응을 중화반응이라 한다.
③ 탄산수소나트륨 수용액의 액성은 염기성(알칼리성)이다.
④ 중화 적정 공식은 $N_1 \times V_1 = N_2 \times V_2$ 이다.
⑤ 중화 적정에 사용되는 지시약으로서 8.3~10.0pH 정도의 변색 범위를 가지며 약산과 강염기의 적정에 사용되는 것은 페놀프탈레인이다.

9 마시 시험

① 수소화비소를 연소시킨다.
② 연소 시 발생되는 불꽃을 증발접시의 밑바닥에 접속시키면 비소거울이 된다.

Q 42

수소화비소를 연소시켜, 이 불꽃을 증발접시의 밑바닥에 접속시키면 비소거울이 된다. 이 반응의 명칭은 무엇인가?
㉮ 구짜이트 시험   ㉯ 베덴도르프 시험
㉰ 마시 시험   ㉱ 리이만 그린 시험

A&E (정답 및 해설)   ㉰

㉰ 마시 시험에 대한 설명이다.

10 산화·환원 적정법

① 하이드로퀴논(Hydroquinone)을 중크롬산칼륨으로 적정하는 것과 같이 분석물질과 적정액 사이의 산화·환원반응을 이용하여 시료를 정량하는 분석법이다.
② 요오드(아이오드) 적정법은 산화·환원 적정법 중의 하나이다.
③ 요오드 적정법에서 산화제인 요오드(I_2) 자체만의 색으로 종말점을 확인하기가 어려우므로 지시약을 사용한다.
④ 요오드 적정법에서 사용하는 지시약은 전분(starch)이다.
⑤ 산화·환원 적정법에는 요오드법, 과망간산염법, 중크롬산염법이 있다.

Q 43

산화·환원 적정법 중의 하나인 요오드 적정법에서는 산화제인 요오드(I_2) 자체만의 색으로 종말점을 확인하기가 어려우므로 지시약을 사용한다. 이때 사용하는 지시약은 어느 것인가?
㉮ 전분(starch)
㉯ 과망간산칼륨($KMnO_4$)
㉰ EBT(에리오크롬블랙 T)
㉱ 페놀프탈레인(phenolphthalene)

A&E (정답 및 해설)   ㉮

요오드(아이오드) 적정법에서 사용하는 지시약은 ㉮ 전분이다.

[11] 적정법의 종류

① 침전 적정법의 종류 : 모르법, 파얀스법, 폴하르트법
② 킬레이트 적정법 : 킬레이트법

[12] 침전 적정법

① 주로 사용하는 시약은 질산은($AgNO_3$)이다.
② 표준용액으로 KSCN 용액을 이용하고자 Fe^{3+}을 지시약으로 이용하는 방법은 폴하르드(Volhard)법이다.

Q 44

침전 적정에서 Ag^+에 의한 은법 적정 중 지시약법이 아닌 것은?
㉮ Mohr법
㉯ Fajans법
㉰ Volhard법
㉱ 네펠로법(nephelometry)

A&E (정답 및 해설) ㉱

㉱ 네펠로법(nephelometry)은 탁도 측정 방법으로 기기분석법에 해당한다.

[13] 모르(Mohr) 적정법

① 은법 적정 중 하나이다.
② 염소이온(Cl^-)을 질산은($AgNO_3$) 용액으로 적정하면 은이온과 반응하여 적색 침전을 형성하는 반응이다.
③ 지시약으로 크롬산칼륨(K_2CrO_4)을 사용한다.

Q 45

은법 적정 중 하나인 모르(Mohr) 적정법은 염소이온(Cl^-)을 질산은($AgNO_3$) 용액으로 적정하면 은이온과 반응하여 적색 침전을 형성하는 반응이다. 이 때 사용하는 지시약은 무엇인가?
㉮ K_2CrO_4 ㉯ Cr_2O_7
㉰ $KMnO_4$ ㉱ $Na_2C_2O_4$

A&E (정답 및 해설) ㉮

㉮ 크롬산칼륨(K_2CrO_4)은 지시약으로 사용된다.

[14] 킬레이트 적정

① 킬레이트 적정 시 금속이온이 킬레이트 시약과 반응하기 위한 최적의 pH가 있는데 적정의 진행에 따라 수소이온이 생겨 pH의 변화가 생긴다. 이것을 조절하고 pH를 일정하게 유지하기 위하여 가하는 것은 완충용액(buffer solution)이다.
② 킬레이트 적정에 사용되는 물질로는 완충용액, 금속 지시약, 은폐제 등이 있다.
③ 킬레이트 적정에서 EDTA 표준용액 사용 시 완충용액을 가하는 주된 이유는 적정 시 알맞은 pH를 유지하기 위해서이다.
④ 킬레이트제 중 물에 녹지 않고 에탄올에 녹는 흰색 결정성의 가루로서 NH_3 염기성 용액에서 Cu^{2+}와 반응하여 초록색 침전을 만드는 물질은 쿠프론이다.

Q 46

다음 킬레이트제 중 물에 녹지 않고 에탄올에 녹는 흰색 결정성의 가루로서 NH_3 염기성 용액에서 Cu^{2+}와 반응하여 초록색 침전을 만드는 물질은 어느 것인가?
㉮ 쿠프론   ㉯ 디페닐카르바지드
㉰ 디티존   ㉱ 알루미논

A&E (정답 및 해설) ㉮

㉮ 쿠프론에 대한 설명이다.

[15] 염화나트륨 용액을 전기분해할 때 일어나는 반응

① 양극에서 Cl_2 기체가 발생한다.
② 음극에서 H_2 기체가 발생한다.
③ 양극은 산화반응을 한다.
④ 음극은 환원반응을 한다.

Q 47

염화나트륨 용액을 전기분해할 때 일어나는 반응으로 틀린 것은?

㉮ 양극에서 Cl_2 기체가 발생한다.
㉯ 음극에서 O_2 기체가 발생한다.
㉰ 양극은 산화반응을 한다.
㉱ 음극은 환원반응을 한다.

A&E(정답 및 해설) ㉯

㉯ 음극에서 H_2 기체가 발생한다.

TIP

염화나트륨(NaCl)의 전기분해 반응식

$$2NaCl + 2H_2O \xrightarrow{전기분해} 2NaOH(-극) + H_2(-극) + Cl_2(+극)$$

16 반응의 특성

① 묽은 염산에 넣을 때 많은 수소 기체를 발생시키는 물질은 나트륨(Na)이다.
② 불꽃반응 색깔을 관찰할 때 노란색을 띠는 물질은 나트륨(Na)이다.
③ 칼륨(K)은 불꽃반응을 하며, 보라색으로 나타난다.
④ 양이온의 계통적인 분리 검출법에서는 방해물질을 제거시켜야 한다. 방해물질에 해당하는 것은 유기물, 옥살산 이온, 규산 이온이다.
⑤ Ni^{2+}의 확인반응에서 디메틸글리옥심(dimothylglyoxime)을 넣으면 붉은색으로 변한다.
⑥ 아세톤이나 에탄올 검출에 이용되는 반응은 요오드포름 반응이다.
⑦ 알데하이드 검출에 주로 쓰이는 시약은 페엘링 용액이다.
⑧ 네슬러 시약의 조제에 사용되는 시약은 KI, HgI_2, KOH이다.
⑨ 소량의 철이 존재하는 상황에서 벤젠과 염소가스를 반응시킬 때 수소원자와 염소원자의 치환이 일어나 생성되는 물질은 클로로벤젠이다.
⑩ 벤젠의 반응에서 소량의 철의 존재하에서 벤젠과 염소가스를 반응시키면 수소 원자와 염소 원자의 치환이 일어나 클로로벤젠이 생기는 반응은 할로겐화이다.
⑪ 교반이 결정 성장에 미치는 영향으로는 확산속도의 증진, 1차 입자의 용해 촉진, 불순물의 공침현상 방지 등이 있다.
⑫ 반응 속도에 영향을 주는 인자로는 반응속도, 반응물의 농도, 촉매가 있다.
⑬ Cu^{2+}시료 용액에 깨끗한 쇠못을 담가두고 5분간 방치한 후 못 표면을 관찰하면 쇠못 표면에 붉은색 구리가 석출한다. 그 이유는 철이 구리보다 이온화 경향이 크기 때문이다.
⑭ FeS와 HgS를 묽은 염산으로 반응시키면 FeS는 HCl에 녹으나 HgS는 녹지 않는다. 그 이유는 FeS가 HgS보다 용해도적이 크기 때문이다.

Q 48

불꽃반응 색깔을 관찰할 때 노란색을 띠는 물질은 어느 것인가?

㉮ K   ㉯ As   ㉰ Ca   ㉱ Na

A&E(정답 및 해설) ㉱

㉱ 나트륨(Na)에 대한 설명이다.

TIP 알칼리금속의 불꽃반응의 색깔

알칼리금속	불꽃반응 색
리튬(Li)	빨간색
나트륨(Na)	노란색
칼륨(K)	보라색
루비듐(Rb)	연한 빨간색
세슘(Cs)	연한 파란색

CHAPTER 06
현상

06 현상

1 광전효과

금속에 빛을 조사하면 빛의 에너지를 흡수하여 금속 중의 자유전자가 금속표면에 방출되는 성질을 말한다.

Q 49

금속에 빛을 조사하면 빛의 에너지를 흡수하여 금속 중의 자유전자가 금속표면에 방출되는 성질을 무엇이라 하는가?
㉮ 광전효과 ㉯ 틴들현상
㉰ Ramann효과 ㉱ 브라운운동

A&E (정답 및 해설) ㉮

㉮ 광전효과에 대한 설명이다.

2 빛의 간섭

빛은 음파처럼 여러 가지 빛을 합쳐 빛의 세기를 증가시키거나 서로 상쇄시켜 없앨 수 있다. 예를 들면 여러 개의 종이에 같은 물감을 그린 다음 한 장만 보면 연하게 보이지만 여러 장을 겹쳐 보면 진하게 보인다. 그리고 여러 가지 물감을 섞으면 본래의 색이 다르게 나타나는 현상이다.

Q 50

빛은 음파처럼 여러 가지 빛을 합쳐 빛의 세기를 증가시키거나 서로 상쇄시켜 없앨 수 있다. 예를 들면 여러 개의 종이에 같은 물감을 그린 다음 한 장만 보면 연하게 보이지만 여러 장을 겹쳐보면 진하게 보인다. 그리고 여러 가지 물감을 섞으면 본래의 색이 다르게 나타나는 이러한 현상을 무엇이라 하는가?
㉮ 빛의 상쇄 ㉯ 빛의 간섭
㉰ 빛의 이중성 ㉱ 빛의 회절

A&E (정답 및 해설) ㉯

㉯ 빛의 간섭에 대한 설명이다.

3 틴들현상

어두운 방에서 문틈으로 들어오는 햇빛의 진로가 밝게 보이는 현상이다.

Q 51

어두운 방에서 문틈으로 들어오는 햇빛의 진로가 밝게 보이는 현상을 무엇이라 하는가?
㉮ 필러현상 ㉯ 뱅뱅현상
㉰ 틴들현상 ㉱ 필터링현상

A&E (정답 및 해설) ㉰

㉰ 틴들현상에 대한 설명이다.

CHAPTER 07
화합물

07 화합물

[1] 탄산나트륨(Na_2CO_3)

① 유리의 원료이다.
② 조미료, 비누, 의약품 등 화학공업의 원료로 사용되는 무기화합물이다.
③ 분자량이 약 106인 물질이다.
④ 탄산의 나트륨염으로 보통 소다 또는 탄산소다라고도 부른다.
⑤ 무수물은 백색 분말의 흡습성이 강한 소다회이다.

Q 52

유리의 원료이며 조미료, 비누, 의약품 등 화학공업의 원료로 사용되는 무기화합물로 분자량이 약 106인 물질은 무엇인가?
㉮ 탄산칼슘   ㉯ 황산칼슘
㉰ 탄산나트륨   ㉱ 염화칼륨

A&E (정답 및 해설)   ㉰

㉰ 탄산나트륨(Na_2CO_3)에 대한 설명이다.

[2] 염화제일주석($SnCl_2$)

① 철광석 중의 철의 정량실험에서 자철광과 같은 시료는 염산에 분해하기 어렵다. 이때 분해되기 쉽도록 하기 위해서 넣어주는 시약이다.
② 무색에 각(角)기둥 형상의 결정으로, 염산 함유의 물, 알코올에 용해된다.
③ 물에 녹이면 가수분해되어 백색의 탁한 염기성 염을 생성한다.
④ 조해성이 있기 때문에 밀폐한 용기에 저장할 필요가 있다.

Q 53

철광석 중의 철의 정량실험에서 자철광과 같은 시료는 염산에 분해하기 어렵다. 이 때 분해되기 쉽도록 하기 위해서 넣어주는 시약은 무엇인가?
㉮ 염화제일주석   ㉯ 염화제이주석
㉰ 염화나트륨   ㉱ 염화암모늄

A&E (정답 및 해설)   ㉮

㉮ 염화제일주석은 분해제로 사용된다.

[3] 수산화나트륨(NaOH)

① 일명 가성소다라고도 한다.
② 물에 잘 녹으며, 조해성 물질이다.
③ 소금물을 전기분해하면 수산화나트륨과 수소와 염소가 발생된다.
④ 공기 중의 이산화탄소를 흡수하여 탄산나트륨이 된다.
⑤ 열에 대하여는 매우 안정되고, 강열하여도 물과 산화물로 분해되지 않는다.

Q 54

수산화나트륨에 대한 설명으로 틀린 것은?
㉮ 물에 잘 녹는다.
㉯ 조해성 물질이다.
㉰ 양쪽성 원소와 반응하여 수소를 발생한다.
㉱ 공기 중의 이산화탄소를 흡수하여 탄산나트륨이 된다.

A&E (정답 및 해설)   ㉰

㉰ 소금물을 전기분해하면 수산화나트륨과 수소와 염소가 발생된다.

TIP 조해성이란 공기 중의 수분을 흡수하여 스스로 녹는 성질을 말한다.

[4] 톨루엔(C_7H_8)

① 메틸벤젠이라고도 하며, 방향족 화합물이다.
② 독성이 있다.
③ 물에 잘 녹지 않는다.
④ 화기에 안전하지 못하다.
⑤ 특이한 냄새가 나는 무색 액체이다.
⑥ 분자량은 92.14이며, 녹는점은 -95℃, 끓는점은 110.8℃, 비중은 0.87(15℃)이다.

Q 55

톨루엔에 관한 내용으로 알맞은 것은?
㉮ 방향족 화합물이다.
㉯ 독성이 거의 없다.
㉰ 물에 잘 녹는다.
㉱ 화기에 안전하다.

A&E(정답 및 해설) ㉮

㉯ 독성이 있다.
㉰ 물에 잘 녹지 않는다.
㉱ 화기에 안전하지 못하다.

[5] 무기화합물과 비교한 유기화합물의 특징

① 유기화합물은 일반적으로 탄소화합물이므로 가연성이 있다.
② 유기화합물은 일반적으로 물에 용해되기 어렵고 알코올, 에테르 등의 유기 용매에 용해되는 것이 많다.
③ 유기화합물은 일반적으로 녹는점, 끓는점이 무기화합물보다 낮으며, 가열했을 때 열에 약하여 쉽게 분해된다.
④ 무기화합물에는 물에 용해 시 양이온과 음이온으로 해리되는 전해질이 많으나 유기화합물은 이온화되지 않는 비전해질이 많다.
⑤ 유기화합물은 하나의 분자식에 대하여 여러 종류의 화합물이 존재할 수 있다.
⑥ 유기화합물은 대체로 이온 반응보다는 분자반응을 하므로 반응속도가 느리다.

Q 56

유기화합물은 무기화합물에 비하여 다음과 같은 특성을 가지고 있다. 이에 대한 설명으로 틀린 것은?
㉮ 유기화합물은 일반적으로 탄소화합물이므로 가연성이 있다.
㉯ 유기화합물은 일반적으로 물에 용해되기 어렵고 알코올, 에테르 등의 유기 용매에 용해되는 것이 많다.
㉰ 유기화합물은 일반적으로 녹는점, 끓는점이 무기화합물보다 낮으며, 가열했을 때 열에 약하여 쉽게 분해된다.
㉱ 유기화합물에는 물에 용해 시 양이온과 음이온으로 해리되는 전해질이 많으나 무기화합물은 이온화되지 않는 비전해질이 많다.

A&E(정답 및 해설) ㉱

㉱ 무기화합물에는 물에 용해 시 양이온과 음이온으로 해리되는 전해질이 많으나 유기화합물은 이온화되지 않는 비전해질이 많다.

[6] 알데하이드의 특성 및 반응

① 알데하이드는 강한 환원성이 있으며, 알데하이드 검출법으로는 은거울반응을 사용하고, 알데하이드는 펠링반응을 한다.
② 은거울반응(Silver Mirror Reaction) : 알데하이드류(R-CHO)에 질산은암모니아 용액을 가하여 가열하면 은이온이 환원되어 석출되는 반응이다.
③ 펠링반응(Fehling's Solution) : 알데하이드류(R-CHO)에 펠링 용액을 가하면 환원반응에 의해서 Cu_2O 침전이 일어나는 반응이다.

Q 57

다음 중 펠링 용액(Fehling's Solution)을 환원시킬 수 있는 물질은 어느 것인가?
㉮ CH_3COOH ㉯ CH_3OH
㉰ C_2H_5OH ㉱ $HCHO$

A&E(정답 및 해설) ㉱

㉱ 포름알데하이드($HCHO$)에 대한 설명이다.

7 전이금속 화합물

① 철은 활성이 매우 커서 단원자 상태로 존재하지 않고, 주로 산화철로 존재한다.
② 황산제일철($FeSO_4$)은 푸른색 결정으로 철을 황산에 녹여 만든다.
③ 철(Fe)은 +2 또는 +3의 산화수를 갖으며 +3의 산화수 상태가 가장 안정하다.
④ 사산화삼철(Fe_3O_4)은 자철광의 주성분으로 부식을 방지하는 용도로 사용된다.

8 탄소화합물

① 화합물의 종류가 많다.
② 대부분 무극성이나 극성이 약한 분자로 존재하므로 분자 간 인력이 약해 녹는점, 끓는점이 낮다.
③ 대부분 비전해질이다.
④ 원자 간 결합은 단일결합은 강하고, 이중결합과 삼중결합은 약하다.
⑤ 화학적으로 안정하여 반응이 약하다.
⑥ CO_2, $CaCO_3$는 무기화합물로 분류된다.
⑦ CH_4에서 결합각은 약 109°이다.
⑧ 탄소의 수가 많아지면 이성질체 수도 많아진다.
⑨ CH_4, C_2H_6, C_3H_8은 포화탄화수소이다.

Q 58

탄소화합물의 특성에 관한 내용으로 틀린 것은?
㉮ 화합물의 종류가 많다.
㉯ 대부분 무극성이나 극성이 약한 분자로 존재하므로 분자 간 인력이 약해 녹는점, 끓는점이 낮다.
㉰ 대부분 비전해질이다.
㉱ 원자 간 결합이 약해 화학 반응을 하기 쉽다.

A&E(정답 및 해설) ㉱

㉱ 원자 간 결합은 단일결합은 강하고, 이중결합과 삼중결합은 약하다. 그리고 화학적으로 안정하여 반응이 약하다.

9 할로겐 물질

① 자연상태에서 2원자 분자로 존재한다.
② 전자를 얻어 음이온이 되기 쉽다.
③ 물에는 거의 녹지 않는다.
④ 원자번호가 증가할수록 녹는점이 증가한다.
⑤ 할로겐 원소에는 F, Cl, Br, I 등이 있다.
⑥ 전자 1개를 얻어 -1가의 음이온이 된다.
⑦ 기체로 변했을 때도 독성이 매우 강하다.
⑧ 원자번호가 증가할수록 이온화에너지는 작아진다.

Q 59

할로겐에 관한 내용으로 틀린 것은?
㉮ 자연상태에서 2원자 분자로 존재한다.
㉯ 전자를 얻어 음이온이 되기 쉽다.
㉰ 물에는 거의 녹지 않는다.
㉱ 원자번호가 증가할수록 녹는점이 낮아진다.

A&E(정답 및 해설) ㉱

㉱ 원자번호가 증가할수록 녹는점이 증가한다.

CHAPTER 08 안전관리

1 약품을 보관하는 방법

① 인화성 약품은 자연발화성 약품과 구분하여 따로 보관한다.
② 인화성 약품은 전기의 스파크로부터 멀고 찬 곳에 보관한다.
③ 흡습성 약품은 완전히 건조시켜 건조한 곳이나 석유 속에 보관한다.
④ 폭발성 약품은 화기를 사용하는 곳에서 멀리 떨어져 있는 창고에 보관한다.
⑤ 산소를 포함한 강한 산화제인 화약 약품은 습기가 없고 찬 곳에 보관한다.
⑥ 나트륨(Na)의 보관 장소는 석유(등유) 속에 한다.

> **Q 60**
>
> 약품을 보관하는 방법에 관한 내용으로 틀린 것은?
> ㉮ 인화성 약품은 자연 발화성 약품과 함께 보관한다.
> ㉯ 인화성 약품은 전기의 스파크로부터 멀고 찬 곳에 보관한다.
> ㉰ 흡습성 약품은 완전히 건조시켜 건조한 곳이나 석유 속에 보관한다.
> ㉱ 폭발성 약품은 화기를 사용하는 곳에서 멀리 떨어져 있는 창고에 보관한다.

A&E (정답 및 해설) ㉮

㉮ 인화성 약품은 자연 발화성 약품과 따로 보관한다.

2 실험 기자재

① 데시케이터는 고체 또는 액체의 건조제를 사용하여 각종 물체를 건조시키거나 저장하는 데 쓰이는 용기이다.
② 실험기구 중 적정실험을 할 때 사용되는 기자재로는 분석천칭, 뷰렛, 메스플라스크 등이 있다.
③ 가장 정확하게 액체 시료를 채취할 수 있는 실험기구는 피펫이다.
④ 원자흡수분광광도계에 사용할 표준용액을 조제하려고 할 때 정확히 100mL를 조제하는 데 적합한 실험기구는 용량플라스크이다.

> **Q 61**
>
> 다음 실험기구 중 적정실험을 할 때 사용되는 기자재로 틀린 것은?
> ㉮ 분석천칭 ㉯ 뷰렛
> ㉰ 데시케이터 ㉱ 메스플라스크

A&E (정답 및 해설) ㉰

㉰ 데시케이터는 고체 또는 액체의 건조제를 사용하여 각종 물체를 건조시키거나 저장하는 데 쓰이는 용기이다.

3 유리 기구의 취급 방법

① 유리 기구를 세척할 때에는 중크롬산칼륨과 황산의 혼합 용액을 사용한다.
② 유리 기구와 철제, 스테인리스강 등 금속재질의 실험 실습 기구는 따로 보관한다.
③ 뷰렛, 메스실린더, 피펫 등 눈금이 표시된 유리 기구는 가열하지 않는다.
④ 깨끗이 세척된 유리 기구는 유리 기구의 벽에 물방울이 없으며, 깨끗이 세척되지 않은 유리 기구의 벽은 물방울이 남아 있다.
⑤ 가연성 물질을 다룰 때에는 특히 화기에 조심한다.

⑥ 유리 기구를 다룰 때에는 필히 안전수칙을 따른다.
⑦ 안전장비의 위치와 다루는 방법을 미리 숙지하여야 한다.
⑧ 독성이 강한 가스가 발생하는 시약이나 용매는 주의해서 취급한다.

Q 62

유리 기구 장치를 조립할 때 주의해야 할 사항으로 틀린 것은?
㉮ 가연성 물질을 다룰 때에는 특히 화기에 조심한다.
㉯ 유리 기구를 다룰 때에는 필히 안전수칙을 따른다.
㉰ 안전장비의 위치와 다루는 방법을 미리 숙지하여야 한다.
㉱ 독성이 강한 가스를 발생하는 시약이나 용매는 일체 사용하지 말아야 한다.

A&E (정답 및 해설) ㉱

㉱ 독성이 강한 가스가 발생하는 시약이나 용매는 주의해서 취급한다.

[4] 시약의 취급방법

① 나트륨과 칼륨의 알칼리금속은 물과 접촉하면 발화의 위험이 있다.
② 브롬산, 플루오르화수소산은 피부에 닿지 않게 한다.
③ 알코올, 아세톤, 에테르 등은 가연성이므로 취급에 주의한다.
④ 농축 및 가열 등의 조작 시 끓임쪽을 넣는다.
⑤ 산소를 포함한 강한 산화제인 화학 약품은 습기가 없고 찬 곳에 보관한다.
⑥ 나트륨을 보관하여야 하는 곳으로 알맞은 장소는 석유 속이다.

Q 63

시약의 취급방법에 관한 내용으로 틀린 것은?
㉮ 나트륨과 칼륨의 알칼리금속은 물 속에 보관한다.
㉯ 브롬산, 플루오르화수소산은 피부에 닿지 않게 한다.
㉰ 알코올, 아세톤, 에테르 등은 가연성이므로 취급에 주의한다.
㉱ 농축 및 가열 등의 조작 시 끓임쪽을 넣는다.

A&E (정답 및 해설) ㉮

㉮ 나트륨과 칼륨의 알칼리금속은 물과 접촉하면 발화의 위험이 있다.

[5] 실험실 안전 수칙

① 시약병 마개를 실습대 바닥에 놓지 않도록 한다.
② 실험 실습실에 음식물을 반입해서는 안 된다.
③ 시약병에 꽂혀 있는 피펫을 다른 시약병에 넣지 않도록 한다.
④ 화학 약품의 냄새는 직접 맡지 않도록 하며 부득이 냄새를 맡아야 할 경우에는 손을 사용하여 코가 있는 방향으로 증기를 날려서 맡는다.
⑤ 눈에 산이 들어갔을 때에는 즉시 물로 씻고, 묽은 탄산수소나트륨 용액으로 씻는다.

Q 64

실험실 안전 수칙에 관한 내용으로 틀린 것은?
㉮ 시약병 마개를 실습대 바닥에 놓지 않도록 한다.
㉯ 실험 실습실에 음식물을 가지고 올 때에는 한쪽에서 먹는다.
㉰ 시약병에 꽂혀 있는 피펫을 다른 시약병에 넣지 않도록 한다.
㉱ 화학 약품의 냄새는 직접 맡지 않도록 하며 부득이 냄새를 맡아야 할 경우에는 손을 사용하여 코가 있는 방향으로 증기를 날려서 맡는다.

A&E (정답 및 해설) ㉯

㉯ 실험 실습실에 음식물을 반입해서는 안 된다.

CRAFTSMAN CHEMICAL ANALYSIS

02

핵심 계산문제편

핵심 계산문제

01 0.4g의 NaOH를 물에 녹여 1L의 용액을 만들었을 때, 이 용액의 몰 농도는 얼마인가?

㉮ 1M   ㉯ 0.1M
㉰ 0.01M   ㉱ 0.001M

01 답 ㉰

풀이 $M(mol/L) = \dfrac{질량(g)}{부피(L)} \times \dfrac{1mol}{분자량(g)}$

$= \dfrac{0.4g}{1L} \times \dfrac{1mol}{40g} = 0.01M$

TIP
① 수산화나트륨 = 가성소다 = NaOH
② NaOH의 분자량 = 23 + 16 + 1 = 40g
③ NaOH 1mol = 분자량(g) = 40g

02 일반적으로 바닷물은 1000mL당 27g의 NaCl을 함유하고 있다. 바닷물 중에서 NaCl의 몰 농도는 약 얼마인가? (단, NaCl의 분자량은 58.5g/mol이다.)

㉮ 0.05M   ㉯ 0.5M
㉰ 1M   ㉱ 5M

02 답 ㉯

풀이 $mol/L = \dfrac{질량(g)}{부피(L)} \times \dfrac{1mol}{분자량(g)}$

$= \dfrac{27g}{1L} \times \dfrac{1mol}{58.5g} = 0.46\,mol/L = 0.46M$

TIP
① M 농도의 단위는 mol/L이다.
② 1000mL = 1L
③ 1mol = 분자량(g)
④ NaCl 분자량 = 23 + 35.5 = 58.5g

03 황산 49g을 물에 녹여 용액 1L를 만들었다. 이 수용액의 몰 농도는 얼마인가? (단, 황산의 분자량은 98이다.)

㉮ 0.5M   ㉯ 1M
㉰ 1.5M   ㉱ 2M

03 답 ㉮

풀이 $M(mol/L) = \dfrac{질량(g)}{부피(L)} \times \dfrac{1mol}{분자량(g)}$

$= \dfrac{49g}{1L} \times \dfrac{1mol}{98g} = 0.5M$

TIP
① 황산 = H_2SO_4
② H_2SO_4의 분자량 = 2 × 1 + 32 + 4 × 16 = 98g
③ H_2SO_4 1mol = 분자량(g) = 98g

04 메탄올(CH_3OH, 밀도 0.8g/mL) 25mL를 클로로포름에 녹여 500mL를 만들었다. 용액 중의 메탄올의 몰 농도(M)는 얼마인가?

㉮ 0.16 ㉯ 1.6
㉰ 0.13 ㉱ 1.25

04 **답** ㉱

풀이
$$M(mol/L) = \frac{질량(g)}{부피(L)} \times \frac{1\,mol}{분자량(g)}$$
$$= \frac{0.8\,g/mL \times 25\,mL}{0.5\,L} \times \frac{1\,mol}{32\,g}$$
$$= 1.25\,M$$

TIP
① CH_3OH의 분자량 = 1 × 12 + 3 × 1 + 16 + 1 = 32g
② CH_3OH 1mol = 분자량(g) = 32g
③ CH_3OH의 질량
  = 메탄올의 밀도(g/mL) × 메탄올 부피(mL)
  = 0.8g/mL × 25mL
④ 용액 500mL = 용액 0.5L

05 "20wt% 소금 용액 d = 1.10g/cm³"로 표시된 시약이 있다. 소금의 몰(M) 농도는 얼마인가? (단, d는 밀도이며 Na은 23g, Cl는 35.5g으로 계산한다.)

㉮ 1.54 ㉯ 2.47
㉰ 3.76 ㉱ 4.23

05 **답** ㉰

풀이
$$M(mol/L) = \frac{밀도(g)}{(mL)} \times \frac{10^3 mL}{1L} \times \frac{1\,mol}{분자량(g)} \times \frac{\%농도}{100}$$
$$= \frac{1.10\,g}{mL} \times \frac{10^3\,mL}{1L} \times \frac{1\,mol}{58.5\,g} \times \frac{20\%}{100}$$
$$= 3.76\,M$$

TIP
① 염화나트륨 = NaCl
② NaCl의 분자량 = 23 + 35.5 = 58.5 g
③ NaCl 1mol = 분자량(g) = 58.5g
④ 밀도 1.10 g/cm³ = 밀도 1.10 g/mL

06 2M NaOH 용액 100mL 속에 있는 수산화나트륨의 무게(g)는 얼마인가? (단, 원자량은 Na = 23, O = 16, H = 1이다.)

㉮ 80g ㉯ 40g
㉰ 8g   ㉱ 4g

06 **답** ㉰

풀이
$$mol/L = \frac{질량(g)}{부피(L)} \times \frac{1\,mol}{분자량(g)}$$
$$2\,mol/L = \frac{w}{0.1\,L} \times \frac{1\,mol}{40\,g}$$
$$\therefore w = \frac{2\,mol/L \times 0.1\,L \times 40\,g}{1\,mol} = 8.0\,g$$

TIP
① M 농도의 단위는 mol/L이다.
② 100mL = 0.1L
③ 수산화나트륨(NaOH) 분자량 = 23 + 16 + 1 = 40g

07　2M-NaCl 용액 0.5L를 만들려면 염화나트륨 몇 g이 더 필요한가? (단, 각 원소의 원자량은 Na는 23이고, Cl은 35.5이다.)

㉮ 24.25　　㉯ 58.5
㉰ 117　　　㉱ 127

08　2.5M의 질산(HNO_3)의 질량은 얼마인가? (단, N의 원자량은 14, O의 원자량은 16이다.)

㉮ 0.4g　　㉯ 25.2g
㉰ 60.5g　　㉱ 157.5g

09　10g의 어떤 산을 물에 녹여 200mL의 용액을 만들었을 때 그 농도가 0.5M 이었다면, 이 산 1몰은 몇 g 인가?

㉮ 40g　　㉯ 80g
㉰ 100g　　㉱ 160g

10　표준상태(0℃, 101.3kPa)에서 1.12L의 부피를 차지하는 기체가 있다. 이 기체의 질량이 1.6g일 때 이 기체의 분자량(g)은 얼마인가?

㉮ 24　　㉯ 32
㉰ 44　　㉱ 64

---

07 답 ㉯

풀이 $mol/L = \dfrac{질량(g)}{부피(L)} \times \dfrac{1\,mol}{분자량(g)}$

$2\,M = \dfrac{질량(g)}{0.5\,L} \times \dfrac{1\,mol}{58.5\,g}$

∴ 질량 = 58.5 g

TIP
① M 농도의 단위는 mol/L이다.
② 1mol = 분자량(g)
③ 염화나트륨(NaCl)의 분자량 = 23 + 35.5 = 58.5g

08 답 ㉱

풀이 $mol/L = \dfrac{질량(g)}{부피(L)} \times \dfrac{1\,mol}{분자량(g)}$

$2.5\,M = \dfrac{질량(g)}{1\,L} \times \dfrac{1\,mol}{63\,g}$

∴ 질량 = 157.5 g

TIP
① M 농도의 단위는 mol/L이다.
② 1mol = 분자량(g)
③ HNO_3의 분자량 = 1 + 14 + 3 × 16 = 63g

09 답 ㉰

풀이 M농도(mol/L) = $\dfrac{질량(g)}{부피(L)} \times \dfrac{1\,mol}{분자량(g)}$

따라서 $0.5\,M(mol/L) = \dfrac{10\,g}{0.2\,L} \times \dfrac{1\,mol}{분자량(g)}$

∴ 분자량 = $\dfrac{10\,g \times 1\,mol}{0.5\,M \times 0.2\,L}$
= 100 g

10 답 ㉯

풀이 ① M(mol/L)을 계산한다.
$M = \dfrac{1.12\,L}{22.4\,L/1\,mol} = 0.05\,M$

② 기체의 분자량을 계산한다.
$M = \dfrac{질량(g)}{부피(L)} \times \dfrac{1\,mol}{분자량(g)}$

따라서 $0.05\,\dfrac{mol}{L} = \dfrac{1.6\,g}{1\,L} \times \dfrac{1\,mol}{분자량(g)}$

∴ 분자량(g) = $\dfrac{1.6\,g \times 1\,mol}{0.05\,mol/L \times 1\,L} = 32\,g$

11 Fe^{3+} 용액 1L가 있다. Fe^{3+}를 Fe^{2+}로 환원시키기 위해 48.246C의 전기량을 가하였다. Fe^{2+}의 몰 농도(M)는 얼마인가?

㉮ 0.0005M ㉯ 0.001M
㉰ 0.05M ㉱ 1.0M

12 수산화나트륨(NaOH) 80g을 물에 녹여 전체 부피가 1,000mL가 되게 하였다. 이 용액의 N 농도는 얼마인가? (단, 수산화나트륨의 분자량은 40이다.)

㉮ 0.08N ㉯ 1N
㉰ 2N ㉱ 4N

13 0.5L의 수용액 중에 수산화나트륨이 40g 용해되어 있을 때 노르말(N) 농도는 얼마인가? (단, 원자량은 각각 Na = 23, H = 1, O = 16이다.)

㉮ 0.5N ㉯ 1N
㉰ 2N ㉱ 5N

14 순황산 9.8g을 물에 녹여 250mL로 만든 용액은 몇 노르말 농도인가? (단, 황산의 분자량은 98이다.)

㉮ 0.2N ㉯ 0.4N
㉰ 0.6N ㉱ 0.8N

---

11 답 ㉮

풀이 ① $Q = n \times F$
여기서 Q : 쿨롱력(C)
n : 전자 몰수(mol)
F : 페러데이 상수(96,500C/mol)
따라서
전자 몰수(n) = $\dfrac{Q}{F} = \dfrac{48.246\,C}{96,500\,C/mol} = 0.0005\,mol$
여기서 전자 몰수 0.0005mol은 Fe^{2+}의 몰수이다.
② Fe^{2+}의 몰 농도 = $\dfrac{0.0005\,mol}{1L} = 0.0005\,mol/L$

12 답 ㉰

풀이 $eq/L = \dfrac{질량(g)}{부피(L)} \times \dfrac{1\,eq}{분자량(g)/가수}$
$= \dfrac{80\,g}{1.0\,L} \times \dfrac{1\,eq}{40\,g} = 2\,eq/L = 2\,N$

TIP
① N 농도의 단위는 eq/L이다.
② 1000mL = 1L
③ 수산화나트륨(NaOH)은 OH^-가 1개이므로 1가 물질이고 1당량이다.
④ $1\,eq = \dfrac{분자량(g)}{가수} = \dfrac{40g}{1} = 40\,g$
⑤ 수산화나트륨(NaOH) 분자량 = 23 + 16 + 1 = 40g
⑥ 수산화나트륨 = 가성소다 = NaOH

13 답 ㉰

풀이 $N(eq/L) = \dfrac{질량(g)}{부피(L)} \times \dfrac{1\,eq}{분자량(g)/가수}$
$N = \dfrac{40\,g}{0.5\,L} \times \dfrac{1\,eq}{40g/1} = 2\,N$

14 답 ㉱

풀이 $eq/L = \dfrac{질량(g)}{부피(L)} \times \dfrac{1\,eq}{분자량(g)/가수}$
$= \dfrac{9.8\,g}{0.25\,L} \times \dfrac{1\,eq}{49\,g} = 0.8\,eq/L = 0.8\,N$

TIP
① N농도의 단위는 eq/L이다.
② 250mL = 0.25L
③ 황산(H_2SO_4)는 H^+가 2개이므로 2가 물질이며 2당량이다.
④ $1\,eq = \dfrac{분자량(g)}{가수} = \dfrac{98\,g}{2} = 49\,g$
⑤ 황산(H_2SO_4) 분자량 = 2 × 1 + 32 + 4 × 16 = 98g

15 97% H_2SO_4의 비중이 1.836이라면 이 용액은 몇 노르말인가? (단, H_2SO_4의 분자량은 98.08이다.)

㉮ 28N ㉯ 30N
㉰ 33N ㉱ 36N

16 3N 황산 용액 200mL 중에 포함되어 있는 H_2SO_4의 양(g)은 얼마인가? (단, S의 원자량은 32이다.)

㉮ 29.4 g ㉯ 58.8g
㉰ 98.0g ㉱ 117.6g

17 황산(H_2SO_4)의 1당량은 얼마인가? (단, 황산의 분자량은 98g/mol이다.)

㉮ 4.9g ㉯ 49g
㉰ 9.8g ㉱ 98g

18 1N NaOH 용액 250mL를 제조하려고 한다. 이 때 필요한 NaOH의 양(g)은 얼마인가? (단, NaOH의 분자량은 40이다.)

㉮ 40g ㉯ 4g
㉰ 10g ㉱ 1g

19 중성 용액에서 $KMnO_4$ 1g 당량은 몇 g인가? (단, $KMnO_4$의 분자량은 158.03이다.)

㉮ 52.68 ㉯ 79.02
㉰ 105.35 ㉱ 158.03

---

15 답 ㉱

풀이 $eq/L = \dfrac{비중(g)}{(mL)} \times \dfrac{10^3 mL}{1L} \times \dfrac{1\,eq}{1당량\,g} \times \dfrac{\%농도}{100}$

$= \dfrac{1.836\,g}{mL} \times \dfrac{10^3\,mL}{1L} \times \dfrac{1\,eq}{98.08\,g/2} \times \dfrac{97\%}{100}$

$= 36.32\,eq/L$

16 답 ㉮

풀이 $N(eq/L) = \dfrac{질량(g)}{부피(L)} \times \dfrac{1\,eq}{분자량(g)/가수}$

$3\,eq/L = \dfrac{질량(g)}{0.2\,L} \times \dfrac{1\,eq}{98\,g/2}$

따라서, $질량(g) = \dfrac{3\,eq/L \times 0.2\,L \times 98\,g/2}{1\,eq} = 29.4\,g$

17 답 ㉯

풀이 $1당량 = \dfrac{분자량(g)}{가수} = \dfrac{98\,g}{2} = 49\,g$

18 답 ㉰

풀이 $N(eq/L) = \dfrac{질량(g)}{부피(L)} \times \dfrac{1\,eq}{분자량(g)/가수}$

$1\,eq/L = \dfrac{질량(g)}{0.25\,L} \times \dfrac{1\,eq}{40\,g/1}$

따라서, $질량(g) = \dfrac{1\,eq/L \times 0.25\,L \times 40\,g/1}{1\,eq} = 10\,g$

19 답 ㉮

풀이 $2KMnO_4 \rightarrow K_2O + 2MnO_2 + 3O$
$K(+1)Mn(+7)O(-8) \rightarrow Mn(2\times(+2)=+4)$

따라서 전자이동수가 당량수 이므로 +7에서 +4로 이동했으므로 당량수는 3이 된다.

따라서, $1g당량 = \dfrac{분자량(g)}{당량수} = \dfrac{158.03\,g}{3} = 52.68\,g$

> **TIP**
> 반드시 암기해야 할 사항
> ① 중성용액에서 $KMnO_4$는 3당량
> ② 중성용액 외의 $KMnO_4$는 5당량

20 0.1N-NaOH 표준 용액 1mL에 대응하는 염산의 양(g)은 얼마인가? (단, HCl의 분자량은 36.47g/mol이다.)

㉮ 0.0003647g ㉯ 0.003647g
㉰ 0.03647g   ㉱ 0.3647g

21 산성용액에서 0.1N KMnO₄ 용액 1L를 조제하려면 KMnO₄가 몇 mol 필요한가?

㉮ 0.02 ㉯ 0.04
㉰ 0.08 ㉱ 0.1

22 0.1N-NaOH 25.00mL를 삼각플라스크에 넣고 페놀프탈레인 지시약을 가하여 0.1N-HCl 표준용액 (f = 1.000)으로 적정하였다. 적정에 사용된 0.1N-HCl 표준용액의 양이 25.15mL이었다. 0.1N-NaOH 표준용액의 역가(factor)는 얼마인가?

㉮ 0.1   ㉯ 0.1006
㉰ 1.006 ㉱ 10.006

23 0.1038N인 중크롬산칼륨 표준용액 25mL을 취하여 티오황산나트륨 용액으로 적정하였더니 25mL가 사용되었다. 티오황산나트륨의 역가는 얼마인가?

㉮ 0.1021 ㉯ 0.1038
㉰ 1.021 ㉱ 1.038

24 HCl의 표준용액 25.00mL를 채취하여 농도를 분석하기 위해 0.1M NaOH 표준용액을 이용하여 전위차 적정하였다. pH 7에서 소비량이 25.40mL라면 HCl의 농도(M)는 얼마인가? (단, 0.1M NaOH 표준용액의 역가(f)는 1.092이다.)

㉮ 0.01 ㉯ 0.11
㉰ 1.11 ㉱ 2.11

---

20 답 ㉯

풀이 NaOH 1eq = HCl 1eq로 계산한다.

$$0.1\,eq/L \times 1\,mL \times 10^{-3}L/mL = \frac{1\,eq}{36.47\,g} \times HCl(g)$$

$$\therefore HCl = 0.003647\,g$$

21 답 ㉮

풀이 M 농도 = N 농도 ÷ 당량수 = 0.1N ÷ 5 = 0.02M

TIP
① N 농도 = M 농도 × 당량수
② M 농도 = mol/L
③ KMnO₄(과망간산칼륨)의 당량수 = 전자이동수 = 5당량

22 답 ㉰

풀이 $N_1 \times V_1 \times f_1 = N_2 \times V_2 \times f_2$

따라서 $0.1\,N \times 25.15\,mL \times 1.0 = 0.1\,N \times 25\,mL \times f_2$

$$\therefore f_2 = \frac{0.1\,N \times 25.15\,mL \times 1.0}{0.1\,N \times 25\,mL}$$

$$= 1.006$$

23 답 ㉱

풀이 $N_1 \times V_1 \times f_1 = N_2 \times V_2 \times f_2$

$0.1038N \times 25mL \times 1.0 = 0.1N \times 25mL \times f_2$

$f_2 = 1.038$

TIP
① 표준용액인 중크롬산칼륨의 역가는 1.0 기준
② 적정용액인 티오황산나트륨용액의 농도는 0.1N 기준

24 답 ㉯

풀이 $M_1 \times V_1 \times f_1 = M_2 \times V_2 \times f_2$

$M_1 \times 25mL \times 1.0 = 0.1M \times 25.4mL \times 1.092$

$$\therefore M_1 = \frac{0.1\,M \times 25.4\,mL \times 1.092}{25\,mL \times 1.0}$$

$$= 0.11\,M$$

TIP
① $N_1 \times V_1 \times f_1 = N_2 \times V_2 \times f_2$
② 위의 식을 사용해야 하지만 HCl과 NaOH가 1가 이므로 M농도와 N농도가 같으므로 아래의 식을 사용할 수 있다.
$M_1 \times V_1 \times f_1 = M_2 \times V_2 \times f_2$

25 0.01N HCl 용액 200mL를 NaOH로 적정하니 80.00mL가 소요되었다면, 이때 NaOH의 농도(N)는 얼마인가?

㉮ 0.05N ㉯ 0.025N
㉰ 0.125N ㉱ 2.5N

25 답 ㉯

풀이 노르말 공식 : $N_1 \times V_1 = N_2 \times V_2$ 를 이용한다.
$0.01\,N \times 200\,mL = N_2 \times 80\,mL$
$\therefore N_2 = \dfrac{0.01\,N \times 200\,mL}{80\,mL} = 0.025N$

26 미지 농도의 염산 용액 100mL를 중화하는데 0.2N NaOH 용액 250mL가 소모되었다. 염산용액의 농도는 얼마인가?

㉮ 0.05N ㉯ 0.1N
㉰ 0.2N ㉱ 0.5N

26 답 ㉱

풀이 노르말 공식 : $N_1 \times V_1 = N_2 \times V_2$ 를 이용한다.
$N_1 \times 100\,mL = 0.2\,N \times 250\,mL$
$\therefore N_1 = \dfrac{0.2\,N \times 250\,mL}{100\,mL} = 0.5\,N$

27 0.2mol/L H_2SO_4 수용액 100mL를 중화시키는데 필요한 NaOH의 질량(g)은 얼마인가?

㉮ 0.4g ㉯ 0.8g
㉰ 1.2g ㉱ 1.6g

27 답 ㉱

풀이 0.2mol/L H_2SO_4의 $[H^+] = 0.2\,mol/L \times 2 = 0.4\,mol/L$
따라서 중화에 필요한 $[OH^-] = 0.4\,mol/L$ 이다.
그리고 $[OH^-]$는 1가 물질이므로 M 농도와 N 농도가 동일하다.
따라서 $NaOH(g) = \dfrac{0.4\,eq}{L} \Big| \dfrac{0.1\,L}{} \Big| \dfrac{40\,g}{1\,eq} = 1.6\,g$

TIP
① M(몰) 농도 = mol/L
② N(노르말) 농도 = eq/L
③ M 농도 × 가수 = N 농도
④ H_2SO_4에서 가수는 H의 개수이므로 2가이다.

28 공업용 NaOH의 순도를 알고자 4.0g을 물에 용해시켜 1L로 하고 그 중 25mL를 취하여 0.1N H_2SO_4로 중화시키는데 20mL가 소요되었다. 이 NaOH의 순도(%)는 얼마인가?(단, 원자량은 Na = 23, S = 32, H = 1, O = 16이다.)

㉮ 60% ㉯ 70%
㉰ 80% ㉱ 90%

28 답 ㉰

풀이 ① NaOH의 N 농도를 구한다.
$N(eq/L) = \dfrac{질량(g)}{부피(L)} \times \dfrac{1\,eq}{분자량(g)/당량수}$
$= \dfrac{4.0\,g}{1\,L} \times \dfrac{1\,eq}{40\,g/1} = 0.1\,N$

② 중화적정공식을 사용하여 순도(%)를 계산한다.
$0.1\,N \times 25\,mL \times 순도(\%) = 0.1\,N \times 20\,mL \times 100\%$
$\therefore 순도 = \dfrac{0.1\,N \times 20\,mL \times 100\%}{0.1\,N \times 25\,mL} = 80\%$

29 황산(H_2SO_4 = 98) 1.5N 용액 3L를 1N 용액으로 만들고자 한다. 필요한 물의 양(L)은 얼마인가?

㉮ 1.5L   ㉯ 2.5L
㉰ 3.5L   ㉱ 4.5L

30 농도를 모르는 H_2SO_4 25mL를 완전히 중화하는데 0.2M NaOH용액 50mL가 필요하였다. 이 H_2SO_4의 농도는 몇 M인가?

㉮ 0.1M   ㉯ 0.2M
㉰ 0.3M   ㉱ 0.4M

31 3N-HCl 60mL에 5N-HCl 40mL를 혼합한 용액의 노르말농도(N)는 얼마인가?

㉮ 1.6N   ㉯ 3.8N
㉰ 5.0N   ㉱ 7.2N

32 0.1M NaOH 0.5L와 0.2M HCl 0.5L를 혼합한 용액의 몰 농도(M)는 얼마인가?

㉮ 0.05   ㉯ 0.1
㉰ 0.3   ㉱ 1

---

29 답 ㉮
풀이 ① 노르말 공식 : $N_1 \times V_1 = N_2 \times V_2$를 이용한다.
$1.5\,N \times 3L = 1\,N \times V_2$
$\therefore V_2 = \dfrac{1.5\,N \times 3L}{1\,N} = 4.5\,L$
② 필요한 물의 양 = 1N 용액량 - 1.5N 용액량
= 4.5L - 3L = 1.5L

30 답 ㉯
풀이 ① 중화적정공식 $N_1 \times V_1 = N_2 \times V_2$을 이용한다.
$N_1 \times 25\,mL = 0.2\,N \times 50\,mL$
$\therefore N_1 = 0.4\,N$
② M 농도 = N 농도 ÷ 가수
= 0.4N ÷ 2 = 0.2 M

TIP
몰(M) 농도와 노르말(N) 농도의 관계
① 몰(M) 농도 × 가수 = 노르말(N) 농도
② 노르말(N) 농도 ÷ 가수 = 몰(M) 농도
③ 산성물질에서 가수는 화합물에 있는 수소이온[H^+]의 개수
④ 알칼리성물질에서 가수는 화합물에 있는 수산이온[OH^-]의 개수
⑤ H_2SO_4은 [H^+]가 2개이므로 2가이다.
⑥ NaOH는 [OH^-]가 1개이므로 1가이다.

31 답 ㉯
풀이 혼합용액의 N 농도 = $\dfrac{N_1V_1 + N_2V_2}{V_1 + V_2}$
$= \dfrac{3N \times 60\,mL + 5N \times 40\,mL}{60\,mL + 40\,mL}$
$= 3.8\,N$

32 답 ㉮
풀이 혼합공식을 이용한다.
혼합농도(C_m) = $\dfrac{Q_1C_1 - Q_2C_2}{Q_1 + Q_2}$
$= \dfrac{0.2\,M \times 0.5\,L - 0.1\,M \times 0.5\,L}{0.5\,L + 0.5\,L} = 0.05\,M$

TIP
혼합공식
① 액성이 같은 경우 : $C_m = \dfrac{Q_1C_1 + Q_2C_2}{Q_1 + Q_2}$
② 액성이 다른 경우 : $C_m = \dfrac{Q_1C_1 - Q_2C_2}{Q_1 + Q_2}$

33 0.205M의 Ba(OH)$_2$ 용액이 있다. 이 용액의 몰랄 농도(M)는 얼마인가? (단, Ba(OH)$_2$의 분자량은 171.34이다.)

㉮ 0.205 ㉯ 0.212
㉰ 0.351 ㉱ 3.51

33 답 ㉮

풀이 몰랄 농도 $\left(\dfrac{mol}{kg}\right) = \dfrac{M농도(mol)}{(L)} \times \dfrac{(L)}{밀도(kg)}$

$= \dfrac{0.205\,mol}{L} \times \dfrac{L}{1.0\,kg}$

$= 0.205\,mol/kg$

TIP 4℃ 물의 밀도는 1.0kg/L이다.

34 분자량이 100인 어떤 비전해질을 물에 녹였더니 5M 수용액이 되었다. 이 수용액의 밀도가 1.3g/mL이면 몰랄농도(molality)는 얼마인가?

㉮ 6.25 ㉯ 7.13
㉰ 8.15 ㉱ 9.84

34 답 ㉮

풀이 몰랄 농도는 용매 1kg에 녹는 용질의 몰수이다.
밀도 1.3g/mL = 1300g/L (용액 1L의 질량이 1300g이다.)
5M의 용질의 질량 $= \dfrac{5\,mol}{L} \times \dfrac{100\,g}{1\,mol} = 500\,g$
용매의 질량 $= 1300\,g - 500\,g$
따라서 몰랄 농도 $= \dfrac{5M}{(1300-500)\,g \times 10^{-3}\,kg/g}$
$= 6.25\,(M/kg)$

35 물 500g에 비전해질 물질이 12g 녹아있다. 이 용액의 어는점이 -0.93℃일 때 녹아있는 비전해질의 분자량은 얼마인가? (단, 물의 어는점 내림 상수(K$_f$)는 1.86이다.)

㉮ 6 ㉯ 12
㉰ 24 ㉱ 48

35 답 ㉱

풀이 비등점 상승도(ΔT_b) = 몰랄 농도(m) × 물의 어는점 내림상수(K$_f$)
몰랄 농도(m) $= \dfrac{용질의\,무게(g)}{용질의\,분자량(g)} \times \dfrac{1000}{용매의\,무게(g)}$
따라서 비등점 상승도(ΔT_b)
= 몰랄 농도(m) × 물의 어는점 내림상수(K$_f$)
$= \dfrac{용질의\,무게(g)}{용질의\,분자량(g)} \times \dfrac{1000}{용매의\,무게(g)}$
× 물의 어는점 내림상수(K$_f$)
따라서 용질의 분자량
$= \dfrac{용질의\,무게 \times 1000 \times 물의\,어는점\,내림\,상수}{비등점\,상승도 \times 용매의\,무게}$
$= \dfrac{12\,g \times 1000 \times 1.86}{0.93 \times 500\,g} = 48$

36 소금 200g을 물 600g에 녹였을 때 소금 용액의 wt% 농도는 얼마인가?

㉮ 25% ㉯ 33.3%
㉰ 50% ㉱ 60%

36 답 ㉮

풀이 $wt(\%) = \dfrac{용질(g)}{용질(g)+용매(g)} \times 100$
$= \dfrac{200\,g}{200\,g+600\,g} \times 100$
$= 25\%$

37 염화나트륨 10g을 물 100mL에 용해한 액의 중량 농도는 얼마인가?

㉮ 9.09% ㉯ 10%
㉰ 11%   ㉱ 12%

37 답 ㉮

풀이 중량 농도(%) = $\dfrac{용질(g)}{용질(g)+용매(g)} \times 100(\%)$

= $\dfrac{10\,g}{10\,g+100\,g} \times 100 = 9.09\%$

T I P
① 물의 비중이 $1.0\,g/cm^3 = 1.0\,g/mL$
② 물(g) = $100\,mL \times 1.0\,g/mL = 100\,g$

38 물 200g에 $C_6H_{12}O_6$(포도당) 18g을 용해하였을 때 용액의 Wt% 농도는 얼마인가?

㉮ 7%   ㉯ 8.26%
㉰ 9%   ㉱ 10.26%

38 답 ㉯

풀이 wt(%) = $\dfrac{용질(g)}{용질(g)+용매(g)} \times 100$

= $\dfrac{18\,g}{18\,g+200\,g} \times 100 = 8.26\%$

39 25wt%의 NaOH 수용액 80g이 있다. 이 용액에 NaOH를 가하여 30wt%의 용액을 만들려고 한다. 약 몇 g의 NaOH를 가해야 하는가?

㉮ 3.7g   ㉯ 4.7g
㉰ 5.7g   ㉱ 6.7g

39 답 ㉰

풀이 ① 25wt%의 NaOH 수용액 80g에서
   NaOH = $80\,g \times 0.25 = 20\,g$
② 30wt%의 용액을 만들기 위해 가해야 하는 NaOH 양을 X라 하면 $30\,wt(\%) = \dfrac{20\,g+X}{80\,g+X} \times 100$

따라서 $0.3 \times (80\,g+X) = 20\,g+X$

∴ $X = 5.71\,g$

40 질산나트륨은 20°C 물 50g에 44g 녹는다. 20°C에서 물에 대한 질산나트륨의 용해도(%)는 얼마인가?

㉮ 22.0% ㉯ 44.0%
㉰ 66.0% ㉱ 88.0%

40 답 ㉱

풀이 용해도(%) = $\dfrac{용질(g)}{용매(g)} \times 100$

= $\dfrac{44\,g}{50\,g} \times 100 = 88.0\%$

41 어떤 물질 30g을 넣어 용액 150g을 만들었더니 더 이상 녹지 않았다. 이 물질의 용해도(%)는 얼마인가? (단, 온도는 변하지 않음.)

㉮ 20%　　㉯ 25%
㉰ 30%　　㉱ 35%

41 답 ㉯

풀이 용해도(%) = $\frac{용질의\ 질량(g)}{용매의\ 질량(g)} \times 100$

$= \frac{30g}{120g} \times 100 = 25\%$

TIP
① 용액 = 용질 + 용매
② 용매의 질량(g) = 용액의 질량 - 용질의 질량
　　　　　　　　= 150g - 30g = 120g

42 10℃에서 염화칼륨의 용해도는 43.1이다. 10℃, 염화칼륨 포화 용액의 % 농도는 얼마인가?

㉮ 30.1　　㉯ 43.1
㉰ 76.2　　㉱ 86.2

42 답 ㉮

풀이 ① 용해도 = $\frac{용질}{용매} \times 100$ 에서

$43.1 = \frac{용질(g)}{100g} \times 100$

따라서 용질 = 43.1g

② % 농도 = $\frac{용질(g)}{용액(g)} \times 100$

$= \frac{43.1g}{43.1g + 100g} \times 100 = 30.12\%$

43 30℃에서 소금의 용해도는 37g NaCl/100g H₂O이다. 이 온도에서 포화되어 있는 소금물 100g 중에 함유되어 있는 소금의 양(g)은 얼마인가?

㉮ 18.5g　　㉯ 27.0g
㉰ 37.0g　　㉱ 58.7g

43 답 ㉯

풀이 용해도(%) = $\frac{용질}{용매} \times 100$

용질(소금) = x, 용매(물) = 100 - x 이므로

$37 = \frac{x}{100-x} \times 100$

∴ x = 27.0g

TIP
$\frac{37gNaCl}{100gH_2O} = 37w/w\%$

44 25℃에서 용해도가 35인 염 20g을 50℃의 물 50mL에 완전 용해시킨 다음 25℃로 냉각하면 약 몇 g의 염이 석출되는가?

㉮ 2.0g　　㉯ 2.3g
㉰ 2.5g　　㉱ 2.8g

44 답 ㉰

풀이 ① 용해도(%) = $\frac{용질(g)}{용매(g)} \times 100$ 이므로

25℃에서 용해도가 35이면 $\frac{35g}{100g}$ 으로 나타낼 수 있다.

물(용매)의 밀도가 1g/mL이면 100g = 100mL 이다.

따라서 $\frac{35g}{100mL}$ 가 된다.

② 물(용매)를 100mL에서 50mL로 반으로 줄이면 용질도 35g에서 17.5g으로 반으로 줄어든다.

③ 따라서 석출되는 염의 양 = 20g - 17.5g = 2.5g

45 30% 수산화나트륨 용액 200g에 물 20g을 가하면 약 몇 %의 수산화나트륨 용액이 되겠는가?

㉮ 27.3% ㉯ 25.3%
㉰ 23.3% ㉱ 20.3%

45 답 ㉮

풀이 $30\% \times 200\,g = X\% \times (200\,g + 20\,g)$

$$\therefore X = \frac{30\% \times 200\,g}{(200\,g + 20\,g)} = 27.3\%$$

46 어떤 용기에 20℃, 2기압의 산소 8g이 들어있을 때 부피(L)는 얼마인가? (단, 산소는 이상기체로 가정하고, 이상기체상수 R의 값은 0.082 atm · L/mol · K이다.)

㉮ 3L ㉯ 6L
㉰ 9L ㉱ 12L

46 답 ㉮

풀이 $P \times V = \dfrac{W}{M} \times R \times T$

여기서 P : 압력(atm)
V : 부피(L)
W : 질량(g)
M : 분자량(g)
R : 기체상수(atm · L/mol · K)
T : 절대온도(K)

$2\,atm \times V = \dfrac{8\,g}{32\,g} \times 0.082\,atm \cdot L/mol \cdot K \times (273 + 20)K$

$\therefore V = \dfrac{8\,g \times 0.082\,atm \cdot L/mol \cdot K \times (273 + 20)K}{2\,atm \times 32g}$

$= 3.0\,L$

47 0℃, 2atm에서 산소 분자수가 2.15×10^{21}개다. 이때 부피(mL)는 얼마인가?

㉮ 40mL ㉯ 80mL
㉰ 100mL ㉱ 120mL

47 답 ㉮

풀이 $P \times V = \dfrac{W}{M} \times R \times T$

$2\,atm \times V = \dfrac{2.15 \times 10^{21}개}{6.02 \times 10^{23}개/1\,mol} \times 0.082\,atm \cdot L/mol \cdot K \times 273\,K$

$\therefore V = 0.04\,L = 40\,mL$

48 어떤 비전해질 3g을 물에 녹여 1L로 만든 용액의 삼투압을 측정하였더니, 27℃에서 1기압이었다. 이 물질의 분자량(g)은 약 얼마인가?

㉮ 33.8g ㉯ 53.8g
㉰ 73.8g ㉱ 93.8g

48 답 ㉰

풀이 $P \times V = \dfrac{W}{M} \times R \times T$

$1\,atm \times 1L = \dfrac{3\,g}{M\,g} \times 0.082\,atm \cdot L/mol \cdot K \times (273 + 27)K$

$\therefore M = \dfrac{3\,g \times 0.082\,atm \cdot L/mol \cdot K \times (273 + 27)K}{1\,atm \times 1\,L}$

$= 73.8\,g$

49 표준상태(0℃, 1atm)에서 부피가 22.4L인 어떤 기체가 있다. 이 기체를 같은 온도에서 4atm으로 압력을 증가시키면 부피는 얼마가 되는가?

㉮ 5.6L ㉯ 11.2L
㉰ 22.4L ㉱ 44.8L

50 101.325kPa에서 부피가 22.4L인 어떤 기체가 있다. 이 기체를 같은 온도에서 압력을 202.650kPa로 하면 이 기체의 부피(L)는 얼마인가?

㉮ 5.6L ㉯ 11.2L
㉰ 22.4L ㉱ 44.8L

51 20℃에서 부피 1L를 차지하는 기체가 압력의 변화 없이 부피가 3배로 팽창하였을 때 절대온도(K)는 얼마인가? (단, 이상기체로 가정한다.)

㉮ 859K ㉯ 869K
㉰ 879K ㉱ 889K

52 일정한 압력하에서 10℃의 기체가 2배로 팽창하였을 때의 온도(℃)는 얼마인가?

㉮ 172℃ ㉯ 293℃
㉰ 325℃ ㉱ 487℃

53 27℃인 수소 4L를 압력을 일정하게 유지하면서 부피를 2L로 줄이려면 온도를 얼마로 하여야 하는가?

㉮ -273℃ ㉯ -123℃
㉰ 157℃ ㉱ 327℃

---

49 답 ㉮

풀이 압력(P)과 부피(V)의 조건이 있으므로 보일의 법칙을 이용한다.
$P_1 \times V_1 = P_2 \times V_2$에서
$1atm \times 22.4L = 4atm \times V_2$
$\therefore V_2 = \dfrac{1atm \times 22.4L}{4atm} = 5.6L$

50 답 ㉯

풀이 보일의 법칙을 이용한다.
$P_1 \times V_1 = P_2 \times V_2$
$101.325\,kPa \times 22.4L = 202.650\,kPa \times V_2$
$\therefore V_2 = \dfrac{101.325\,kPa \times 22.4L}{202.650\,kPa} = 11.2L$

51 답 ㉰

풀이 압력이 일정하고 온도와 부피의 변화가 있으므로 샤를의 법칙을 이용한다.
$\dfrac{V_1}{T_1} = \dfrac{V_2}{T_2}$
$\dfrac{1L}{(273+20)K} = \dfrac{3 \times 1L}{T_2}$
$\therefore T_2 = \dfrac{(273+20)K \times 3 \times 1L}{1L} = 879\,K$

52 답 ㉯

풀이 샤를의 법칙을 이용한다.
$\dfrac{V_1}{T_1} = \dfrac{V_2}{T_2}$
따라서 $\dfrac{1V_1}{(273+10)K} = \dfrac{2V_1}{T_2}$
$\therefore T_2 = \dfrac{(273+10)K \times 2V_1}{1V_1} = 566\,K$
따라서 $566\,K - 273 = 293℃$

53 답 ㉯

풀이 ① 샤를의 법칙 : $\dfrac{V_1}{T_1} = \dfrac{V_2}{T_2}$
따라서 $\dfrac{4L}{(273+27)K} = \dfrac{2L}{T_2}$
$\therefore T_2 = \dfrac{2L \times (273+27)K}{4L} = 150\,K$
② ℃ = K - 273 = 150\,K - 273 = -123℃

54 건조 공기 속에 헬륨은 0.00052%를 차지한다. 이는 몇 ppm인가?

㉮ 0.052   ㉯ 0.52
㉰ 5.2   ㉱ 52

54 답 ㉰
풀이 $0.00052\% \times 10^4 = 5.2\,\text{ppm}$

TIP
① %는 ppm보다 10^4 큰 값이다.
② % $\xrightarrow{\times 10^4}$ ppm
③ ppm $\xrightarrow{\times 10^{-4}}$ %

55 1ppm은 몇 % 인가?

㉮ 10^{-2} ㉯ 10^{-3}
㉰ 10^{-4} ㉱ 10^{-5}

55 답 ㉰
풀이 $1\,\text{ppm} \times 10^{-4} = 10^{-4}\%$

56 투광도가 50%일 때 흡광도는 얼마인가?

㉮ 0.25   ㉯ 0.30
㉰ 0.35   ㉱ 0.40

56 답 ㉯
풀이 흡광도(A) $= \log \dfrac{1}{\text{투광도}} = \log \dfrac{1}{0.50} = 0.30$

57 분광광도계를 이용하여 시료의 투과도를 측정한 결과 투과도가 10%T이었다. 이때 흡광도는 얼마인가?

㉮ 0.5   ㉯ 1
㉰ 1.5   ㉱ 2

57 답 ㉯
풀이 흡광도(A) $= \log \dfrac{1}{\text{투과도}} = \log \dfrac{1}{0.1} = 1.0$

58 용액의 두께가 10cm, 농도가 5mol/L이며 흡광도가 0.2이면 몰흡광도(L/mol·cm)계수는 얼마인가?

㉮ 0.001   ㉯ 0.004
㉰ 0.1   ㉱ 0.2

58 답 ㉯
풀이 $A = \epsilon \times C \times L$
여기서 A : 흡광도
ϵ : 몰흡광도계수(L/mol·cm)
C : 농도(M농도 = mol/L)
L : 용액의 두께(cm)
$0.2 = \epsilon \times 5\,\text{mol/L} \times 10\,\text{cm}$
$\therefore \epsilon = \dfrac{0.2}{5\,\text{mol/L} \times 10\,\text{cm}} = 0.004\,\text{L/mol·cm}$

59 1350cm^{-1}에서 나타나는 벤젠 흡수피크의 몰흡광계수의 값은 4950M^{-1}·cm^{-1}이다. 0.05mm 용기에서 이 피크의 흡광도가 0.01이 되는 벤젠의 몰 농도는 얼마인가?

㉮ 4.04×10^{-2}M ㉯ 4.04×10^{-3}M
㉰ 4.04×10^{-4}M ㉱ 4.04×10^{-5}M

60 분광광도계 흡광도가 0.300, 시료의 몰흡광계수가 0.02L/mol·cm, 광도의 길이가 1.2cm라면 시료의 농도(mol/L)는 얼마인가?

㉮ 0.125 ㉯ 1.25
㉰ 12.5   ㉱ 125

61 AgCl의 용해도가 0.0016g/L일 때 AgCl의 용해도 곱은 약 얼마인가? (단, Ag의 원자량은 108, Cl의 원자량은 35.5이다.)

㉮ 1.12×10^{-5} ㉯ 1.12×10^{-3}
㉰ 1.2×10^{-5} ㉱ 1.21×10^{-10}

62 초산은의 포화수용액은 1L 속에 0.059몰을 함유하고 있다. 전리도가 50%라 하면 이 물질의 용해도곱은 얼마인가?

㉮ 2.95×10^{-2} ㉯ 5.9×10^{-2}
㉰ 5.9×10^{-4} ㉱ 8.7×10^{-4}

---

59 답 ㉰
풀이 $A = \epsilon \times C \times L$
$0.01 = 4950\,\mathrm{M^{-1} \cdot cm^{-1}} \times C \times 0.005\,\mathrm{cm}$
$\therefore C = \dfrac{0.01}{4950\,\mathrm{M^{-1} \cdot cm^{-1}} \times 0.005\,\mathrm{cm}} = 4.04 \times 10^{-4}\,\mathrm{M}$

60 답 ㉰
풀이 $A = \epsilon \cdot C \cdot L$
$0.3 = 0.02\,\mathrm{L/mol \cdot cm} \times C \times 1.2\,\mathrm{cm}$
$\therefore C = \dfrac{0.3}{0.02\,\mathrm{L/mol \cdot cm} \times 1.2\,\mathrm{cm}} = 12.5\,\mathrm{mol/L}$

61 답 ㉱
풀이 ① AgCl → Ag$^+$ + Cl$^-$
    xM   xM   xM
② AgCl의 M 농도를 계산한다.
$\mathrm{mol/L} = \dfrac{질량(g)}{부피(L)} \times \dfrac{1\,\mathrm{mol}}{분자량(g)}$
$= \dfrac{0.0016\,\mathrm{g}}{1\,\mathrm{L}} \times \dfrac{1\,\mathrm{mol}}{143.5\,\mathrm{g}} = 1.1 \times 10^{-5}\,\mathrm{mol/L}$
③ xM = 1.1×10^{-5} mol/L
④ 용해도곱(ksp) = [Ag$^+$][Cl$^-$] = x × x = x^2
  = $(1.1 \times 10^{-5}\,\mathrm{M})^2 = 1.21 \times 10^{-10}$

62 답 ㉱
풀이 CH$_3$COOAg $\xrightarrow{50\% \text{ 전리}}$ CH$_3$COO$^-$ + Ag$^+$
전리 후 농도 $0.059\mathrm{M} \times 0.5$ $0.059\mathrm{M} \times 0.5$
용해도곱(Ksp) = [CH$_3$COO$^-$][Ag$^+$]
= $[0.059\mathrm{M} \times 0.5][0.059\mathrm{M} \times 0.5]$
= 8.7×10^{-4}

TIP
① 초산은 = CH$_3$COOAg
② 용해도곱 = 용해도적 = Ksp

63 농도가 1.0×10^{-5} mol/L인 HCl 용액이 있다. HCl 용액이 100% 전리한다고 한다면 25℃에서 OH⁻의 농도(mol/L)는 얼마인가?

㉮ 1.0×10^{-14} ㉯ 1.0×10^{-10}
㉰ 1.0×10^{-9} ㉱ 1.0×10^{-7}

64 질량수가 23인 나트륨의 원자번호가 11이라면 양성자수는 얼마인가?

㉮ 11   ㉯ 12
㉰ 23   ㉱ 34

65 나트륨(Na)원자는 11개의 양성자와 12개의 중성자를 가지고 있다. 원자번호와 질량수는 각각 얼마인가?

㉮ 원자번호 : 11, 질량수 : 12
㉯ 원자번호 : 12, 질량수 : 11
㉰ 원자번호 : 11, 질량수 : 23
㉱ 원자번호 : 11, 질량수 : 1

66 칼륨(K) 원자는 19개의 양성자와 20개의 중성자를 가지고 있다. 원자번호와 질량수는 각각 얼마인가?

㉮ 9, 19   ㉯ 9, 39
㉰ 19, 20 ㉱ 19, 39

67 원자번호 18번인 아르곤(Ar)의 질량수가 25일 때 중성자의 수는 얼마인가?

㉮ 7   ㉯ 8
㉰ 42   ㉱ 43

---

63 답 ㉰

풀이
$$HCl \xrightarrow{100\% \text{ 전리}} H^+ + Cl^-$$
1.0×10^{-5}M 1.0×10^{-5}M 1.0×10^{-5}M

$Kw = [H^+][OH^-]$
$1.0 \times 10^{-14} = [1.0 \times 10^{-5}M][OH^-]$
$\therefore [OH^-] = \dfrac{1.0 \times 10^{-14}}{1.0 \times 10^{-5}M} = 1.0 \times 10^{-9}$M

TIP
① M 농도 = mol/L
② 용해도곱(Kw) = 1.0×10^{-14}

64 답 ㉮

풀이 원자번호가 양성자수이므로 정답은 11이다.

TIP
원자번호 및 질량수
① 원자의 표시 $^{질량수}_{원자번호}X^{전하량}_{원자수}$
② 원자번호 = 양성자 수 = 전자 수
③ 질량수 = 양성자 수 + 중성자 수
④ 동위원소 : 양성자 수는 같고 중성자 수가 다른 원자

65 답 ㉰

풀이 ① 원자번호 = 양성자수 = 전자수 = 11
② 질량수 = 양성자수 + 중성자수 = 11 + 12 = 23

66 답 ㉱

풀이 ① 원자번호 = 양성자수 = 19
② 질량수 = 양성자수 + 중성자수 = 19 + 20 = 39

67 답 ㉮

풀이 중성자 수 = 질량수 - 양성자 수 = 25 - 18 = 7

68 원자번호 20인 Ca의 원자량은 40이다. 원자핵의 중성자 수는 얼마인가?

㉮ 19　　㉯ 20
㉰ 30　　㉱ 40

69 $MgCl_2$ 2몰에 포함된 염소분자는 몇 개인가?

㉮ 6.02×10^{23}개　　㉯ 12.04×10^{23}개
㉰ 18.06×10^{23}개　　㉱ 24.08×10^{23}개

70 수소 분자 6.02×10^{23}개의 질량은 몇 g 인가?

㉮ 2　　㉯ 16
㉰ 18　　㉱ 20

71 0℃, 1기압에서 수소 22.4L 속의 분자의 수는 얼마인가?

㉮ 5.38×10^{22}　　㉯ 3.01×10^{23}
㉰ 6.02×10^{23}　　㉱ 1.20×10^{24}

72 pH가 10인 NaOH 용액 1L에는 Na^+ 이온이 몇 개 포함되어 있는가? (단, 아보가드로수는 6×10^{23}이다.)

㉮ 6×10^{16}　　㉯ 6×10^{19}
㉰ 6×10^{21}　　㉱ 6×10^{25}

73 질산(HNO_3)의 분자량은 얼마인가? (단, 원자량 H = 1, N = 14, O = 16이다.)

㉮ 63　　㉯ 65
㉰ 67　　㉱ 69

---

68 답 ㉱
풀이 질량수 = 양성자수 + 중성자수
따라서 중성자수 = 질량수 - 양성자수 = 40 - 20 = 20

69 답 ㉯
풀이 1몰에 해당하는 염소분자의 개수는 6.02×10^{23}개이므로 2몰에 포함되는 염소분자의 개수는 $2 \times 6.02 \times 10^{23}$개이다.

TIP
아보가드로수에 의해서 1mol $\begin{cases} \text{분자량 (71g)} \\ \text{부피 (22.4L)} \\ 6.02 \times 10^{23}\text{개} \end{cases}$

70 답 ㉮
풀이 수소(H_2) 1mol $\begin{cases} \text{분자량 (2g)} \\ \text{부피 (22.4L)} \\ 6.02 \times 10^{23}\text{개} \end{cases}$

71 답 ㉰
풀이 0℃, 1기압에서 수소 22.4L 속의 분자의 수는 6.02×10^{23}개이다.

72 답 ㉯
풀이 pH + pOH = 14에서 pOH = 14 - pH = 14 - 10 = 4
$[OH^-] = 10^{-pOH}$ mol/L $= 10^{-4}$ mol/L
$[Na^+] : [OH^-] = 1 : 1$이므로 $[Na^+] = 10^{-4}$ mol/L가 된다.
따라서 Na^+ 이온의 개수
$= \dfrac{6.02 \times 10^{23}\text{개}}{\text{mol}} \times \dfrac{10^{-4}\text{mol}}{L} \times \dfrac{1L}{} = 6.02 \times 10^{19}$개

73 답 ㉮
풀이 분자량 = 원자량 + 원자량 = 1 + 14 + 3 × 16 = 63

74 과망간산칼륨 표준용액을 조제하려고 한다. 과망간산칼륨의 분자량은 얼마인가? (단, 원자량은 각각 K = 39, Mn = 55, O = 16이다.)

㉮ 126 ㉯ 142
㉰ 158 ㉱ 197

75 분광분석법에서는 파장을 nm 단위로 사용한다. 1nm는 몇 m인가?

㉮ 10^{-3} ㉯ 10^{-6}
㉰ 10^{-9} ㉱ 10^{-12}

76 다음 중 1nm에 해당되는 값은 어느 것인가?

㉮ 10^{-7} m ㉯ 1μm
㉰ 10^{-9} m ㉱ 1Å

77 중크롬산칼륨 표준용액 1000ppm으로 10ppm의 시료용액 100mL를 제조하고자 한다. 필요한 표준용액의 양(mL)은 얼마인가?

㉮ 1mL ㉯ 10mL
㉰ 100mL ㉱ 1,000mL

78 분광광도계 실험에서 과망간산칼륨 시료 1000ppm을 40ppm으로 희석시키려면, 100mL 플라스크에 시료 몇 mL를 넣고 표선까지 물을 채워야 하는가?

㉮ 2mL ㉯ 4mL
㉰ 20mL ㉱ 40mL

---

74 답 ㉰
풀이 과망간산칼륨($KMnO_4$)의 분자량
= 39 + 55 + 4 × 16 = 158

75 답 ㉰
풀이 1nm = 10^{-6}mm = 10^{-7}cm = 10^{-9}m

76 답 ㉰
풀이 1nm = 10^{-6}mm = 10^{-7}cm = 10^{-9}m

77 답 ㉮
풀이 ① 희석 배수치 = $\dfrac{\text{희석 전 용액의 농도}}{\text{희석 후 용액의 농도}}$
= $\dfrac{1,000\,ppm}{10\,ppm}$ = 100배

② 표준용액의 양(mL) = $\dfrac{\text{시료 조제용량(mL)}}{\text{희석 배수치}}$
= $\dfrac{100\,mL}{100}$ = 1 mL

78 답 ㉯
풀이 ① 희석배수치 = $\dfrac{\text{희석 전 농도}}{\text{희석 후 농도}}$ = $\dfrac{1000\,ppm}{40\,ppm}$ = 25

② 시료량 = $\dfrac{\text{조제용량}}{\text{희석 배수}}$ = $\dfrac{100\,mL}{25}$ = 4 mL

79 과망간산칼륨($KMnO_4$) 표준용액 1000ppm을 이용하여 30ppm의 시료용액을 제조하고자 한다. 그 방법으로 알맞은 것은?

㉮ 3mL를 취하여 메스플라스크에 넣고 증류수로 채워 10mL가 되게 한다.
㉯ 3mL를 취하여 메스플라스크에 넣고 증류수로 채워 100mL가 되게 한다.
㉰ 3mL를 취하여 메스플라스크에 넣고 증류수로 채워 1000mL가 되게 한다.
㉱ 30mL를 취하여 메스플라스크에 넣고 증류수로 채워 10000mL가 되게 한다.

80 다음 중 표준상태(0°C, 101.3kPa)에서 22.4L의 무게가 가장 가벼운 기체는 어느 것인가?

㉮ 질소 ㉯ 산소
㉰ 아르곤 ㉱ 이산화탄소

81 어떤 기체의 공기에 대한 비중이 1.10이라면 이것은 어떤 기체의 분자량과 동일한가? (단, 공기의 평균 분자량은 29이다.)

㉮ H_2 ㉯ O_2
㉰ N_2 ㉱ CO_2

---

79 답 ㉯

풀이 ① 희석배수치 = $\dfrac{\text{표준용액}}{\text{시료용액}} = \dfrac{1000\,ppm}{30\,ppm} = 33.33$배

② 표준용액의 양 = $\dfrac{\text{용액의 양}(mL)}{\text{희석배수치}}$

③ 용액의 양을 10mL 조제할 경우 표준용액의 양
 = $\dfrac{10\,mL}{33.33} = 0.3\,mL$

④ 용액의 양을 100mL 조제할 경우 표준용액의 양
 = $\dfrac{100\,mL}{33.33} = 3.0\,mL$

⑤ 용액의 양을 1,000mL 조제할 경우 표준용액의 양
 = $\dfrac{1,000\,mL}{33.33} = 30\,mL$

⑥ 용액의 양을 10,000mL 조제할 경우 표준용액의 양
 = $\dfrac{10,000\,mL}{33.33} = 300\,mL$

80 답 ㉮

풀이 분자량이 가장 작은 기체가 가장 가벼운 기체이므로 정답은 ㉮ 질소이다.

TIP

분자량
㉮ 질소(N_2) = $2 \times 14 = 28$
㉯ 산소(O_2) = $2 \times 16 = 32$
㉰ 아르곤(Ar) = 40
㉱ 이산화탄소(CO_2) = $12 + 2 \times 16 = 44$

81 답 ㉯

풀이 기체의 비중
 = $\dfrac{\text{기체의 분자량}(kg)}{\text{공기의 분자량}(kg)} = \dfrac{\text{기체의 분자량}(kg)}{29\,kg}$
따라서 기체의 분자량 = 기체의 비중 × 29 kg
 = $1.10 \times 29\,kg = 31.9\,kg$
따라서 보기 중 분자량이 32kg인 가스가 정답이 된다.
㉮ 2kg ㉯ 32kg ㉰ 28kg ㉱ 44kg 이므로
㉯ O_2가 정답이 된다.

82 20℃, 0.5atm에서 10L인 기체가 있다. 표준상태에서 이 기체의 부피(L)는 얼마인가?

㉮ 2.54L　　　㉯ 4.66L
㉰ 5L　　　　㉱ 10L

83 과망간산칼륨 시료를 20ppm으로 1L를 만들려고 한다. 이 때 과망간산칼륨을 몇 g 칭량하여야 하는가?

㉮ 0.0002g　　㉯ 0.002g
㉰ 0.02g　　　㉱ 0.2g

84 산소분자의 확산 속도는 수소분자의 확산 속도의 얼마 정도 인가?

㉮ 4배　　　　㉯ $\frac{1}{4}$배
㉰ 16배　　　 ㉱ $\frac{1}{16}$배

85 수소(H^+) 이온의 농도가 0.01mol/L 일 때 수소이온 농도 지수(pH)는 얼마인가?

㉮ 1　　　　　㉯ 2
㉰ 13　　　　 ㉱ 14

86 수산화이온의 농도가 5×10^{-5}M 일 때 이 용액의 pH는 얼마인가?

㉮ 7.7　　　　㉯ 8.3
㉰ 9.7　　　　㉱ 10.3

87 0.01M NaOH의 pH는 얼마인가?

㉮ 10　　　　 ㉯ 11
㉰ 12　　　　 ㉱ 13

---

82 답 ㉯
풀이 기체의 부피(L)
$$= \frac{10L(현재)}{1} \times \frac{273+0℃(표준)}{273+20℃(현재)} \times \frac{0.5\,atm(현재)}{1\,atm(표준)}$$
$$= 4.66L$$

83 답 ㉰
풀이 $g = \frac{20 \times 10^{-3}g}{L} \times \frac{1L}{1} = 0.02\,g$

TIP
① ppm = mg/L
② mg/L × 10^{-3} = g/L
③ 과망간산칼륨 = $KMnO_4$

84 답 ㉯
풀이 확산 속도 = $\sqrt{\frac{H_2의\ 분자량(g)}{O_2의\ 분자량(g)}} = \sqrt{\frac{2g}{32g}} = \frac{1}{4}$

85 답 ㉯
풀이 pH = $-\log[H^+]$
$= -\log[0.01\,mol/L]$
$= 2.0$

TIP
① 산성물질에서 pH = $-\log[H^+]$
② 알칼리성물질에서 pH = $14 + \log[OH^-]$
③ 수산화 이온 = $[OH^-]$
④ NaOH는 알칼리성 물질이다.
⑤ pH + pOH = 14이므로 pOH = 14 - pH

86 답 ㉰
풀이 pH = $14 + \log[OH^-]$
$= 14 + \log[5 \times 10^{-5}M]$
$= 9.70$

87 답 ㉰
풀이 알칼리성물질에서 pH = $14 + \log[OH^-]$ 이므로
pH = $14 + \log[0.01M] = 12$

88 pH가 3인 산성용액이 있다. 이 용액의 몰(M) 농도는 얼마인가? (단, 용액은 일염기산이며 100% 이온화된다.)

㉮ 0.0001 ㉯ 0.001
㉰ 0.01   ㉱ 0.1

89 pH의 값이 5일 때 pOH의 값은 얼마인가?

㉮ 3 ㉯ 5
㉰ 7 ㉱ 9

90 0.001M HCl 용액의 pH는 얼마인가?

㉮ 2 ㉯ 3
㉰ 4 ㉱ 5

91 pH 4인 용액 농도는 pH 6인 용액 농도의 몇 배에 해당하는가?

㉮ $\dfrac{1}{2}$ ㉯ $\dfrac{1}{200}$
㉰ 2   ㉱ 100

92 다음 수용액 중 산성이 가장 강한 것은 어느 것인가?

㉮ pH = 5인 용액
㉯ [H$^+$] = 10^{-8}M인 용액
㉰ [OH$^-$] = 10^{-4}M인 용액
㉱ pOH = 7인 용액

93 0.400M의 암모니아 용액의 pH는 얼마인가? (단, 암모니아의 K_b 값은 1.8×10^{-5}이다.)

㉮ 9.25   ㉯ 10.33
㉰ 11.44 ㉱ 12.57

---

88 답 ㉯
풀이 pH $= -\log[\text{H}^+]$ 에서
$[\text{H}^+] = 10^{-\text{pH}}\,\text{mol/L} = 10^{-3}\,\text{mol/L} = 0.001\,\text{mol/L}$

89 답 ㉱
풀이 pH + pOH = 14 이므로 pOH = 14 − pH = 14 − 5 = 9

90 답 ㉯
풀이 $\text{HCl} \rightarrow \text{H}^+ + \text{Cl}^-$
xM   xM   xM
따라서 xM = 0.001 M 이므로 [H$^+$] = 0.001 M 이 된다.
∴ pH $= -\log[\text{H}^+] = -\log[0.001\,\text{M}] = 3.0$

91 답 ㉱
풀이 ① pH $= -\log[\text{H}^+] \Rightarrow [\text{H}^+] = 10^{-\text{pH}}\,\text{mol/L}$
② $\dfrac{\text{pH 4}}{\text{pH 6}} = \dfrac{10^{-4}\,\text{mol/L}}{10^{-6}\,\text{mol/L}} = 100$

92 답 ㉮
풀이 ㉮ pH = 5인 용액
㉯ [H$^+$] = 10^{-8}M 인 용액의
pH $= -\log[\text{H}^+] = -\log[10^{-8}\text{M}] = 8.0$
㉰ [OH$^-$] = 10^{-4}M 인 용액의
pH $= 14 + \log[\text{OH}^-] = 14 + \log[10^{-4}\text{M}] = 10$
㉱ pOH = 7인 용액인 용액의
pH $= 14 - \text{pOH} = 14 - 7 = 7.0$
따라서 pH가 0에 가까울수록 강한 산성이므로 정답은 ㉮번이다.

93 답 ㉰
풀이 ① $\text{NH}_3 + \text{H}_2\text{O} \rightarrow \text{NH}_4^+ + \text{OH}^-$
$K_b = \dfrac{[\text{NH}_4^+][\text{OH}^-]}{[\text{NH}_3]} = \dfrac{[\text{OH}^-]^2}{[\text{NH}_3]}$
$1.8 \times 10^{-5} = \dfrac{[\text{OH}^-]^2}{[0.4\,\text{M}]}$
∴ $[\text{OH}^-] = (1.85 \times 10^{-5} \times 0.4\,\text{M})^{\frac{1}{2}} = 0.00272\,\text{M}$
② pH $= 14 + \log[\text{OH}^-] = 14 + \log[0.00272\,\text{M}]$
$= 11.44$

TIP
① 암모니아(NH$_3$)는 약알칼리성 물질이다.
② 약알칼리성 물질이므로 반응식에서 [NH$_4^+$] = [OH$^-$]이다.
③ 알칼리성 물질에서 pH $= 14 + \log[\text{OH}^-]$

94 A + 2B → 3C + 4D와 같은 기초 반응에서 A, B의 농도를 각각 2배로 하면 반응 속도는 몇 배로 되겠는가?

㉮ 2배 ㉯ 4배
㉰ 8배 ㉱ 16배

95 반감기가 5년인 방사성원소가 있다. 이 동위원소 2g이 10년이 경과하였을 때 몇 g이 남겠는가?

㉮ 0.125 ㉯ 0.25
㉰ 0.5   ㉱ 1.5

96 요소 비료 중에 포함된 질소의 함량(%)은 얼마인가? (단, C = 12, N = 14, O = 16, H = 1)

㉮ 44.7% ㉯ 45.7%
㉰ 46.7% ㉱ 47.7%

97 어떤 용액의 전도도를 측정하였더니 0.5Ω^{-1}이었다. 이 용액의 저항(Ω)은 얼마인가?

㉮ 0.5Ω ㉯ 1Ω
㉰ 1.5Ω ㉱ 2Ω

98 600K를 랭킨온도 °R로 표시하면 얼마가 되는가?

㉮ 327°R   ㉯ 600°R
㉰ 1,080°R ㉱ 1,112°R

---

94 답 ㉰
풀이 A + 2B → 3C + 4D 에서
반응속도(V) = [A][B]^2 = [2][2]^2 = 8배

95 답 ㉰
풀이 ① 반감기 : $\ln \frac{1}{2} = -k \times t$
$\ln \frac{1}{2} = -k \times 5년$
∴ k = 0.1386/년
② 1차 반응식 : $\ln \frac{C_t}{C_o} = -k \times t$
$\ln \frac{C_t}{2g} = -0.1386/년 \times 10년$
∴ $C_t = 2g \times e^{-0.1386/년 \times 10년}$
= 0.5 g

96 답 ㉰
풀이 요소는 $(NH_2)_2CO$ 이며 분자량은 60이다.
따라서 질소의 함량(%) = $\frac{2 \times 14g}{60g} \times 100 = 46.67\%$

97 답 ㉱
풀이 전도도 = $\frac{1}{저항}$
∴ 저항 = $\frac{1}{전도도} = \frac{1}{0.5Ω^{-1}} = 2Ω$

98 답 ㉰
풀이 ① K → ℃ : K − 273 = ℃ 이므로 600K − 273 = 327℃
② ℃ → °F : ℃ × 1.8 + 32 이므로
327℃ × 1.8 + 32 = 620.6°F
③ °F → °R : °F + 460 = 620.6°F + 460 = 1,080.6°R

TIP
온도 표시
① ℃ : 섭씨온도
② K : 절대온도
③ °F : 화씨온도
④ °R : 랭킨온도

99 수은 기압계에서 수은 기둥의 높이가 380mm이었다. 이것은 약 몇 atm인가?

㉮ 0.5atm ㉯ 0.6atm
㉰ 0.7atm ㉱ 0.8atm

100 일정한 온도에서 1atm의 이산화탄소 1L와 2atm의 질소 2L를 밀폐된 용기에 넣었더니 전체 압력이 2atm이 되었다. 이 용기의 부피(L)는 얼마인가?

㉮ 1.5L ㉯ 2L
㉰ 2.5L ㉱ 3L

101 프로페인(C_3H_8) 4L를 완전연소할 때 필요한 공기량(L)은 얼마인가? (단, 표준상태 기준이며, 공기 중의 O_2는 20%이다.)

㉮ 11.2L ㉯ 22.4L
㉰ 100L   ㉱ 140L

102 10g의 프로판이 완전연소하면 몇 g의 CO_2가 발생하는가?

㉮ 25g ㉯ 27g
㉰ 30g ㉱ 33g

---

99 답 ㉮

풀이 1 atm : 760 mmHg = X : 380 mmHg
$$\therefore X = \frac{1\,atm \times 380\,mmHg}{760\,mmHg} = 0.5\,atm$$

TIP
1atm = 760mmHg = 10332mmH$_2$O

100 답 ㉰

풀이 용기의 부피(L) = $\frac{P_1 \times V_1 + P_2 \times V_2}{\text{전체압력}}$
$= \frac{1\,atm \times 1L + 2\,atm \times 2L}{2\,atm} = 2.5L$

101 답 ㉰

풀이 ① 필요한 산소량(L)을 계산한다.
$C_3H_8 + 5O_2 \rightarrow 3CO_2 + 4H_2O$
22.4L : 5×22.4L
4L : X_1
$\therefore X_1 = 20L$
② 필요한 공기량을 계산한다.
공기량(L) = 산소량(L) × $\frac{1}{0.20}$
$= 20L \times \frac{1}{0.20} = 100L$

TIP
계산식
① 공기량(L) = 산소량(L) × $\frac{1}{0.20}$
② 공기량(g) = 산소량(g) × $\frac{1}{0.23}$
③ 질량(g) = 계수 × 분자량(g)
④ 체적(L) = 계수 × 22.4(L)
⑤ C_3H_8 1mol $\begin{cases} 44g \\ 22.4L \end{cases}$

102 답 ㉰

풀이 $C_3H_8 + O_2 \rightarrow 3CO_2 + 4H_2O$
44g : 3×44g
10g : X
$\therefore X = \frac{10g \times 3 \times 44g}{44g} = 30g$

TIP
① 프로판 = C_3H_8
② C_3H_8의 분자량 = 3×12+8×1 = 44g
③ 이산화탄소 = 탄산가스 = CO_2
④ CO_2의 분자량 = 1×12+2×16 = 44g

103 불순물을 10% 포함한 코크스가 있다. 이 코크스 1kg을 완전연소시킬 때 발생되는 CO_2 의 양(kg)은 얼마인가?

㉮ 3.0kg
㉯ 3.3kg
㉰ 12kg
㉱ 44kg

104 어떤 석회석의 분석치는 다음과 같다. 이 석회석 5ton에서 생성되는 CaO의 양(kg)은 얼마인가? (단, Ca의 원자량은 40, Mg의 원자량은 24.8이다.)

$CaCO_3$: 92%, $MgCO_3$: 5.1%, 불용물 : 2.9%

㉮ 2,576kg
㉯ 2,776kg
㉰ 2,976 kg
㉱ 3,176kg

105 다음이 반응으로 철을 분석한다면 N/10 $KMnO_4$ (f = 1.000) 1mL에 대응하는 철의 양(g)은 얼마인가? (단, Fe의 원자량은 55.85이다.)

$10FeSO_4 + 8H_2SO_4 + 2KMnO_4 \rightarrow 5Fe_2(SO_4)_3 + K_2SO_4$

㉮ 0.005585g Fe
㉯ 0.05585g Fe
㉰ 0.5585g Fe
㉱ 5.858g Fe

106 $CuSO_4 \cdot 5H_2O$ 중의 Cu를 정량하기 위해 시료 0.5012g을 칭량하여 물에 녹여 KOH를 가했을 때 $Cu(OH)_2$의 청백색 침전이 생긴다. 이때 이론상 KOH는 약 몇 g이 필요한가? (단, 원자량은 각각 Cu = 63.54, S = 32, K = 39이다.)

㉮ 0.1125g
㉯ 0.2250g
㉰ 0.4488g
㉱ 1.0024g

---

103 답 ㉯

풀이
$C + O_2 \rightarrow CO_2$
12kg : 44kg
1kg × 0.90 : X
∴ $X = \dfrac{44\,kg \times 1\,kg \times 0.90}{12\,kg} = 3.3\,kg$

TIP
코크스에 불순물이 10% 포함되어 있으므로 코크스 중 탄소분은 90%이다.

104 답 ㉮

풀이
$CaCO_3 \rightarrow CaO + CO_2$
100 kg : 56 kg
5×10^3 kg × 0.92 : X
∴ X = 2,576 kg

TIP
① 석회석 = $CaCO_3$
② $CaCO_3$의 분자량 = 40 + 12 + 16 × 3 = 100
③ CaO 의 분자량 = 40 + 16 = 56

105 답 ㉮

풀이
$10FeSO_4 + 8H_2SO_4 + 2KMnO_4 \rightarrow 5Fe_2(SO_4)_3 + K_2SO_4$ 에서
10Fe : $2KMnO_4$
10 × 55.85 g : 2 × 158 g
$x(g)$: $\dfrac{0.1\,eq}{L} \times \dfrac{158g/5}{1\,eq} \times \dfrac{1L}{10^3\,mL} \times 1\,mL$
∴ x = 0.005585g

TIP
① $KMnO_4$의 분자량 = 158g
② $KMnO_4$은 5eq(당량)이므로 1eq = $\dfrac{158g}{5}$
③ N(노르말) 농도 = eq/L

106 답 ㉯

풀이
$CuSO_4 \cdot 5H_2O$: 2KOH :
249.54g : 2 × 56g
0.5012g : X
∴ $X = \dfrac{0.5012\,g \times 2 \times 56\,g}{249.54\,g} = 0.225\,g$

TIP
① $CuSO_4 \cdot 5H_2O$의 분자량 = 63.54 + 32 + 4 × 16 + 5 × 18 = 249.54g
② $CuSO_4 \cdot 5H_2O + 2KOH \rightarrow Cu(OH)_2 + K_2SO_4 + 5H_2O$

107 어떤 전해질 5mol이 녹아있는 용액 속에서 그 중 0.2mol이 전리되었다면 전리도는 얼마인가?

㉮ 0.01　　㉯ 0.04
㉰ 1　　　　㉱ 25

108 물 50mL를 취하여 0.01M EDTA 용액으로 적정하였더니 25mL가 소요되었다. 이 물의 경도는 얼마인가? (단, 경도는 물 1L당 포함된 $CaCO_3$의 양으로 나타낸다.)

㉮ 100ppm　　㉯ 300ppm
㉰ 500ppm　　㉱ 1000ppm

109 글리세린은 20℃에서 점도를 측정했더니 2,300cP이었다. 동점도(ν)로는 약 몇 stokes인가? (단, 글리세린의 밀도는 1.6g/cm³이다.)

㉮ 1.44　　㉯ 14.38
㉰ 3.68　　㉱ 36.8

110 오스트발트 점도계를 사용하여 다음의 값을 얻었다. 액체의 점도는 얼마인가?

> ㉠ 액체의 밀도 : 0.97g/cm³
> ㉡ 물의 밀도 : 1.00g/cm³
> ㉢ 액체가 흘러내리는데 걸린 시간 : 18.6초
> ㉣ 물이 흘러내리는데 걸린 시간 : 20초
> ㉤ 물의 점도 : 1cP

㉮ 0.9021cP　　㉯ 1.0430cP
㉰ 0.9021p　　㉱ 1.0430p

---

107 답 ㉯

풀이 전리도 = $\dfrac{\text{전해질의 농도 중 전리된 농도}}{\text{전해질의 농도}}$

= $\dfrac{0.2\,\text{mol}}{5\,\text{mol}} = 0.04$

108 답 ㉰

풀이 경도(ppm as $CaCO_3$)

= $\dfrac{0.01\,\text{mol}}{L} \times \dfrac{25 \times 10^{-3}\,L}{50 \times 10^{-3}\,L} \times \dfrac{100\,g}{1\,\text{mol}} \times \dfrac{10^3\,\text{mg}}{1\,g}$

= 500ppm

TIP

① M농도 = mol/L
② ppm = mg/L
③ 1mol = 분자량(g)
④ 탄산칼슘($CaCO_3$)1mol = 100g
⑤ 탄산칼슘($CaCO_3$)의 분자량 = 40 + 12 + (3 × 16) = 100g

109 답 ㉯

풀이 동점도 = $\dfrac{\text{점성계수}\,(g/cm \cdot s)}{\text{밀도}\,(g/cm^3)}$

= $\dfrac{23\,g/cm \cdot s}{1.6\,g/cm^3} = 14.38\,cm^2/s$

TIP

① cP = centi poise
② cP $\xrightarrow{\times 10^{-2}}$ poise
③ Poise = g/cm·s

110 답 ㉮

풀이

$\dfrac{\text{물이 흘러내리는데 걸린시간}\,(\sec) \times \text{물의 밀도}\,(g/cm^3)}{\text{물의 점도}\,(cP)}$

= $\dfrac{\text{액체가 흘러내리는데 걸린시간}\,(\sec) \times \text{액체의 밀도}\,(g/cm^3)}{\text{액체의 점도}\,(cP)}$

따라서 $\dfrac{20\sec \times 1.0\,g/cm^3}{1\,cP} = \dfrac{18.6\sec \times 0.97\,g/cm^3}{X\,(cP)}$

∴ X = $\dfrac{1\,cP \times 18.6\sec \times 0.97\,g/cm^3}{20\sec \times 1.0\,g/cm^3}$

= 0.9021cP

111 0℃의 얼음 2g을 100℃의 수증기로 변화시키는데 필요한 열량(cal)은 얼마인가? (단, 기화잠열 = 539cal/g, 융해열 = 80cal/g)

㉮ 1,209cal ㉯ 1,438cal
㉰ 1,665cal ㉱ 1,980cal

112 0℃의 얼음 1g을 100℃의 수증기로 변화시키는데 필요한 열량(cal)은 얼마인가?

㉮ 539cal ㉯ 639cal
㉰ 719cal ㉱ 839cal

113 다음 수성가스 반응의 표준 반응열(cal)은 얼마인가?

$$C + H_2O(L) \rightleftharpoons CO + H_2$$
(단, 표준생성열(290k)은 $\triangle H_f(H_2O)$ = -68,317cal
$\triangle H_f(CO)$ = -26,416cal임)

㉮ 68,317cal ㉯ 26,416cal
㉰ 41,901cal ㉱ 94,733cal

114 7.40g의 물을 29.0℃에서 46.0℃로 온도를 높이려고 할 때 필요한 에너지(열)는 약 몇 J 인가? (단, 물(L)의 비열은 4.184J/g·℃이다.)

㉮ 305 ㉯ 416
㉰ 526 ㉱ 627

115 다음의 반응식을 기준으로 할 때 수소의 연소열은 몇 kcal/mol인가?

$$2H_2 + O_2 \rightleftharpoons 2H_2O + 136 kcal$$

㉮ 136 ㉯ 68
㉰ 34 ㉱ 17

---

111 답 ㉯

풀이 열량 = 현열 + 융해열 + 기화잠열
① 현열 = $m \times C \times \triangle t$
  = $2g \times 1cal/g \cdot ℃ \times (100℃ - 0℃) = 200 cal$
② 융해열 = $80 cal/g \times 2g = 160 cal$
③ 기화잠열 = $539 cal/g \times 2g = 1,078 cal$
④ 열량 = $200 cal + 160 cal + 1,078 cal = 1,438 cal$

112 답 ㉰

풀이 ① 현열 = 질량(G)×물의 비열(C)×온도차($\triangle t$)
  = $1g \times 1.0 cal/g \cdot ℃ \times (100-0)℃ = 100 cal$
② 얼음의 융해잠열 = 질량(G)×얼음의 융해잠열(r)
  = $1g \times 80 cal/g = 80 cal$
③ 물의 증발잠열 = 질량(G)×물의 기화잠열(r)
  = $1g \times 539 cal/g = 539 cal$
④ 필요한 열량 = 현열 + 얼음의 융해잠열 + 물의 증발잠열
  = $100 cal + 80 cal + 539 cal$
  = $719 cal$

TIP

잠열
① 얼음의 융해잠열 = 80cal/g
② 물의 증발잠열 = 539cal/g

113 답 ㉰

풀이 표준 반응열 = 생성물의 반응열 - 반응물의 반응열
  = -26,416cal - (-68,317cal)
  = 41,901cal

114 답 ㉰

풀이 에너지(열) = 물의 질량(g) × 비열(J/g·℃) × 온도차(℃)
  = $7.40g \times 4.184 J/g \cdot ℃ \times (46.0 - 29.0)℃$
  = 526.35J

115 답 ㉯

풀이 수소(H_2)의 연소열 = $\dfrac{136 kcal}{2g}$ = $68 kcal/mol$

116 500mL의 물을 증발시키는데 필요한 열은 얼마인가? (단, 물의 증발열은 40.6kJ/mol이다.)

㉮ 222kJ   ㉯ 1,128kJ
㉰ 2,256kJ   ㉱ 20,300kJ

117 다음 반응식의 표준 전위는 얼마인가?
(단, 반응의 표준 환원전위는 $Ag^+ + e^- \rightleftarrows Ag(s)$,
$E° = +0.799V$, $Cd^{2+} + 2e^- \rightleftarrows Cd(s)$, $E° = -0.402V$)

$$Cd(s) + 2Ag^+ \rightleftarrows Cd^{2+} + 2Ag(s)$$

㉮ +1.201V   ㉯ +0.397V
㉰ +2.000V   ㉱ -1.201V

118 Fe^{3+}/Fe^{2+} 및 $Cu^{2+}/Cu°$로 구성되어 있는 가상 전지에서 얻을 수 있는 전위는 얼마인가? (단, 표준 환원전위는 다음과 같다.)

$$Fe^{3+} + e^- \rightarrow Fe^{2+} \quad E° = 0.771$$
$$Cu^{2+} + 2e^- \rightarrow Cu° \quad E° = 0.337$$

㉮ 0.434V   ㉯ 1.018V
㉰ 1.205V   ㉱ 1.879V

119 황산구리($CuSO_4$) 수용액에 10A의 전류를 30분 동안 가하였을 때, (-)극에서 석출하는 구리의 양은 약 몇 g 인가? (단, Cu 원자량은 64이다.)

㉮ 0.01g   ㉯ 3.98g
㉰ 5.97g   ㉱ 8.45g

---

116 답 ㉯

풀이 ① 물(H_2O)의 밀도가 $1.0 g/mL$인 경우 물 500mL는 500g과 같다.
② 물(H_2O) 1mol = 18g이므로
$$mol = \frac{500g}{18g} = 27.78\,mol$$
③ 필요한 열 $= \frac{40.6\,kJ}{mol} \times \frac{27.78\,mol}{} = 1127.87\,kJ$

117 답 ㉮

풀이 $Cd(s) + 2Ag^+ \rightleftarrows Cd^{2+} + 2Ag(s)$
① $2Ag^+ + 2e^- \rightarrow 2Ag$, $E° = +0.799V$
② $Cd \rightarrow Cd^{2+} + 2e^-$, $E° = +0.402V$
③ 표준전위 $= 0.799V + 0.402V = +1.201V$

118 답 ㉮

풀이 전위 = 0.77V - 0.337V = 0.434V

119 답 ㉰

풀이 ① 전기량 1F(패럿) = 96,500C
석출되는 Cu의 1g 당량 = $\frac{64g}{2} = 32g$
② 전기량(C)을 계산한다.
전기량(C) = 전류(I) × 시간(t)
= 10A × 30min × 60sec/min
= 18,000C
③ 석출되는 Cu의 양을 계산한다.
96,500C : 32g = 18,000C : X
$X = \frac{18,000C \times 32g}{96,500C}$
= 5.97g

120 전기분해반응 $Pb^{2+} + 2H_2O \rightleftharpoons PbO_2(s) + H_2(g) + 2H^+$ 에서 0.1A의 전류가 20분 동안 흐른다면, 약 몇 g의 PbO_2가 석출되겠는가? (단, PbO_2의 분자량은 239로 한다.)

㉮ 0.10g   ㉯ 0.15g
㉰ 0.20g   ㉱ 0.30g

121 Fe^{3+}용액 1L가 있다. Fe^{3+}를 Fe^{2+}로 환원시키기 위해 48.246C의 전기량을 가하였다. Fe^{2+}의 몰 농도(M)는 얼마인가?

㉮ 0.0005M   ㉯ 0.001M
㉰ 0.05M   ㉱ 1.0M

122 Sn^{4+}용액이 3.6mmol/h의 일정한 속도로 Sn^{2+}로 환원된다면 용액에 흐르는 전류는 얼마인가?

$$Sn^{4+} + 2e^- \rightarrow Sn^{2+}$$

㉮ 96.5mA   ㉯ 193mA
㉰ 290mA   ㉱ 386mA

---

120 답 ㉯

풀이 ① 전기량 1F(패럿) = 96,500C

석출되는 PbO_2의 1g 당량 = $\frac{239 g}{2}$ = 119.5 g

② 전기량(C)을 계산한다.
전기량(C) = 전류(I) × 시간(t)
= 0.1A × 20min × 60sec/min
= 120C

③ 석출되는 PbO_2의 양을 계산한다.
96,500C : 119.5g = 120C : X

$$X = \frac{119.5 g \times 120 C}{96,500 C}$$

= 0.15 g

121 답 ㉮

풀이 ① $Q = n \times F$

여기서 Q : 쿨롱력(C)
n : 전자 몰수(mol)
F : 페러데이 상수(96,500C/mol)

따라서 전자 몰수(n) = $\frac{Q}{F}$

$$= \frac{48.246 C}{96,500 C/mol}$$

= 0.0005 mol

여기서 전자 몰수 0.0005mol은 Fe^{2+}의 몰수이다.

② Fe^{2+}의 몰 농도 = $\frac{0.0005 mol}{1 L}$ = 0.0005 mol/L

122 답 ㉯

풀이 전류(A) = 속도(mol/sec) × 전하량(C/mol)
속도(mol/sec) = 전자수 × 속도(mol/sec)
= $2 \times \frac{3.6 mmol}{hr} \times \frac{1 hr}{3600 sec}$
≒ 2.0×10^{-3} mmol/sec
= 2×10^{-6} mol/sec

따라서 전류 = 2×10^{-6} mol/sec × 96,500 C/mol
= 0.193 C/sec
= 0.193 A
= 193 mA

CRAFTSMAN CHEMICAL ANALYSIS

03

실전 모의고사

실전 모의고사 1~13회 문제 수록

※ 합격으로 가는 길 → (속풀이)
- 속 시원하게 풀어보는 이득 문제(정답/해설) 수록

제 1 회 실전 모의고사

수험자명　　예상점수　　실제점수

01 유리의 원료이며 조미료, 비누, 의약품 등 화학공업의 원료로 사용되는 무기화합물로 분자량이 약 106인 물질은 무엇인가?
㉮ 탄산칼슘　㉯ 황산칼슘
㉰ 탄산나트륨　㉱ 염화칼륨

01 해설
㉰ 탄산나트륨(Na_2CO_3)에 대한 설명이다.

TIP
① 이 문제 풀이의 핵심은 분자량이다.
② 탄산나트륨 = Na_2CO_3
③ Na_2CO_3의 분자량 = $23 \times 2 + 12 \times 1 + 16 \times 3 = 106$

02 다음 중 이온화 경향이 가장 큰 것?
㉮ Ca　㉯ Al
㉰ Si　㉱ Cu

02 해설
이온화 경향은 주기율표에서 왼쪽에 위치할수록, 그리고 아래로 갈수록 커진다. 따라서 정답은 칼슘(Ca)이다.

03 불순물을 10% 포함한 코크스가 있다. 이 코크스 1kg을 완전연소시킬 때 발생되는 CO_2의 양(kg)은 얼마인가?
㉮ 3.0kg　㉯ 3.3kg
㉰ 12kg　㉱ 44kg

03 해설
$$C + O_2 \rightarrow CO_2$$
$12kg : 44kg$
$1kg \times 0.90 : X$
$$\therefore X = \frac{44\,kg \times 1\,kg \times 0.90}{12\,kg} = 3.3\,kg$$

TIP
코크스에 불순물이 10% 포함되어 있으므로 코크스 중 탄소분은 90%이다.

04 다음 중 승화와 관계없는 물질은 어느 것인가?
㉮ 드라이아이스　㉯ 나프탈렌
㉰ 알코올　㉱ 요오드

04 해설
승화(고체에서 기체로, 기체에서 고체로 변하는 현상)와 관계있는 물질은 드라이아이스, 나프탈렌, 요오드이다.

| 정답 | 01 ㉰ | 02 ㉮ | 03 ㉯ | 04 ㉰ |

05 다음 반응식에서 평형이 왼쪽으로 이동하는 조건으로 알맞은 것은?

$$N_2 + 3H_2 \rightleftarrows 2NH_3 + 92kJ$$

㉮ 온도를 높이고 압력을 낮춘다.
㉯ 온도를 낮추고 압력을 높인다.
㉰ 온도와 압력을 높인다.
㉱ 온도와 압력을 낮춘다.

06 다음 화학식의 올바른 명명법은 무엇인가?

$$CH_3CH_2C \equiv CH$$

㉮ 2 - 에틸 - 3 부텐
㉯ 2, 3 - 메틸에틸프로판
㉰ 1 - 부틴
㉱ 2 - 메틸 - 3 에틸 부텐

07 2M NaOH 용액 100mL 속에 있는 수산화나트륨의 무게(g)는 얼마인가? (단, 원자량은 Na = 23, O = 16, H = 1 이다.)

㉮ 80g
㉯ 40g
㉰ 8g
㉱ 4g

---

05 해설
① 왼쪽으로 이동하는 조건(역반응)은 온도를 높이고 압력을 낮춘다.
② 오른쪽으로 이동하는 조건(정반응)은 온도를 낮추고 압력을 높인다.

06 해설
$CH_3CH_2C \equiv CH$ 은 1 - 부틴이다.

07 해설
$$mol/L = \frac{질량(g)}{부피(L)} \times \frac{1\,mol}{분자량(g)}$$
$$2\,mol/L = \frac{w}{0.1\,L} \times \frac{1\,mol}{40\,g}$$
$$\therefore w = \frac{2\,mol/L \times 0.1\,L \times 40\,g}{1\,mol} = 8.0\,g$$

TIP
① M 농도의 단위는 mol/L이다.
② 100mL = 0.1L
③ 수산화나트륨(NaOH) 분자량 = 23 + 16 + 1 = 40g

정답 05 ㉮ 06 ㉰ 07 ㉰

실전 모의고사(속.풀.이-속 시원하게 풀고 보는 이득 문제 /해설)

08 나트륨(Na)원자는 11개의 양성자와 12개의 중성자를 가지고 있다. 원자번호와 질량수는 각각 얼마인가?

㉮ 원자번호 : 11, 질량수 : 12
㉯ 원자번호 : 12, 질량수 : 11
㉰ 원자번호 : 11, 질량수 : 23
㉱ 원자번호 : 11, 질량수 : 1

08 해설

① 원자번호 = 양성자수 = 전자수 = 11
② 질량수 = 양성자수 + 중성자수 = 11 + 12 = 23

TIP

① 원자의 표시 $^{질량수}_{원자번호}X^{전하량}_{원자수}$
② 원자번호 = 양성자수 = 전자수
③ 질량수 = 양성자수 + 중성자수

09 다음 중 유리를 부식시킬 수 있는 물질은 어느 것인가?

㉮ HF
㉯ HNO_3
㉰ NaOH
㉱ HCl

09 해설

유리를 부식시킬 수 있는 물질은 불화수소산(HF)이다.

10 47°C, 4기압에서 8L의 부피를 가진 산소를 27°C, 2기압으로 낮추었다. 이 때 산소의 부피는 얼마가 되겠는가?

㉮ 7.5L
㉯ 15L
㉰ 30L
㉱ 60L

10 해설

보일–샤를의 법칙 : $\dfrac{P_1 \times V_1}{T_1} = \dfrac{P_2 \times V_2}{T_2}$

$\dfrac{4\,atm \times 8L}{(273+47)K} = \dfrac{2\,atm \times V}{(273+27)K}$

$\therefore V = \dfrac{4\,atm \times 8L \times (273+27)K}{2\,atm \times (273+47)K}$

$= 15\,L$

11 중크롬산칼륨($K_2Cr_2O_7$)에서 크롬의 산화수는 얼마인가?

㉮ 2
㉯ 4
㉰ 6
㉱ 8

11 해설

중크롬산칼륨($K_2Cr_2O_7$)에서 크롬의 산화수는 6이다.

TIP

$K_2^{(+1 \times 2)}\ Cr_2^{(+6 \times 2)}\ O_7^{(-2 \times 7)}$ 에서 Cr의 산화수는 +6이다.

12 수소 분자 6.02×10^{23}개의 질량은 몇 g 인가?

㉮ 2
㉯ 16
㉰ 18
㉱ 20

12 해설

수소(H_2) 1 mol $\begin{cases} 2\,g \\ 22.4\,L \\ 6.02 \times 10^{23}\,개 \end{cases}$

정답 08 ㉰ 09 ㉮ 10 ㉯ 11 ㉰ 12 ㉮

13 다음 물질 중에서 유기화합물이 아닌 것은?

㉮ 프로판 ㉯ 녹말
㉰ 염화코발트 ㉱ 아세톤

14 주기율표상에서 원자번호 7의 원소와 비슷한 성질을 가진 원소의 원자번호는 어느 것인가?

㉮ 2 ㉯ 11
㉰ 15 ㉱ 17

15 소금 200g을 물 600g에 녹였을 때 소금 용액의 wt% 농도는 얼마인가?

㉮ 25% ㉯ 33.3%
㉰ 50% ㉱ 60%

16 다음 중 방향족 탄화수소가 아닌 것은?

㉮ 벤젠 ㉯ 자일렌
㉰ 톨루엔 ㉱ 아닐린

13

㉰ 염화코발트는 무기화합물이다.

14

비슷한 성질을 가지는 것은 같은 족 원소이다. 따라서 원자번호가 7은 질소(N)이고 같은 족 원소는 원자번호가 15인 인(P)이다.

15

$$wt(\%) = \frac{용질(g)}{용질(g) + 용매(g)} \times 100$$
$$= \frac{200\,g}{200\,g + 600\,g} \times 100$$
$$= 25\%$$

16

㉱ 아닐린은 방향족 아민이다.

> **TIP**
> 화학식
> ㉮ 벤젠(C_6H_6) : 방향족 탄화수소
> ㉯ 자일렌(C_8H_{10}) : 벤젠고리에 메틸기($-CH_3$) 2개가 결합되어 있는 방향족 탄화수소
> ㉰ 톨루엔(C_7H_8) : 벤젠고리에 메틸기($-CH_3$) 1개가 결합되어 있는 방향족 탄화수소
> ㉱ 아닐린(C_6H_7N) : 벤젠고리에 아미노기($-NH_2$)가 결합되어 있는 방향족 아민

정답 13 ㉰ 14 ㉰ 15 ㉮ 16 ㉱

17 이소프렌, 부타디엔, 클로로프렌은 다음 중 무엇을 제조할 때 사용되는가?

㉮ 유리　　　㉯ 합성고무
㉰ 비료　　　㉱ 설탕

17 해설

이소프렌, 부타디엔, 클로로프렌은 합성고무를 제조할 때 사용한다.

18 어떤 기체의 공기에 대한 비중이 1.10 일 때 이 기체에 해당하는 것은? (단, 공기의 평균 분자량은 29이다.)

㉮ H_2　　　㉯ O_2
㉰ N_2　　　㉱ CO_2

18 해설

기체의 비중 = $\dfrac{\text{기체의 분자량}}{\text{공기의 분자량}}$ 이므로

$1.10 = \dfrac{\text{기체의 분자량}}{29}$

따라서 기체의 분자량 = $1.10 \times 29 = 32$ 이므로 보기 중 분자량이 32인 산소(O_2)가 정답이 된다.

19 혼합물의 분리 방법으로 틀린 것은?

㉮ 여과　　　㉯ 대류
㉰ 증류　　　㉱ 크로마토그래피

19 해설

㉯ 대류는 바람을 의미한다.

20 다음 중 이온화 에너지가 가장 작은 것은?

㉮ Li　　　㉯ Na
㉰ K　　　㉱ Rb

20 해설

이온화 에너지는 같은 족에서 원자번호가 증가할수록 작아진다.

TIP

원자번호
㉮ Li(리튬) : 3번
㉯ Na(나트륨) : 11번
㉰ K(칼륨) : 19번
㉱ Rb(루비듐) : 37

정답　17 ㉯　18 ㉯　19 ㉯　20 ㉱

21 $MgCl_2$ 2몰에 포함된 염소분자는 몇 개인가?

㉮ 6.02×10^{23}개 ㉯ 12.04×10^{23}개
㉰ 18.06×10^{23}개 ㉱ 24.08×10^{23}개

21 해설

1몰에 해당하는 염소분자의 개수는 6.02×10^{23}개이므로 2몰에 포함되는 염소분자의 개수는 $2 \times 6.02 \times 10^{23}$개 이다.

TIP

아보가드로수에 의해서 1mol $\begin{cases} 분자량 (95g) \\ 부피 (22.4L) \\ 6.02 \times 10^{23}개 \end{cases}$

22 에틸알코올의 화학식으로 알맞은 것은?

㉮ C_2H_5OH ㉯ C_2H_4OH
㉰ CH_3OH ㉱ CH_2OH

22 해설

알코올
① 메틸알코올(메탄올) : CH_3OH
② 에틸알코올(에탄올) : C_2H_5OH

23 순물질에 관한 내용으로 틀린 것은?

㉮ 순수한 하나의 물질로만 구성되어 있는 물질
㉯ 산소, 칼륨, 염화나트륨 등과 같은 물질
㉰ 물리적 조작을 통하여 두 가지 이상의 물질로 나누어지는 물질
㉱ 끓는점, 어는점 등 물리적 성질이 일정한 물질

23 해설

㉰는 균일 혼합물에 대한 설명이다.

24 묽은 염산에 넣을 때 많은 수소 기체를 발생하며 반응하는 금속은 어느 것인가?

㉮ Au ㉯ Hg
㉰ Ag ㉱ Na

24 해설

묽은 염산에 넣을 때 많은 수소 기체를 발생시키는 물질은 나트륨(Na)이다.

TIP

반응식
$2HCl + 2Na^+ \rightarrow 2NaCl + H_2$

| 정답 | 21 ㉯ 22 ㉮ 23 ㉰ 24 ㉱

25 다음 중 알칼리 금속이 아닌 것은?

㉮ Li   ㉯ Na
㉰ K   ㉱ Si

26 다음 내용 중 틀린 것은?

㉮ 물의 이온곱은 25℃에서 $1.0 \times 10^{-14} (mol/L)^2$ 이다.
㉯ 순수한 물의 수소 이온농도는 $1.0 \times 10^{-7} mol/L$ 이다.
㉰ 산성용액은 H^+의 농도가 OH^- 보다 더 큰 용액이다.
㉱ pOH 4는 산성 용액이다.

27 강산과 강염기의 작용에 의하여 생성되는 화합물의 액성은 무엇인가?

㉮ 산성   ㉯ 중성
㉰ 양성   ㉱ 염기성

28 0.1N - NaOH 25.00mL를 삼각플라스크에 넣고 페놀프탈레인 지시약을 가하여 0.1N - HCl 표준용액(f = 1.000)으로 적정하였다. 적정에 사용된 0.1N - HCl 표준용액의 양이 25.15mL이었다. 0.1N - NaOH 표준용액의 역가(factor)는 얼마인가?

㉮ 0.1   ㉯ 0.1006
㉰ 1.006   ㉱ 10.006

29 다음 중 양이온 분족시약으로 틀린 것은?

㉮ 제 1족 - 묽은 염산
㉯ 제 2족 - 황화수소
㉰ 제 3족 - 암모니아수
㉱ 제 5족 - 염화암모늄

---

25 해설

㉱ 규소(Si)는 비금속 원소에 속한다.

TIP

알칼리 금속으로는 리튬(Li), 나트륨(Na), 칼륨(K), 루비듐(Rb), 세슘(Cs), 프란슘(Fr)이 있다.

26 해설

㉱ pOH = 4를 pH로 환산하면 pH = 14 − pOH = 14 − 4 = 10 이다. 따라서 pOH = 4는 알칼리성 용액이다.

27 해설

강산 + 강염기 = 중성

28 해설

$N_1 \times V_1 \times f_1 = N_2 \times V_2 \times f_2$
$0.1 N \times 25.15 mL \times 1.0 = 0.1 N \times 25 mL \times f_2$
$\therefore f_2 = \dfrac{0.1 N \times 25.15 mL \times 1.0}{0.1 N \times 25 mL}$
$= 1.006$

29 해설

제 5족 – 탄산암모늄($(NH_4)_2CO_3$)이다.

TIP

구분	분족시약
1족	염화수소(HCl)
2족	황화수소(H_2S)
3족	암모니아수(NH_4OH)
4족	황화수소(H_2S), 암모니아수(NH_4OH)
5족	탄산암모늄($(NH_4)_2CO_3$)
6족	분족시약 없음

정답 25 ㉱   26 ㉱   27 ㉯   28 ㉰   29 ㉱

30 EDTA 1mol에 대한 금속이온 결합의 비는 얼마인가?

㉮ 1 : 1　　㉯ 1 : 2
㉰ 1 : 4　　㉱ 1 : 6

31 교반이 결정 성장에 미치는 영향으로 틀린 것은?

㉮ 확산 속도의 증진
㉯ 1차 입자의 용해 촉진
㉰ 2차 입자의 용해 촉진
㉱ 불순물의 공침현상을 방지

32 As_2O_3 중의 As의 1g 당량은 얼마인가? (단, As의 원자량은 74.92이다.)

㉮ 18.73　　㉯ 24.97
㉰ 37.46　　㉱ 74.92

33 양이온 1족에 속하는 Ag^+, Hg^{2+}, Pb^+의 염화물에 따라 용해도 곱 상수(Ksp)를 큰 순서로 알맞게 나열한 것은?

㉮ $AgCl > PbCl_2 > Hg_2Cl_2$
㉯ $PbCl_2 > AgCl > Hg_2Cl_2$
㉰ $Hg_2Cl_2 > AgCl > PbCl_2$
㉱ $PbCl_2 > Hg_2Cl_2 > AgCl$

34 $aA + bB \rightleftharpoons cC$ 식의 정반응의 평형상수를 알맞게 나타낸 것은?

㉮ $\dfrac{[A][B]}{[C]}$　　㉯ $\dfrac{[A]^a[B]^b}{[C]^c}$

㉰ $\dfrac{[C]^c}{[A]^a[B]^b}$　　㉱ $\dfrac{c[C]}{a[A]b[B]}$

30

EDTA 1mol에 대한 금속이온 결합의 비는 1 : 1이다.

TIP

EDAT
① 화학식 : $C_{10}H_{16}N_2O_8$
② 분자량 : 292

31

교반이 결정 성장에 미치는 영향
① 확산 속도의 증진
② 1차 입자의 용해 촉진
③ 불순물의 공침현상 방지

32

$As_2O_3 \rightarrow 2As^{3+} + 3O^{2-}$ 이므로

As의 1g 당량 = $\dfrac{원자량(g)}{당량수}$ = $\dfrac{74.92 g}{3}$ = $24.97 g$

34

평형상수(K) = $\dfrac{[생성물]}{[반응물]}$ = $\dfrac{[C]^c}{[A]^a[B]^b}$

정답 30 ㉮　31 ㉰　32 ㉯　33 ㉰　34 ㉰

35 수소화 비소를 연소시켜, 이 불꽃을 증발접시의 밑바닥에 접속시키면 비소거울이 된다. 이 반응의 명칭은 무엇인가?

㉮ 구짜이트 시험 ㉯ 베덴도르프 시험
㉰ 마시 시험 ㉱ 리이만 그린 시험

35 해설

㉰ 마시 시험에 대한 설명이다.

36 10g의 어떤 산을 물에 녹여 200mL의 용액을 만들었을 때 그 농도가 0.5M이었다면, 이 산 1몰은 몇 g 인가?

㉮ 40g ㉯ 80g
㉰ 100g ㉱ 160g

36 해설

$$M농도(mol/L) = \frac{질량(g)}{부피(L)} \times \frac{1\,mol}{분자량(g)}$$

$$0.5\,M(mol/L) = \frac{10\,g}{0.2\,L} \times \frac{1\,mol}{분자량(g)}$$

$$\therefore 분자량 = \frac{10\,g \times 1\,mol}{0.5\,M \times 0.2\,L} = 100\,g$$

37 은법 적정 중 하나인 모르(Mohr) 적정법은 염소이온(Cl^-)을 질산은($AgNO_3$)용액으로 적정하면 은이온과 반응하여 적색 침전을 형성하는 반응이다. 이 때 사용하는 지시약은 무엇인가?

㉮ K_2CrO_4 ㉯ Cr_2O_7
㉰ $KMnO_4$ ㉱ $Na_2C_2O_4$

37 해설

지시약으로 사용되는 것은 크롬산칼륨(K_2CrO_4)이다.

38 양이온 정성분석에서 제 3족에 해당하는 이온으로 틀린 것은?

㉮ Fe^{3+} ㉯ Ni^{2+}
㉰ Cr^{3+} ㉱ Al^{3+}

38 해설

㉯ 니켈(Ni^{2+})은 제 4족에 해당한다.

39 중량 분석에 이용되는 조작 방법으로 틀린 것은?

㉮ 침전 중량법 ㉯ 휘발 중량법
㉰ 전해 중량법 ㉱ 건조 중량법

39 해설

중량 분석에 이용되는 조작 방법
① 침전 중량법
② 휘발 중량법
③ 전해 중량법
④ 침출 중량법

| 정답 | 35 ㉰ 36 ㉰ 37 ㉮ 38 ㉯ 39 ㉱ |

40
다음 킬레이트제 중 물에 녹지 않고 에탄올에 녹는 흰색 결정성의 가루로서 NH_3 염기성용액에서 Cu^{2+}와 반응하여 초록색 침전을 만드는 물질은 어느 것인가?

㉮ 쿠프론 ㉯ 디페닐카르바지드
㉰ 디티존 ㉱ 알루미논

41
액체 크로마토그래피의 분석용관의 길이로 알맞은 것은?

㉮ 1~3cm ㉯ 10~30cm
㉰ 100~300cm ㉱ 300~1,000cm

42
기체 크로마토그래피(GC)에서 사용되는 검출기가 아닌 것은?

㉮ 불꽃이온화 검출기
㉯ 전자포획 검출기
㉰ 자외/가시광선 검출기
㉱ 열전도도 검출기

43
원자흡수분광계에서 광원으로 속빈음극등에 사용되는 기체로 틀린 것은?

㉮ 네온(Ne) ㉯ 아르곤(Ar)
㉰ 헬륨(He) ㉱ 수소(H_2)

44
비색 측정을 하기 위한 발색반응이 아닌 것은 어느 것인가?

㉮ 염석 생성
㉯ 착이온 생성
㉰ 콜로이드용액 생성
㉱ 킬레이트화합물 생성

40

㉮ 쿠프론에 대한 설명이다.

41

액체 크로마토그래피의 분석용관의 길이는 10~30cm이다.

42

기체 크로마토그래피(GC)에 사용되는 검출기
① 불꽃이온화 검출기(FID)
② 전자포획형 검출기(ECD)
③ 열전도도 검출기(TCD)
④ 불꽃광도 검출기(FPD)

43

속빈음극등에 사용되는 기체는 비활성기체로 네온(Ne), 아르곤(Ar), 헬륨(He)이다.

44

고농도의 전해질 성분에 분산되어 있는 콜로이드 물질이 엉기는 현상을 염석이라 한다. 따라서 염석은 발색반응과 관계없다.

정답 40 ㉮ 41 ㉯ 42 ㉰ 43 ㉱ 44 ㉮

45 전해 분석에 관한 내용으로 틀린 것은?

㉮ 석출물은 다른 성분과 함께 전착하거나, 산화물을 함유하도록 한다.
㉯ 이온의 석출이 완결되었으면 비커를 아래로 내리고 전원 스위치를 끈다.
㉰ 석출물을 세척, 건조 칭량할 때에 전극에서 벗겨지거나 떨어지지 않도록 치밀한 전착이 이루어지게 한다.
㉱ 한 번 사용한 전극을 다시 사용할 때에는 따뜻한 6N - HNO_3 용액에 담궈 전착된 금속을 제거한 후 세척하여 사용한다.

45 ✓ 해설
㉮ 석출물은 다른 성분과 함께 전착되어서는 안 된다.

46 표준수소 전극에 관한 내용으로 틀린 것은?

㉮ 수소의 분압은 1기압이다.
㉯ 수소 전극의 구성은 구리로 되어 있다.
㉰ 용액의 이온 평균 활동도는 보통 1에 가깝다.
㉱ 전위차계의 마이너스 단자에 연결된 왼쪽 반쪽 전지를 말한다.

46 ✓ 해설
㉯ 수소 전극의 구성은 백금으로 되어 있다.

47 금속에 빛을 조사하면 빛의 에너지를 흡수하여 금속 중의 자유전자가 금속 표면에 방출되는 성질을 무엇이라 하는가?

㉮ 광전효과   ㉯ 틴들현상
㉰ Ramann효과   ㉱ 브라운운동

47 ✓ 해설
㉮ 광전효과에 대한 설명이다.

48 기체 크로마토그래피를 이용하여 분석 할 때, 혼합물을 단일 성분으로 분리하는 원리는 무엇인가?

㉮ 각 성분의 부피 차이
㉯ 각 성분의 온도 차이
㉰ 각 성분의 이동속도 차이
㉱ 각 성분의 농도 차이

48 ✓ 해설
혼합물을 단일 성분으로 분리하는 원리는 각 성분의 이동 속도 차이이다.

정답 45 ㉮ 46 ㉯ 47 ㉮ 48 ㉰

49 용매만 있으면 모든 물질을 분리할 수 있고, 비휘발성이거나 고온에 약한 물질 분리에 적합하여 용매 및 컬럼, 검출기의 조합을 선택하여 넓은 범위의 물질을 분석 대상으로 할 수 있는 장점이 있는 분석기기는 어느 것인가?

㉮ 기체 크로마토그래피(gas chromatography)
㉯ 액체 크로마토그래피(liquid chromatography)
㉰ 종이 크로마토그래피(paper chromatography)
㉱ 분광 광도계(photoelectric spectrophotometer)

49 **해설**

㉯ 액체 크로마토그래피에 대한 설명이다.

50 특정 물질의 전류와 전압의 2가지 전기적 성질을 동시에 측정하는 방법은 무엇인가?

㉮ 폴라로그래피 ㉯ 전위차법
㉰ 전기전도도법 ㉱ 전기량법

50 **해설**

특정 물질의 전류와 전압의 2가지 전기적 성질을 동시에 측정하는 방법은 폴라로그래피이다.

51 분광광도계에서 광전관, 광전자증배관, 광전도셀 또는 광전지 등을 사용하여 빛의 세기를 측정하는 장치는 어느 것인가?

㉮ 광원부 ㉯ 파장선택부
㉰ 시료부 ㉱ 측광부

51 **해설**

㉱ 측광부에 대한 설명이다.

52 혼합물로부터 각 성분들을 순수하게 분리하거나 확인, 정량하는데 사용하는 편리한 방법으로 물질의 분리는 혼합물이 정지상이나 이동상에 대한 친화성이 서로 다른 점을 이용하는 분석법은 어느 것인가?

㉮ 분광광도법
㉯ 크로마토그래피법
㉰ 적외선 흡수 분광법
㉱ 자외선 흡수 분광법

52 **해설**

㉯ 크로마토그래피법에 대한 설명이다.

정답 49 ㉯ 50 ㉮ 51 ㉱ 52 ㉯

53 pH의 값이 5일 때 pOH의 값은 얼마인가?

㉮ 3 ㉯ 5
㉰ 7 ㉱ 9

53

pH + pOH = 14 이므로 pOH = 14 − pH = 14 − 5 = 9

54 어느 시료의 평균분자들이 컬럼의 이동상에 머무르는 시간의 분율을 무엇이라 하는가?

㉮ 분배계수 ㉯ 머무름비
㉰ 용량인자 ㉱ 머무름 부피

54

어느 시료의 평균분자들이 컬럼의 이동상에 머무르는 시간의 분율을 머무름비라고 한다.

55 분광광도계에서 투과도에 관한 내용으로 알맞은 것은?

㉮ 시료 농도에 반비례한다.
㉯ 입사광의 세기에 비례한다.
㉰ 투과광의 세기에 비례한다.
㉱ 투과광의 세기에 반비례한다.

55

흡광도(A) = $\log \dfrac{1}{투과도(T)}$ = $\log \dfrac{입사광\ 강도}{투사광\ 강도}$ 이므로 투과도는 투사광의 강도에 비례한다.

56 수소 (H^+)이온의 농도가 0.01mol/L 일 때 수소이온 농도 지수(pH)는 얼마인가?

㉮ 1 ㉯ 2
㉰ 13 ㉱ 14

56

pH = $-\log[H^+]$
 = $-\log[0.01\,mol/L]$
 = 2.0

정답 53 ㉱ 54 ㉯ 55 ㉰ 56 ㉯

57 기기 분석법의 장점으로 틀린 것은?

㉮ 원소들의 선택성이 높다.
㉯ 전처리가 비교적 간단하다.
㉰ 낮은 오차 범위를 나타낸다.
㉱ 보수, 유지관리가 비교적 간단하다.

57 해설

㉱ 보수, 유지관리가 비교적 복잡하다.

58 약 8,000Å 보다 긴 파장의 광선을 무엇이라 하는가?

㉮ 방사선 ㉯ 자외선
㉰ 적외선 ㉱ 가시광선

58 해설

1Å는 0.1nm이다. 따라서 8,000Å은 800nm이므로 적외선 영역이다.

59 약품을 보관하는 방법에 관한 내용으로 틀린 것은?

㉮ 인화성 약품은 자연발화성 약품과 함께 보관한다.
㉯ 인화성 약품은 전기의 스파크로부터 멀고 찬 곳에 보관한다.
㉰ 흡습성 약품은 완전히 건조시켜 건조한 곳이나 석유 속에 보관한다.
㉱ 폭발성 약품은 화기를 사용하는 곳에서 멀리 떨어져 있는 창고에 보관한다.

59 해설

㉮ 인화성 약품은 자연발화성 약품과 구분하여 따로 보관한다.

60 과망간산칼륨 표준용액을 조제하려고 한다. 과망간산칼륨의 분자량은 얼마인가? (단, 원자량은 각각 K = 39, Mn = 55, O = 16이다.)

㉮ 126 ㉯ 142
㉰ 158 ㉱ 197

60 해설

과망간산칼륨($KMnO_4$)의 분자량 $= 39 + 55 + 4 \times 16 = 158$

정답 57 ㉱ 58 ㉰ 59 ㉮ 60 ㉰

제 2 회 실전 모의고사

| 수험자명 | 예상점수 | 실제점수 |

---

01 석고 붕대의 재료로 사용되는 소석고의 성분으로 옳은 것은?

㉮ H_2SO_4
㉯ $CaCO_3$
㉰ Fe_2O_3
㉱ $CaSO_4 \cdot \frac{1}{2}H_2O$

01 해설

소석고의 주성분은 석고반수염($CaSO_4 \cdot \frac{1}{2}H_2O$)이다.

---

02 25wt%의 NaOH 수용액 80g이 있다. 이 용액에 NaOH를 가하여 30wt%의 용액을 만들려고 한다. 약 몇 g의 NaOH를 가해야 하는가?

㉮ 3.7g
㉯ 4.7g
㉰ 5.7g
㉱ 6.7g

02 해설

① 25wt%의 NaOH 수용액 80g에서
 $NaOH = 80g \times 0.25 = 20g$
② 30wt%의 용액을 만들기 위해 가해야 하는 NaOH 양을 X라하면
 $30wt(\%) = \frac{20g + X}{80g + X} \times 100$
 따라서 $0.3 \times (80g + X) = 20g + X$
 ∴ $X = 5.71g$

---

03 탄산수소나트륨 수용액의 액성은 무엇인가?

㉮ 중성
㉯ 염기성
㉰ 산성
㉱ 양쪽성

03 해설

탄산수소나트륨 수용액의 액성은 염기성(알칼리성)이다.

TIP

① 탄산수소나트륨의 화학식은 $NaHCO_3$이다.
② $NaHCO_3 \rightarrow Na^+ + HCO_3^-$
③ HCO_3^-는 중탄산염으로 액성은 약염기이다.

---

04 물 100g에 NaCl 25g을 녹여서 만든 수용액의 질량백분율 농도는 얼마인가?

㉮ 18%
㉯ 20%
㉰ 22.5%
㉱ 25%

04 해설

$$질량백분율\ 농도(\%) = \frac{용질(g)}{용질(g) + 용매(g)} \times 100$$
$$= \frac{25g}{25g + 100g} \times 100$$
$$= 20\%$$

정답 01 ㉱   02 ㉰   03 ㉯   04 ㉯

05 벤젠고리 구조를 포함하지 않는 물질은 어느 것인가?

㉮ 톨루엔   ㉯ 페놀
㉰ 자일렌   ㉱ 시클로헥산

05

시클로헥산은 C_6H_{12}이며, 벤젠고리를 가지지 않는다.

! TIP

화학식
㉮ 톨루엔(C_7H_8) : 벤젠고리에 메틸기($-CH_3$) 1개가 결합되어 있는 방향족 탄화수소
㉯ 페놀(C_6H_5OH) : 벤젠고리에 히드록시기($-OH$) 1개가 결합되어 있는 방향족 탄화수소
㉰ 자일렌(C_8H_{10}) : 벤젠고리에 메틸기($-CH_3$) 2개가 결합되어 있는 방향족 탄화수소
㉱ 시클로헥산(C_6H_{12}) : 사이클로알케인류의 대표적인 화합물

06 전기음성도의 크기 순서로 알맞은 것은?

㉮ Cl > Br > N > F
㉯ Br > Cl > O > F
㉰ Br > F > Cl > N
㉱ F > O > Cl > Br

06

전기음성도
① 같은 주기에서는 왼쪽에서 오른쪽으로 갈수록 증가한다.
② 같은 족에서는 아래로 갈수록 감소한다.
③ 같은 주기에 있는 O와 F는 F > O 이다.
④ 같은 족에 있는 F, Cl, Br은 F > Cl > Br 이다.

07 어떤 용기에 20℃, 2기압의 산소 8g이 들어있을 때 부피(L)는 얼마인가? (단, 산소는 이상기체로 가정하고, 이상기체상수 R의 값은 0.082atm · L/mol · K이다.)

㉮ 3L   ㉯ 6L
㉰ 9L   ㉱ 12L

07

$PV = \dfrac{W}{M} RT$

여기서 P : 압력(atm)
V : 부피(L)
W : 질량(g)
M : 분자량(g)
R : 기체상수(atm · L/mol · K)
T : 절대온도(K)

$2\,atm \times V = \dfrac{8\,g}{32\,g} \times 0.082\,atm \cdot L/mol \cdot K \times (273+20)K$

$\therefore V = \dfrac{8\,g \times 0.082\,atm \cdot L/mol \cdot K \times (273+20)K}{2\,atm \times 32\,g}$

$= 3.0\,L$

정답 05 ㉱   06 ㉱   07 ㉮

08 펜탄(C_5H_{12})은 몇 개의 이성질체가 존재하는가?

㉮ 2개 ㉯ 3개
㉰ 4개 ㉱ 5개

해설

펜탄의 이성질체 종류
① 노르말(n)-펜탄 : $CH_3-CH_2-CH_2-CH_2-CH_3$
② 이소(iso)-펜탄 : $CH_3-CH_2-CH-CH_3$
$\qquad\qquad\qquad\qquad\qquad |$
$\qquad\qquad\qquad\qquad\quad CH_3$

③ 네오(neo)-펜탄 :
$\qquad\qquad CH_3$
$\qquad\qquad |$
CH_3-C-CH_3
$\qquad\qquad |$
$\qquad\qquad CH_3$

09 탄산음료수의 병마개를 열었을 때 거품(기포)이 솟아오르는 이유는 무엇인가?

㉮ 수증기가 생기기 때문이다.
㉯ 이산화탄소가 분해하기 때문이다.
㉰ 온도가 올라가게 되어 용해도가 증가하기 때문이다.
㉱ 병 속의 압력이 줄어들어 용해도가 줄어들기 때문이다.

해설

탄산음료수의 병마개를 열었을 때 거품이 솟아오르는 이유는 병 속의 압력이 줄어들어 용해도가 줄어들기 때문이다.

10 Na⁺이온의 전자 배열로 알맞은 것은?

㉮ $1s^22s^22p^6$ ㉯ $1s^22s^23s^22p^4$
㉰ $1s^22s^23s^22p^5$ ㉱ $1s^22s^22p^63s^1$

해설

① Na⁺ 이온의 전자 배열은 $1s^22s^22p^6$
② Na 의 전자 배열은 $1s^22s^22p^63s^1$

TIP

궤도함수(오비탈)				
오비탈의 이름	s-오비탈	p-오비탈	d-오비탈	f-오비탈
전자수	2	6	10	14
오비탈의 전자 표시법	s^2	p^6	d^{10}	f^{14}
오비탈의 전자배열 순서	$1s^2\,2s^2\,2p^6\,3s^2\,3p^6\,4s^2\,3d^{10}\,4p^6\,5s^2\,4d^{10}\,5p^6$ $4f^{14}\,5d^{10}\,5f^{14}$			

11 o-(ortho), m-(meta), p-(para)의 3가지 이성질체를 가지는 방향족 탄화수소의 유도체는 어느 것인가?

㉮ 벤젠 ㉯ 알데하이드
㉰ 자일렌 ㉱ 톨루엔

해설

㉰ 자일렌[$C_6H_4(CH_3)_2$]에 대한 설명이다.

정답 08 ㉯ 09 ㉱ 10 ㉮ 11 ㉰

12 어떤 비전해질 3g을 물에 녹여 1L로 만든 용액의 삼투압을 측정하였더니, 27℃에서 1기압이었다. 이 물질의 분자량 (g)은 약 얼마인가?

㉮ 33.8g ㉯ 53.8g
㉰ 73.8g ㉱ 93.8g

12

$$PV = \frac{W}{M} RT$$

여기서 P : 압력(atm)
V : 부피(L)
W : 질량(g)
M : 분자량(g)
R : 기체상수(atm · L/mol · K)
T : 절대온도(K)

$$1\,atm \times 1L = \frac{3\,g}{M\,g} \times 0.082\,atm \cdot L/mol \cdot K \times (273+27)K$$

$$\therefore M = \frac{3\,g \times 0.082\,atm \cdot L/mol \cdot K \times (273+27)K}{1\,atm \times 1L}$$

$$= 73.8\,g$$

13 반감기가 5년인 방사성원소가 있다. 이 동위원소 2g이 10년이 경과하였을 때 몇 g이 남겠는가?

㉮ 0.125 ㉯ 0.25
㉰ 0.5   ㉱ 1.5

13

① 반감기 : $\ln\frac{1}{2} = -k \times t$

$\ln\frac{1}{2} = -k \times 5$년

$\therefore k = 0.1386/$년

② 1차 반응식 : $\ln\frac{C_t}{C_o} = -k \times t$

$\ln\frac{C_t}{2g} = -0.1386/$년 $\times 10$년

$\therefore C_t = 2g \times e^{-0.1386/년 \times 10년}$

$= 0.5\,g$

! TIP

① ln은 자연대수
② log는 상용대수
③ ln ↔ e^x
④ log ↔ 10^x

14 물질의 일반식과 그 명칭이 틀린 것은?

㉮ R_2CO : 케톤
㉯ $R-O-R$: 알코올
㉰ RCHO : 알데하이드
㉱ $R-CO_2-R$: 에스테르

14

㉯ $R-OH$: 알코올

| 정답 | 12 ㉰ 13 ㉰ 14 ㉯

15 건조 공기 속에 헬륨은 0.00052%를 차지한다. 이는 몇 ppm인가?

㉮ 0.052 ㉯ 0.52
㉰ 5.2 ㉱ 52

15 해설

$0.00052\% \times 10^4 = 5.2 \, ppm$

TIP

① $\% = 10^{-2} \xleftrightarrow{10^4} ppm = 10^{-6}$

② $\% \xrightarrow{\times 10^4} ppm$

③ $ppm \xrightarrow{\times 10^{-4}} \%$

16 다음 중 비활성 기체가 아닌 것은 어느 것인가?

㉮ He ㉯ Ne
㉰ Ar ㉱ Cl

16 해설

비활성기체는 0족 기체이며, 헬륨(He), 네온(Ne), 아르곤(Ar), 크립톤(Kr), 크세논(Xe), 라돈(Rn)이 있다.

17 다음 중 원자의 반지름이 가장 큰 물질은 어느 것인가?

㉮ Na ㉯ K
㉰ Rb ㉱ Li

17 해설

Li(리튬), Na(나트륨), K(칼륨), Rb(루비듐)은 1A족 물질로서 원자반지름은 아래로 내려 갈수록 증가하므로 Rb가 가장 크다.

18 지방족 탄화수소가 아닌 것은?

㉮ 아릴(aryl) ㉯ 알켄(alkene)
㉰ 알킨(alkyne) ㉱ 알칸(alkane)

18 해설

㉮ 아릴(aryl)은 방향족 탄화수소이다.

TIP

아릴(aryl)은 방향족 탄화수소에서 수소 원자 1개를 제외한 나머지의 원자단이다.

19 포화탄화수소 중 알케인(alkane) 계열의 일반식은 어느 것인가?

㉮ C_nH_{2n} ㉯ C_nH_{2n+2}
㉰ C_nH_{2n-2} ㉱ C_nH_{2n-1}

19 해설

포화탄화수소의 일반식
① 알케인(알칸)(alkane) : C_nH_{2n+2}
② 알켄(alkene) : C_nH_{2n}
③ 알킨(alkyne) : C_nH_{2n-2}

정답 15 ㉰ 16 ㉱ 17 ㉰ 18 ㉮ 19 ㉯

20 다음 중 극성 분자인 물질은 어느 것인가?

㉮ H_2O　　㉯ O_2
㉰ CH_4　　㉱ CO_2

21 산소 분자의 확산 속도는 수소분자의 확산 속도의 얼마 정도 인가?

㉮ 4배　　㉯ $\frac{1}{4}$ 배
㉰ 16배　　㉱ $\frac{1}{16}$ 배

22 10g의 프로판이 완전연소하면 몇 g의 CO_2가 발생하는가?

㉮ 25g　　㉯ 27g
㉰ 30g　　㉱ 33g

23 다음 중 원소주기율표상 족이 다른 물질은 어느 것인가?

㉮ 리튬(Li)　　㉯ 나트륨(Na)
㉰ 마그네슘(Mg)　　㉱ 칼륨(K)

24 다음의 반응식을 기준으로 할 때 수소의 연소열은 몇 kcal/mol인가?

$$2H_2 + O_2 \rightleftharpoons 2H_2O + 136 kcal$$

㉮ 136　　㉯ 68
㉰ 34　　㉱ 17

---

20 해설

보기에서 극성 분자인 물질은 물(H_2O)이다.

TIP
① 극성 물질 : 전기음성도가 다른 원자 간의 결합으로 비대칭 구조를 가진다.
② 비극성 물질 : 전기음성도가 비슷하거나 같은 원자 간의 결합으로 단체로 이루어진 물질이나 대칭구조를 가진다.

21 해설

확산속도 $= \sqrt{\frac{H_2}{O_2}} = \sqrt{\frac{2g}{32g}} = \frac{1}{4}$

22 해설

$C_3H_8 + O_2 \rightarrow 3CO_2 + 4H_2O$
44g　　:　$3 \times 44g$
10g　　:　X

$\therefore X = \frac{10g \times 3 \times 44g}{44g} = 30g$

TIP
① 프로판(C_3H_8)의 분자량 $= 12 \times 3 + 1 \times 8 = 44$
② 이산화탄소(CO_2)의 분자량 $= 12 \times 1 + 16 \times 2 = 44$

23 해설

① 1A족 원소 : 리튬(Li), 나트륨(Na), 칼륨(K)
② 2A족 원소 : 마그네슘(Mg)

24 해설

수소(H_2)의 연소열 $= \frac{136 kcal}{2g} = 68 kcal/mol$

정답 20 ㉮　21 ㉯　22 ㉰　23 ㉰　24 ㉯

25
다음의 0.1mol 용액 중 전리도가 가장 작은 물질은 어느 것인가?

㉮ NaOH
㉯ H₂SO₄
㉰ NH₄OH
㉱ HCl

25 해설
① 전리도가 큰 물질 : 강산, 강알칼리(강염기)이다.
② 전리도가 작은 물질 : 약산, 약알칼리(약염기)이다.

26
10℃에서 염화칼륨의 용해도는 43.1이다. 10℃, 염화칼륨 포화 용액의 % 농도는 얼마인가?

㉮ 30.1
㉯ 43.1
㉰ 76.2
㉱ 86.2

26 해설
① 용해도(%) = $\frac{용질(g)}{용매(g)} \times 100$ 에서

$43.1 = \frac{용질(g)}{100g} \times 100$

따라서 용질 = 43.1 g

② % 농도 = $\frac{용질(g)}{용액(g)} \times 100$

= $\frac{43.1g}{43.1g + 100g} \times 100 = 30.12\%$

TIP
용액 = 용질(43.1g) + 용매(100g)

27
양이온 계통 분리 시 분족시약이 없는 족은 어느 것인가?

㉮ 제3족
㉯ 제4족
㉰ 제5족
㉱ 제6족

27 해설
양이온 계통 분리 시 분족시약이 없는 족은 제6족이다.

TIP

구분	분족시약
1족	염화수소(HCl)
2족	황화수소(H₂S)
3족	암모니아수(NH₄OH)
4족	황화수소(H₂S), 암모니아수(NH₄OH)
5족	탄산암모늄((NH₄)₂CO₃)
6족	분족시약 없음

28
양이온 제1족의 분족시약은 어느 것인가?

㉮ HCl
㉯ H₂S
㉰ NH₄OH
㉱ (NH₄)₂CO₃

28 해설
양이온 제1족의 분족 시약은 염산(HCl)이다.

정답 25 ㉰ 26 ㉮ 27 ㉱ 28 ㉮

29 산화환원 적정에 주로 사용되는 산화제는 무엇인가?

㉮ FeSO₄
㉯ KMnO₄
㉰ Na₂C₂O₄
㉱ Na₂S₂O₃

해설

㉯ 과망간산칼륨($KMnO_4$)은 강산화제이다.

30 0.1N - NaOH 표준 용액 1mL에 대응하는 염산의 양(g)은 얼마인가? (단, HCl의 분자량은 36.47g/mol이다.)

㉮ 0.0003647g
㉯ 0.003647g
㉰ 0.03647g
㉱ 0.3647g

해설

NaOH 1eq = HCl 1eq로 계산한다.

$0.1\,eq/L \times 1\,mL \times 10^{-3}L/mL = \dfrac{1\,eq}{36.47\,g} \times HCl(g)$

∴ HCl = 0.003647 g

31 기체의 용해도에 관한 내용으로 알맞은 것은 어느 것인가?

㉮ 질소는 물에 잘 녹는다.
㉯ 무극성인 기체는 물에 잘 녹는다.
㉰ 기체의 용해도는 압력에 비례한다.
㉱ 기체는 온도가 올라가면 물에 녹기 쉽다.

해설

㉮ 질소는 물에 녹지 않는다.
㉯ 무극성인 기체는 물에 녹지 않는다.
㉱ 기체는 온도가 올라가면 물에 녹기 어렵다.

32 다음 중 염소산 화합물의 세기 순서가 옳게 나열된 것은?

㉮ HOCl > HClO₂ > HClO₃ > HClO₄
㉯ HClO₄ > HOCl > HClO₃ > HClO₂
㉰ HClO₄ > HClO₃ > HClO₂ > HOCl
㉱ HOCl > HClO₃ > HClO₂ > HClO₄

해설

염소산 화합물의 세기 순서는 $HClO_4$(과염소산) > $HClO_3$(염소산) > $HClO_2$(아염소산) > $HOCl$(차아염소산)이다.

33 철광석 중의 철의 정량실험에서 자철광과 같은 시료는 염산에 분해하기 어렵다. 이때 분해되기 쉽도록 하기 위해서 넣어주는 시약은 무엇인가?

㉮ 염화제일주석
㉯ 염화제이주석
㉰ 염화나트륨
㉱ 염화암모늄

해설

분해제로 넣어 주는 시약은 ㉮ 염화제일주석이다.

정답 29 ㉯ 30 ㉯ 31 ㉰ 32 ㉰ 33 ㉮

34 아세톤이나 에탄올 검출에 이용되는 반응은 무엇인가?

㉮ 은거울 반응 ㉯ 요오드포름 반응
㉰ 비누화 반응 ㉱ 술폰화 반응

34 ㉯ 요오드포름 반응은 아세톤이나 에탄올 검출에 이용된다.

35 제4족 양이온 분족 시 최종 확인 시약으로 디메틸글리옥심을 사용하는 것은 무엇인가?

㉮ 아연 ㉯ 철
㉰ 니켈 ㉱ 코발트

35 니켈은 제4족 양이온 분족 시 최종 확인 시약으로 디메틸글리옥심을 사용한다.

36 양이온 제1족에 해당되는 것은 어느 것인가?

㉮ Ba^{++} ㉯ K^+
㉰ Na^+ ㉱ Pb^{++}

36 양이온 제1족에 해당되는 것은 Pb^{++}, Hg^{++}, Ag^+ 이다.

37 1차 표준물질이 갖추어야 할 조건 중 틀린 것은?

㉮ 분자량이 작아야 한다.
㉯ 조성이 순수하고 일정해야 한다.
㉰ 습기, CO_2 등의 흡수가 없어야 한다.
㉱ 건조 중 조성이 변하지 않아야 한다.

37 ㉮ 분자량이 커야 한다.

38 황산바륨의 침전물에 흡착하기 쉽기 때문에 황산바륨의 침전물을 생성시키기 전에 제거해주어야 하는 이온은 어느 것인가?

㉮ Zn^{2+} ㉯ Cu^{2+}
㉰ Fe^{2+} ㉱ Fe^{3+}

38 황산바륨의 침전물을 생성시키기 전에 제거해 주어야 하는 이온은 Fe^{3+}, Al^{3+}, Cr^{3+} 이다.

정답 34 ㉯ 35 ㉰ 36 ㉱ 37 ㉮ 38 ㉱

39
20℃에서 포화 소금물 60g 속에 소금 10g이 녹아 있다면 이 용액의 용해도는 얼마인가?

㉮ 10
㉯ 14
㉰ 17
㉱ 20

40
다음 중 알데하이드 검출에 주로 쓰이는 시약은 어느 것인가?

㉮ 밀론 용액
㉯ 비토 용액
㉰ 페엘링 용액
㉱ 리이베르만 용액

41
다음 크로마토그래피 구성 중 기체 크로마토그래피에는 없고 액체 크로마토그래피에는 있는 것은 무엇인가?

㉮ 펌프
㉯ 검출기
㉰ 주입구
㉱ 기록계

42
기체를 이동상으로 주로 사용하는 크로마토그래피는 어느 것인가?

㉮ 겔 크로마토그래피
㉯ 분배 크로마토그래피
㉰ 기체 – 액체 크로마토그래피
㉱ 이온교환 크로마토그래피

43
전기분해반응 $Pb^{2+} + 2H_2O \rightleftharpoons PbO_2(s) + H_2(g) + 2H^+$ 에서 0.1A의 전류가 20분 동안 흐른다면, 약 몇 g의 PbO_2가 석출되겠는가? (단, PbO_2의 분자량은 239로 한다.)

㉮ 0.10g
㉯ 0.15g
㉰ 0.20g
㉱ 0.30g

---

39 해설
물질의 용해도(%) = $\dfrac{용질(g)}{용매(g)} \times 100 = \dfrac{10g}{60g - 10g} \times 100 = 20\%$

TIP

용매 = 용액 - 용매
    = 60g - 10g = 50g

40 해설
㉰ 페엘링 용액은 알데하이드 검출에 주로 사용된다.

41 해설
기체 크로마토그래피에는 펌프가 없고 액체 크로마토그래피에는 펌프가 있다.

42 해설
기체를 이동상으로 주로 사용하는 크로마토그래피는 기체 – 액체 크로마토그래피이다.

43 해설
① 전기량 1F(패럿) = 96,500C

석출되는 PbO_2의 1g 당량 = $\dfrac{분자량(g)}{당량수} = \dfrac{239g}{2} = 119.5g$

② 전기량(C)을 계산한다.

전기량(C) = 전류(I) × 시간(t)
= 0.1A × 20min × 60sec/min
= 120C

③ 석출되는 PbO_2의 양을 계산한다.

96,500C : 119.5g = 120C : X

$X = \dfrac{119.5g \times 120C}{96,500C}$

= 0.15g

정답 39 ㉱ 40 ㉰ 41 ㉮ 42 ㉰ 43 ㉯

44. 분광광도계로 미지 시료의 농도를 측정할 때 시료를 담아 측정하는 기구의 명칭은 무엇인가?
   - ㉮ 흡수셀
   - ㉯ 광다이오드
   - ㉰ 프리즘
   - ㉱ 회절격자

44 해설

시료를 담아 측정하는 기구는 흡수셀이다.

45. 액체 크로마토그래피에서 이동상으로 사용하는 용매의 구비 조건으로 틀린 것은?
   - ㉮ 점도가 커야 한다.
   - ㉯ 적당한 가격으로 쉽게 구입할 수 있어야 한다.
   - ㉰ 관 온도보다 20~50℃ 정도 끓는점이 높아야 한다.
   - ㉱ 분석물의 봉우리와 겹치지 않는 고순도이어야 한다.

45 해설

㉮ 점도가 작아야 한다.

46. 기체 크로마토그래피로 정성 및 정량 분석하고자 할 때 다음 중 가장 먼저 해야 할 것은 무엇인가?
   - ㉮ 본체의 준비
   - ㉯ 기록계의 준비
   - ㉰ 표준 용액의 조제
   - ㉱ 기체 크로마토그래피에 의한 정성 및 정량분석

46 해설

순서는 ㉰ 표준 용액의 조제 → ㉮ 본체의 준비 → ㉯ 기록계의 준비 → ㉱ 기체 크로마토그래피에 의한 정성 및 정량분석 순이다.

47. 람베르트 – 비어의 법칙은 $\log(I_0/I) = \epsilon \cdot b \cdot C$로 나타낼 수 있다. 여기서 C를 mol/L, b를 액층의 두께(cm)로 표시할 때, 비례상수 ϵ인 몰흡광계수의 단위는 어느 것인가?
   - ㉮ L/cm·mol
   - ㉯ kg/cm·mol
   - ㉰ L/cm
   - ㉱ L/mol

47 해설

$A = \epsilon \times b \times C$ 에서
$$\epsilon = \frac{A}{b(cm) \times C(mol/L)}$$
따라서 몰흡광계수의 단위는 L/cm·mol 이다.

48. pH 미터 보정에 사용하는 완충용액의 종류로 틀린 것은?
   - ㉮ 붕산염 표준용액
   - ㉯ 프탈산염 표준용액
   - ㉰ 옥살산염 표준용액
   - ㉱ 구리산염 표준용액

48 해설

완충용액의 종류
① 붕산염 표준용액
② 프탈산염 표준용액
③ 옥살산염 표준용액
④ 인산염 표준용액
⑤ 탄산염 표준용액

정답 44 ㉮ 45 ㉮ 46 ㉰ 47 ㉮ 48 ㉱

49 금속이온의 수용액에 음극과 양극 2개의 전극을 담그고 직류전압을 통하여 주면 금속이온이 환원되어 석출된다. 이때, 석출된 금속 또는 금속산화물을 칭량하여 금속 시료를 분석하는 방법은 어느 것인가?

㉮ 비색분석
㉯ 전해분석
㉰ 중량분석
㉱ 분광분석

49

㉯ 전해분석에 대한 설명이다.

50 다음 중 두 가지 이상의 혼합 물질을 단일 성분으로 분리하여 분석하는 방법은 무엇인가?

㉮ 분광광도법
㉯ 전기무게분석법
㉰ 크로마토그래피법
㉱ 핵자기 공명 흡수법

50

크로마토그래피는 두 가지 이상의 혼합 물질을 단일 성분으로 분리하여 분석하는 방법이다.

51 종이 크로마토그래피법에서 이동도(Rf)를 구하는 식은 어느 것인가? (단, C : 기본선과 이온이 나타난 사이의 거리 [cm], K : 기본선과 전개 용매가 전개한 곳 까지의 거리 [cm]이다.)

㉮ $Rf = \dfrac{C}{K}$
㉯ $Rf = C \times K$
㉰ $Rf = \dfrac{K}{C}$
㉱ $Rf = K + C$

51

이동도(Rf)
$= \dfrac{C(기본선과\ 이온이\ 나타난\ 사이의\ 거리)}{K(기본선과\ 전개\ 용매가\ 전개한\ 곳까지의\ 거리)}$

52 원자흡수분광광도계의 특징으로 틀린 것은?

㉮ 공해물질의 측정에 사용된다.
㉯ 금속의 미량 분석에 편리하다.
㉰ 조작이나 전처리가 비교적 용이하다.
㉱ 유기재료의 불순물 측정에 널리 사용된다.

52

㉱ 유기재료의 불순물 측정에는 사용되지 않는다.

정답 49 ㉯ 50 ㉰ 51 ㉮ 52 ㉱

53 전위차 적정의 원리식(Nernst식)에서 n은 무엇을 의미하는가?

$$E = E_o + \frac{0.0591}{n} \log C$$

㉮ 표준 전위차   ㉯ 단극 전위차
㉰ 이온 농도   ㉱ 산화수 변화

53 해설

$$E = E_o + \frac{0.0591}{n} \log C$$

여기서 E : 단극 전위차
E_o : 표준 전위차
n : 산화수 변화
C : 이온 농도

54 기체 크로마토그래피에서 사용되는 운반기체로 틀린 것은?

㉮ 헬륨   ㉯ 질소
㉰ 수소   ㉱ 산소

54 해설

운반기체는 불활성 기체로 수소(H_2), 헬륨(He), 질소(N_2)를 사용한다.

55 분광광도계의 검출기 종류로 틀린 것은?

㉮ 광전 증배관   ㉯ 광 다이오드
㉰ 음극 진공관   ㉱ 광 다이오드 어레이

55 해설

분광광도계의 검출기 종류
① 광전 증배관
② 광 다이오드
③ 광 다이오드 어레이

56 탄화수소화합물의 검출에 가장 적합한 기체 크로마토그래피 검출기는 어느 것인가?

㉮ TID   ㉯ TCD
㉰ ECD   ㉱ FID

56 해설

㉱ 불꽃이온화검출기(FID)는 탄화수소화합물의 검출에 사용된다.

정답 53 ㉱ 54 ㉱ 55 ㉰ 56 ㉱

57 다음 반반응의 Nernst 식으로 알맞은 것은 어느 것인가?
(단, O_X = 산화형, Red = 환원형, E = 전극전위, $E°$ = 표준전극전위이다.)

$$aO_X + ne^- \rightleftarrows bRed$$

㉮ $E = E_o - \dfrac{0.0591}{n} \log \dfrac{[Red]^b}{[Ox]^a}$

㉯ $E = E_o - \dfrac{0.0591}{n} \log \dfrac{[Ox]^a}{[Red]^b}$

㉰ $E = 2E_o + \dfrac{0.0591}{n} \log \dfrac{[Red]^b}{[Ox]^a}$

㉱ $E = 2E_o - \dfrac{0.0591}{n} \log \dfrac{[Red]^b}{[Ox]^a}$

57 해설

반반응의 Nernst 식은 ㉮ $E = E_o - \dfrac{0.0591}{n} \log \dfrac{[Red]^b}{[Ox]^a}$ 이다.

58 투광도가 50%일 때 흡광도는 얼마인가?

㉮ 0.25 ㉯ 0.30
㉰ 0.35 ㉱ 0.40

58 해설

흡광도(A) $= \log \dfrac{1}{투광도} = \log \dfrac{1}{0.50} = 0.30$

59 전해분석 방법 중 폴라로그래피(Polarography)에서 작업전극으로 주로 사용하는 전극은 어느 것인가?

㉮ 포화 칼로멜 전극 ㉯ 적하 수은 전극
㉰ 백금 전극 ㉱ 유리막 전극

59 해설

폴라로그래피에서 작업전극으로 주로 사용하는 전극은 적하 수은 전극이다.

60 원자흡수분광광도계에서 시료원자부가 하는 역할은 무엇인가?

㉮ 시료를 검출한다.
㉯ 시료를 원자 상태로 환원시킨다.
㉰ 빛의 파장을 원하는 값으로 조절한다.
㉱ 스펙트럼을 원하는 파장으로 분리한다.

60 해설

시료원자부가 하는 역할은 시료를 원자상태로 환원시킨다.

정답 57 ㉮ 58 ㉯ 59 ㉯ 60 ㉯

제3회 실전 모의고사

| 수험자명 | 예상점수 | 실제점수 |

---

01 다음 중 분자 안에 배위결합이 존재하는 화합물은 어느 것인가?

㉮ 벤젠 ㉯ 에틸알콜
㉰ 염소이온 ㉱ 암모늄이온

02 벤젠의 반응에서 소량의 철의 존재하에서 벤젠과 염소가스를 반응시키면 수소 원자와 염소 원자의 치환이 일어나 클로로벤젠이 생기는 반응을 무엇이라 하는가?

㉮ 니트로화 ㉯ 술폰화
㉰ 할로겐화 ㉱ 알킬화

03 1g의 라듐으로부터 1m 떨어진 거리에서 1시간 동안 받는 방사선의 영향을 무엇이라 하는가?

㉮ 1 렌트겐 ㉯ 1 큐리
㉰ 1 렘 ㉱ 1 베크렐

04 500mL의 물을 증발시키는데 필요한 열은 얼마인가? (단, 물의 증발열은 40.6kJ/mol이다.)

㉮ 222kJ ㉯ 1,128kJ
㉰ 2,256kJ ㉱ 20,300kJ

---

01 해설

배위결합이란 비공유 전자쌍을 가지는 원자가 이 비공유 전자쌍을 일방적으로 제공하여 이루어진 공유결합을 말하며, 암모늄이온(NH_4^+)이 가장 대표적인 물질이다.

02 해설

㉰ 할로겐화에 대한 설명이다.

TIP

할로겐화 반응
$$C_6H_6 + Cl^- \xrightarrow{\text{철 촉매}} C_6H_5Cl(\text{클로로벤젠})$$

03 해설

1 렘에 대한 설명이다.

TIP

단위의 정의
① 1렘 : 방사선의 영향
② 1그레이 : 방사선의 흡수선량
③ 1래드 : 방사선량
④ 1큐리 : 방사성 물질의 양

04 해설

① 물 500mL를 mol로 전환
$$500\,mL \times 1.0\,g/mL \times \frac{1\,mol}{18\,g} = 27.78\,mol$$
② 물 1mol의 증발열 = 40.6kJ
③ 물의 증발열 = $40.6\,kJ/mol \times 27.78\,mol = 1,127.87\,kJ$

TIP

① H_2O 1mol $\begin{cases} 18\,g \\ 22.4\,L \end{cases}$
② 물의 밀도 = $1.0\,g/mL$
③ 물 $500\,mL \times 1.0\,g/mL = 500\,g$

정답 | 01 ㉱ 02 ㉰ 03 ㉰ 04 ㉯

05 반응 속도에 영향을 주는 인자로 틀린 것은?

㉮ 반응 온도 ㉯ 반응식
㉰ 반응물의 농도 ㉱ 촉매

06 27℃인 수소 4L를 압력을 일정하게 유지하면서, 부피를 2L로 줄이려면 온도를 얼마로 하여야 하는가?

㉮ -273℃ ㉯ -123℃
㉰ 157℃ ㉱ 327℃

07 다음 중 콜로이드 용액이 아닌 것은?

㉮ 녹말 용액 ㉯ 점토 용액
㉰ 설탕 용액 ㉱ 수산화알루미늄 용액

08 칼륨(K) 원자는 19개의 양성자와 20개의 중성자를 가지고 있다. 원자번호와 질량수는 각각 얼마인가?

㉮ 9, 19 ㉯ 9, 39
㉰ 19, 20 ㉱ 19, 39

09 NH_4^+의 원자가전자는 총 몇 개인가?

㉮ 7 ㉯ 8
㉰ 9 ㉱ 10

---

05 해설

반응속도에 영향을 주는 인자로는 반응온도, 반응물의 농도, 촉매가 있다.

06 해설

① 샤를의 법칙 : $\dfrac{V_1}{T_1} = \dfrac{V_2}{T_2}$

따라서 $\dfrac{4L}{(273+27)K} = \dfrac{2L}{T_2}$

∴ $T_2 = \dfrac{2L \times (273+27)K}{4L} = 150 K$

② ℃ = K - 273 = 150K - 273 = -123℃

07 해설

콜로이드 용액은 녹말 용액, 점토 용액, 수산화알루미늄 용액이 있다.

TIP

콜로이드 용액
콜로이드 입자가 분산되어 있는 용액을 말하며, 입자의 크기는 보통 0.001~0.1μm 정도이며, 반투막을 통과하지 못한다. 종류에는 친수성 콜로이드와 소수성 콜로이드가 있다.

08 해설

① 원자번호 = 양성자수 = 19
② 질량수 = 양성자수 + 중성자수 = 19 + 20 = 39

TIP

① 원자의 표시 $_{원자번호}^{질량수}X_{원자수}^{전하량}$
② 원자번호 = 양성자수 = 전자수
③ 질량수 = 양성자수 + 중성자수

09 해설

원자가전자는 N(5개)과 H(4 - 1 = 3)을 더해 8이 된다.

정답 05 ㉯ 06 ㉯ 07 ㉰ 08 ㉱ 09 ㉯

10 다음 중 성격이 다른 화학식은 어느 것인가?

㉮ CH_3COOH ㉯ C_2H_5OH
㉰ C_2H_5CHO ㉱ $C_2H_3O_2$

10

OH 기를 가지지 않는 물질은 ㉱ 아세테이트($C_2H_3O_2$)이다.

11 증기압에 관한 내용으로 틀린 것은?

㉮ 증기압이 크면 증발이 어렵다.
㉯ 증기압이 크면 끓는점이 낮아진다.
㉰ 증기압은 온도가 높아짐에 따라 커진다.
㉱ 증기압이 크면 분자간 인력이 작아진다.

11

㉮ 증기압이 크면 증발이 쉽다.

12 CO_2와 H_2O는 모두 공유결합으로 된 삼원자 분자인데 CO_2는 비극성이고 H_2O는 극성을 띠고 있다. 그 이유로 옳은 것은?

㉮ C가 H보다 비금속성이 크다.
㉯ 결합구조가 H_2O는 굽은형이고 CO_2는 직선형이다.
㉰ H_2O의 분자량이 CO_2의 분자량보다 적다.
㉱ 상온에서 H_2O는 액체이고 CO_2는 기체이다.

12

① 비극성 : 대칭구조이므로 직선형인 CO_2가 속한다.
② 극성 : 비대칭구조이므로 굽은형인 H_2O가 속한다.

13 이온 결합에 관한 내용으로 틀린 것은?

㉮ 이온 결정은 극성 용매인 물에 잘 녹지 않는 것이 많다.
㉯ 전자를 잃은 원자는 양이온이 되고, 전자를 얻은 원자는 음이온이 된다.
㉰ 이온 결정은 고체 상태에서는 양이온과 음이온이 강하게 결합되어 있기 때문에 전류가 흐르지 않는다.
㉱ 전자를 잃기 쉬운 금속 원자로부터 전자를 얻기 쉬운 비금속 원자로 하나 이상의 전자가 이동할 때 형성된다.

13

㉮ 이온 결정은 극성 용매인 물에 잘 녹는다.

정답 10 ㉱ 11 ㉮ 12 ㉯ 13 ㉮

14 20℃, 0.5atm에서 10L인 기체가 있다. 표준상태에서 이 기체의 부피(L)는 얼마인가?

㉮ 2.54L ㉯ 4.65L
㉰ 5L   ㉱ 10L

14 해설

기체의 부피$(L) = \dfrac{10\,L(\text{현재})}{} \times \dfrac{273 + 0℃(\text{표준})}{273 + 20℃(\text{현재})} \times \dfrac{0.5\,atm(\text{현재})}{1\,atm(\text{표준})}$

$= 4.65\,L$

15 다음 중 카르복시기는 어느 것인가?

㉮ – O –   ㉯ – OH
㉰ – CHO ㉱ – COOH

15 해설

작용기
㉮ – O – : 에테르 결합
㉯ – OH : 수산기
㉰ – CHO : 알데히드기
㉱ – COOH : 카르복시기

16 수산화나트륨(NaOH) 80g을 물에 녹여 전체 부피가 1,000mL가 되게 하였다. 이 용액의 N 농도는 얼마인가? (단, 수산화나트륨의 분자량은 40이다.)

㉮ 0.08N ㉯ 1N
㉰ 2N   ㉱ 4N

16 해설

$eq/L = \dfrac{\text{질량}(g)}{\text{부피}(L)} \times \dfrac{1\,eq}{\text{분자량}(g)/\text{가수}}$

$= \dfrac{80\,g}{1.0\,L} \times \dfrac{1\,eq}{40\,g} = 2\,eq/L = 2N$

TIP

① N 농도의 단위는 eq/L이다.
② 1000mL = 1L
③ 수산화나트륨(NaOH)은 OH^-가 1개이므로 1가 물질이고 1당량이다.
④ $1\,eq = \dfrac{\text{분자량}(g)}{\text{가수}} = \dfrac{40\,g}{1} = 40\,g$
⑤ 수산화나트륨(NaOH) 분자량 $= 23 + 16 + 1 = 40\,g$

17 다음에서 설명하는 법칙은 무엇인가?

> 어떠한 화학반응이라도 반응물 전체의 질량과 생성물 전체의 질량은 서로 차이가 없고 완전히 같다.

㉮ 일정성분비의 법칙
㉯ 배수비례의 법칙
㉰ 질량보존의 법칙
㉱ 기체반응의 법칙

17 해설

㉰ 질량보존의 법칙에 대한 설명이다.

정답 14 ㉯ 15 ㉱ 16 ㉰ 17 ㉰

18
에탄올에 진한 황산을 넣고 180℃에서 반응시켰을 때 알코올의 제거반응에서 생성되는 물질은 어느 것인가?

㉮ CH_3OH ㉯ $CH_2 = CH_2$
㉰ $CH_3CH_2CH_2SO_3$ ㉱ CH_3CH_2S

18 해설
$$C_2H_5OH \xrightarrow[\text{진한 황산}]{180℃} C_2H_4(\text{에틸렌}) + H_2O$$

TIP
에틸렌은 C_2H_4 또는 $CH_2 = CH_2$이다.

19
다음 중 1패러데이(F)의 전기량은 무엇인가?

㉮ 1mol의 물질이 갖는 전기량
㉯ 1개의 전자가 갖는 전기량
㉰ 96500개의 전자가 갖는 전기량
㉱ 1g당량 물질이 생성할 때 필요한 전기량

19 해설
1패러데이(F)의 전기량은 1g당량 물질이 생성할 때 필요한 전기량이다.

20
다음 중 이온화 에너지가 가장 작은 원소는 어느 것인가?

㉮ 나트륨(Na)   ㉯ 마그네슘(Mg)
㉰ 알루미늄(Al)   ㉱ 규소(Si)

20 해설
같은 주기에서는 원자번호가 증가할수록 이온화 에너지는 증가한다. 따라서 원자번호가 가장 작은 나트륨이 이온화 에너지가 가장 작다.

21
다음 물질 중 혼합물인 것은?

㉮ 염화수소   ㉯ 암모니아
㉰ 공기   ㉱ 이산화탄소

21 해설
혼합물이란 순물질 2가지 이상이 혼합된 물질을 말하며, 공기가 가장 대표적이다.

22
황산구리 용액에 아연을 넣을 경우 구리가 석출되는 것은 아연이 구리보다 무엇의 크기가 크기 때문인가?

㉮ 이온화 경향   ㉯ 전기저항
㉰ 원자가전자   ㉱ 원자번호

22 해설
황산구리 용액에 아연을 넣을 경우 구리가 석출되는 것은 아연이 구리보다 이온화 경향이 크기 때문이다.

정답 18 ㉯ 19 ㉱ 20 ㉮ 21 ㉰ 22 ㉮

23 건조 공기 속에서 네온은 0.0018%를 차지한다. 이는 몇 ppm인가?

㉮ 1.8ppm ㉯ 18ppm
㉰ 180ppm ㉱ 1,800ppm

23 해설

$0.0018\% \times 10^4 = 18\,ppm$

TIP

② $\% \xrightarrow{\times 10^4} ppm$

③ $ppm \xrightarrow{\times 10^{-4}} \%$

24 볼타전지의 음극에서 일어나는 반응은 무엇인가?

㉮ 환원 ㉯ 산화
㉰ 응집 ㉱ 킬레이트

24 해설

① 볼타전지 (−)극에서는 산화반응
② 볼타전지 (+)극에서는 환원반응

25 다음 유기화합물 중 파라핀계 탄화수소는 어느 것인가?

㉮ C_5H_{10} ㉯ C_4H_8
㉰ C_3H_6 ㉱ CH_4

25 해설

파라핀계는 구조는 C_nH_{2n+2}이므로 메탄(CH_4)이 해당한다.

TIP

C_nH_{2n}의 구조는 나프텐계에 해당한다.

26 다음 반응에서 정반응이 일어날 수 있는 조건으로 알맞은 것은?

$$N_2 + 3H_2 \rightleftarrows NH_3 + 22kcal$$

㉮ 반응 온도를 높인다.
㉯ 질소의 농도를 감소시킨다.
㉰ 수소의 농도를 감소시킨다.
㉱ 암모니아의 농도를 감소시킨다.

26 해설

㉮ 반응 온도를 낮춘다.
㉯ 질소의 농도를 증가시킨다.
㉰ 수소의 농도를 증가시킨다.

27 다음 중 건조용으로 사용되는 실험기구는 어느 것인가?

㉮ 데시케이터 ㉯ 피펫
㉰ 메스실린더 ㉱ 플라스크

27 해설

건조용으로 사용되는 실험기구는 데시케이터이다.

정답 23 ㉯ 24 ㉯ 25 ㉱ 26 ㉱ 27 ㉮

28 다음 중 용액의 전리도(α)를 알맞게 나타낸 식은?

㉮ 전리된 몰농도 / 분자량
㉯ 분자량 / 전리된 몰농도
㉰ 전체 몰농도 / 전리된 몰농도
㉱ 전리된 몰농도 / 전체 몰농도

28 해설

전리도(α) = $\dfrac{\text{전리된 몰농도}}{\text{전체 몰농도}}$

29 약염기를 강산으로 적정할 때 당량점의 pH는 얼마인가?

㉮ pH 4 이하
㉯ pH 7 이하
㉰ pH 7 이상
㉱ pH 4 이상

29 해설

약염기를 강산으로 적정할 때 당량점의 pH는 7이하로 약산이다.

30 97wt% H_2SO_4의 비중이 1.836이라면 이 용액의 노르말 농도(N)는 얼마인가? (단, H_2SO_4의 분자량은 98.08 이다.)

㉮ 18N
㉯ 36N
㉰ 54N
㉱ 72N

30 해설

$$N(eq/L) = \dfrac{\text{비중}(g)}{(mL)} \times \dfrac{10^3 mL}{1L} \times \dfrac{1eq}{1\text{당량 g}} \times \dfrac{\text{\%농도}}{100}$$

$$= \dfrac{1.836 g}{mL} \times \dfrac{10^3 mL}{1L} \times \dfrac{1 eq}{98.08 g/2} \times \dfrac{97\%}{100}$$

$$= 36.32\ eq/L$$

TIP
① N농도 = eq/L
② H_2SO_4의 분자량 = 98.08g
③ H_2SO_4 1 mol = 98.08 g
④ H_2SO_4 1 eq = $\dfrac{\text{분자량}(g)}{\text{가수}}$ = $\dfrac{98.08 g}{2}$

31 25℃에서 용해도가 35인 염 20g을 50℃의 물 50mL에 완전 용해시킨 다음 25℃로 냉각하면 약 몇 g의 염이 석출되는가?

㉮ 2.0g
㉯ 2.3g
㉰ 2.5g
㉱ 2.8g

31 해설

① 용해도(%) = $\dfrac{\text{용질}(g)}{\text{용매}(g)} \times 100$ 이므로

25℃에서 용해도가 35이면 $\dfrac{35g}{100g}$ 으로 나타낼 수 있다.

물(용매)의 밀도가 1g/mL 이면 100g = 100mL 이다.

따라서 $\dfrac{35g}{100mL}$ 가 된다.

② 물(용매)을 100mL에서 50mL로 반으로 줄이면 용질도 35g에서 17.5g으로 반으로 줄어든다.

③ 따라서 석출되는 염의 양은 20g − 17.5g = 2.5g이다.

32 제2족 구리족 양이온과 제2족 주석족 양이온을 분리하는 시약은?

㉮ HCl
㉯ H_2S
㉰ Na_2S
㉱ $(NH_4)_2CO_3$

32 해설

제2족 구리족 양이온과 제2족 주석족 양이온을 분리하는 시약은 황화수소(H_2S)이다.

정답 28 ㉱ 29 ㉯ 30 ㉯ 31 ㉰ 32 ㉯

33 0.01M Ca²⁺ 50.0mL와 반응하려면 0.05M EDTA는 몇 mL가 필요한가?

㉮ 10 ㉯ 25
㉰ 50 ㉱ 100

33

$M_1 \times V_1 = M_2 \times V_2$
$0.01\,M \times 50.0\,mL = 0.05\,M \times V_2$
$\therefore V_2 = \dfrac{0.01\,M \times 50.0\,mL}{0.05\,M} = 10\,mL$

34 양이온의 계통적인 분리 검출법에서는 방해물질을 제거시켜야 한다. 다음 중 방해 물질에 해당하지 않는 것은?

㉮ 유기물 ㉯ 옥살산 이온
㉰ 규산 이온 ㉱ 암모늄 이온

34

방해물질은 유기물, 옥살산 이온, 규산 이온이다.

35 중화 적정에 사용되는 지시약으로서 8.3~10.0pH 정도의 변색 범위를 가지며 약산과 강염기의 적정에 사용되는 것은?

㉮ 메틸옐로 ㉯ 페놀프탈레인
㉰ 메틸오렌지 ㉱ 브롬티몰블루

35

㉯ 페놀프탈레인 지시약에 대한 설명이다.

36 불꽃반응 색깔을 관찰할 때 노란색을 띠는 물질은 어느 것인가?

㉮ K ㉯ As
㉰ Ca ㉱ Na

36

불꽃반응 색깔을 관찰할 때 노란색을 띠는 물질은 나트륨(Na)이다.

TIP

알칼리금속의 불꽃반응의 색깔

알칼리금속	불꽃반응 색
리튬(Li)	빨간색
나트륨(Na)	노란색
칼륨(K)	보라색
루비듐(Rb)	연한 빨간색
세슘(Cs)	연한 파란색

정답 33 ㉮ 34 ㉱ 35 ㉯ 36 ㉱

37 몰 농도를 구하는 식으로 알맞은 것은?

㉮ 몰농도(M) = $\dfrac{\text{용질의 몰수(mol)}}{\text{용액의 부피(L)}}$

㉯ 몰농도(M) = $\dfrac{\text{용질의 몰수(mol)}}{\text{용액의 질량(kg)}}$

㉰ 몰농도(M) = $\dfrac{\text{용질의 질량(g)}}{\text{용액의 질량(kg)}}$

㉱ 몰농도(M) = $\dfrac{\text{용질의 당량}}{\text{용액의 부피(L)}}$

37 해설

몰농도(M)의 단위는 mol/L 이다.

38 다음 황화물 중 흑색 침전이 아닌 것은?

㉮ PbS   ㉯ CuS
㉰ HgS   ㉱ CdS

38 해설

침전물의 색깔
① 흑색 침전 : 황화납(PbS), 황화동(CuS), 황화수은(HgS)
② 황색 침전 : 황화카드뮴(CdS)
③ 백색침전 : 황화아연(ZnS)

39 다음 수용액 중 산성이 가장 강한 것은 어느 것인가?

㉮ pH = 5인 용액
㉯ [H$^+$] = 10^{-8}M인 용액
㉰ [OH$^-$] = 10^{-4}M인 용액
㉱ pOH = 7인 용액

39 해설

㉮ pH = 5인 용액
㉯ [H$^+$] = 10^{-8}M 인 용액의
    pH = $-\log[\text{H}^+]$ = $-\log[10^{-8}\text{M}]$ = 8.0
㉰ [OH$^-$] = 10^{-4}M 인 용액의
    pH = 14 + $\log[\text{OH}^-]$ = 14 + $\log[10^{-4}\text{M}]$ = 10
㉱ pOH = 7인 용액인 용액의 pH = 14 - pOH = 14 - 7 = 7.0
따라서 pH가 0에 가까울수록 강한 산성이므로 정답은 ㉮이다.

40 Ni^{2+}의 확인반응에서 디메틸글리옥심(dimethylglyoxime)을 넣으면 무슨 색으로 변하는가?

㉮ 붉은색   ㉯ 푸른색
㉰ 검은색   ㉱ 흰색

40 해설

니켈이온(Ni^{2+})의 확인반응에서 디메틸글리옥심을 넣으면 붉은색으로 변한다.

정답   37 ㉮   38 ㉱   39 ㉮   40 ㉮

41 과망간산칼륨 시료를 20ppm으로 1L를 만들려고 한다. 이 때 과망간산칼륨을 몇 g 칭량하여야 하는가?

㉮ 0.0002g ㉯ 0.002g
㉰ 0.02g   ㉱ 0.2g

41 해설

$$g = \frac{20 \times 10^{-3}g}{L} \times \frac{1L}{1} = 0.02\,g$$

TIP

① ppm = mg/L
② mg/L $\xrightarrow{\times 10^{-3}}$ g/L

42 포화 칼로멜(calomel) 전극 안에 들어있는 용액은?

㉮ 포화 염산   ㉯ 포화 황산알루미늄
㉰ 포화 염화칼슘 ㉱ 포화 염화칼륨

42 해설

포화 칼로멜 전극 안에 있는 용액은 포화 염화칼륨이다.

43 다음 중 발화성 위험물끼리 알맞게 짝지어진 것은?

㉮ 칼륨, 나트륨, 황, 인
㉯ 수소, 아세톤, 에탄올, 에틸에테르
㉰ 등유, 아크릴산, 아세트산, 크레졸
㉱ 질산암모늄, 니트로셀룰로오스, 피크린산

43 해설

발화성 위험물로 이루어진 것은 ㉮ 칼륨, 나트륨, 황, 인이다.

44 빛은 음파처럼 여러 가지 빛을 합쳐 빛의 세기를 증가하거나 서로 상쇄하여 없앨 수 있다. 예를 들면 여러 개의 종이에 같은 물감을 그린 다음 한 장만 보면 연하게 보이지만 여러 장을 겹쳐 보면 진하게 보인다. 그리고 여러 가지 물감을 섞으면 본래의 색이 다르게 나타난다. 이러한 현상을 무엇이라 하는가?

㉮ 빛의 상쇄   ㉯ 빛의 간섭
㉰ 빛의 이중성 ㉱ 빛의 회절

44 해설

㉯ 빛의 간섭에 대한 설명이다.

45 기체 크로마토그래프의 주요 구성부로 틀린 것은?

㉮ 운반 기체부 ㉯ 주입부
㉰ 흡광부   ㉱ 컬럼

45 해설

㉰ 흡광부는 분광광도법의 구성 요소이다.

정답 41 ㉰ 42 ㉱ 43 ㉮ 44 ㉯ 45 ㉰

46. 용액이 산성인지 알칼리성인지 또는 중성인지를 알려면, 용액 속에 들어 있는 공존 물질에는 관계가 없고 용액 중의 $[H^+]$: $[OH^-]$의 농도비로 결정되는데 $[H^+] > [OH^-]$의 용액은?

㉮ 산성   ㉯ 알칼리성
㉰ 중성   ㉱ 약성

46 해설

용액의 액성
① 산성 용액 : $[H^+] > [OH^-]$
② 알칼리성 용액 : $[H^+] < [OH^-]$
③ 중성 용액 : $[H^+] = [OH^-]$

47. 일반적으로 어떤 금속을 그 금속이온이 포함된 용액 중에 넣었을 때 금속이 용액에 대하여 나타내는 전위를 무엇이라 하는가?

㉮ 전극전위   ㉯ 과전압전위
㉰ 산화·환원전위   ㉱ 분극전위

47 해설

㉮ 전극전위에 대한 설명이다.

48. 다음 중 가시선의 광원으로 주로 사용하는 것은?

㉮ 수소 방전등   ㉯ 중수소 방전등
㉰ 텅스텐 등   ㉱ 나트륨 등

48 해설

분광광도계의 광원
① 가시부와 근적외부 : 텅스텐램프
② 자외부 : 중수소방전관

49. 기체 크로마토그래피에서 정지상에 사용하는 흡착제의 조건으로 틀린 것은?

㉮ 점성이 높아야 한다.
㉯ 성분이 일정해야 한다.
㉰ 화학적으로 안정해야 한다.
㉱ 낮은 증기압을 가져야 한다.

49 해설

㉮ 점성이 낮아야 한다.

정답 46 ㉮   47 ㉮   48 ㉰   49 ㉮

50. 기체 크로마토그래피의 시료 혼합 성분은 운반기체와 함께 분리관을 따라 이동하게 되는데 분리관의 성능에 영향을 주는 요인으로 틀린 것은?

㉮ 분리관의 길이
㉯ 분리관의 온도
㉰ 검출기의 기록계
㉱ 고정상의 충전 방법

분리관의 성능에 영향을 주는 요인으로는 분리관의 길이, 분리관의 온도, 고정상의 충전 방법이 있다.

51. 기체 크로마토그래피(GC)에서 운반가스로 주로 사용되는 것은?

㉮ O_2, H_2
㉯ O_2, N_2
㉰ He, Ar
㉱ CO_2, CO

기체 크로마토그래피(GC)에서 운반가스로 주로 사용되는 것은 헬륨(He), 아르곤(Ar), 질소(N_2)이다.

52. 액체 - 고체 크로마토그래피(LSC)의 분리 매커니즘은 무엇인가?

㉮ 흡착
㉯ 이온 교환
㉰ 배제
㉱ 분배

액체 - 고체 크로마토그래피에서 고체는 흡착제이므로 흡착성의 차이에 의해 분리된다.

53. 기체 크로마토그래피(gas chromatography)로 가능한 분석은 어느 것인가?

㉮ 정성분석만 가능
㉯ 정량분석만 가능
㉰ 반응 속도 분석만 가능
㉱ 정량분석과 정성분석이 가능

기체 크로마토그래피는 정량분석과 정성분석이 가능하다.

정답 50 ㉰ 51 ㉰ 52 ㉮ 53 ㉱

54 다음의 기호 중 적외선을 나타내는 것은?

㉮ VIS
㉯ UV
㉰ IR
㉱ X - Ray

54

적외선을 나타내는 것은 IR이다.

TIP
① VIS : 가시선
② UV : 자외선
③ IR : 적외선

55 분광광도계를 이용하여 시료의 투과도를 측정한 결과 투과도가 10%T이었다. 이때 흡광도는 얼마인가?

㉮ 0.5
㉯ 1
㉰ 1.5
㉱ 2

55

흡광도(A) $= \log \dfrac{1}{투과도} = \log \dfrac{1}{0.1} = 1.0$

56 기체 크로마토그래피의 검출기 중 불꽃이온화검출기에 사용되는 불꽃을 위해 필요한 기체는 어느 것인가?

㉮ 헬륨
㉯ 질소
㉰ 수소
㉱ 산소

56

불꽃을 위해서 필요한 기체는 가연성 기체이므로 수소(H_2)이다.

57 람베르트 - 비어 법칙에 관한 내용으로 알맞은 것은?

㉮ 흡광도는 용액의 농도에 비례하고 용액의 두께에 반비례한다.
㉯ 흡광도는 용액의 농도에 반비례하고 용액의 두께에 비례한다.
㉰ 흡광도는 용액의 농도와 용액의 두께에 비례한다.
㉱ 흡광도는 용액의 농도와 용액의 두께에 반비례한다.

57

흡광도(A) = 몰흡광계수(ϵ)×농도(C)×두께(L)

정답 54 ㉰ 55 ㉯ 56 ㉰ 57 ㉰

58 유리 기구의 취급 방법에 관한 내용으로 틀린 것은?

㉮ 유리 기구를 세척할 때에는 중크롬산칼륨과 황산의 혼합 용액을 사용한다.
㉯ 유리 기구와 철제, 스테인리스강 등 금속 재질의 실험 실습 기구는 같이 보관한다.
㉰ 뷰렛, 메스실린더, 피펫 등 눈금이 표시된 유리 기구는 가열하지 않는다.
㉱ 깨끗이 세척된 유리 기구는 유리 기구의 벽에 물방울이 없으며, 깨끗이 세척되지 않은 유리 기구의 벽은 물방울이 남아 있다.

58

㉯ 유리 기구와 철제, 스테인리스강 등 금속 재질의 실험 실습 기구는 따로 보관한다.

59 분광광도계의 부분 장치 중 다음과 관련 있는 장치는 어느 것인가?

> 광전증배관, 광다이오드, 광다이오드 어레이

㉮ 광원부
㉯ 파장선택부
㉰ 시료부
㉱ 검출부

59

㉱ 검출부에 대한 설명이다.

60 용액 중의 물질이 빛을 흡수하는 성질을 이용하는 분석기기를 무엇이라 하는가?

㉮ 비숭계
㉯ 용액 광도계
㉰ 액성 광도계
㉱ 분광 광도계

60

㉱ 분광광도계에 대한 설명이다.

| 정답 | 58 ㉯ 59 ㉱ 60 ㉱

제 4 회 실전 모의고사

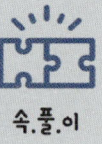

| 수험자명 | 예상점수 | 실제점수 |

---

01 다음 중 산성산화물은 어느 것인가?

㉮ P_2O_5 ㉯ Na_2O
㉰ MgO ㉱ CaO

01 ✓ 해설

산성산화물은 가연성 고체를 의미하므로 오황화린(P_2O_5)이 해당된다.

---

02 다음 중 아염소산의 화학식으로 알맞은 것은?

㉮ $HClO$ ㉯ $HClO_2$
㉰ $HClO_3$ ㉱ $HClO_4$

02 ✓ 해설

화학식의 명칭
㉮ $HClO$: 차아염소산
㉯ $HClO_2$: 아염소산
㉰ $HClO_3$: 염소산
㉱ $HClO_4$: 과염소산

---

03 다음 중 산, 염기의 반응이 아닌 것은?

㉮ $NH_3 + HCl \rightarrow NH_4^+ + Cl^-$
㉯ $2C_2H_5OH + 2Na \rightarrow 2C_2H_5ONa + H_2$
㉰ $H^+ + OH^- \rightarrow H_2O$
㉱ $NH_3 + BF_3 \rightarrow NH_3BF_3$

03 ✓ 해설

㉯의 에틸알코올의 액성은 중성이다.

! TIP

㉮ $NH_3 + HCl \rightarrow NH_4^+ + Cl^-$
　　염기　산
㉯ $2C_2H_5OH + 2Na \rightarrow 2C_2H_5ONa + H_2$
　　중성　　중성
㉰ $H^+ + OH^- \rightarrow H_2O$
　산　염기
㉱ $NH_3 + BF_3 \rightarrow NH_3BF_3$
　염기　산

---

04 염화나트륨 용액을 전기분해할 때 일어나는 반응으로 틀린 것은?

㉮ 양극에서 Cl_2 기체가 발생한다.
㉯ 음극에서 O_2 기체가 발생한다.
㉰ 양극은 산화반응을 한다.
㉱ 음극은 환원반응을 한다.

04 ✓ 해설

㉯ 음극에서 H_2 기체가 발생한다.

! TIP

염화나트륨($NaCl$)의 전기분해 반응식
$2NaCl + 2H_2O \xrightarrow{전기분해} 2NaOH(-극) + H_2(-극) + Cl_2(+극)$

| 정답 | 01 ㉮ 02 ㉯ 03 ㉯ 04 ㉯

05 수은 기압계에서 수은 기둥의 높이가 380mm이었다. 이것은 약 몇 atm인가?

㉮ 0.5atm ㉯ 0.6atm
㉰ 0.7atm ㉱ 0.8atm

06 일정한 온도에서 1atm의 이산화탄소 1L와 2atm의 질소 2L를 밀폐된 용기에 넣었더니 전체 압력이 2atm이 되었다. 이 용기의 부피(L)는 얼마인가?

㉮ 1.5L ㉯ 2L
㉰ 2.5L ㉱ 3L

07 질량수가 23인 나트륨의 원자번호가 11이라면 양성자수는 얼마인가?

㉮ 11 ㉯ 12
㉰ 23 ㉱ 34

08 다음 중 원자 반지름이 가장 큰 원소는 어느 것인가?

㉮ Mg ㉯ Na
㉰ S   ㉱ Si

09 일정한 온도에서 일정한 몰수를 가지는 기체의 부피는 압력에 반비례한다는 보일의 법칙을 알맞게 나타낸 식은? (단, P : 압력, V : 부피, k : 비례상수이다.)

㉮ PV = k ㉯ P = kV
㉰ V = kP ㉱ $p = \frac{1}{k}V^2$

---

05 해설

$1\,\text{atm} : 760\,\text{mmHg} = X : 380\,\text{mmHg}$

$\therefore X = \dfrac{1\,\text{atm} \times 380\,\text{mmHg}}{760\,\text{mmHg}} = 0.5\,\text{atm}$

TIP
① 표준기압 : 1atm = 760mmHg = 10,332mmH₂O
② 수은 기둥 높이 380mm = 380mmHg

06 해설

용기의 부피(L) $= \dfrac{P_1 \times V_1 + P_2 \times V_2}{전체압력}$

$= \dfrac{1\,\text{atm} \times 1\,\text{L} + 2\,\text{atm} \times 2\,\text{L}}{2\,\text{atm}} = 2.5\,\text{L}$

07 해설

원자번호가 양성자수이므로 정답은 11이다.

TIP
① 원자번호 = 전자수 = 양성자수
② 질량수 = 중성자수 + 양성자수

08 해설

원자 반지름 크기 순서 : Na > Mg > Si > S

TIP
① 같은 주기에서는 1족에서 7족으로 갈수록 원자 반지름이 감소한다.
② 같은 족에서는 원자번호가 증가하면 원자 반지름도 증가한다.

09 해설

보일의 법칙 공식을 찾는 문제이므로 ㉮번이 정답이다.

정답 05 ㉮ 06 ㉰ 07 ㉮ 08 ㉯ 09 ㉮

10 다음 반응 중 이산화황이 산화제로 작용하는 것은?

㉮ $SO_2 + NaOH \rightleftarrows NaHSO_3$
㉯ $SO_2 + Cl_2 + H_2O \rightleftarrows H_2SO_4 + 2HCl$
㉰ $SO_2 + H_2O \rightleftarrows H_2SO_3$
㉱ $SO_2 + 2H_2S \rightleftarrows 3S + 2H_2O$

11 공기는 많은 종류의 기체로 이루어져 있다. 다음 중 공기에 가장 많이 포함되어 있는 기체는 어느 것인가?

㉮ 산소　　　　㉯ 네온
㉰ 질소　　　　㉱ 이산화탄소

12 다음 중 산성의 세기가 가장 큰 물질은 어느 것인가?

㉮ HF　　　　㉯ HCl
㉰ HBr　　　　㉱ HI

13 다음 중 탄소와 탄소 사이에 π결합이 없는 물질은 어느 것인가?

㉮ 벤젠　　　　㉯ 페놀
㉰ 톨루엔　　　㉱ 이소부탄

14 황산 49g을 물에 녹여 용액 1L를 만들었다. 이 수용액의 몰 농도는 얼마인가? (단, 황산의 분자량은 98이다.)

㉮ 0.5M　　　　㉯ 1M
㉰ 1.5M　　　　㉱ 2M

---

10 해설

㉱번에서 SO_2는 산화제이다.

TIP
① 산화제는 다른 물질을 산화시키고, 자신은 환원되는 물질이다.
② $SO_2 + 2H_2S \rightleftarrows 3S + 2H_2O$
　　산화제　　　　　　환원

11 해설

공기의 구성성분 : 질소(N_2) > 산소(O_2) > 아르곤(Ar) > 이산화탄소(CO_2) > 네온(Ne) > 헬륨(He) > 메탄(CH_4)

12 해설

산성의 세기 순서 : HI > HBr > HCl > HF

13 해설

㉱ 이소부탄(C_4H_{10})은 σ 결합을 가진다.

TIP
① C - C의 단일결합은 σ 결합
② C - C의 이중, 삼중결합은 π 결합

14 해설

$$M(mol/L) = \frac{질량(g)}{부피(L)} \times \frac{1mol}{분자량(g)}$$
$$= \frac{49g}{1L} \times \frac{1mol}{98g} = 0.5M$$

TIP
① H_2SO_4의 분자량 = 2 × 1 + 32 + 4 × 16 = 98g
② H_2SO_4 1mol = 분자량(g) = 98g

정답 10 ㉱　11 ㉰　12 ㉱　13 ㉱　14 ㉮

15 알칼리 금속에 관한 내용으로 틀린 것은?

㉮ 공기 중에서 쉽게 산화되어 금속광택을 잃는다.
㉯ 원자가전자가 1개이므로 +1가의 양이온이 되기 쉽다.
㉰ 할로겐 원소와 직접 반응하여 할로겐 화합물을 만든다.
㉱ 염소와 1 : 2 화합물을 형성한다.

16 같은 주기에서 원자번호가 증가할 때 나타나는 전형원소의 일반적 내용으로 틀린 것은?

㉮ 이온화에너지는 증가하지만 전자친화도는 감소한다.
㉯ 전기음성도와 전자친화도 모두 증가한다.
㉰ 금속성과 원자의 크기가 모두 감소한다.
㉱ 금속성은 감소하고 전자친화도는 증가한다.

17 헥사메틸렌디아민($H_2N(CH_2)_6NH_2$)과 아디프산(HOOC$(CH_2)_4$COOH)이 반응하여 고분자가 생성되는 반응을 무엇이라 하는가?

㉮ Addition   ㉯ Synthetic resin
㉰ Reduction ㉱ Condensation

18 다음 중 헨리의 법칙에 적용이 잘 되지 않는 물질은 어느 것인가?

㉮ O_2 ㉯ H_2
㉰ CO_2 ㉱ NaCl

19 다음 중 포화탄화수소 화합물은 어느 것인가?

㉮ 요오드 값이 큰 것   ㉯ 건성유
㉰ 시클로헥산   ㉱ 생선기름

15

㉱ 염소와 1 : 1 화합물을 형성한다.

16

㉮ 이온화에너지와 전자친화도 모두 증가한다.

 TIP

전형원소는 1족, 2족, 12~18족이며, 대부분 밀도가 작은 금속이다.

17

㉱ Condensation(축합)에 대한 설명이다.

18

① 적용 물질 : 난용성 물질이므로 ㉮ O_2 ㉯ H_2 ㉰ CO_2이다.
② 비적용 물질 : 수용성 물질이므로 ㉱ NaCl이다.

19

포화탄화수소는 C − C가 단일결합을 하고 치환반응을 하므로 시클로헥산(C_6H_{12})이다.

| 정답 | 15 ㉱ 16 ㉮ 17 ㉱ 18 ㉱ 19 ㉰ |

20
질산(HNO_3)의 분자량은 얼마인가? (단, 원자량 H = 1, N = 14, O = 16이다.)

㉮ 63 ㉯ 65
㉰ 67 ㉱ 69

21
할로겐원소의 성질 중 원자번호가 증가할수록 작아지는 것은 어느 것인가?

㉮ 금속성 ㉯ 반지름
㉰ 이온화에너지 ㉱ 녹는점

22
산이나 알칼리에 반응하여 수소를 발생시키는 물질은 어느 것인가?

㉮ Mg ㉯ Si
㉰ Al ㉱ Fe

23
어떤 NaOH 수용액 1000mL를 중화하는데 2.5N의 HCl 80mL가 소요되었다. 중화한 것을 끓여서 물을 완전히 증발시킨 다음 얻을 수 있는 고체의 양은 약 몇 g인가? (단, 원자량은 Na : 23, O : 16, Cl : 35.45, H : 1이다.)

㉮ 1g ㉯ 2g
㉰ 4g ㉱ 12g

24
산화-환원반응에서 산화수에 관한 내용으로 틀린 것은?

㉮ 한 원소로만 이루어진 화합물의 산화수는 0이다.
㉯ 단원자 이온의 산화수는 전하량과 같다.
㉰ 산소의 산화수는 항상 -2 이다.
㉱ 중성인 화합물에서 모든 원자와 이온들의 산화수의 합은 0이다.

---

20 해설
분자량 = 원자량 + 원자량 = 1 + 14 + 3 × 16 = 63

21 해설
할로겐원소의 성질 중 원자번호가 증가할수록 작아지는 것은 이온화에너지이다.

22 해설
산이나 알칼리에 반응하여 수소를 발생시키는 물질은 알루미늄(Al)이다.

23 해설
$NaOH + HCl \xrightarrow{중화반응} Na^+ + Cl^- + H_2O$ 에서 Na^+와 Cl^-의 양(g)을 계산한다.

① Cl^-의 양(g) $= \dfrac{2.5\,eq}{L} \times \dfrac{0.08\,L}{} \times \dfrac{35.45\,g}{1\,eq}$
$= 7.09\,g$

② Na^+의 양(g)
  Cl^-의 양(g) : Na^+의 양(g) = Cl^-의 원자량 : Na^+의 원자량
  $7.09\,g$: Na^+의 양 = $35.45\,g$: $23\,g$
  ∴ Na^+의 양 = $4.6\,g$

③ 증발시킨 후의 고체의 양 = $7.09\,g + 4.6\,g = 11.69\,g$

TIP
① 증발시킨 후의 고체의 양 = Cl^-의 양 + Na^+의 양
② Na^+의 양은 Cl^-와 1 : 1로 발생하므로 비례식을 이용해 계산한다.

24 해설
㉰ 산소의 산화수는 화합물에서는 -2, 과산화물에서는 -1이다.

정답 20 ㉮ 21 ㉰ 22 ㉰ 23 ㉱ 24 ㉰

25 다음 화합물 중 순수한 이온결합을 하고 있는 물질은 어느 것인가?

㉮ CO_2
㉯ NH_3
㉰ KCl
㉱ NH_4Cl

26 다음 중 침전 적정법으로 틀린 것은?

㉮ 모르법
㉯ 파얀스법
㉰ 폴하르트법
㉱ 킬레이트법

27 다음 반응에서 반응계에 압력을 증가시켰을 때 평형이 이동하는 방향으로 알맞은 것은?

$$2SO_2 + O_2 \rightleftarrows 2SO_3$$

㉮ SO_3가 많이 생성되는 방향
㉯ SO_3가 감소되는 방향
㉰ SO_2가 많이 생성되는 방향
㉱ 이동이 없다.

28 수산화크롬, 수산화알루미늄은 산과 만나면 염기로 작용하고, 염기와 만나면 산으로 작용한다. 이런 화합물을 무엇이라 하는가?

㉮ 이온성 화합물
㉯ 양쪽성 화합물
㉰ 혼합물
㉱ 착화물

29 다음 반응에서 생성되는 침전물의 색상으로 알맞은 것은?

$$Pb^{2+} + H_2SO_4 \rightarrow PbSO_4 + 2H^+$$

㉮ 흰색
㉯ 노란색
㉰ 초록색
㉱ 검은색

---

25 해설

화합물의 결합
㉮ CO_2 : 공유결합
㉯ NH_3 : 공유결합
㉰ KCl : 이온결합
㉱ NH_4Cl : 공유, 이온, 배위결합

TIP

이온결합은 금속원소와 비금속원소로 결합되어 있다.

26 해설

적정법의 종류
① 침전 적정법의 종류 : 모르법, 파얀스법, 폴하르트법
② 킬레이트 적정법 : 킬레이트법

27 해설

압력을 증가시켰을 때 평형이 이동하는 방향은 SO_3가 많이 생성되는 방향이다.

28 해설

㉯ 양쪽성 화합물에 대한 설명이다.

29 해설

침전물인 황산납($PbSO_4$)의 색은 흰색이다.

| 정답 | 25 ㉰ 26 ㉱ 27 ㉮ 28 ㉯ 29 ㉮ |

30 다음 실험기구 중 적정실험을 할 때 사용되는 기자재로 틀린 것은?

㉮ 분석천칭 ㉯ 뷰렛
㉰ 데시케이터 ㉱ 메스플라스크

31 AgCl의 용해도가 0.0016g/L 일 때 AgCl의 용해도 곱은 약 얼마인가? (단, Ag의 원자량은 108, Cl의 원자량은 35.5이다.)

㉮ 1.12×10^{-5} ㉯ 1.12×10^{-3}
㉰ 1.2×10^{-5} ㉱ 1.21×10^{-10}

32 칼륨은 불꽃 반응을 한다. 어떤 색깔의 불꽃으로 나타나는가?

㉮ 백색 ㉯ 빨간색
㉰ 노란색 ㉱ 보라색

33 산의 전리상수 값이 다음과 같을 때 가장 강한 산은 어느 것인가?

㉮ 5.8×10^{-2} ㉯ 2.4×10^{-4}
㉰ 8.9×10^{-2} ㉱ 9.3×10^{-5}

---

30 해설

㉰ 데시케이터는 고체 또는 액체의 건조제를 사용하여 각종 물체를 건조시키거나 저장하는 데 쓰이는 용기이다.

31 해설

① $AgCl \rightarrow Ag^+ + Cl^-$
   $xM \quad xM \quad xM$
② AgCl의 M 농도를 계산한다.
$$mol/L = \frac{질량(g)}{부피(L)} \times \frac{1\,mol}{분자량(g)}$$
$$= \frac{0.0016\,g}{1L} \times \frac{1mol}{143.5\,g} = 1.1 \times 10^{-5} mol/L$$
③ $xM = 1.1 \times 10^{-5} mol/L$
④ 용해도곱(ksp) = $[Ag^+][Cl^-] = x \times x = x^2$
$= (1.1 \times 10^{-5})^2 = 1.21 \times 10^{-10}$

32 해설

칼륨의 불꽃반응 색은 보라색이다.

TIP

알칼리금속의 불꽃반응의 색깔	
알칼리금속	불꽃반응 색
리튬(Li)	빨간색
나트륨(Na)	노란색
칼륨(K)	보라색
루비듐(Rb)	연한 빨간색
세슘(Cs)	연한 파란색

33 해설

산의 전리상수 값이 클수록 강한 산이므로 ㉰번이 정답이다.

정답 30 ㉰ 31 ㉱ 32 ㉱ 33 ㉰

34 이온곱과 용해도곱 상수(Ksp)의 관계 중 침전을 생성시킬 수 있는 것은?

㉮ 이온곱 > Ksp ㉯ 이온곱 = Ksp
㉰ 이온곱 < Ksp ㉱ 이온곱 = $\dfrac{Ksp}{해리상수}$

34 해설

침전이 생기는 조건은 과포화 상태, 즉 이온곱(Q)이 용해도곱(Ksp)보다 큰 조건이다.
㉮ 과포화 상태
㉯ 포화 상태
㉰ 불포화 상태

35 요오드포름 반응으로 확인할 수 있는 물질은 어느 것인가?

㉮ 에틸알콜 ㉯ 메틸알콜
㉰ 아밀알콜 ㉱ 옥틸알콜

35 해설

요오드포름 반응
에틸알코올(C_2H_5OH) $\xrightarrow{KOH + I_2}$ CHI_3(요오드포름)

36 pH가 10인 NaOH 용액 1L에는 Na^+ 이온이 몇 개 포함되어 있는가? (단, 아보가드로수는 6×10^{23}이다.)

㉮ 6×10^{16} ㉯ 6×10^{19}
㉰ 6×10^{21} ㉱ 6×10^{25}

36 해설

pH + pOH = 14에서 pOH = 14 − pH = 14 − 10 = 4
$[OH^-] = 10^{-pOH}$ mol/L $= 10^{-4}$ mol/L
$[Na^+] : [OH^-] = 1 : 1$ 이므로 $[Na^+] = 10^{-4}$ mol/L 가 된다.
따라서
Na^+ 이온의 개수 $= \dfrac{6.02 \times 10^{23}개}{mol} \times \dfrac{10^{-4} mol}{L} \times \dfrac{1L}{}$
$= 6.02 \times 10^{19}개$

37 다음은 어느 법칙에 대한 설명인가?

> 용해도가 크지 않은 기체의 용해도는 그 기체의 압력에 비례한다.

㉮ 헨리의 법칙 ㉯ 보일의 법칙
㉰ 보일-샤를의 법칙 ㉱ 질량보전의 법칙

37 해설

㉮ 헨리의 법칙에 대한 설명이다.

38 황산(H_2SO_4)의 1당량은 얼마인가? (단, 황산의 분자량은 98g/mol이다.)

㉮ 4.9g ㉯ 49g
㉰ 9.8g ㉱ 98g

38 해설

1당량 $= \dfrac{분자량(g)}{당량수} = \dfrac{98g}{2} = 49g$

정답 34 ㉮ 35 ㉮ 36 ㉯ 37 ㉮ 38 ㉯

39. 고체를 액체에 녹일 때 일정 온도에서 일정량의 용매에 녹일 수 있는 용질의 최대량을 무엇이라 하는가?
㉮ 몰 농도　㉯ 용해도
㉰ 백분율　㉱ 천분율

39
㉯ 용해도에 대한 설명이다.

40. 용액 1L 중에 녹아있는 용질의 g 당량수로 나타낸 농도는 어느 것인가?
㉮ 몰 농도　㉯ 몰랄 농도
㉰ 노르말 농도　㉱ 포르말 농도

40
㉰ 노르말 농도에 대한 설명이다.

41. 분광광도계에서 정성분석에 대한 정보를 주는 흡수 스펙트럼 파장은 어느 것인가?
㉮ 최저 흡수파장　㉯ 최대 흡수파장
㉰ 중간 흡수파장　㉱ 평균 흡수파장

41
㉯ 최대 흡수파장에 대한 설명이다.

42. 시약의 취급방법에 관한 내용으로 틀린 것은?
㉮ 나트륨과 칼륨의 알칼리금속은 물 속에 보관한다.
㉯ 브롬산, 플루오르화수소산은 피부에 닿지 않게 한다.
㉰ 알코올, 아세톤, 에테르 등은 가연성이므로 취급에 주의한다.
㉱ 농축 및 가열 등의 조작 시 끓임쪽을 넣는다.

42
㉮ 나트륨과 칼륨의 알칼리금속은 물과 접촉하면 발화의 위험이 있다.

43. 종이 크로마토그래피에서 우수한 분리도에 대한 이동도의 값은 얼마인가?
㉮ 0.2~0.4　㉯ 0.4~0.8
㉰ 0.8~1.2　㉱ 1.2~1.6

43
종이 크로마토그래피에서 우수한 분리도에 대한 이동도의 값은 0.4~0.8이다.

| 정답 | 39 ㉯　40 ㉰　41 ㉯　42 ㉮　43 ㉯

44. 전해로 석출되는 속도와 확산에 의해 보충되는 물질의 속도가 같아서 흐르는 전류를 무엇이라 하는가?

㉮ 이동전류 ㉯ 한계전류
㉰ 잔류전류 ㉱ 확산전류

45. 원자흡수분광법에서 빛의 흡수와 원자 농도와의 관계로 알맞은 것은?

㉮ 비례 ㉯ 반비례
㉰ 제곱근에 비례 ㉱ 제곱근에 반비례

46. 유지의 추출에 사용되는 용제는 대부분 어떤 물질인가?

㉮ 발화성 물질 ㉯ 용해성 물질
㉰ 인화성 물질 ㉱ 폭발성 물질

47. 황산구리($CuSO_4$) 수용액에 10A의 전류를 30분 동안 가하였을 때, (-)극에서 석출하는 구리의 양은 약 몇 g인가? (단, Cu의 원자량은 64이다.)

㉮ 0.01g ㉯ 3.98g
㉰ 5.97g ㉱ 8.45g

48. 원자흡수분광도계에 사용할 표준용액을 조제하려고 한다. 이 때 정확히 100mL를 조제하고자 할 때 가장 적합한 실험기구는 어느 것인가?

㉮ 메스피펫 ㉯ 용량플라스크
㉰ 비커 ㉱ 뷰렛

44.
㉯ 한계전류에 대한 설명이다.

45.
빛의 흡수와 원자 농도와는 비례한다.

46.
유지의 추출에 사용되는 용제는 대부분 인화성 물질이다.

47.
① 전기량 1F(패럿) = 96,500C

석출되는 Cu의 1g 당량 = $\frac{64g}{2} = 32g$

② 전기량(C)을 계산한다.
전기량(C) = 전류(I) × 시간(t)
= 10A × 30min × 60sec/min
= 18,000C

③ 석출되는 Cu의 양을 계산한다.
96,500C : 32g = 18,000C : X

$X = \frac{18,000C \times 32g}{96,500C}$

= 5.97g

48.
100mL의 표준용액을 조제할 경우에는 100mL 용량플라스크가 적합하다.

정답 44 ㉯ 45 ㉮ 46 ㉰ 47 ㉰ 48 ㉯

49 기체 크로마토그래피의 기본 원리로 틀린 것은?

㉮ 이동상이 기체이다.
㉯ 고정상은 휘발성 액체이다.
㉰ 혼합물이 각 성분의 이동 속도의 차이 때문에 분리된다.
㉱ 분리된 각 성분들은 검출기에서 검출된다.

50 다음 중 전위차법에서 사용하는 장치로 알맞은 것은?

㉮ 광원　　㉯ 시료 용기
㉰ 파장선택기　㉱ 기준전극

51 0.01M NaOH의 pH는 얼마인가?

㉮ 10　㉯ 11
㉰ 12　㉱ 13

52 기체 크로마토그래피에서 사용되는 운반기체로서 가장 부적당한 것은?

㉮ He　㉯ N_2
㉰ H_2　㉱ C_2H_2

53 분광광도계에 사용할 시료 용기에 용액을 채울 때 어느 정도가 가장 적당한가?

㉮ 1/2　㉯ 1/3
㉰ 2/3　㉱ 1/4

49

㉯ 고정상은 비휘발성 액체이다.

50

전위차법에서 사용하는 장치는 기준전극이다.

51

$0.01\,\mathrm{M\,NaOH}$ 에서 $[\mathrm{OH}^-] = 0.01\,\mathrm{M}$
알칼리성 물질에서 $\mathrm{pH} = 14 + \log[\mathrm{OH}^-]$ 이므로
$\mathrm{pH} = 14 + \log[0.01\,\mathrm{M}] = 12$

52 기체 크로마토그래피에서 사용되는 운반기체는 불활성 기체를 사용하며, 헬륨(He), 질소(N_2), 수소(H_2)가 있다.

53

분광광도계에 사용할 시료 용기에 용액을 채울 때는 2/3 정도를 채운다.

정답 49 ㉯　50 ㉱　51 ㉰　52 ㉱　53 ㉰

54 분광광도계에서 빛이 지나가는 순서로 알맞은 것은?

㉮ 입구슬릿 → 시료부 → 분산장치 → 출구슬릿 → 검출부
㉯ 입구슬릿 → 분산장치 → 시료부 → 출구슬릿 → 검출부
㉰ 입구슬릿 → 분산장치 → 출구슬릿 → 시료부 → 검출부
㉱ 입구슬릿 → 출구슬릿 → 분산장치 → 시료부 → 검출부

54 해설
분광광도계에서 빛이 지나가는 순서는 ㉰ 입구슬릿 → 분산장치 → 출구슬릿 → 시료부 → 검출부순이다.

55 pH 미터에 사용하는 포화 칼로멜 전극의 내부관에 채워져 있는 재료로 알맞게 나열된 것은 어느 것인가?

㉮ Hg, Hg_2Cl_2, 포화 KCl
㉯ 포화 KOH 용액
㉰ Hg_2Cl_2, KCl
㉱ Hg, KCl

55 해설
pH 미터에 사용하는 포화 칼로멜 전극의 내부관에 채워져 있는 재료로는 Hg, Hg_2Cl_2, 포화 KCl가 있다.

56 가시-자외선 분광광도계의 기본적인 구성요소의 순서로 알맞은 것은?

㉮ 광원 - 단색화 장치 - 검출기 - 흡수용기 - 기록계
㉯ 광원 - 단색화 장치 - 흡수용기 - 검출기 - 기록계
㉰ 광원 - 흡수용기 - 검출기 - 단색화 장치 - 기록계
㉱ 광원 - 흡수용기 - 단색화 장치 - 검출기 - 기록계

56 해설
가시-자외선 분광광도계의 기본적인 구성요소의 순서는 광원 - 단색화 장치 - 흡수용기 - 검출기 - 기록계순이다.

57 분석 시료의 각 성분이 액체 크로마토그래피 내부에서 분리되는 이유는 무엇인가?

㉮ 흡착
㉯ 기화
㉰ 건류
㉱ 혼합

57 해설
각 성분이 분리되는 이유는 흡착과 용해성의 차이이다.

정답 54 ㉰ 55 ㉮ 56 ㉯ 57 ㉮

58 분극성의 미소전극과 비분극성의 대극과의 사이에 연속적으로 변화하는 전압을 가하여 전해에 의해 생긴 전류를 측정하여, 전압과 전류의 관계곡선(전류 – 전압 곡선)을 그려 이것을 해석하여 목적 성분을 분리하는 방법은 무엇인가?

㉮ 전위차 분석
㉯ 폴라로그래피
㉰ 전해 중량분석
㉱ 전기량 분석

58

㉯ 폴라로그래피에 대한 설명이다.

59 분광광도계에서 빛의 파장을 선택하기 위한 단색화장치로 사용되는 것만으로 짝지어진 것은?

㉮ 프리즘, 회절격자
㉯ 프리즘, 반사거울
㉰ 반사거울, 회절격자
㉱ 볼록거울, 오목거울

59

단색화 장치에는 프리즘과 회절격자가 있다.

60 $1350\,cm^{-1}$에서 나타나는 벤젠 흡수피크의 몰흡광계수의 값은 $4950\,M^{-1}\cdot cm^{-1}$이다. 0.05mm 용기에서 이 피크의 흡광도가 0.01이 되는 벤젠의 몰농도는 얼마인가?

㉮ $4.04 \times 10^{-2}\,M$
㉯ $4.04 \times 10^{-3}\,M$
㉰ $4.04 \times 10^{-4}\,M$
㉱ $4.04 \times 10^{-5}\,M$

60

$A = \epsilon \times C \times L$
여기서 A : 흡광도
ϵ : 몰흡광계수($M^{-1}\cdot cm^{-1}$)
C : 농도(M)
L : 용기의 두께(cm)
따라서 $0.01 = 4950\,M^{-1}\cdot cm^{-1} \times C \times 0.005\,cm$
$\therefore C = \dfrac{0.01}{4950\,M^{-1}\cdot cm^{-1} \times 0.005\,cm} = 4.04 \times 10^{-4}\,M$

| 정답 | 58 ㉯   59 ㉮   60 ㉰ |

제 5 회 실전 모의고사

| 수험자명 | 예상점수 | 실제점수 |

01 황린과 적린이 동소체라는 사실을 증명하는데 가장 효과적인 실험 방법으로 알맞은 것은?

㉮ 녹는점 비교
㉯ 연소 생성물 비교
㉰ 전기 전도성 비교
㉱ 물에 대한 용해도 비교

02 다음 원소와 이온 중 최외각전자의 개수가 다른 것은?

㉮ Na^+　　㉯ K^+
㉰ Ne　　㉱ F

03 다음 할로겐 원소 중 다른 원소와의 반응성이 가장 강한 것은?

㉮ I　　㉯ Br
㉰ Cl　　㉱ F

04 다음 금속 중 환원력이 가장 큰 물질은?

㉮ 니켈　　㉯ 철
㉰ 구리　　㉱ 아연

---

01 ✓ 해설

황린과 적린은 연소 생성물을 비교하여 동소체라는 것을 알 수 있다.

! TIP

동소체란 같은 원소로 구성되어 있지만 성질이 다른 물질을 말한다.

02 ✓ 해설

① 최외각전자 0개 : ㉮ Na^+ ㉯ K^+ ㉰ Ne
② 최외각전자 1개 : ㉱ F

03 ✓ 해설

할로겐 원소 중 다른 원소와의 반응성이 가장 강한 것은 불소(F)이다.

! TIP

반응성의 크기 순서 : F > Cl > Br > I

04 ✓ 해설

환원력이 가장 큰 물질(환원제)은 아연(Zn)이다.

| 정답 | 01 ㉯　02 ㉱　03 ㉱　04 ㉱

05 분자량이 100인 어떤 비전해질을 물에 녹였더니 5M 수용액이 되었다. 이 수용액의 밀도가 1.3g/mL이면 몰랄 농도(molality)는 얼마인가?

㉮ 6.25 ㉯ 7.13
㉰ 8.15 ㉱ 9.84

05 **해설**

몰랄 농도는 용매 1kg에 녹는 용질의 몰수이다.
밀도 1.3g/mL = 1300g/L(용액 1L의 질량이 1300g이다.)
5M의 용질의 질량 = $\dfrac{5\,mol}{L} \times \dfrac{100\,g}{1\,mol} = 500\,g$
용매의 질량 = $1300\,g - 500\,g$
따라서 몰랄농도 = $\dfrac{5M}{(1300-500)\,g \times 10^{-3}\,kg/g}$
$= 6.25\,M/kg$

06 공유결합(Covalent bond)에 관한 내용으로 틀린 것은?

㉮ 두 원자가 전자쌍을 공유함으로써 형성되는 결합이다.
㉯ 공유되지 않고 원자에 남아 있는 전자쌍을 비결합 전자쌍 또는 고립 전자쌍이라고 한다.
㉰ 수소 분자나 염소 분자의 경우 분자 내 두 원자는 두 개의 결합 전자쌍을 가지는 이중결합을 한다.
㉱ 분자 내에서 두 원자가 2개 또는 3개의 전자쌍을 공유할 수 있는데, 이것을 다중 공유결합이라고 한다.

06 **해설**

㉰ 수소 분자나 염소 분자의 경우 분자 내 두 원자는 한 개의 결합 전자쌍을 가지는 단일결합을 한다.

07 다음 중 1차(primary) 알코올로 분류되는 것은?

㉮ $(CH_3)_2CHOH$ ㉯ $(CH_3)_3COH$
㉰ C_2H_5OH ㉱ $(CH_2)_2Br_2$

07 **해설**

알코올의 종류
㉮ $(CH_3)_2CHOH$: 2차 알코올
㉯ $(CH_3)_3COH$: 3차 알코올
㉰ C_2H_5OH : 1차 알코올

TIP

① 알킬기(CH_3)가 1개이면 1차 알코올
② 알킬기(CH_3)가 2개이면 2차 알코올
③ 알킬기(CH_3)가 3개이면 3차 알코올

08 원자나 이온의 반지름은 전자껍질의 수, 핵의 전하량, 전자 수에 따라 달라진다. 핵의 전하량 변화에 따른 반지름의 변화를 살펴보기 위하여 다음 중 어떤 원자 또는 이온들을 서로 비교해 보는 것이 가장 좋겠는가?

㉮ S^{2-}, Cl^-, K^+, Ca^{2+} ㉯ Li, Na, K, Rb
㉰ F^+, F^-, Cl^+, Cl^- ㉱ Na, Mg, O, F

08 **해설**

동일한 최외각 전자를 가지는 서로 다른 원자나 이온에서 핵의 전하량 변화에 따른 반지름의 변화를 알 수 있다.

정답 05 ㉮ 06 ㉰ 07 ㉰ 08 ㉮

09 산(acid)에 관한 내용으로 틀린 것은?

㉮ 물에 용해되어 수소이온(H^+)을 내는 물질이다.
㉯ 양성자(H^+)를 받아들이는 분자 또는 이온이다.
㉰ 푸른색 리트머스 종이를 붉게 변화시킨다.
㉱ 비공유 전자쌍을 받는 물질이다.

10 7.40g의 물을 29.0℃에서 46.0℃로 온도를 높이려고 할 때 필요한 에너지(열)는 약 몇 J인가? (단, 물(L)의 비열은 4.184J/g · ℃이다.)

㉮ 305 ㉯ 416
㉰ 526 ㉱ 627

11 2.5M의 질산(HNO_3)의 질량은 얼마인가? (단, N의 원자량은 14, O의 원자량은 16이다.)

㉮ 0.4g ㉯ 25.2g
㉰ 60.5g ㉱ 157.5g

12 다음 중 수소결합을 할 수 없는 화합물은?

㉮ H_2O ㉯ CH_4
㉰ HF ㉱ CH_3OH

13 다음 중 반데르발스 결합이 가장 강한 것은?

㉮ H_2 - Ne ㉯ Cl_2 - Xe
㉰ O_2 - Ar ㉱ N_2 - Ar

---

09 **해설**

㉯ 양성자(H^+)를 내어 주는 분자 또는 이온이다.

10 **해설**

에너지(열) = 물의 질량(g) × 비열(J/g·℃) × 온도차(℃)
= 7.40g × 4.184J/g·℃ × (46.0 − 29.0)℃
= 526.35 J

11 **해설**

$$mol/L = \frac{질량(g)}{부피(L)} \times \frac{1mol}{분자량(g)}$$

$$2.5M = \frac{질량(g)}{1L} \times \frac{1mol}{63g}$$

∴ 질량 = 157.5 g

TIP

① M 농도의 단위는 mol/L이다.
② 1mol = 분자량(g)
③ HNO_3의 분자량 = 1 + 14 + 3 × 16 = 63 g

12 **해설**

수소결합을 이루는 대표적인 물질로는 H_2O, HF, NH_3, CH_3OH, C_2H_5OH, CH_3COOH 등이 있다.

13 **해설**

반데르발스 결합은 분자와 분자 사이에 약한 정전기적 쌍극자에 의해 발생하는 것으로 액체나 고체 물질에서 일어나는 분자 간의 결합이다.

정답 09 ㉯ 10 ㉰ 11 ㉱ 12 ㉯ 13 ㉯

14

다음 반응은 물(H_2O)의 변화를 반응식으로 나타낸 것이다. 이 반응에 대한 설명으로 틀린 것은?

$$H_2O(l) \rightleftarrows H_2O(g)$$

㉮ 가역반응이다.
㉯ 반응의 속도는 온도에 따라 변한다.
㉰ 정반응 속도는 압력의 변화와 관계없이 일정하다.
㉱ 반응이 평형은 정반응 속도와 역반응 속도가 같을 때 이루어진다.

14 해설

㉰ 정반응 속도는 압력의 변화와 관계가 있다.

15

다음의 반응을 무엇이라고 하는가?

$$3C_2H_2 \rightleftarrows C_6H_6$$

㉮ 치환반응   ㉯ 부가반응
㉰ 중합반응   ㉱ 축합반응

15 해설

㉰ 중합반응(중합체가 제조되는 반응)에 대한 설명이다.

16

산과 염기가 반응하여 염과 물을 생성하는 반응을 무엇이라 하는가?

㉮ 중화반응   ㉯ 산화반응
㉰ 환원반응   ㉱ 연화반응

16 해설

산과 염기가 반응하여 염과 물을 생성하는 반응은 중화반응이다.

17

철을 고온으로 가열한 다음 수증기를 통과시키면 표면에 피막이 생겨 녹스는 것을 방지하는 역할을 하는 자철광의 주성분은 무엇인가?

㉮ Fe_2O_3 ㉯ Fe_3O_4
㉰ $FeSO_4$ ㉱ $FeCl_2$

17 해설

① 자철광의 주성분 : Fe_3O_4
② 적철광의 주성분 : Fe_2O_3

정답 14 ㉰ 15 ㉰ 16 ㉮ 17 ㉯

18 다음 중 식물 세포벽의 기본구조 성분은 어느 것인가?

㉮ 셀룰로오스   ㉯ 나프탈렌
㉰ 아닐린   ㉱ 에틸에테르

18

식물 세포벽의 기본구조 성분은 셀룰로오스이다.

19 다음 중 가장 강한 산화제는?

㉮ $KMnO_4$ ㉯ MnO_2
㉰ Mn_2O_3 ㉱ $FeCl_2$

19

㉮ 과망간산칼륨($KMnO_4$)은 강산화제이다.

20 다음 물질의 성질에 관한 내용으로 틀린 것은?

㉮ $CuSO_4$은 푸른색 결정이다.
㉯ $KMnO_4$은 환원제이며 용액은 보라색이다.
㉰ CrO_3에서 크롬은 +6가이다.
㉱ $AgNO_3$ 용액은 염소이온과 반응하여 흰색 침전을 생성한다.

20

㉯ $KMnO_4$은 강한 산화제이다.

21 1ppm은 몇 % 인가?

㉮ 10^{-2} ㉯ 10^{-3}
㉰ 10^{-4} ㉱ 10^{-5}

21

$1\,ppm \times 10^{-4} = 10^{-4}\%$

! TIP

① %는 ppm보다 10^4 큰 값이다.
② % $\xrightarrow{\times 10^4}$ ppm
③ ppm $\xrightarrow{\times 10^{-4}}$ %

22 포도당의 분자식으로 알맞은 것은?

㉮ $C_6H_{12}O_6$ ㉯ $C_{12}H_{22}O_{11}$
㉰ $(C_6H_{10}O_5)n$ ㉱ $C_{12}H_{20}O_{10}$

22

포도당은 글루코스라고도 하며, 분자식은 $C_6H_{12}O_6$이다.

정답 18 ㉮ 19 ㉮ 20 ㉯ 21 ㉰ 22 ㉮

23. 다음 공유결합 중 2중 결합을 이루고 있는 분자는 어느 것인가?

㉮ H_2
㉯ O_2
㉰ HCl
㉱ F_2

24. 다음 중 P형 반도체 제조에 소량 첨가하는 원소는 어느 것인가?

㉮ 인
㉯ 비소
㉰ 붕소
㉱ 안티몬

25. 원자의 성질에 관한 내용으로 틀린 것은?

㉮ 원자가 양이온이 되면 크기가 작아진다.
㉯ 0족의 기체는 최외각의 전자껍질에 전자가 채워져서 반응성이 낮다.
㉰ 전기음성도 차이가 큰 원자끼리의 결합은 공유결합성 비율이 커진다.
㉱ 염화수소(HCl) 분자에서 염소(Cl)쪽으로 공유된 전자들이 더 많이 분포한다.

26. 2M - NaCl용액 0.5L를 만들려면 염화나트륨 몇 g이 더 필요한가? (단, 각 원소의 원자량은 Na는 23이고, Cl은 35.5이다.)

㉮ 24.25
㉯ 58.5
㉰ 117
㉱ 127

27. 네슬러 시약의 조제에 사용되지 않는 약품은 어느 것인가?

㉮ KI
㉯ HgI_2
㉰ KOH
㉱ I_2

---

23 해설

산소(O_2)는 이중결합(O = O)을 가진다.

24 해설

P형 반도체를 만드는데 사용하는 원소는 Ga(갈륨), In(인듐), B(붕소)이다.

TIP

반도체로서 트랜지스터, 다이오드 등의 원료가 되는 물질은 규소(Si)이다.

25 해설

㉰ 전기음성도 차이가 큰 원자끼리의 결합은 공유결합성 비율이 작아진다.

TIP

공유결합은 전기음성도가 거의 비슷한 원자끼리의 결합이다.

26 해설

$$mol/L = \frac{질량(g)}{부피(L)} \times \frac{1mol}{분자량(g)}$$

$$2M = \frac{질량(g)}{0.5L} \times \frac{1mol}{58.5g}$$

∴ 질량 = 58.5g

TIP

① M농도의 단위는 mol/L이다.
② 1mol = 분자량(g)
③ 염화나트륨(NaCl)의 분자량 = 23 + 35.5 = 58.5g

27 해설

네슬러 시약의 조제에 사용되는 시약은 KI, HgI_2, KOH이다.

정답 23 ㉯ 24 ㉰ 25 ㉰ 26 ㉯ 27 ㉱

28 하이드로퀴논(Hydroquinone)을 중크롬산칼륨으로 적정하는 것과 같이 분석물질과 적정액 사이의 산화환원반응을 이용하여 시료를 정량하는 분석법은 어느 것인가?

㉮ 중화 적정법
㉯ 침전 적정법
㉰ 킬레이트 적정법
㉱ 산화·환원 적정법

㉱ 산화·환원 적정법에 대한 설명이다.

29 킬레이트 적정에서 EDTA 표준용액 사용 시 완충용액을 가하는 주된 이유는 무엇인가?

㉮ 적정 시 알맞은 pH를 유지하기 위하여
㉯ 금속지시약 변색을 선명하게 하기 위하여
㉰ 표준용액의 농도를 일정하게 하기 위하여
㉱ 적정에 의하여 생기는 착화합물을 억제하기 위하여

완충용액을 가하는 주된 이유는 적정 시 알맞은 pH를 유지하기 위해서이다.

30 침전 적정법에서 사용하지 않는 표준시약은 어느 것인가?

㉮ 질산은
㉯ 염화나트륨
㉰ 티오시안산암모늄
㉱ 과망간산칼륨

과망간산칼륨($KMnO_4$)은 강한 산화제로 침전적정법에서 사용하지 않는다.

31 다음 두 용액을 혼합했을 때 완충용액이 되지 않는 것은 어느 것인가?

㉮ NH_4Cl과 NH_4OH
㉯ CH_3COOH와 CH_3COONa
㉰ NaCl과 HCl
㉱ CH_3COOH와 $Pb(CH_3COO)_2$

완충용액은 산이나 알칼리(염기)를 가하여도 pH의 변화가 거의 없는 용액을 말하며, 약산과 강염기의 조합이다.

32 제2족 양이온 분족 시 염산의 농도가 너무 묽으면 어떠한 현상이 일어나는가?

㉮ 황이온(S^{2-})의 농도가 적어진다.
㉯ H_2S의 용해도가 적어진다.
㉰ 제2족 양이온의 황화물 침전이 잘 안 된다.
㉱ 제4족 양이온의 황화물로 침전한다.

염산의 농도가 너무 묽으면 제4족 양이온의 황화물로 침전되는 현상이 일어난다.

| 정답 | 28 ㉱ 29 ㉮ 30 ㉱ 31 ㉰ 32 ㉱

33 양이온의 분리 검출에서 각종 금속이온의 용해도를 고려하여 1족~6족으로 구분하고 있다. 제4족에 해당하는 금속은 어느 것인가?

㉮ Pb^{2+} ㉯ Ni^{2+}
㉰ Cr^{3+} ㉱ Fe^{3+}

34 히파반응(Hepar reaction)에 의해 주로 검출되는 물질은 어느 것인가?

㉮ SiF_6^{-2} ㉯ CrO_4^{-2}
㉰ SO_4^{-2} ㉱ ClO_3^-

35 수산화알루미늄[$Al_2(OH)_3$]의 침전은 어떤 pH의 범위에서 침전이 가장 잘 생성되는가?

㉮ 4.0 이하 ㉯ 6.0~8.0
㉰ 10.0 이하 ㉱ 10~14

36 Pb^{2+} 이온을 확인하는 최종 확인 시약은 무엇인가?

㉮ H_2S ㉯ K_2CrO_4
㉰ $NaBiO_3$ ㉱ $(NH_4)C_2O_4$

37 일정한 압력하에서 10℃의 기체가 2배로 팽창하였을 때의 온도(℃)는 얼마인가?

㉮ 172℃ ㉯ 293℃
㉰ 325℃ ㉱ 487℃

---

34 해설

히파반응에 의해 주로 검출되는 물질은 황산이온(SO_4^{-2})이다.

35 해설

수산화알루미늄의 침전은 pH가 6.0~8.0일 때 침전이 잘 일어난다.

36 해설

Pb^{2+} 이온을 확인하는 최종 확인 시약은 크로뮴산칼륨(K_2CrO_4)이다.

37 해설

샤를의 법칙을 이용한다.
$$\frac{V_1}{T_1} = \frac{V_2}{T_2}$$
따라서 $\frac{1V_1}{(273+10)K} = \frac{2V_1}{T_2}$
$\therefore T_2 = \frac{(273+10)K \times 2V_1}{1V_1} = 566\,K$
따라서 $566\,K - 273 = 293\,℃$

| 정답 | 33 ㉯ 34 ㉰ 35 ㉯ 36 ㉯ 37 ㉯

38 [Ag(NH₃)₂]Cl에서 AgCl의 침전을 얻기 위해 사용되는 물질은 어느 것인가?

㉮ NH₄OH ㉯ HNO₃
㉰ NaOH ㉱ KCN

38

[Ag(NH₃)₂]Cl에서 AgCl의 침전을 얻기 위해 사용되는 물질은 질산(HNO₃)이다.

39 1%의 NaOH 용액으로 0.1N NaOH 100mL를 만들고자 할 때, 필요한 1% NaOH의 양(mL)은 얼마인가? (단, NaOH의 분자량은 40이다.)

㉮ 45mL ㉯ 40mL
㉰ 35mL ㉱ 30mL

39

① 1% NaOH를 N 농도로 전환하면

$$\frac{1\,g}{0.1\,L} \times \frac{1\,eq}{40\,g} = 0.25\,N$$

② $N_1 \times V_1 = N_2 \times V_2$

$0.25\,N \times V_1 = 0.1\,N \times 100\,mL$

∴ $V_1 = 40\,mL$

TIP

① $N = eq/L$
② $1\%\ NaOH = \frac{1\,g}{100\,mL}\ NaOH = \frac{1\,g}{0.1\,L}\ NaOH$

40 다음 중 가장 정확하게 시료를 채취할 수 있는 실험기구는 어느 것인가?

㉮ 비커 ㉯ 미터글라스
㉰ 피펫 ㉱ 플라스크

40

가장 정확하게 액체 시료를 채취할 수 있는 실험기구는 피펫이다.

41 정지상으로 작용하는 물을 흡착시켜 머무르게 하기 위한 시지체로서 거름종이를 사용하는 분배크로마토그래피는 어느 것인가?

㉮ 관 크로마토그래피
㉯ 박막 크로마토그래피
㉰ 기체 크로마토그래피
㉱ 종이 크로마토그래피

41

㉱ 종이 크로마토그래피에 대한 설명이다.

정답 38 ㉯ 39 ㉯ 40 ㉰ 41 ㉱

실전 모의고사(속.풀.이-속 시원하게 풀고 보는 이득 문제 /해설)

42 전위차법 분석용 전지에서 용액 중의 분석물질 농도나 다른 이온 농도와 무관하게 일정값의 전극전위를 갖는 것은 어느 것인가?

㉮ 기준전극   ㉯ 지시전극
㉰ 이온전극   ㉱ 경계전위전극

42 해설

㉮ 기준전극에 대한 설명이다.

43 비휘발성 또는 열에 불안정한 시료의 분석에 가장 적합한 크로마토그래피는 어느 것인가?

㉮ GC(기체 크로마토그래피)
㉯ GSC(기체 - 고체 크로마토그래피)
㉰ GLC(기체 - 액체 크로마토그래피)
㉱ HPLC(고성능 액체 크로마토그래피)

43 해설

비휘발성 또는 열에 불안정한 시료의 분석에 가장 적합한 크로마토그래피는 고성능 액체 크로마토그래피(HPLC)이다.

44 분자가 자외선 광 에너지를 받으면 낮은 에너지 상태에서 높은 에너지 상태로 된다. 이때 흡수된 에너지를 무엇이라 하는가?

㉮ 투광 에너지   ㉯ 자외선 에너지
㉰ 여기 에너지   ㉱ 복사 에너지

44 해설

㉰ 여기에너지에 대한 설명이다.

45 HCl의 표준용액 25.00mL를 채취하여 농도를 분석하기 위해 0.1M NaOH 표준용액을 이용하여 전위차 적정하였다. pH 7에서 소비량이 25.40mL라면 HCl의 농도(M)는 얼마인가? (단, 0.1M NaOH 표준용액의 역가(f)는 1.092이다.)

㉮ 0.01   ㉯ 0.11
㉰ 1.11   ㉱ 2.11

45 해설

$M_1 \times V_1 \times f_1 = M_2 \times V_2 \times f_2$
$M_1 \times 25mL \times 1.0 = 0.1M \times 25.4mL \times 1.092$
$\therefore M_1 = \dfrac{0.1M \times 25.4mL \times 1.092}{25mL \times 1.0}$
$= 0.11M$

TIP

① 적정공식은 $N_1 \times V_1 \times f_1 = N_2 \times V_2 \times f_2$을 사용한다.
② HCl과 NaOH는 1가 물질이므로 N 농도와 M 농도가 같다. 따라서 $M_1 \times V_1 \times f_1 = M_2 \times V_2 \times f_2$을 사용할 수 있다.

정답 42 ㉮ 43 ㉱ 44 ㉰ 45 ㉯

46 pH에 관한 식을 알맞게 표현한 것은 어느 것인가?

㉮ $pH = \log[H^+]$ ㉯ $pH = -\log[H^+]$
㉰ $pH = -\log[OH^+]$ ㉱ $pH = -\log[OH^-]$

$pH = -\log[H^+]$ 이고 $pOH = -\log[OH^-]$ 이다.

47 충분히 큰 에너지의 복사선을 금속 표면에 쪼이면 금속 중의 자유전자가 방출되는 현상을 무엇이라 하는가?

㉮ 광전효과 ㉯ 굴절효과
㉰ 산란효과 ㉱ 반사효과

㉮ 광전효과에 대한 설명이다.

48 기체 크로마토그래피에서 운반기체로 사용할 수 없는 것은 어느 것인가?

㉮ N_2 ㉯ He
㉰ O_2 ㉱ H_2

기체 크로마토그래피에서 운반기체로 사용할 수 있는 기체는 수소(H_2), 질소(N_2), 헬륨(He)이다.

49 산과 염기의 농도 분석을 전위차법으로 할 때 사용하는 전극은 어느 것인가?

㉮ 은 전극 – 유리 전극
㉯ 백금 전극 – 유리 전극
㉰ 포화 칼로멜 전극 – 은 전극
㉱ 포화 칼로멜 전극 – 유리 전극

전위차법에서 사용하는 전극은 포화 칼로멜 전극 – 유리 전극이다.

50 전기전도도법에 관한 내용으로 틀린 것은?

㉮ 같은 전도도를 가진 용액은 구성성분과 농도가 같다.
㉯ 전류가 흐르는 정도는 이온의 수와 종류에 따라 다르다.
㉰ 전도도는 이온의 농도 및 이동도(mobility)에 따라 다르다.
㉱ 적정을 통해 많은 물질을 정량할 수 있는 전기화학적 분석법 중의 하나이다.

㉮ 같은 전도도를 가진 용액이라도 구성성분과 농도는 다르다.

정답 46 ㉯ 47 ㉮ 48 ㉰ 49 ㉱ 50 ㉮

51 얇은 막 크로마토그래피를 제조하는 과정에서 도포용 유리의 표면이 더럽혀져 있으면 균일한 얇은 막을 만들기 어렵다. 이를 방지하기 위하여 유리를 담가두는 용액으로 가장 적당한 것은 어느 것인가?

㉮ 증류수
㉯ 크롬산 용액
㉰ 알코올 용액
㉱ 암모니아 용액

51 **해설**
㉯ 크롬산 용액에 대한 설명이다.

52 다음 중 자외선 파장에 해당하는 것은 어느 것인가?

㉮ 300nm
㉯ 500nm
㉰ 800nm
㉱ 900nm

52 **해설**
자외선의 파장은 200~400nm이다.

TIP
흡수파장(nm)
① X-선 : 0~200 nm
② 자외선 : 200~400 nm
③ 가시광선 : 400~800 nm
④ 적외선 : 800~10^5 nm

53 분광광도계를 이용하여 측정한 결과 투과도가 10%이었다. 흡광도는 얼마인가?

㉮ 0
㉯ 0.5
㉰ 1
㉱ 2

53 **해설**
흡광도(A) = $\log \frac{1}{투과도} = \log \frac{1}{0.1} = 1.0$

54 불꽃 없는 원자화 기기의 특징으로 틀린 것은?

㉮ 감도가 매우 좋다.
㉯ 시료를 전처리하지 않고 직접분석이 가능하다.
㉰ 산화작용을 방지할 수 있어 원자화 효율이 크다.
㉱ 상대 정밀도가 높고, 측정 농도 범위가 아주 넓다.

54 **해설**
㉱ 상대 정밀도가 낮고, 측정 농도 범위가 좁다.

55 기체 크로마토그래피에서 정성분석은 무엇을 이용해서 하는가?

㉮ 크로마토그램의 무게
㉯ 크로마토그램의 면적
㉰ 크로마토그램의 높이
㉱ 크로마토그램의 머무름 시간

55 **해설**
기체 크로마토그래피에서 정성분석은 크로마토그램의 머무름 시간을 이용한다.

정답 51 ㉯ 52 ㉮ 53 ㉰ 54 ㉱ 55 ㉱

56 제1류 위험물에 관한 내용으로 틀린 것은?

㉮ 분해하여 산소를 방출한다.
㉯ 다른 가연성 물질의 연소를 돕는다.
㉰ 모두 물에 접촉하면 격렬한 반응을 일으킨다.
㉱ 불연성 물질로서 환원성 물질 또는 가연성 물질에 대하여 강한 산화성을 가진다.

해설
㉰ 제1류 위험물 모두가 물과 접촉하여 격렬한 반응을 하지는 않는다.

57 다음 중 인화성 물질이 아닌 것은?

㉮ 질소 ㉯ 벤젠
㉰ 메탄올 ㉱ 에틸에테르

해설
인화성 물질은 주로 C, H, O로 구성되어 있는 물질이며, 벤젠(C_6H_6), 메탄올(CH_3OH), 에틸에테르($C_2H_5OC_2H_5$)가 여기에 속한다.

58 $[H^+][OH^-] = Kw$ 일 때 상온에서 Kw의 값은 얼마인가?

㉮ 6.02×10^{23} ㉯ 1×10^{-7}
㉰ 1×10^{-14} ㉱ 3×10^{-8}

해설
$Kw = [H^+][OH^-] = [1.0 \times 10^{-7}][1.0 \times 10^{-7}] = 1.0 \times 10^{-14}$

59 초임계 유체 크로마토그래피법에서 이동상으로 가장 널리 사용되는 기체는 어느 것인가?

㉮ 이산화탄소 ㉯ 일산화질소
㉰ 암모니아 ㉱ 메탄

해설
초임계 유체 크로마토그래피법에서 이동상으로 가장 널리 사용되는 기체는 이산화탄소(CO_2)이다.

60 전해 결과 두 전극에 전지가 생성되면 이것이 외부로부터 가해지는 전압을 상쇄시키는 기전력을 내는데 이것을 무엇이라 하는가?

㉮ 분해전압 ㉯ 과전압
㉰ 역기전력 ㉱ 전극반응

해설
㉰ 역기전력에 대한 설명이다.

정답 56 ㉰ 57 ㉮ 58 ㉰ 59 ㉮ 60 ㉰

제 6 회 실전 모의고사

| 수험자명 | 예상점수 | 실제점수 |

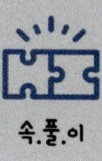

01 다음 중 물리적 상태가 엿과 같이 비결정 상태인 것은 어느 것인가?
- ㉮ 수정
- ㉯ 유리
- ㉰ 다이아몬드
- ㉱ 소금

01

물리적 상태
① 결정 상태 : 수정, 다이아몬드, 소금
② 비결정 상태 : 유리

02 금속 이온을 포함한 수용액으로부터 전기분해로 같은 무게의 금속을 각각 석출시킬 때 전기량이 가장 적게 드는 것은 다음 중 어느 것인가?
- ㉮ Ag^+
- ㉯ Cu^{2+}
- ㉰ Ni^{2+}
- ㉱ Fe^{3+}

02

금속 이온을 포함한 수용액으로부터 전기분해로 같은 무게의 금속을 각각 석출시킬 때 전기량이 가장 적게 드는 것은 은(Ag^+)이다.

03 다음 중 가수분해 생성물이 포도당과 과당인 것은?
- ㉮ 맥아당
- ㉯ 설탕
- ㉰ 젖당
- ㉱ 글리코겐

03

각 물질의 가수분해시 생성물질
㉮ 맥아당 : 포도당
㉯ 설탕 : 포도당, 과당
㉰ 젖당 : 포도당, 갈락토오스
㉱ 글리코겐 : 포도당

04 수산화나트륨에 대한 설명으로 틀린 것은?
- ㉮ 물에 잘 녹는다.
- ㉯ 조해성 물질이다.
- ㉰ 양쪽성 원소와 반응하여 수소를 발생한다.
- ㉱ 공기 중의 이산화탄소를 흡수하여 탄산나트륨이 된다.

04

㉰ 소금물을 전기분해하면 수산화나트륨과 수소와 염소가 발생된다.

 TIP

소금물의 전기분해법
$2NaCl + 2H_2O \rightarrow 2NaOH + H_2(-극) + Cl_2(+극)$

| 정답 | 01 ㉯ 02 ㉮ 03 ㉯ 04 ㉰

05 염화나트륨 10g을 물 100mL에 용해한 액의 중량 농도는 얼마인가?

㉮ 9.09%　　㉯ 10%
㉰ 11%　　㉱ 12%

06 초산은의 포화수용액은 1L 속에 0.059몰을 함유하고 있다. 전리도가 50%라 하면 이 물질의 용해도곱은 얼마인가?

㉮ 2.95×10^{-2}　　㉯ 5.9×10^{-2}
㉰ 5.9×10^{-4}　　㉱ 8.7×10^{-4}

07 하나의 물질로만 구성되어 있는 것으로 물, 소금, 산소 등이 예이고, 끓는점, 어는점, 밀도, 용해도 등의 물리적 성질이 일정한 것을 의미하는 말은 무엇 인가?

㉮ 단체　　㉯ 순물질
㉰ 화학물　　㉱ 균일혼합물

08 다음 중 환원의 정의로 알맞은 것은 어느 것인가?

㉮ 어떤 물질이 산소와 화합하는 것
㉯ 어떤 물질이 수소를 잃는 것
㉰ 어떤 물질에서 전자를 방출하는 것
㉱ 어떤 물질에서 산화수가 감소하는 것

09 K_2CrO_4에서 Cr의 산화 상태(원자가)는 얼마인가?

㉮ +3　　㉯ +4
㉰ +5　　㉱ +6

---

05 해설

중량 농도(%) = $\dfrac{용질(g)}{용질(g) + 용매} \times 100(\%)$

= $\dfrac{10\,g}{10\,g + 100\,g} \times 100 = 9.09\%$

TIP
① 물의 비중이 $1.0\,g/cm^3 = 1.0\,g/mL$
② 물(g) = $100\,mL \times 1.0\,g/mL = 100\,g$

06 해설

$CH_3COOAg \xrightarrow{50\% 전리} CH_3COO^- + Ag^+$
전리 후 농도　　　　　　$0.059M \times 0.5$　　$0.059M \times 0.5$
용해도곱(Ksp) = $[CH_3COO^-][Ag^+]$
= $[0.059M \times 0.5][0.059M \times 0.5]$
= 8.7×10^{-4}

07 해설

㉯ 순물질에 대한 설명이다.

08 해설

㉮, ㉯, ㉰는 산화에 대한 설명이다.

09 해설

K_2CrO_4에서 O가 -8이므로 K는 $+2$ 따라서 Cr은 $+6$이 된다.

정답 05 ㉮　06 ㉱　07 ㉯　08 ㉱　09 ㉱

10 다음 이온결합 물질 중 녹는점이 가장 높은 물질은 어느 것인가?

㉮ NaF ㉯ KF
㉰ RbF ㉱ CsF

10

이온결합 물질 중 녹는점이 가장 높은 물질은 ㉮ 불화나트륨(NaF)이다.

11 탄소 섬유를 만드는데 사용되는 원료로 가장 적당한 것은?

㉮ 흑연 ㉯ 단사황
㉰ 실리콘 ㉱ 고무상황

11

탄소 섬유를 만드는데 사용되는 원료는 ㉮ 흑연이다.

12 실리콘이라고도 하며, 반도체로서 트랜지스터, 다이오드 등의 원료가 되는 물질은 무엇 인가?

㉮ C ㉯ Si
㉰ Cu ㉱ Mn

12

실리콘이라고도 하며, 반도체로서 트랜지스터, 다이오드 등의 원료가 되는 물질은 규소(Si)이다.

> **TIP**
> P형 반도체를 만드는데 사용하는 원소는 Ga(갈륨), In(인듐), B(붕소)이다.

13 유기화합물은 무기화합물에 비하여 다음과 같은 특성을 가지고 있다. 다음 중 틀린 것은?

㉮ 유기화합물은 일반적으로 탄소화합물이므로 가연성이 있다.
㉯ 유기화합물은 일반적으로 물에 용해되기 어렵고 알코올, 에테르 등의 유기 용매에 용해되는 것이 많다.
㉰ 유기화합물은 일반적으로 녹는점, 끓는점이 무기화합물보다 낮으며, 가열했을 때 열에 약하여 쉽게 분해된다.
㉱ 유기화합물에는 물에 용해 시 양이온과 음이온으로 해리되는 전해질이 많으나 무기화합물은 이온화되지 않는 비전해질이 많다.

13

㉱ 무기화합물에는 물에 용해 시 양이온과 음이온으로 해리되는 전해질이 많으나 유기화합물은 이온화되지 않는 비전해질이 많다.

정답 10 ㉮ 11 ㉮ 12 ㉯ 13 ㉱

14 0.400M의 암모니아 용액의 pH는 얼마인가? (단, 암모니아의 K_b 값은 1.8×10^{-5}이다.)

㉮ 9.25 ㉯ 10.33
㉰ 11.43 ㉱ 12.57

15 비활성기체에 관한 내용으로 틀린 것은?

㉮ 전자배열이 안정하다.
㉯ 특유의 색깔, 맛, 냄새가 있다.
㉰ 방전할 때 특유한 색상을 나타내므로 야간광고용으로 사용된다.
㉱ 다른 원소와 화합하여 반응을 일으키기 어렵다.

16 같은 주기에서 이온화 에너지가 가장 작은 것은 어느 것인가?

㉮ 알칼리금속 ㉯ 알칼리토금속
㉰ 할로겐족 ㉱ 비활성 기체

17 전기음성도가 비슷한 비금속 사이에서 주로 일어나는 결합은?

㉮ 이온결합 ㉯ 공유결합
㉰ 배위결합 ㉱ 수소결합

---

14 해설

① $NH_3 + H_2O \rightarrow NH_4^+ + OH^-$

$$K_b = \frac{[NH_4^+][OH^-]}{[NH_3]} = \frac{[OH^-]^2}{[NH_3]}$$

$$1.8 \times 10^{-5} = \frac{[OH^-]^2}{[0.4M]}$$

$$\therefore [OH^-] = (1.85 \times 10^{-5} \times 0.4M)^{\frac{1}{2}}$$
$$= 0.00272M$$

② $pH = 14 + \log[OH^-]$
$= 14 + \log[0.00272M]$
$= 11.43$

TIP

① 암모니아(NH_3)는 약알칼리성 물질이다.
② 약알칼리성 물질이므로 반응식에서 $[NH_4^+] = [OH^-]$이다.
③ 산성 물질에서 $pH = -\log[H^+]$
④ 알칼리성(염기성) 물질에서 $pH = 14 + \log[OH^-]$

15 해설

㉯ 상온에서 무색 무미 무취의 물질이다.

16 해설

이온화 에너지가 가장 작은 것은 알칼리금속으로 양이온으로 되기 쉬운 물질이다.

TIP

이온화 에너지가 가장 큰 것은 비활성 기체로 이온이 되기 어렵다.

17 해설

전기음성도가 비슷한 비금속 사이에서 주로 일어나는 결합은 ㉯ 공유결합이다.

정답 14 ㉰ 15 ㉯ 16 ㉮ 17 ㉯

18. 유효 숫자 규칙에 맞게 계산한 결과는 어느 것인가?

> 2.1+123.21+20.126

㉮ 145.436
㉯ 145.43
㉰ 145.44
㉱ 145.4

19. 분자 간에 작용하는 힘에 관한 내용으로 틀린 것은?

㉮ 반데르발스 힘은 분자 간에 작용하는 힘으로서 분산력, 이중극자 간 인력 등이 있다.
㉯ 분산력은 분자들이 접근할 때 서로 영향을 주어 전하의 분포가 비대칭이 되는 편극현상에 의해 나타나는 힘이다.
㉰ 분산력은 일반적으로 분자의 분자량이 커질수록 강해지나, 분자의 크기와는 무관하다.
㉱ 헬륨이나 수소기체도 낮은 온도와 높은 압력에서는 액체나 고체 상태로 존재할 수 있는데 이는 각각의 분자 간에 분산력이 작용하기 때문이다.

20. 다음 중 이온결합인 것은?

㉮ 염화나트륨(Na - Cl)
㉯ 암모니아(N - H_3)
㉰ 염화수소(H - Cl)
㉱ 에틸렌(CH_2 - CH_2)

21. 다음 중 물체에 해당하는 것은 어느 것인가?

㉮ 나무
㉯ 유리
㉰ 신발
㉱ 쇠

18.

보기에 유효숫자 첫째 자리에서 셋째 자리까지 합산하므로 기준은 유효 첫째 자리이다.

19.

㉰ 분산력은 일반적으로 분자의 분자량이 커질수록 강해지며, 분자의 크기가 클수록 강해진다.

20.

이온결합은 금속과 비금속 간의 결합으로 염화나트륨이 이온결합이다. 암모니아, 염화수소, 에틸렌은 공유결합이다.

21. 해설

물질로 만들어진 것을 물체라고 하며 신발이 해당된다. 나무, 유리, 쇠는 물질에 해당된다.

| 정답 | 18 ㉱ 19 ㉰ 20 ㉮ 21 ㉰

22 무색의 액체로 흡습성과 탈수작용이 강하여 탈수제로 사용되는 물질은 어느 것인가?

㉮ 염산 ㉯ 인산
㉰ 진한 황산 ㉱ 진한 질산

23 순황산 9.8g을 물에 녹여 250mL로 만든 용액은 몇 노르말 농도인가? (단, 황산의 분자량은 98이다.)

㉮ 0.2N ㉯ 0.4N
㉰ 0.6N ㉱ 0.8N

24 다음 중 표준상태(0℃, 101.3kPa)에서 22.4L의 무게가 가장 가벼운 기체는 어느 것인가?

㉮ 질소 ㉯ 산소
㉰ 아르곤 ㉱ 이산화탄소

25 Na의 전자 배열에 관한 내용으로 알맞은 것은?

㉮ 전자 배치는 1S²2S²2d⁶3S¹이다.
㉯ 부껍질은 f껍질까지 갖는다.
㉰ 최외각 껍질에 존재하는 전자는 2개이다.
㉱ 전자껍질은 2개를 갖는다.

---

22 해설

무색의 액체로 흡습성과 탈수작용이 강하여 탈수제로 사용되는 물질은 진한 황산이다.

23 해설

$$eq/L = \frac{질량(g)}{부피(L)} \times \frac{1\,eq}{분자량(g)/가수}$$

$$= \frac{9.8\,g}{0.25\,L} \times \frac{1\,eq}{49\,g} = 0.8\,eq/L = 0.8\,N$$

TIP
① N 농도의 단위는 eq/L이다.
② 250mL = 0.25L
③ 황산(H_2SO_4)는 H^+가 2개이므로 2가물질이고 2당량이다.
④ $1\,eq = \frac{분자량(g)}{가수} = \frac{98\,g}{2} = 49\,g$
⑤ 황산(H_2SO_4) 분자량 $= 2 \times 1 + 32 + 4 \times 16 = 98\,g$

24 해설

분자량이 가장 작은 기체가 가장 가벼운 기체이므로 정답은 ㉮ 질소이다.

TIP
분자량
㉮ 질소(N_2) $= 2 \times 14 = 28$
㉯ 산소(O_2) $= 2 \times 16 = 32$
㉰ 아르곤(Ar) $= 40$
㉱ 이산화탄소(CO_2) $= 12 + 2 \times 16 = 44$

25 해설

㉯ 부껍질은 M껍질까지 갖는다.
㉰ 최외각 껍질에 존재하는 전자는 1개이다.
㉱ 전자껍질은 3개를 갖는다.

| 정답 | 22 ㉰ 23 ㉱ 24 ㉮ 25 ㉮

26
다음 중 제1차 이온화 에너지가 가장 큰 원소는 어느 것인가?

㉮ 나트륨   ㉯ 헬륨
㉰ 마그네슘   ㉱ 티타늄

26 해설

이온화 에너지가 가장 큰 것은 비활성 기체이므로 ㉯ 헬륨(He)이 정답이다.

27
다음 중 양이온 제3족에 해당하지 않는 물질은?

㉮ Fe   ㉯ Cr
㉰ Al   ㉱ Zn

27 해설

양이온 제3족에 해당하는 물질은 Fe, Cr, Al 즉, +3가의 물질이다.

28
리만 그린(Rinmanns green) 반응 결과 녹색의 덩어리로 얻어지는 물질은 무엇 인가?

㉮ $Fe(SCN)_2$ ㉯ $Co(ZnO)_2$
㉰ $Na_2B_4O_7$ ㉱ $CO(AlO_2)_2$

28  해설

리만 그린 반응 결과 녹색의 덩어리로 얻어지는 물질은 $Co(ZnO)_2$ 이다.

29
다음 중 Arrhenius 산, 염기 이론에 대한 내용으로 알맞은 것은?

㉮ 산은 물에서 이온화될 때 수소이온을 내는 물질이다.
㉯ 산은 전자쌍을 받을 수 있는 물질이고, 염기는 전자쌍을 줄 수 있는 물질이다.
㉰ 산은 진공에서 양성자를 줄 수 있는 물질이고, 염기는 진공에서 양성자를 받을 수 있는 물질이다.
㉱ 산은 용매에 양이온을 방출하는 용질이고, 염기는 용질에 음이온을 방출하는 용매이다.

29 해설

아레니우스(Arrhenius)의 산염기 이론
① 산(Acid) : 수용액에서 양성자[H^+]를 내어 놓는 물질
② 염기 : 수용액에서 수산화이온[OH^-]을 내어 놓는 물질

30 다음 중 수용액에서 이온화도가 5% 이하인 산은 어느 것인가?

㉮ HNO_3 ㉯ H_2CO_3
㉰ H_2SO_4 ㉱ HCl

31 Ba^{2+}, Ca^{2+}, Na^+, k^+ 4가지 이온이 섞여있는 혼합용액이 있다. 양이온 정성분석 시 이들 이온을 Ba^{2+}, Ca^{2+}(5족)와 Na^+, k^+(6족)이온으로 분족하기 위한 시약은 어느 것인가?

㉮ $(NH_4)_2CO_3$ ㉯ $(NH_4)_2S$
㉰ H_2S ㉱ HCl

32 다음 황화물 중 흑색 침전이 아닌 것은?

㉮ PbS ㉯ AgS
㉰ CuS ㉱ ZnS

33 3N - HCl 60mL에 5N - HCl 40mL를 혼합한 용액의 노르말 농도(N)는 얼마인가?

㉮ 1.6N ㉯ 3.8N
㉰ 5.0N ㉱ 7.2N

34 염기 표준액의 1차 표준물질로 사용하지 않는 물질은 어느 것인가?

㉮ 프탈산수소칼륨($C_6H_4COOKCOOH$)
㉯ 옥살산($H_2C_2O_4$)
㉰ 술퍼민산($HOSO_2NH_2$)
㉱ 석탄산(C_6H_5OH)

---

30 해설

수용액에서 이온화도가 5% 이하인 산은 약산이므로 탄산(H_2CO_3)이 정답이다.

31 해설

분족시약

구분	분족시약
1족	염화수소(HCl)
2족	황화수소(H_2S)
3족	암모니아수(NH_4OH)
4족	황화수소(H_2S), 암모니아수(NH_4OH)
5족	탄산암모늄(($NH_4)_2CO_3$)
6족	분족시약 없음

32 해설

① 흑색 침전 물질 : 황화납(PbS), 황화은(AgS), 황화동(CuS)
② 백색 침전 물질 : 황화아연(ZnS)

33 해설

혼합용액의 N농도 $= \dfrac{N_1V_1 + N_2V_2}{V_1 + V_2}$

$= \dfrac{3N \times 60\,mL + 5N \times 40\,mL}{60\,mL + 40\,mL}$

$= 3.8\,N$

34 해설

염기 표준액의 1차 표준물질은 프탈산수소칼륨, 옥살산, 술퍼민산이다.

정답 30 ㉯ 31 ㉮ 32 ㉱ 33 ㉯ 34 ㉱

실전 모의고사

35 다음 용액에 관한 내용으로 알맞은 것은?

㉮ 물에 대한 고체의 용해도는 일반적으로 물 1000g에 녹아 있는 용질의 최대질량을 말한다.
㉯ 몰분율은 용액 중 어느 한 성분의 몰수를 용액 전체의 몰 수로 나눈 값이다.
㉰ 질량 백분율은 용질의 질량을 용액의 부피로 나눈 값을 말한다.
㉱ 몰농도는 용액 1L 중에 들어 있는 용질의 질량을 말한다.

36 일반적으로 바닷물은 1000mL당 27g의 NaCl을 함유하고 있다. 바닷물 중에서 NaCl의 몰 농도는 약 얼마인가? (단, NaCl의 분자량은 58.5g/mol이다.)

㉮ 0.05M ㉯ 0.5M
㉰ 1M   ㉱ 5M

37 다음 중 침전 적정법에서 주로 사용하는 시약은 어느 것인가?

㉮ $AgNO_3$ ㉯ NaOH
㉰ $Na_2C_2O_4$ ㉱ $KMnO_4$

38 고체가 액체에 용해되는 경우 용해 속도에 영향을 주는 인자로 틀린 것은?

㉮ 고체 표면적의 크기
㉯ 교반 속도
㉰ 압력의 증감
㉱ 온도의 변화

---

35 해설

㉮ 물에 대한 고체의 용해도는 일반적으로 물 100g에 녹아 있는 용질의 최대질량을 말한다.
㉰ 질량백분율은 용질의 질량을 용액의 질량으로 나눈 값을 말한다.
㉱ 몰 농도는 용액 1L 중에 들어 있는 용질의 몰수를 말한다.

36 해설

$$mol/L = \frac{질량(g)}{부피(L)} \times \frac{1mol}{분자량(g)}$$
$$= \frac{27g}{1L} \times \frac{1mol}{58.5g} = 0.46\,mol/L = 0.46M$$

TIP
① M농도의 단위는 mol/L이다.
② 1000mL = 1L
③ 1mol = 분자량(g)
④ NaCl 1mol = 58.5g

37 해설

① 침전 적정법에서 주로 사용하는 시약은 질산은($AgNO_3$)이다.
② 중화적정법에서 주로 사용하는 시약은 수산화나트륨(NaOH)이다.

38 해설

용해 속도에 영향을 주는 인자로는 고체 표면적의 크기, 교반 속도, 온도의 변화 등이 있다.

정답 35 ㉯ 36 ㉯ 37 ㉮ 38 ㉰

39
Cu^{2+} 시료 용액에 깨끗한 쇠못을 담가두고 5분간 방치한 후 쇠못 표면을 관찰하면 쇠못 표면에 붉은색 구리가 석출된다. 그 이유는 무엇인가?

㉮ 철이 구리보다 이온화 경향이 크기 때문에
㉯ 침전물이 분해하기 때문에
㉰ 용해도의 차이 때문에
㉱ Cu^{2+} 시료 용액의 농도가 진하기 때문에

해설
쇠못 표면에 붉은색 구리가 석출되는 이유는 철이 구리보다 이온화 경향이 크기 때문이다.

40
약산과 강염기 적정 시 사용할 수 있는 지시약은 어느 것인가?

㉮ bromphenol blue
㉯ methyl orange
㉰ methyl red
㉱ phenolphthalein

해설
약산과 강염기 적정 시 사용할 수 있는 지시약은 페놀프탈레인이다.

TIP

페놀프탈레인 지시약 변색 범위
① 색 : 무색~분홍색
② pH : 8.3~10정도

41
종이 크로마토그래피에 의한 분석에서 구리, 비스무스, 카드뮴 이온을 분리할 때 사용하는 전개액으로 가장 적당한 것은?

㉮ 묽은 염산, n-부탄올
㉯ 페놀, 암모니아수
㉰ 메탄올, n-부탄올
㉱ 메탄올, 암모니아수

해설
전개액으로 사용되는 용액은 묽은 염산, n-부탄올이 사용된다.

42
다음 기기분석법 중 광학적 방법으로 틀린 것은?

㉮ 전위차 적정법   ㉯ 분광분석법
㉰ 적외선분광법   ㉱ X선 분석법

해설
㉮ 전위차 적정법은 전기분석법에 해당한다.

정답 39 ㉮ 40 ㉱ 41 ㉮ 42 ㉮

43 람베르트 - 비어(Lambert - Beer)의 법칙에 관한 내용으로 틀린 것은?

㉮ 흡광도는 액층의 두께에 비례한다.
㉯ 투과도는 용액의 농도에 반비례한다.
㉰ 흡광도는 용액의 농도에 비례한다.
㉱ 투과도는 액층의 두께에 비례한다.

44 전기분석법의 분류 중 전자의 이동이 없는 분석 방법은 어느 것인가?

㉮ 전위차 적정법 ㉯ 전기분해법
㉰ 전압전류법   ㉱ 전기전도도법

45 HPLC에서 Y축을 높이로 하여 파형의 축을 밑변으로 한 넓이로 알 수 있는 것은 무엇인가?

㉮ 성분   ㉯ 신호의 세기
㉰ 머무름 시간 ㉱ 성분의 양

46 유기화합물의 전자전이 중에서 가장 작은 에너지의 빛을 필요로 하고, 일반적으로 약 280nm 이상에서 흡수를 일으키는 것은 어느 것인가?

㉮ $\sigma^* \to \sigma^*$ ㉯ $n^* \to \sigma^*$
㉰ $\pi^* \to \pi^*$ ㉱ $n^* \to \pi^*$

47 기체 크로마토그래피에서 시료를 흡착법에 의해 분리하는 곳은 어디인가?

㉮ 운반 기체부 ㉯ 주입부
㉰ 컬럼   ㉱ 검출기

---

43 해설

㉱ 투과도는 액층의 두께에 반비례한다.

TIP
① 람베르트 - 비어법칙: $I_t = I_o \cdot 10^{-\epsilon cL}$
② 흡광도(A) $= \log \dfrac{1}{투과도} = \log \dfrac{1}{\dfrac{I_t}{I_o}} = \log \dfrac{I_o}{I_t}$
③ 흡광도(A) $= \epsilon \cdot c \cdot L$
④ $\log \dfrac{I_o}{I_t} = \epsilon \cdot c \cdot L$

44 해설

① 전자의 이동이 있는 분석 방법: 전위차 적정법, 전기분해법, 전압전류법
② 전자의 이동이 없는 분석 방법: 전기전도도법

45 해설

HPLC에서 Y축을 높이로 하여 파형의 축을 밑변으로 한 넓이로 알 수 있는 것은 성분의 양이다.

TIP
HPLC는 High Performance Liquid Chromatography의 약자로 고성능 액체 크로마토그래피를 의미한다.

47 해설

기체크로마토그래피에서 시료를 흡착법에 의해 분리하는 곳은 컬럼이다.

정답 43 ㉱ 44 ㉱ 45 ㉱ 46 ㉱ 47 ㉰

48. 어떤 물질 30g을 넣어 용액 150g을 만들었더니 더 이상 녹지 않았다. 이 물질의 용해도(%)는 얼마인가? (단, 온도는 변하지 않음)

㉮ 20% ㉯ 25%
㉰ 30% ㉱ 35%

49. 분광광도계의 구조 중 일반적으로 단색화 장치나 필터가 사용되는 곳은 어디인가?

㉮ 광원부 ㉯ 파장선택부
㉰ 시료부 ㉱ 검출부

50. 분광광도법에서 자외선 영역에는 주로 어떤 셀을 이용하는가?

㉮ 플라스틱 셀 ㉯ 유리 셀
㉰ 석영 셀 ㉱ 반투명 유리 셀

51. UV/VIS는 빛과 물질의 상호 작용 중에서 어느 작용을 이용한 것인가?

㉮ 흡수 ㉯ 산란
㉰ 형광 ㉱ 인광

52. 분자가 자외선과 가시광선 영역의 광에너지를 흡수할 때 전자가 낮은 에너지 상태에서 높은 에너지 상태로 변화하게 된다. 이때 흡수된 에너지를 무엇이라 하는가?

㉮ 전기에너지 ㉯ 광에너지
㉰ 여기에너지 ㉱ 파장

---

48 해설

$$용해도(\%) = \frac{용질의\ 질량(g)}{용매의\ 질량(g)} \times 100$$
$$= \frac{30\,g}{120\,g} \times 100 = 25\%$$

TIP
① 용액 = 용질+용매
② 용매의 질량(g) = 용액의 질량 - 용질의 질량
　= 150g - 30g = 120g

49 해설
단색화장치나 필터가 사용되는 곳은 파장선택부이다.

50 해설
흡수셀의 재질
㉮ 플라스틱 셀 : 근적외부 파장 범위
㉯ 유리 셀 : 가시 및 근적외부 파장 범위
㉰ 석영 셀 : 자외부 파장 범위

51 해설
자외선/가시선(UV/VIS)분광법은 빛과 물질의 흡수를 이용한다.

52 해설
㉰ 여기에너지에 대한 설명이다.

정답 48 ㉯ 49 ㉯ 50 ㉰ 51 ㉮ 52 ㉰

53
기체 크로마토그래피는 두 가지 이상의 성분을 단일 성분으로 분리하는데, 혼합물의 각 성분은 어떤 차이에 의해 분리되는가?

㉮ 반응 속도 ㉯ 흡수 속도
㉰ 주입 속도 ㉱ 이동 속도

해설
기체 크로마토그래피는 두 가지 이상의 성분을 단일 성분으로 분리하는데, 혼합물의 각 성분은 이동 속도 차이에 의해서 분리된다.

54
화학전지에서 염다리(salt bridge)는 무엇으로 만드는가?

㉮ 포화 KCl 용액과 젤라틴
㉯ 포화 염산용액과 우뭇가사리
㉰ 황산알루미늄과 황산칼륨
㉱ 포화 KCl 용액과 황산알루미늄

해설
화학전지에서 염다리는 포화 염화칼륨(KCl) 용액과 젤라틴으로 만든다.

55
pH를 측정하는 전극으로 맨 끝에 얇은 막(0.03~0.01mm)이 있고, 그 얇은 막의 양쪽에 pH가 다른 두 용액이 있으며 그 사이에서 전위차가 생기는 것을 이용한 측정법은 무엇인가?

㉮ 수소 전극법
㉯ 유리 전극법
㉰ 퀸하이드론(Quinhydrone) 전극법
㉱ 칼로멜(Calomel) 전극법

해설
㉯ 유리 전극법에 대한 설명이다.

56
기체 크로마토그래피의 검출기 중 기체의 전기전도도가 기체 중의 전하를 띤 입자의 농도에 직접 비례한다는 원리를 이용한 것은 어느 것인가?

㉮ FID   ㉯ TCD
㉰ ECD   ㉱ TID

해설
불꽃이온화검출기(FID)에 대한 설명이다.

정답 53 ㉱ 54 ㉮ 55 ㉯ 56 ㉮

57 분광광도법에서 정량분석의 검량선 그래프의 X축은 농도를 나타내고 Y축은 무엇을 나타내는가?

㉮ 흡광도
㉯ 투광도
㉰ 파장
㉱ 여기에너지

해설

분광광도법에서 정량분석의 검량선 그래프의 X축은 농도, Y축은 흡광도를 나타낸다.

58 Fe^{3+}/Fe^{2+} 및 $Cu^{2+}/Cu°$로 구성되어 있는 가상 전지에서 얻을 수 있는 전위는 얼마인가? (단, 표준 환원전위는 다음과 같다.)

$$Fe^{3+}+e^- \rightarrow Fe^{2+} \quad E° = 0.771$$
$$Cu^{2+}+2e^- \rightarrow Cu° \quad E° = 0.337$$

㉮ 0.434V
㉯ 1.018V
㉰ 1.205V
㉱ 1.879V

해설

전위 = 0.771V − 0.337V = 0.434V

59 크로마토그래피에 대한 내용으로 틀린 것은?

㉮ 정지상으로 고체가 사용된다.
㉯ 정지상과 이동상을 필요로 한다.
㉰ 이동상으로 액체나 고체가 사용된다.
㉱ 혼합물을 분리분석하는 방법 중의 하나이다.

해설

㉰ 이동상으로 액체나 기체가 사용된다.

60 용리액으로 불리는 이동상을 고압 펌프로 운반하는 크로마토 장치를 말하며 펌프, 주입기, 컬럼, 검출기, 데이터 처리 장치 등으로 구성되어 있는 기기는 어느 것인가?

㉮ 분광광도계
㉯ 원자흡광광도계
㉰ 기체 크로마토그래피
㉱ 고성능 액체 크로마토그래피

해설

㉱ 고성능 액체 크로마토그래피에 대한 설명이다.

정답 57 ㉮ 58 ㉮ 59 ㉰ 60 ㉱

제 7 회 실전 모의고사

01 스펙트럼 띠가 1차, 2차로 병렬적으로 나타나는 분광 장치로 분광광도계에서 가장 많이 쓰이는 것은 어느 것인가?

㉮ 프리즘
㉯ 회절격자
㉰ 렌즈
㉱ 거울

01 해설
스펙트럼 띠가 1차, 2차로 병렬적으로 나타나는 분광 장치로 분광광도계에서 가장 많이 쓰이는 것은 회절격자이다.

02 pH 미터는 검액과 완충용액 사이에 생기는 기전력에 의해 용액의 무엇을 측정하는가?

㉮ 비색
㉯ 농도
㉰ 점도
㉱ 비중

02 해설
pH 미터는 검액과 완충용액 사이에 생기는 기전력에 의해 용액의 농도를 측정한다.

03 분광계의 검출기 중 열전기쌍(thermocouples)이 검출할 수 있는 복사선의 파장 범위는 얼마인가?

㉮ 1.5~30nm
㉯ 150~300nm
㉰ 600~20,000nm
㉱ 30,000~700,000nm

03 해설
열전기쌍이 검출할 수 있는 복사선의 파장범위는 ㉰ 600~20,000nm이다.

04 크로마토그램에서 시료의 주입점으로부터 피크의 최고점까지의 간격을 나타낸 것은 무엇인가?

㉮ 절대 피크
㉯ 주입점 간격
㉰ 절대 머무름 시간
㉱ 피크 주기

04 해설
크로마토그램에서 시료의 주입점으로부터 피크의 최고점까지의 간격을 나타낸 것을 절대 머무름 시간이라 한다.

정답 01 ㉯ 02 ㉯ 03 ㉰ 04 ㉰

05 원자흡수분광도계에 관한 내용으로 틀린 것은?

㉮ 다른 분광도계의 원리와 비슷하다.
㉯ 광원으로는 속빈 음극램프를 사용할 수 있다.
㉰ 정량분석보다는 정성분석에 주로 이용된다.
㉱ 감도에 영향을 끼치는 가장 중요한 요인은 중성 원자를 만드는 원자화 과정이다.

05
㉰ 정성분석보다는 정량분석에 주로 이용된다.

06 순수한 물이 다음과 같이 전리 평형을 이룰 때 평형상수(K)를 구하는 식은 무엇 인가?

$$H_2O \rightleftarrows H^+ + OH^-$$

㉮ $\dfrac{[H^+] \cdot [OH^-]}{[H_2O]}$ ㉯ $\dfrac{[H_2O]}{[H^+] \cdot [OH^-]}$

㉰ $\dfrac{[H^+] \cdot [OH^-]}{[H_2O]^2}$ ㉱ $\dfrac{[H_2O]^2}{[H^+] \cdot [OH^-]}$

06
평형상수 = $\dfrac{[생성물]}{[반응물]}$ = $\dfrac{[H^+] \cdot [OH^-]}{[H_2O]}$

07 기체 크로마토그래피의 검출기에서 황, 인을 포함한 화합물을 선택적으로 검출하는 검출기는 어느 것인가?

㉮ 열전도도 검출기(TCD)
㉯ 불꽃광도 검출기(FPD)
㉰ 열이온화 검출기(TID)
㉱ 전자포획형 검출기(ECD)

07
황, 인을 포함한 화합물을 선택적으로 검출하는 검출기는 불꽃광도 검출기(FPD)이다.

08 종이 크로마토그래피 제조법에 관한 내용으로 틀린 것은?

㉮ 종이 조각은 사용 전에 습도가 조절된 상태에서 보관한다.
㉯ 점적의 크기는 직경을 약 2mm 이상으로 만든다.
㉰ 시료를 점적할 때는 주사기나 미세 피펫을 사용한다.
㉱ 시료의 농도가 너무 묽으면 여러 방울을 찍어서 농도를 증가시킨다.

08
㉯ 점적의 크기는 직경을 약 5mm 이상으로 만든다.

| 정답 | 05 ㉰ 06 ㉮ 07 ㉯ 08 ㉯

09 톨루엔에 관한 내용으로 알맞은 것은?

㉮ 방향족 화합물이다.
㉯ 독성이 거의 없다.
㉰ 물에 잘 녹는다.
㉱ 화기에 안전하다.

09 **해설**

㉯ 독성이 있다.
㉰ 물에 잘 녹지 않는다.
㉱ 화기에 안전하지 못하다.

10 액체 크로마토그래피 분석법 중 정상 용리(normal phase elution)의 특성으로 틀린 것은?

㉮ 극성의 정지상을 사용한다.
㉯ 이동상의 극성은 작다.
㉰ 극성이 큰 성분이 먼저 용리된다.
㉱ 이동상의 극성이 증가하면 용리 시간이 감소한다.

10 **해설**

㉰ 극성이 작은 성분이 먼저 용리된다.

11 산소를 포함한 강한 산화제인 화약 약품은 다음 중 어느 곳에 보관하는 것이 가장 적당한가?

㉮ 통풍이 잘되고 따뜻한 곳
㉯ 습기가 많고 따뜻한 곳
㉰ 습기가 없고 찬 곳
㉱ 햇빛이 잘 드는 곳

11 **해설**

산소를 포함한 강한 산화제인 화약 약품은 습기가 없고 찬 곳에 보관한다.

12 전위차법에서 이상적인 기준 전극에 관한 내용으로 알맞은 것은?

㉮ 비가역적이어야 한다.
㉯ 작은 전류가 흐른 후에는 본래 전위로 돌아오지 않아야 한다.
㉰ Nernst식에 벗어나도 상관이 없다.
㉱ 온도 사이클에 대하여 히스테리시스를 나타내지 않아야 한다.

12 **해설**

㉮ 가역적이어야 한다.
㉯ 큰 전류가 흐른 후에는 본래 전위로 돌아오지 않아야 한다.
㉰ Nernst식에 벗어나지 않아야 한다.

TIP

히스테리시스란 전진각과 후진각의 차이를 말한다.

정답 09 ㉮ 10 ㉰ 11 ㉰ 12 ㉱

13 빛의 성질에 관한 내용으로 틀린 것은?
  ㉮ 백색광은 여러 가지 파장의 빛이 모여 있는 것을 말한다.
  ㉯ 단색광은 단일 파장으로 이루어진 빛을 말한다.
  ㉰ 편광은 빛의 진동면이 같은 것으로 이루어진 빛을 말한다.
  ㉱ 태양빛으로는 편광을 만들 수 없다.

14 고성능 액체 크로마토그래피의 구성 중 검출기에서 나오는 전기적 신호를 시간에 대한 신호의 크기로 받아 크로마토그램을 그려내는 장치는 무엇인가?
  ㉮ 펌프   ㉯ 주입구
  ㉰ 데이터 처리장치   ㉱ 검출기

15 유리 기구 장치를 조립할 때 주의해야 할 사항으로 틀린 것은?
  ㉮ 가연성 물질을 다룰 때에는 특히 화기에 조심한다.
  ㉯ 유리 기구를 다룰 때에는 필히 안전수칙을 따른다.
  ㉰ 안전장비의 위치와 다루는 방법을 미리 숙지하여야 한다.
  ㉱ 독성이 강한 가스가 발생하는 시약이나 용매는 일체 사용하지 말아야 한다.

16 기체 크로마토그래피에서 검출기 필라멘트 온도에 따른 전류는 일반적으로 전개가스가 헬륨인 경우에는 몇 mA 정도인가?
  ㉮ 100   ㉯ 200
  ㉰ 350   ㉱ 450

13

㉱ 태양빛으로도 편광을 만들 수 있다.

14

㉰ 데이터 처리장치에 대한 설명이다.

15

㉱ 독성이 강한 가스가 발생하는 시약이나 용매는 주의해서 취급한다.

16

기체 크로마토그래피에서 검출기 필라멘트 온도에 따른 전류는 일반적으로 전개가스가 헬륨인 경우에는 200mA 정도이다.

정답 13 ㉱ 14 ㉰ 15 ㉱ 16 ㉯

17 분광광도계에서 낮은 에너지의 전자가 자외선과 가시광선 영역에서 어떤 에너지를 흡수하여 들뜬 상태의 에너지가 되는가?

㉮ 빛 에너지
㉯ 열 에너지
㉰ 운동 에너지
㉱ 위치 에너지

17 해설

분광광도계에서 낮은 에너지의 전자가 자외선과 가시광선 영역에서 빛 에너지를 흡수하여 들뜬 상태의 에너지가 된다.

18 다음은 전자 전이가 일어날 때 흡수하는 △E 값을 순서로 나타낸 것이다. 알맞은 것은 어느 것인가?

㉮ $\sigma \to \sigma^* \gg n \to \sigma^* > \pi \to \pi^*$
㉯ $n \to \sigma^* \gg \sigma \to \sigma^* > \pi \to \pi^*$
㉰ $n \to \sigma^* \gg \sigma \to \sigma^* > n \to \pi^*$
㉱ $n \to \pi^* \gg n \to \sigma^* > \sigma \to \sigma^*$

19 Sn^{4+} 용액이 3.6mmol/h의 일정한 속도로 Sn^{2+}로 환원된다면 용액에 흐르는 전류는 얼마인가?

$$Sn^{4+} + 2e^- \to Sn^{2+}$$

㉮ 96.5mA
㉯ 193mA
㉰ 290mA
㉱ 386mA

19 해설

전류(A) = 속도(mol/sec) × 전하량(C/mol)
속도(mol/sec) = 전자수 × 속도(mol/sec)
속도(mol/sec) = $2 \times \dfrac{3.6\,mmol}{hr} \times \dfrac{1\,hr}{3600\,sec}$
    = 2.0×10^{-3} mmol/sec
    = 2×10^{-6} mol/sec
따라서 전류 = 2×10^{-6} mol/sec × 96,500 C/mol
    = 0.193 C/sec
    = 0.193 A
    = 193 mA

TIP

전하량 = 96,500 C/mol

20 실습할 때 사용하는 약품 중 나트륨을 보관하는 곳으로 알맞은 장소는 어디인가?

㉮ 공기
㉯ 물 속
㉰ 석유 속
㉱ 모래 속

20 해설

나트륨(Na)은 석유(등유) 속에 보관한다.

정답 17 ㉮ 18 ㉮ 19 ㉯ 20 ㉰

21. 산소의 원자번호는 8이다. O^{2-} 이온의 바닥 상태의 전자 배치로 알맞은 것은 어느 것인가?

㉮ $1s^2, 2s^2, 2p^4$ ㉯ $1s^2, 2s^2, 2p^2, 3s^2$
㉰ $1s^2, 2s^2, 2p^6$ ㉱ $1s^2, 2s^2, 2s^4, 3s^2$

해설

O^{2-}의 전자수 = (전자수)+2(얻은 전자수) = 10이므로
O^{2-}의 전자 배치는 $1s^2, 2s^2, 2p^6$가 된다.

TIP

전자껍질과 오비탈				
전자껍질	K껍질 (n = 1)	L껍질 (n = 2)	M껍질 (n = 3)	N껍질 (n = 4)
오비탈	$1s^2$	$2s^2, 2p^6$	$3s^2, 3p^6, 3d^{10}$	$4s^2, 4p^6, 4d^{10}, 4f^{14}$

22. 다음 중 p형 반도체를 만드는데 사용하는 것은?

㉮ P   ㉯ Sb
㉰ Ga   ㉱ As

해설

p형 반도체를 만드는데 사용하는 것은 Ga(갈륨), In(인듐), B(붕소)이다.

TIP

반도체에서 트랜지스터, 다이오드 등의 원료가 되는 물질은 규소(Si)이다.

23. 건조 공기의 헬륨은 0.00052%를 차지한다. 이 농도는 몇 ppm인가?

㉮ 0.052ppm   ㉯ 0.52ppm
㉰ 5.2ppm   ㉱ 52ppm

해설

$\% = 10^{-2} \xrightarrow{10^4} ppm = 10^{-6}$

따라서 $\% \xrightarrow{\times 10^4} ppm$ 이므로

∴ $0.00052\% \times 10^4 = 5.2 ppm$

24. 다음 화합물 중 NaOH 용액과 HCl 용액에 가장 잘 용해되는 물질은 어느 것인가?

㉮ Al_2O_3 ㉯ Cu_2O
㉰ Fe_2O_3 ㉱ SiO_2

해설

염기(NaOH 용액)와 산(HCl 용액)에 가장 잘 용해되는 물질은 양쪽성 산화물(Al, Zn, Sn, Pb을 함유하는 화합물)이다.

정답 21 ㉰ 22 ㉰ 23 ㉰ 24 ㉮

실전 모의고사(속.풀.이-속 시원하게 풀고 보는 이득 문제 /해설)

25 30°C에서 소금의 용해도는 37g NaCl/100g H₂O이다. 이 온도에서 포화되어 있는 소금물100g 중에 함유되어 있는 소금의 양(g)은 얼마인가?

㉮ 18.5g ㉯ 27.0g
㉰ 37.0g ㉱ 58.7g

25 해설

$$용해도(\%) = \frac{용질}{용매} \times 100$$

용질(소금) = x, 용매(물) = 100 − x 이므로

$$37 = \frac{x}{100-x} \times 100$$

∴ x = 27.0g

TIP

$$\frac{37g\ NaCl}{100g\ H_2O} = 37\,w/w\%$$

26 다음 중 은백색의 연성으로 석유 속에 저장하여야 하는 금속은 어느 것인가?

㉮ Na ㉯ Al
㉰ Mg ㉱ Sn

26 해설

나트륨(Na)는 은백색의 연성으로 석유(등유)속에 저장한다.

27 산화알루미늄(Al₂O₃) 분자식으로부터 Al의 원자가는 얼마인가?

㉮ +2 ㉯ −2
㉰ +3 ㉱ −3

27 해설

Al_2O_3에서 원자가는 각 원소의 숫자를 대각선으로 올려주면 된다. 즉, $Al_2O_3 \rightarrow 2Al^{3+} + 3O^{2-}$ 가 된다.

TIP

해설
Al_2O_3에서 알루미늄(Al)의 개수는 2이고 산소(O)의 개수는 3이다. 여기에서 원자가는 개수를 대각선으로 지수에 올려주면 된다. 그리고 왼쪽의 원소는 +, 오른쪽의 원소는 −의 원자가를 가지게 되므로 알루미늄(Al)의 원자가는 +3이고, 산소(O)의 원자가는 −2가 된다.

28 다음 중 산화제는 어느 것인가?

㉮ 염소 ㉯ 나트륨
㉰ 수소 ㉱ 옥살산

28 해설

산화제의 종류에는 염소(Cl_2), 산소(O_2) 등이 있다.

TIP

산화제란 다른 물질은 산화시키고, 자신은 환원되는 물질이다.

29 다음 중에서 이온결합으로 이루어진 물질은 어느 것인가?

㉮ H₂ ㉯ Cl₂
㉰ C₂H₂ ㉱ NaCl

29 해설

이온결합이란 금속원소와 비금속원소 사이에서 이루어지는 결합으로 염화나트륨(NaCl)이 해당한다.

정답 25 ㉯ 26 ㉮ 27 ㉰ 28 ㉮ 29 ㉱

30 표준상태(0℃, 1atm)에서 부피가 22.4L인 어떤 기체가 있다. 이 기체를 같은 온도에서 4atm으로 압력을 증가시키면 부피는 얼마가 되는가?

㉮ 5.6L ㉯ 11.2L
㉰ 22.4L ㉱ 44.8L

30 해설

압력(P)과 부피(V)의 조건이 있으므로 보일의 법칙을 이용한다.
$P_1 \times V_1 = P_2 \times V_2$에서
$1\text{atm} \times 22.4\text{L} = 4\text{atm} \times V_2$
$\therefore V_2 = \dfrac{1\text{atm} \times 22.4\text{L}}{4\text{atm}} = 5.6\text{L}$

31 1초에 370억 개의 원자핵이 붕괴하여 방사선을 내는 방사능 물질의 양으로서 방사능의 강도 및 방사성 물질의 양을 나타내는 단위는 무엇인가?

㉮ 1렘 ㉯ 1그레이
㉰ 1래드 ㉱ 1큐리

31 해설

단위의 정의
㉮ 1렘 : 방사선의 영향
㉯ 1그레이 : 방사선의 흡수선량
㉰ 1래드 : 방사선량
㉱ 1큐리 : 방사성 물질의 양

32 할로겐 원소의 성질에 관한 내용으로 틀린 것은?

㉮ F, Cl, Br, I 등이 있다.
㉯ 전자 2개를 얻어 -2가의 음이온이 된다.
㉰ 물에는 거의 녹지 않는다.
㉱ 기체로 변했을 때도 독성이 매우 강하다.

32 해설

㉯ 전자 1개를 얻어 -1가의 음이온이 된다.

할로겐 원소는 최외각 전자가 7개인 물질이다.

33 크레졸에 관한 내용으로 알맞은 것은?

㉮ -OH기가 3개 있다.
㉯ 3개의 이성질체가 있다.
㉰ 벤젠의 니트로화 반응으로 얻어진다.
㉱ 벤젠 고리가 2개 붙어있다.

33 해설

㉮ -OH기가 1개 있다.
㉰ 콜타르에서 얻어진다.
㉱ 벤젠 고리가 1개 붙어있다.

크레졸의 화학식은 $C_6H_4(CH_3)OH$으로 OH 메틸 페놀이라고도 하며, 이성질체로는 o-, m-, p- 의 3가지가 존재한다.

| 정답 | 30 ㉮ 31 ㉱ 32 ㉯ 33 ㉯

34 다음 중 기하학적 구조가 굽은형인 물질은 어느 것인가?

㉮ H₂O ㉯ HCl
㉰ HF ㉱ HI

해설
㉮ H₂O : 굽은형 ㉯ HCl : 직선형
㉰ HF : 직선형 ㉱ HI : 직선형

35 다음 중 카르보닐기는 어느 것인가?

㉮ -COOH ㉯ -CHO
㉰ =CO ㉱ -OH

해설
치환기의 이름
㉮ -COOH : 카르복시기
㉯ -CHO : 알데히드기
㉱ -OH : 수산기

36 주기율표에서 원소들의 족의 성질 중 원자번호가 증가할수록 원자 반지름이 일반적으로 증가하는 이유는 무엇인가?

㉮ 전자친화도가 증가하기 때문에
㉯ 전자껍질이 증가하기 때문에
㉰ 핵의 전하량이 증가하기 때문에
㉱ 양성자수가 증가하기 때문에

해설
족의 성질 중 원자번호가 증가할수록 원자 반지름이 일반적으로 증가하는 이유는 전자껍질이 증가하기 때문이다.

37 에탄올과 아세트산에 소량의 진한 황산을 넣고 반응시켰을 때 생성되는 주생성물은 어느 것인가?

㉮ HCOONa ㉯ (CH₃)₂CHOH
㉰ CH₃COOC₂H₅ ㉱ HCHO

해설
C_2H_5OH (에탄올) + CH_3COOH (아세트산)
(반응물)   (반응물)
$\xrightarrow{\text{진한 황산}}$ $CH_3COOC_2H_5$ (아세트산에틸) + H_2O (물)
(주 생성물)

TIP
용어
① 에탄올 = 에틸알코올 = C_2H_5OH
② 아세트산 = 초산 = CH_3COOH
③ 아세트산에틸 = 초산에틸 = $CH_3COOC_2H_5$

38 각 원자가 같은 수의 맨 바깥 전자껍질의 전자를 내놓아 전자쌍을 이루어 서로 공유하여 결합하는 것을 무엇이라 하는가?

㉮ 이온결합 ㉯ 배위결합
㉰ 다중결합 ㉱ 공유결합

해설
㉱ 공유결합에 대한 설명이다.

TIP
① 이온결합이란 금속원소와 비금속원소 사이에서 이루어지는 결합이다.
② 배위결합이란 비공유 전자쌍을 가지는 원자가 비공유 전자쌍을 일방적으로 제공하여 이루어지는 공유결합이다.
③ 금속결합이란 금속의 양이온과 자유전자 사이의 정전기적 인력에 의해 발생하는 결합이다.

정답 | 34 ㉮ 35 ㉰ 36 ㉯ 37 ㉰ 38 ㉱

39 주기율표와 같은 주기에 있는 원소들은 왼쪽에서 오른쪽으로 갈수록 어떻게 변하는가?

㉮ 금속성이 증가한다.
㉯ 전자를 끄는 힘이 약해진다.
㉰ 양이온이 되려는 경향이 커진다.
㉱ 산화물들이 점점 산성이 강해진다.

39
같은 주기에 있는 원소들은 왼쪽에서 오른쪽으로 갈수록 산화물들이 점점 산성이 강해진다.

40 어두운 방에서 문틈으로 들어오는 햇빛의 진로가 밝게 보이는데 이와 같은 현상을 무엇이라 하는가?

㉮ 필러현상 ㉯ 뱅뱅현상
㉰ 틴들현상 ㉱ 필터링현상

40
㉰ 틴들현상에 대한 설명이다.

41 $_{92}U^{235}$와 $_{92}U^{238}$은 다음 중 어느 것인가?

㉮ 동족체 ㉯ 동소체
㉰ 동족원소 ㉱ 동위원소

41
$_{92}U^{235}$와 $_{92}U^{238}$은 원자번호는 같고 질량수가 다르므로 동위원소에 해당한다.

42 어떤 전해질 5mol이 녹아있는 용액 속에서 그 중 0.2mol이 전리되었다면 전리도는 얼마인가?

㉮ 0.01 ㉯ 0.04
㉰ 1 ㉱ 25

42
$$전리도 = \frac{전해질의\ 농도\ 중\ 전리된\ 농도}{전해질의\ 농도}$$
$$= \frac{0.2\,\text{mol}}{5\,\text{mol}} = 0.04$$

43 40°C에서 어떤 물질은 그 포화용액 84g 속에 24g이 녹아 있다. 이 온도에서 이 물질의 용해도는 얼마인가?

㉮ 30% ㉯ 40%
㉰ 50% ㉱ 60%

43
$$물질의\ 용해도(\%) = \frac{용질(g)}{용매(g)} \times 100$$
$$= \frac{24g}{84g - 24g} \times 100$$
$$= 40\%$$

| 정답 | 39 ㉱ 40 ㉰ 41 ㉱ 42 ㉯ 43 ㉯ |

44 물질의 상태 변화에서 드라이아이스(고체 CO_2)가 공기 중에서 기체로 변화하는데, 이와 같은 현상을 무엇이라 하는가?

㉮ 증발　㉯ 응축
㉰ 액화　㉱ 승화

44 해설

㉮ 증발 : 액체 → 기체
㉯ 응축 : 기체 → 액체
㉰ 액화 : 기체 → 액체
㉱ 승화 : 고체 → 기체

45 소량의 철이 존재하는 상황에서 벤젠과 염소가스를 반응시킬 때 수소원자와 염소원자의 치환이 일어나 생성되는 물질은 어느 것인가?

㉮ 클로로벤젠　㉯ 니트로벤젠
㉰ 벤젠슬폰산　㉱ 톨루엔

45 해설

벤젠과 염소가스를 반응시킬 때 수소원자와 염소원자의 치환이 일어나 생성되는 물질은 클로로벤젠이다.

TIP

$C_6H_6 + Cl_2 \rightarrow C_6H_5Cl$(클로로벤젠) $+ HCl$

46 다음 중 수용액에서 생성되는 흰색(백색) 침전물은 무엇인가?

㉮ ZnS　㉯ CdS
㉰ CuS　㉱ MnS

46 해설

생성되는 백색 침전물은 황화아연(ZnS)이다.

TIP

① $Zn(NO_3)_2 + (NH_4)_2S \rightarrow ZnS + 2NH_4NO_3$
　(질산아연)　(황화암모늄)　(황화아연)　(질산암모늄)
② 흑색 침전 : 황화납(PbS), 황화동(CuS), 황화수은(HgS)
③ 황색 침전 : 황화카드뮴(CdS)

47 다음 중 침전 적정법에서 표준용액으로 KSCN 용액을 이용하고자 을 지시약으로 이용하는 방법을 무엇이라고 하는가?

㉮ Volhard법　㉯ Fajans법
㉰ Mohr법　㉱ Gay-lussac법

47 해설

㉮ 폴하르트(Volhard)법에 대한 설명이다.

정답　44 ㉱　45 ㉮　46 ㉮　47 ㉮

48. 킬레이트 적정 시 금속이온이 킬레이트 시약과 반응하기 위한 최적의 pH가 있는데 적정의 진행에 따라 수소이온이 생겨 pH의 변화가 생긴다. 이것을 조절하고 pH를 일정하게 유지하기 위하여 가하는 것은 무엇인가?

㉮ chelate reagent
㉯ buffer solution
㉰ metal indicator
㉱ metal chelate compound

48

㉯ 완충용액(buffer solution)에 대한 설명이다.

49. 산화 환원 반응에 관한 내용으로 틀린 것은?

㉮ 산화는 전자를 잃는(산화수가 증가하는) 반응을 말한다.
㉯ 환원은 전자를 얻는(산화수가 감소하는) 반응을 말한다.
㉰ 산화제는 자신이 쉽게 환원되면서 다른 물질을 산화시키는 성질이 강한 물질이다.
㉱ 산화환원 반응에서 어떤 원자가 전자를 방출하면 방출한 전자수만큼 원자의 산화수가 감소된다.

49

㉱ 산화 환원 반응에서 어떤 원자가 전자를 방출하면 방출한 전자 수만큼 원자의 산화수가 증가된다.

50. FeS와 HgS를 묽은 염산으로 반응시키면 FeS는 HCl에 녹으나 HgS는 녹지 않는다. 그 이유는 무엇인가?

㉮ FeS가 HgS보다 용해도적이 크므로
㉯ FeS가 HgS보다 이온화 경향이 크므로
㉰ HgS가 FeS보다 용해도적이 크므로
㉱ HgS가 FeS보다 이온화 경향이 크므로

50

FeS는 HCl에 녹으나 HgS는 녹지 않는 이유는 FeS가 HgS보다 용해도적이 크기 때문이다.

51. Mg^{2+}에 $(NH_4)_2CO_3$를 작용시켜 침전을 만들 때 침전을 방해하는 물질은 어느 것인가?

㉮ $NaNO_3$ ㉯ $NaCl$
㉰ NH_4Cl ㉱ KCl

51

Mg^{2+}에 $(NH_4)_2CO_3$를 작용시켜 침전을 만들 때 침전을 방해하는 물질은 염화암모늄(NH_4Cl)이다.

정답 48 ㉯ 49 ㉱ 50 ㉮ 51 ㉰

52 물 50mL를 취하여 0.01M EDTA 용액으로 적정하였더니 25mL가 소요되었다. 이 물의 경도는 얼마인가? (단, 경도는 물 1L당 포함된 $CaCO_3$의 양으로 나타낸다.)

㉮ 100ppm ㉯ 300ppm
㉰ 500ppm ㉱ 1000ppm

53 다음과 같은 화학 반응식으로 나타낸 반응이 어느 일정한 온도에서 평형을 이루고 있다. 여기에 AgCl의 분말을 더 넣어주면 어떠한 변화가 일어나겠는가?

$$Ag^+(수용액) + Cl^-(수용액) \rightleftarrows AgCl(고체)$$

㉮ AgCl이 더 용해한다.
㉯ Cl^-의 농도가 증가한다.
㉰ Ag^+의 농도가 증가한다.
㉱ 외견상 아무 변화가 없다.

54 전해질의 전리도 비교는 주로 무엇을 측정하여 구할 수 있는가?

㉮ 용해도 ㉯ 어는점 내림
㉰ 융점   ㉱ 중화적 정량

55 일정량의 용매 중에 존재하는 용질의 입자수에 의하여 결정되는 성질을 무엇이라고 하는가?

㉮ 용액의 용매성 ㉯ 용액의 결속성
㉰ 용액의 해리성 ㉱ 용액의 입자성

---

52 해설

경도($ppm\ as\ CaCO_3$)
$= \dfrac{0.01\,mol}{L} \times \dfrac{25 \times 10^{-3}\,L}{50 \times 10^{-3}\,L} \times \dfrac{100\,g}{1\,mol} \times \dfrac{10^3\,mg}{1\,g}$
$= 500\,mg/L = 500\,ppm$

TIP
① M 농도 = mol/L
② ppm = mg/L
③ 1mol = 분자량(g)
④ 탄산칼슘($CaCO_3$) 1mol = 100g
⑤ 탄산칼슘($CaCO_3$)의 분자량 = 40+12+(3×16) = 100g

53 해설

화학 반응식으로 나타낸 반응이 어느 일정한 온도에서 평형을 이루고 있으므로 AgCl의 분말을 더 넣어준다 하더라도 외견상 아무 변화가 없다.

54 해설

전해질의 전리도 비교는 주로 어는점 내림을 측정하여 구한다.

55 해설

일정량의 용매 중에 존재하는 용질의 입자수에 의하여 결정되는 성질을 용액의 결속성이라 한다.

| 정답 | 52 ㉰ 53 ㉱ 54 ㉯ 55 ㉯

56 산화·환원 적정법 중의 하나인 요오드 적정법에서는 산화제인 요오드(I_2) 자체만의 색으로 종말점을 확인하기가 어려우므로 지시약을 사용한다. 이때 사용하는 지시약은 어느 것인가?

㉮ 전분(starch)
㉯ 과망간산칼륨($KMnO_4$)
㉰ EBT(에리오크롬블랙 T)
㉱ 페놀프탈레인(phenolphthalene)

57 다음 중 금속 지시약으로 틀린 것은?

㉮ EBT(Eriochrom Black T)
㉯ MX(Murexide)
㉰ PC(Phthalein Complexone)
㉱ B.T.B(Brom - thymol Blue)

58 킬레이트 적정에 사용되는 물질로서 틀린 것은?

㉮ 완충 용액
㉯ 금속 지시약
㉰ 은폐제
㉱ 반응판

59 산성 용액에서 0.1N $KMnO_4$ 용액 1L를 조제하려면 $KMnO_4$ 몇 mol이 필요한가?

㉮ 0.02
㉯ 0.04
㉰ 0.08
㉱ 0.1

60 일정한 온도 및 압력하에서 용질이 용해도 이상으로 용해된 용액을 무엇이라고 하는가?

㉮ 포화 용액
㉯ 불포화 용액
㉰ 과포화 용액
㉱ 일반 용액

---

56 해설

요오드 적정법에서 사용하는 지시약은 전분이다.

TIP

요오드 = 아이오드

57 해설

금속 지시약은 EBT, MX, PC, PV(Pyrocatechol Violet) 등이 있으며 B.T.B은 산염기 지시약이다.

58 해설

킬레이트 적정에 사용되는 물질로는 완충 용액, 금속 지시약, 은폐제 등이 있다.

59 해설

M 농도 = N농도 ÷ 당량수 = 0.1N ÷ 5 = 0.02M

TIP

① M 농도 = mol/L
② $KMnO_4$(과망간산칼륨)의 당량수 = 전자이동수 = 5당량

60 해설

㉰ 과포화용액에 대한 설명이다.

TIP

① 포화 용액 : 일정한 온도 및 압력하에서 용질이 용매에 최대한 녹아있는 용액
② 불포화 용액 : 일정한 온도 및 압력하에서 용질이 용매에 용해도 이하로 용해된 용액
③ 과포화 용액 : 일정한 온도 및 압력하에서 용질이 용해도 이상으로 용해된 용액

정답 56 ㉮ 57 ㉱ 58 ㉱ 59 ㉮ 60 ㉰

제 8 회 실전 모의고사

| 수험자명 | 예상점수 | 실제점수 |

---

01 액체 크로마토그래피법 중 고체 정지상에 흡착된 상태와 액체 이동상 사이의 평형으로 용질 분자를 분리하는 방법은 무엇 인가?

㉮ 친화 크로마토그래피(affinity chromatography)
㉯ 분배 크로마토그래피(partition chromatography)
㉰ 흡착 크로마토그래피(adsorption chromatography)
㉱ 이온교환 크로마토그래피(ion-exchange chromatography)

01 해설
㉰ 흡착 크로마토그래피에 대한 설명이다.

02 분광광도계에 이용되는 빛의 성질은 무엇인가?

㉮ 굴절   ㉯ 흡수
㉰ 산란   ㉱ 전도

02 해설
분광광도계에 이용되는 빛의 성질은 흡수이다.

03 분광분석에 사용하는 분광계의 검출기 중 광자검출기(photo detectors)는 어느 것인가?

㉮ 볼로미터(bolometers)
㉯ 열전기쌍(thermocouples)
㉰ 규소다이오드(silicon diodes)
㉱ 초전기전지(pyroelectric cells)

03 해설
광자검출기는 규소다이오드이다.

04 기체 크로마토그래피에서 운반기체에 관한 내용으로 틀린 것은?

㉮ 화학적으로 비활성이어야 한다.
㉯ 수증기, 산소 등이 주로 이용된다.
㉰ 운반기체와 공기의 순도는 99.995% 이상이 요구된다.
㉱ 운반기체의 선택은 검출기의 종류에 의해 결정된다.

04 해설
㉯ 운반기체는 불활성기체로 질소, 헬륨, 수소 등이 주로 사용된다.

정답 01 ㉰ 02 ㉯ 03 ㉰ 04 ㉯

05 약품을 보관하는 방법에 관한 내용으로 틀린 것은?

㉮ 인화성 약품은 자연 발화성 약품과 함께 보관한다.
㉯ 인화성 약품은 전기의 스파크로부터 멀고 찬 곳에 보관한다.
㉰ 흡습성 약품은 완전히 건조시켜 건조한 곳이나 석유 속에 보관한다.
㉱ 폭발성 약품은 화기를 사용하는 곳에서 멀리 떨어져 있는 창고에 보관한다.

해설
㉮ 인화성 약품은 자연 발화성 약품과 따로 보관한다.

06 다음 표준 전극 전위에 관한 내용으로 틀린 것은?

㉮ 각 표준 전극 전위는 0.000V를 기준으로 하여 정한다.
㉯ 수소의 환원 반쪽 반응에 대한 전극 전위는 0.000V이다.
㉰ $2H^+ + 2e \rightarrow H_2$은 산화반응이다.
㉱ $2H^+ + 2e \rightarrow H_2$의 반응에서 생긴 전극 전위를 기준으로 하여 다른 반응의 표준 전극전위를 정한다.

해설
㉰ $2H^+ + 2e \rightarrow H_2$은 환원반응이다.

07 다음 중 분광광도계의 광원으로 사용되는 램프의 종류로만 짝지어진 것은?

㉮ 형광램프, 텅스텐램프
㉯ 형광램프, 나트륨램프
㉰ 나트륨램프, 중수소램프
㉱ 텅스텐램프, 중수소램프

해설
분광광도계의 광원으로 사용되는 램프는 텅스텐램프와 중수소램프이다.

TIP

분광광도계의 광원
① 가시부 : 텅스텐램프
② 자외부 : 중수소램프

08 분광광도계의 구조로 알맞은 것은?

㉮ 광원 → 입구 슬릿 → 회절 격자 → 출구 슬릿 → 시료부 → 검출부
㉯ 광원 → 회절 격자 → 입구 슬릿 → 출구 슬릿 → 시료부 → 검출부
㉰ 광원 → 입구 슬릿 → 회절 격자 → 출구 슬릿 → 검출부 → 시료부
㉱ 광원 → 입구 슬릿 → 시료부 → 출구 슬릿 → 회절 격자 → 검출부

해설
분광광도계의 구조는 광원 → 입구 슬릿 → 회절 격자 → 출구 슬릿 → 시료부 → 검출부순이다.

정답 05 ㉮ 06 ㉰ 07 ㉱ 08 ㉮

실전 모의고사(속.풀.이-속 시원하게 풀고 보는 이득 문제 /해설)

09 다음의 전자기 복사선 중 주파수가 가장 높은 것은?

㉮ X - 선 ㉯ 자외선
㉰ 가시광선 ㉱ 적외선

10 다음 중 전기 전류의 분석 신호를 이용하여 분석하는 방법은 어느 것인가?

㉮ 비탁법 ㉯ 방출분광법
㉰ 폴라로그래피법 ㉱ 분광광도법

11 Fe^{3+} 용액 1L가 있다. Fe^{3+}를 Fe^{2+}로 환원시키기 위해 48.246C의 전기량을 가하였다. Fe^{2+}의 몰 농도(M)는 얼마인가?

㉮ 0.0005 ㉯ 0.001
㉰ 0.05 ㉱ 1.0

12 분광분석법에서는 파장을 nm 단위로 사용한다. 1nm는 몇 m인가?

㉮ 10^{-3} ㉯ 10^{-6}
㉰ 10^{-9} ㉱ 10^{-12}

13 전기 무게 분석법에 사용되는 방법으로 틀린 것은?

㉮ 일정 전압 전기 분해
㉯ 일정 전류 전기 분해
㉰ 조절 전위 전기 분해
㉱ 일정 저항 전기 분해

---

09 해설

주파수가 높은 순서는 X선 > 자외선 > 가시광선 > 적외선 순이다.

TIP

흡수파장(nm)의 크기 ←반대→ 주파수의 크기

① X - 선 : 0 ~ 200nm
② 자외선(UV) : 200 ~ 400nm
③ 가시광선 : 400 ~ 800nm
④ 적외선 : 800 ~ 10^5nm
⑤ 마이크로파 : 10^5 ~ 10^8nm

10 해설

㉰ 폴라로그래피법은 전기 전류의 분석 신호를 이용하여 분석하는 방법이다.

11 해설

쿨롱력(C) = 전자 몰수(n) × 페러데이 상수

Fe^{2+}의 전자 몰수 = $\dfrac{쿨롱력}{페러데이 상수} = \dfrac{48.246\,C}{96,500\,C} = 0.0005\,mol$

따라서 Fe^{2+}의 몰 농도 = $\dfrac{0.0005\,mol}{1\,L} = 0.0005\,mol/L$

TIP

페러데이 상수는 96,500C이며 암기해 두는 것이 좋다.

12 해설

$1nm = 10^{-6}mm = 10^{-7}cm = 10^{-9}m$

13 해설

전기 무게 분석법에 사용되는 방법
① 일정 전압 전기 분해
② 일정 전류 전기 분해
③ 조절 전위 전기 분해

정답 09 ㉮ 10 ㉰ 11 ㉮ 12 ㉰ 13 ㉱

14 전위차법에 사용되는 이상적인 기준 전극이 갖추어야 할 조건 중 틀린 것은?

㉮ 시간에 대하여 일정한 전위를 나타내야 한다.
㉯ 분석물 용액에 감응이 잘되고 비가역적이어야 한다.
㉰ 작은 전류가 흐른 후에는 본래 전위로 돌아와야 한다.
㉱ 온도 사이클에 대하여 히스테리시스를 나타내지 않아야 한다.

14

㉯ 가역적이어야 한다.

!TIP

① 가역적 : 자발적으로 정반응과 역반응이 동시에 일어나는 현상
② 비가역적 : 자발적으로 역반응이 일어나지 않는 현상
③ 히스테리시스 : 전진각과 후진각의 차이를 의미한다.

15 기체 크로마토그래피의 설치 장소로 적당한 곳은?

㉮ 온도 변화가 심한 곳
㉯ 진동이 없는 곳
㉰ 공급 전원의 용량이 일정하지 않은 곳
㉱ 주파수 변동이 심한 곳

15

㉮ 온도 변화가 없는 곳
㉰ 공급 전원의 용량이 일정한 곳
㉱ 주파수 변동이 없는 곳

16 기체 크로마토그래피의 기록계에 나타난 크로마토그램을 이용하여 피크의 넓이 또는 높이를 측정하여 분석할 수 있는 것은?

㉮ 정성 분석   ㉯ 정량 분석
㉰ 이동 속도 분석   ㉱ 전위차 분석

16

㉯ 정량 분석에 대한 설명이다.

17 원자흡광광도계로 시료를 측정하기 위하여 시료를 원자 상태로 환원해야 한다. 이때 적합한 방법은 어느 것인가?

㉮ 냉각   ㉯ 동결
㉰ 불꽃에 의한 가열   ㉱ 급속 해동

17

원자흡광광도계로 시료를 측정하기 위하여 시료를 원자 상태로 환원해야 할 때 적합한 방법은 불꽃에 의한 가열이다.

| 정답 | 14 ㉯ 15 ㉯ 16 ㉯ 17 ㉰

18
기체 크로마토그래피에서 충전제의 입자는 일반적으로 60~100mesh 크기로 사용되는데 이보다 더 작은 입자를 사용하지 않는 주된 이유는 무엇인가?

㉮ 분리관에서 압력 강하가 발생하므로
㉯ 분리관에서 압력 상승이 발생하므로
㉰ 분리관의 청소를 불가능하게 하므로
㉱ 고정상과 이동상이 화학적으로 반응하므로

19
다음 중 실험실에서 일어나는 사고의 원인과 그 요소를 연결한 것으로 틀린 것은?

㉮ 정신적 원인 - 성격적 결함
㉯ 신체적 결함 - 피로
㉰ 기술적 원인 - 기계장치의 설계 불량
㉱ 교육적 원인 - 지각적 결함

20
수산화이온의 농도가 5×10^{-5}M일 때 이 용액의 pH는 얼마인가?

㉮ 7.7 ㉯ 8.3
㉰ 9.7 ㉱ 10.3

21
다음 중 비극성인 물질은 어느 것인가?

㉮ H_2O ㉯ NH_3
㉰ HF   ㉱ C_6H_6

---

18 해설
기체 크로마토그래피에서 충전제의 입자는 일반적으로 60~100mesh 크기로 사용되는데 이보다 더 작은 입자를 사용하지 않는 주된 이유는 ㉮ 분리관에서 압력 강하가 발생하기 때문이다.

19 해설
㉱ 교육적 원인 - 지식 습득 및 수칙 이해 부족

20 해설
$$pH = 14 + \log[OH^-]$$
$$= 14 + \log[5 \times 10^{-5}M]$$
$$= 9.70$$

!TIP

pH 계산
① 산성 물질에서 $pH = -\log[H^+]$
② 알칼리성(염기성) 물질에서 $pH = 14 + \log[OH^-]$

21 해설
극성 물질은 물에 녹는 물질이고, 비극성 물질은 물에 녹지 않는 물질이므로, 비극성 물질은 벤젠(C_6H_6)이 정답이다.

정답 | 18 ㉮ 19 ㉱ 20 ㉰ 21 ㉱

22
어떤 석회석의 분석치는 다음과 같다. 이 석회석 5ton에서 생성되는 CaO의 양(kg)은 얼마인가? (단, Ca의 원자량은 40, Mg의 원자량은 24.8이다.)

> $CaCO_3$: 92%, $MgCO_3$: 5.1%, 불용물 : 2.9%

㉮ 2,576kg ㉯ 2,776kg
㉰ 2,976kg ㉱ 3,176kg

해설
$$CaCO_3 \rightarrow CaO + CO_2$$
$$100\,kg \ : \ 56\,kg$$
$$5 \times 10^3\,kg \times 0.92 \ : \ X$$
$$\therefore X = 2,576\,kg$$

23
다음 물질의 공통된 성질을 나타낸 것은?

> K_2O_2, NaO_2, BaO_2, MgO_2

㉮ 과산화물이다. ㉯ 수소를 발생시킨다.
㉰ 물에 잘 녹는다. ㉱ 양쪽성 산화물이다.

해설
보기의 물질들은 O_2를 가지고 있으므로 과산화물에 해당한다.

24
전이원소의 특성에 관한 내용으로 틀린 것은?

㉮ 모두 금속이며, 대부분 중금속이다.
㉯ 녹는점이 매우 높은 편이고 열과 전기전도성이 좋다.
㉰ 색깔을 띤 화합물이나 이온이 대부분이다.
㉱ 반응성이 아주 강하며, 모두 환원제로 적용한다.

해설
㉱ 반응성이 약한 편이다.

25
30% 수산화나트륨 용액 200g에 물 20g을 가하면 약 몇 %의 수산화나트륨 용액이 되겠는가?

㉮ 27.3% ㉯ 25.3%
㉰ 23.3% ㉱ 20.3%

해설
$$30\% \times 200\,g = X\% \times (200\,g + 20\,g)$$
$$\therefore X = \frac{30\% \times 200\,g}{(200\,g + 20\,g)} = 27.3\%$$

26
다음 중 Na^+ 이온의 전자 배열에 해당하는 것은?

㉮ $1s^2 2s^2 2p^6$ ㉯ $1s^2 2s^2 3s^2 2p^4$
㉰ $1s^2 2s^2 3s^2 2p^5$ ㉱ $1s^2 2s^2 2p^6 3s^1$

해설
Na^+ 이온의 전자수는 10개이므로 전자배열은 $1s^2 2s^2 2p^6$이다.

정답 22 ㉮ 23 ㉮ 24 ㉱ 25 ㉮ 26 ㉮

27 다음 중 물질과 그 분류가 알맞게 연결된 것은?

㉮ 물 - 홑원소 물질
㉯ 소금물 - 균일 혼합물
㉰ 산소 - 화합물
㉱ 염화수소 - 불균일 혼합물

28 다음 중 삼원자 분자가 아닌 것은?

㉮ 아르곤　　㉯ 오존
㉰ 물　　㉱ 이산화탄소

29 탄소화합물의 특징에 관한 내용으로 알맞은 것은?

㉮ CO_2, $CaCO_3$는 유기화합물로 분류된다.
㉯ CH_4, C_2H_6, C_3H_8은 포화탄화수소이다.
㉰ CH_4에서 결합각은 90°이다.
㉱ 탄소의 수가 많아도 이성질체 수는 변하지 않는다.

30 원소는 색깔이 없는 일원자 분자 기체이며 반응성이 거의 없어 비활성 기체라고도 하는 물질은 어느 것인가?

㉮ Li, Na　　㉯ Mg, Al
㉰ F, Cl　　㉱ Ne, Ar

31 할로겐에 관한 내용으로 틀린 것은?

㉮ 자연상태에서 2원자 분자로 존재한다.
㉯ 전자를 얻어 음이온이 되기 쉽다.
㉰ 물에는 거의 녹지 않는다.
㉱ 원자번호가 증가할수록 녹는점이 낮아진다.

---

27 해설

㉮ 물 - 화합물
㉰ 산소 - 홑원소 물질
㉱ 염화수소 - 균일 혼합물

28 해설

㉮ 아르곤(Ar)은 단원자 분자이다.

TIP

오존(O_3), 물(H_2O), 이산화탄소(CO_2)는 삼원자 분자에 속한다.

29 해설

㉮ CO_2, $CaCO_3$는 무기화합물로 분류된다.
㉰ CH_4에서 결합각은 약 109°이다.
㉱ 탄소의 수가 많아지면 이성질체 수도 많아진다.

30 해설

비활성 기체는 최외각 전자가 8개로 안정한 단원자 분자로 헬륨(He), 네온(Ne), 아르곤(Ar) 등이 있다.

31 해설

㉱ 원자번호가 증가할수록 녹는점이 증가한다.

32 전자궤도 d - 오비탈에 들어갈 수 있는 전자의 총 수는?

㉮ 2 ㉯ 6
㉰ 10 ㉱ 14

32 ✓ 해설

전자껍질과 오비탈

구분	K껍질 (n = 1)	L껍질 (n = 2)	M껍질 (n = 3)	N껍질 (n = 4)
오비탈	$1s^2$	$2s^2, 2p^6$	$3s^2, 3p^6, 3d^{10}$	$4s^2, 4p^6, 4d^{10}, 4f^{14}$

33 다음 물질 중 물에 가장 잘 녹는 기체는 어느 것인가?

㉮ NO ㉯ C_2H_2
㉰ NH_3 ㉱ CH_4

33 ✓ 해설

㉰ 암모니아(NH_3)는 물에 잘 녹는 수용성 기체이다.

34 농도가 1.0×10^{-5} mol/L인 HCl 용액이 있다. HCl 용액이 100% 전리한다고 한다면 25℃에서 OH^-의 농도(mol/L)는 얼마인가?

㉮ 1.0×10^{-14} ㉯ 1.0×10^{-10}
㉰ 1.0×10^{-9} ㉱ 1.0×10^{-7}

34 ✓ 해설

$$HCl \rightarrow H^+ + Cl^-$$
$$1.0 \times 10^{-5}M \quad 1.0 \times 10^{-5}M \quad 1.0 \times 10^{-5}M$$

에서 $[H^+] = 1.0 \times 10^{-5}$ M이다.
물의 용해도곱(Kw) = $[H^+][OH^-]$
$1.0 \times 10^{-14} = [1.0 \times 10^{-5}M][OH^-]$
$\therefore [OH^-] = \dfrac{1.0 \times 10^{-14}}{1.0 \times 10^{-5}M} = 1.0 \times 10^{-9}$ M

! TIP

① M 농도 = mol/L
② 물의 용해도곱(Kw) = 1.0×10^{-14}

35 해수 속에 존재하며 상온에서 붉은 갈색의 액체인 할로겐 물질은 어느 것인가?

㉮ F_2 ㉯ Cl_2
㉰ Br_2 ㉱ I_2

35 ✓ 해설

㉰ 브롬(Br_2)에 대한 설명이다.

! TIP

① 상온이란 15~25℃이다.
② 할로겐 물질에는 불소(F_2), 염소(Cl_2), 브롬(Br_2), 아이오드(I_2)가 있다.

36 화학평형의 이동에 영향을 주는 요인으로 틀린 것은?

㉮ 온도 ㉯ 농도
㉰ 압력 ㉱ 촉매

36 ✓ 해설

화학평형의 이동에 영향을 주는 요인으로는 온도, 농도, 압력이 있다.

정답 32 ㉰ 33 ㉰ 34 ㉰ 35 ㉰ 36 ㉱

37 다음 중 동소체끼리 짝지어지지 않은 것은?

㉮ 흰인 − 붉은인
㉯ 일산화질소 − 이산화질소
㉰ 사방황 − 단사황
㉱ 산소 − 오존

38 알데하이드는 공기와 접촉하였을 때 무엇이 생성되는가?

㉮ 알코올 ㉯ 카르복실산
㉰ 글리세린 ㉱ 케톤

39 0℃, 1기압에서 수소 22.4L 속의 분자의 수는 얼마인가?

㉮ 5.38×10^{22} ㉯ 3.01×10^{23}
㉰ 6.02×10^{23} ㉱ 1.20×10^{24}

40 화학평형에 대한 설명으로 틀린 것은?

㉮ 화학반응에서 반응물질(왼쪽)로부터 생성물질(오른쪽)로 가는 반응을 정반응이라고 한다.
㉯ 화학반응에서 생성물질(오른쪽)로부터 반응물질(왼쪽)로 가는 반응을 비가역반응이라고 한다.
㉰ 온도, 압력, 농도 등 반응 조건에 따라 정반응과 역반응이 모두 일어날 수 있는 반응을 가역반응이라고 한다.
㉱ 가역반응에서 정반응 속도와 역반응 속도가 같아져서 겉보기에는 반응이 정지된 것처럼 보이는 상태를 화학평형상태라고 한다.

41 다음 중 같은 족 원소로만 나열된 것은?

㉮ F, Cl, Br ㉯ Li, H, Mg
㉰ C, N, P ㉱ Ca, K, B

37

㉮ 인(P_4)의 동소체 : 흰인 − 붉은인
㉰ 황(S_8)의 동소체 : 사방황 − 단사황
㉱ 산소(O)의 동소체 : 산소 − 오존

TIP

동소체는 같은 원소로 구성되어 있으나 성질이 다른 물질이다.

38

C_2H_5OH(에틸알콜) $\xrightarrow{+O_2(산화)}$ CH_3CHO(아세트알데하이드) $\xrightarrow{+O_2(산화)}$ CH_3COOH(아세트산)

TIP

카르복실산은 카르복시기(−COOH)를 가지고 있다.

39

0℃, 1기압에서 수소 22.4L 속의 분자의 수는 6.02×10^{23}개이다.

TIP

아보가드로수에 의해서 H_2 1mol $\begin{cases} 분자량\ (2\,g) \\ 부피\ (22.4\,L) \\ 6.02 \times 10^{23}개 \end{cases}$

40

㉯ 화학반응에서 생성물질(오른쪽)로부터 반응물질(왼쪽)로 가는 반응을 역반응이라고 한다.

41

㉮ F, Cl, Br 는 할로겐족이다.

정답 37 ㉯　38 ㉯　39 ㉰　40 ㉯　41 ㉮

42 다음 화합물 중 반응성이 가장 큰 물질은 어느 것인가?

㉮ $CH_3-CH=CH_2$ ㉯ $CH_3-CH=CH-CH_3$
㉰ $CH_3\equiv C-CH_3$ ㉱ C_4H_8

43 다음 중 유기화합물의 화학식이 틀린 것은?

㉮ 메탄 – CH_4 ㉯ 프로필렌 – C_3H_8
㉰ 펜탄 – C_5H_{12} ㉱ 아세틸렌 – C_2H_2

44 분자식이 $C_{18}H_{30}$인 탄화수소 1분자 속에는 2중결합이 최대 몇 개 존재할 수 있는가? (단, 3중 결합은 없다.)

㉮ 2   ㉯ 3
㉰ 4   ㉱ 5

45 다음 알칼리 금속 중 이온화 에너지가 가장 작은 물질은?

㉮ Li   ㉯ Na
㉰ K   ㉱ Rb

46 양이온 제1족부터 제5족까지의 혼합액으로부터 양이온 제2족을 분리시키려고 할 때의 액성은 무엇인가?

㉮ 중성
㉯ 알칼리성
㉰ 산성
㉱ 액성과는 관계가 없다.

---

42 **해설**

반응성이 큰 물질은 결합이 가장 약한 3중결합 물질인 ㉰번이다.

43 **해설**

㉯ 프로필렌 – C_3H_6

44 **해설**

① 단일 결합은 C_nH_{2n+2}이므로 $C_{18}H_{38}$이 된다.
② $C_{18}H_{38} - C_{18}H_{30} = (18+38)-(18+30) = 8$
② $8\div2(2중 결합) = 4$

45 **해설**

같은 족에서 이온화 에너지는 원자번호가 증가할수록 작아지므로 Rb(루비듐)이 정답이 된다.

46 **해설**

혼합액으로부터 양이온 제2족을 분리시키려고 할 때의 액성은 산성이다.

정답 42 ㉰ 43 ㉯ 44 ㉰ 45 ㉱ 46 ㉰

47
산·염기 지시약 중 변색 범위가 pH 약 8.3~10 정도이며 무색~분홍색으로 변하는 지시약은 어느 것인가?

㉮ 메틸오렌지 ㉯ 페놀프탈레인
㉰ 콩고 레드 ㉱ 디메틸 옐로우

48
공실험(blank test)을 하는 가장 주된 목적은 무엇인가?

㉮ 불순물 제거
㉯ 시약의 절약
㉰ 시간의 단축
㉱ 오차를 줄이기 위함

49
일정한 온도 및 압력하에서 용질이 용매에 용해도 이하로 용해된 용액을 무엇이라고 하는가?

㉮ 포화 용액 ㉯ 불포화 용액
㉰ 과포화 용액 ㉱ 일반 용액

50
0.1038N인 중크롬산칼륨 표준용액 25mL을 취하여 0.1N 티오황산나트륨 용액으로 적정하였더니 25mL가 사용되었다. 티오황산나트륨의 역가는 얼마인가?

㉮ 0.1021 ㉯ 0.1038
㉰ 1.021 ㉱ 1.038

51
다음 중 양이온 제4족 원소는 어느 것인가?

㉮ 납 ㉯ 바륨
㉰ 철 ㉱ 아연

47
㉯ 페놀프탈레인(P·P)에 대한 설명이다.

48
공실험을 하는 주된 목적은 ㉱ 오차를 줄이기 위함이다.

49
㉯ 불포화용액에 대한 설명이다.

TIP
① 포화 용액 : 일정한 온도 및 압력하에서 용질이 용매에 최대한 녹아있는 용액
② 불포화 용액 : 일정한 온도 및 압력하에서 용질이 용매에 용해도 이하로 용해된 용액
③ 과포화 용액 : 일정한 온도 및 압력하에서 용질이 용해도 이상으로 용해된 용액

50
$N_1 \times V_1 \times f_1 = N_2 \times V_2 \times f_2$
$0.1038N \times 25mL \times 1.0 = 0.1N \times 25mL \times f_2$
$f_2 = 1.038$

TIP
① 표준용액인 중크롬산칼륨의 역가는 1.0 기준
② 티오황산나트륨 용액 = 싸이오황산소듐 용액

51
㉮ 납 : 제2족 ㉯ 바륨 : 제5족
㉰ 철 : 제3족 ㉱ 아연 : 제4족

정답 47 ㉯ 48 ㉱ 49 ㉯ 50 ㉱ 51 ㉱

52 I⁻, SCN⁻, Fe(CN)$_6^{3-}$, NO$_3^-$ 등이 공존할 때 NO$_3^-$을 분리하기 위하여 사용하는 시약은 어느 것인가?

㉮ BaCl$_2$
㉯ CH$_3$COOH
㉰ AgNO$_3$
㉱ H$_2$SO$_4$

52 해설

질산은(AgNO$_3$) 시약은 NO$_3^-$을 분리하기 위하여 사용된다.

53 양이온 제2족 분석에서 진한 황산을 가하고 흰 연기가 날 때까지 증발 건고시키는 이유는 무엇을 제거하기 위함인가?

㉮ 황산
㉯ 염산
㉰ 질산
㉱ 초산

53 해설

증발 건고시키는 이유는 질산(HNO$_3$)을 제거하기 위함이다.

54 중성 용액에서 KMnO$_4$ 1g 당량은 몇 g인가? (단, KMnO$_4$의 분자량은 158.03이다.)

㉮ 52.68
㉯ 79.02
㉰ 105.35
㉱ 158.03

54 해설

$2KMnO_4 \rightarrow K_2O + 2MnO_2 + 3O$
$K(+1) Mn(+7) O(-8) \rightarrow Mn(2 \times (+2) = +4)$

따라서 전자이동수가 당량수이므로 +7에서 +4로 이동했으므로 당량수는 3이 된다.

따라서 1g당량 = $\frac{분자량(g)}{당량수} = \frac{158.03g}{3} = 52.68g$

TIP

암기사항
① 중성용액에서 KMnO$_4$는 3당량
② 중성용액 외에서 KMnO$_4$는 5당량

55 다음과 같은 반응에 대해 평형상수(K)를 옳게 나타낸 것은?

$$aA+bB \leftrightarrow cC+dD$$

㉮ K = [C]^c[D]^d/[A]^a[B]^b
㉯ K = [A]^a[B]^b/[C]^c[D]^d
㉰ K = [C]^c/[A]^a[B]^b
㉱ K = 1/[A]^a[B]^b

55 해설

평형상수(K) = $\frac{[생성물]}{[반응물]} = \frac{[C]^c[D]^d}{[A]^a[B]^b}$

정답 52 ㉰ 53 ㉰ 54 ㉮ 55 ㉮

56
물 500g에 비전해질 물질이 12g 녹아있다. 이 용액의 어는점이 −0.93℃일 때 녹아있는 비전해질의 분자량은 얼마인가? (단, 물의 어는점 내림 상수(K_f)는 1.86이다.)

㉮ 6
㉯ 12
㉰ 24
㉱ 48

56 해설
비등점 상승도(ΔT_b) = 몰랄 농도(m) × 물의 어는점 내림상수(K_f)

몰랄 농도(m) = $\dfrac{용질의\ 무게(g)}{용질의\ 분자량(g)} \times \dfrac{1000}{용매의\ 무게(g)}$

따라서 비등점 상승도(ΔT_b)
= 몰랄 농도(m) × 물의 어는점 내림상수(K_f)
= $\dfrac{용질의\ 무게(g)}{용질의\ 분자량(g)} \times \dfrac{1000}{용매의\ 무게(g)}$ × 물의 어는점 내림상수(K_f)

따라서
용질의 분자량 = $\dfrac{용질의\ 무게 \times 1000 \times 물의\ 어는점\ 내림상수}{비등점\ 상승도 \times 용매의\ 무게}$

= $\dfrac{12g \times 1000 \times 1.86}{0.93 \times 500g}$ = 48

57
침전적정에서 Ag^+에 의한 은법적정 중 지시약법이 아닌 것은?

㉮ Mohr법
㉯ Fajans법
㉰ Volhard법
㉱ 네펠로법(nephelometry)

57 해설
㉱ 네펠로법(nephelometry)은 탁도 측정 방법으로 기기분석법에 해당한다.

58
전해질이 보통 농도의 수용액에서도 거의 완전히 이온화 되는 것을 무슨 전해질이라고 하는가?

㉮ 약전해질
㉯ 초전해질
㉰ 비전해질
㉱ 강전해질

58 해설
㉱ 강전해질에 대한 설명이다.

59
$SrCO_3$, $BaCO_3$ 및 $CaCO_3$를 모두 녹일 수 있는 시약은 어느 것인가?

㉮ NH_4OH
㉯ CH_3COOH
㉰ H_2SO_4
㉱ HNO_3

59 해설
$SrCO_3$, $BaCO_3$ 및 $CaCO_3$를 모두 녹일 수 있는 시약은 아세트산(CH_3COOH)이다.

60
적정반응에서 용액의 물리적 성질이 갑자기 변화되는 점이며, 실질 적정 반응에서 적정의 종결을 나타내는 점을 무엇이라 하는가?

㉮ 당량점
㉯ 종말점
㉰ 시작점
㉱ 중화점

60 해설
㉯ 종말점에 대한 설명이다.

정답 56 ㉱ 57 ㉱ 58 ㉱ 59 ㉯ 60 ㉯

제 9 회 실전 모의고사

| 수험자명 | 예상점수 | 실제점수 |

01 다음 중 적외선 스펙트럼의 원리로 알맞은 것은?

㉮ 핵자기 공명
㉯ 전하 이동 전이
㉰ 분자 전이 현상
㉱ 분자의 진동이나 회전 운동

01

적외선 스펙트럼의 원리는 분자의 진동이나 회전 운동이다.

02 파장의 길이 단위인 1Å과 같은 길이는 어느 것인가?

㉮ 1nm   ㉯ 0.1㎛
㉰ 0.1nm ㉱ 100nm

02

1Å는 0.1nm이다.

03 pH 미터를 사용하여 산화·환원 전위차를 측정할 때 사용되는 지시전극은 어느 것인가?

㉮ 백금 전극   ㉯ 유리 전극
㉰ 안티몬 전극 ㉱ 수은 전극

03

pH 미터를 사용하여 산화·환원 전위차를 측정할 때 사용되는 지시전극은 백금 전극이다.

04 기체-액체 크로마토그래피(GLC)에서 정지상과 이동상을 알맞게 나타낸 것은 어느 것인가?

㉮ 정지상 - 고체, 이동상 - 기체
㉯ 정지상 - 고체, 이동상 - 액체
㉰ 정지상 - 액체, 이동상 - 기체
㉱ 정지상 - 액체, 이동상 - 고체

04

기체-액체 크로마토그래피에서 정지상(고정상)은 액체, 이동상은 기체이다.

│정답│ 01 ㉱ 02 ㉰ 03 ㉮ 04 ㉰

05 다음 반응식의 표준 전위는 얼마인가? (단, 반응의 표준 환원 전위는 $Ag^+ + e^- \rightleftarrows Ag(s)$, $E° = +0.799V$, $Cd^{2+} + 2e^- \rightleftarrows Cd(s)$, $E° = -0.402V$)

$$Cd(s) + 2Ag^+ \rightleftarrows Cd^{2+} + 2Ag(s)$$

㉮ +1.201V   ㉯ +0.397V
㉰ +2.000V   ㉱ -1.201V

05 해설

$Cd(s) + 2Ag^+ \rightleftarrows Cd^{2+} + 2Ag(s)$
① $2Ag^+ + 2e^- \rightarrow 2Ag$, $E° = +0.799V$
② $Cd \rightarrow Cd^{2+} + 2e^-$, $E° = +0.402V$
③ 표준전위 $= 0.799V + 0.402V = +1.201V$

06 pH 미터에 사용하는 유리 전극에는 어떤 용액이 채워져 있는가?

㉮ pH 7의 NaOH 불포화 용액
㉯ pH 10의 NaOH 포화 용액
㉰ pH 7의 KCl 포화 용액
㉱ pH 10의 KCl 포화 용액

06 해설

pH 미터에 사용하는 유리 전극에는 pH 7의 염화칼륨(KCl) 포화 용액이 채워져 있다.

07 적외선 분광광도계의 흡수 스펙트럼으로부터 유기물질의 구조를 결정하는 방법 중 카르보닐기가 강한 흡수를 일으키는 파장의 영역으로 알맞은 것은 어느 것인가?

㉮ $1,300 \sim 1,000 Cm^{-1}$
㉯ $1,820 \sim 1,660 Cm^{-1}$
㉰ $3,400 \sim 2,400 Cm^{-1}$
㉱ $3,600 \sim 3,300 Cm^{-1}$

07 해설

카르보닐기가 강한 흡수를 일으키는 파장의 영역은 $1,820 \sim 1,660 cm^{-1}$ 이다.

08 과망간산칼륨($KMnO_4$) 표준용액 1000ppm을 이용하여 30ppm의 시료 용액을 제조하고자 한다. 그 방법으로 알맞은 것은?

㉮ 3mL를 취하여 메스플라스크에 넣고 증류수로 채워 10mL가 되게 한다.
㉯ 3mL를 취하여 메스플라스크에 넣고 증류수로 채워 100mL가 되게 한다.
㉰ 3mL를 취하여 메스플라스크에 넣고 증류수로 채워 1,000mL가 되게 한다.
㉱ 30mL를 취하여 메스플라스크에 넣고 증류수로 채워 10,000mL가 되게 한다.

08 해설

① 희석배수치 $= \dfrac{\text{표준용액}}{\text{시료용액}} = \dfrac{1000 ppm}{30 ppm} = 33.33$배
② 표준용액의 양 $= \dfrac{\text{용액의 양(mL)}}{\text{희석 배수치}}$
③ 용액의 양을 10mL 조제할 경우 표준용액의 양
$= \dfrac{10 mL}{33.33} = 0.3 mL$
④ 용액의 양을 100mL 조제할 경우 표준용액의 양
$= \dfrac{100 mL}{33.33} = 3.0 mL$
⑤ 용액의 양을 1,000mL 조제할 경우 표준용액의 양
$= \dfrac{1,000 mL}{33.33} = 30 mL$
⑥ 용액의 양을 10,000mL 조제할 경우 표준용액의 양
$= \dfrac{10,000 mL}{33.33} = 300 mL$

정답 05 ㉮ 06 ㉰ 07 ㉯ 08 ㉯

09 기체 크로마토그래피에서 시료 주입구의 온도 설정으로 알맞은 것은 어느 것인가?

㉮ 시료 중 휘발성이 가장 높은 성분의 끓는점보다 20℃ 낮게 설정
㉯ 시료 중 휘발성이 가장 높은 성분의 끓는점보다 50℃ 낮게 설정
㉰ 시료 중 휘발성이 가장 낮은 성분의 끓는점보다 20℃ 낮게 설정
㉱ 시료 중 휘발성이 가장 낮은 성분의 끓는점보다 50℃ 낮게 설정

09
기체 크로마토그래피에서 시료 주입구의 온도 설정은 시료 중 휘발성이 가장 낮은 성분의 끓는점보다 50℃ 낮게 설정한다.

10 용액의 두께가 10cm, 농도가 5mol/L이며 흡광도가 0.2이면 몰흡광도(L/mol·cm)계수는 얼마인가?

㉮ 0.001 ㉯ 0.004
㉰ 0.1   ㉱ 0.2

10
$A = \epsilon \times C \times L$
여기서 A : 흡광도
ϵ : 몰흡광도계수(L/mol·cm)
C : 농도(mol/L)
L : 용액의 두께(cm)
$0.2 = \epsilon \times 5\,mol/L \times 10\,cm$
$\therefore \epsilon = \dfrac{0.2}{5\,mol/L \times 10\,cm} = 0.004\,L/mol \cdot cm$

11 급격한 가열·충격 등으로 단독으로 분해·폭발할 수 있기 때문에 강한 충격이나 마찰을 주지 않아야 하는 산화성 고체 위험물은 어느 것인가?

㉮ 질산암모늄   ㉯ 과염소산
㉰ 질산   ㉱ 과산화벤조일

11
급격한 가열·충격 등으로 단독으로 분해·폭발할 수 있기 때문에 강한 충격이나 마찰을 주지 않아야 하는 산화성 고체 위험물은 질산암모늄(NH_4NO_3)이다.

12 람베르트 법칙 $T = e^{-k \cdot b}$에서 b가 의미하는 것은 어느 것인가?

㉮ 농도   ㉯ 상수
㉰ 용액의 두께 ㉱ 투과광의 세기

12
b는 용액의 두께를 의미한다.

정답 09 ㉱ 10 ㉯ 11 ㉮ 12 ㉰

13 기체 크로마토그래피의 정량분석에 일반적으로 사용되는 방법은 어느 것인가?

㉮ 크로마토그램의 무게
㉯ 크로마토그램의 면적
㉰ 크로마토그램의 높이
㉱ 크로마토그램의 머무름 시간

13

기체 크로마토그래피는 정량분석과 정성분석이 있다. 정량분석은 크로마토그램의 피크의 넓이 또는 높이를 이용하고, 정성분석은 크로마토그램의 머무름 시간을 이용한다.

14 pH 미터의 사용 방법에 관한 내용으로 틀린 것은?

㉮ pH 전극은 사용하기 전에 항상 보정해야 한다.
㉯ pH 측정 전에 전극 유리막은 항상 말라 있어야 한다.
㉰ pH 보정 표준용액은 미지 시료의 pH를 포함하는 범위이어야 한다.
㉱ pH 전극 유리막은 정전기가 발생할 수 있으므로 비벼서 닦으면 안 된다.

14

㉯ pH 측정 전에 전극 유리막은 항상 젖어 있어야 한다.

15 다음 보기에서 GC(기체 크로마토그래피)의 검출기가 갖추어야 할 조건으로 알맞은 것은 모두 몇 개인가?

> ㉠ 검출한계가 높아야 한다.
> ㉡ 가능하면 모든 시료에 같은 응답 신호를 보여야 한다.
> ㉢ 검출기 내에 시료의 머무는 부피는 커야 한다.
> ㉣ 응답 시간이 짧아야 한다.
> ㉤ S/N비가 커야 한다.

㉮ 1개   ㉯ 2개
㉰ 3개   ㉱ 4개

15

조건으로 알맞은 것은 ㉡, ㉣, ㉤ 이다.

TIP

기체 크로마토그래피의 검출기가 갖추어야 할 조건
① 검출한계가 낮아야 한다.
② 가능하면 모든 시료에 같은 응답 신호를 보여야 한다.
③ 검출기 내에 시료의 머무는 부피는 작아야 한다.
④ 응답 시간이 짧아야 한다.
⑤ S/N비가 커야 한다.

정답 13 ㉯ 14 ㉯ 15 ㉰

16 전기 무게 분석법으로 황산구리 용액의 구리의 양을 분석하려고 한다. 이때 일어나는 반응으로 틀린 것은?

㉮ $Cu^{2+} + 2e^- \rightarrow Cu$
㉯ $2H^+ + 2e^- \rightarrow H_2$
㉰ $2H_2O \rightarrow O_2 + 4H^+ + 4e^-$
㉱ $SO_4^+ \rightarrow SO_2 + O_2 + 4e^-$

17 다음 중 물질의 특징에 관한 내용으로 틀린 것은?

㉮ 염산은 공기 중에 방치하면 염화수소 가스를 발생시킨다.
㉯ 과산화물에 열을 가하면 산소를 발생시킨다.
㉰ 마그네슘 가루는 공기 중의 습기와 반응하여 자연발화한다.
㉱ 흰 인은 공기 중의 산소와 화합하지 않는다.

18 흡광광도 분석 장치의 구성 순서로 알맞은 것은?

㉮ 광원부 - 시료부 - 파장 선택부 - 측광부
㉯ 광원부 - 파장 선택부 - 시료부 - 측광부
㉰ 광원부 - 시료부 - 측광부 - 파장 선택부
㉱ 광원부 - 파장 선택부 - 측광부 - 시료부

19 가시광선의 파장 영역으로 가장 알맞은 것은?

㉮ 400nm 이하
㉯ 400~800nm
㉰ 800~1200nm
㉱ 1200nm 이상

20 액체 크로마토그래피의 검출기가 아닌 것은?

㉮ UV 흡수 검출기
㉯ IR 흡수 검출기
㉰ 전도도 검출기
㉱ 이온화 검출기

---

16 해설
㉱ $SO_4^{2-} \rightarrow SO_2 + O_2 + 4e^-$

17 해설
㉱ 흰 인은 공기중의 산소와 화합한다.

18 해설
흡광광도 분석 장치의 구성 순서는 광원부 - 파장 선택부 - 시료부 - 측광부 순서이다.

19 해설
흡수파장
① X-선 : 0~200nm
② 자외선 : 200~400nm
③ 가시광선 : 400~800nm
④ 적외선 : 800~10^5nm

20 해설
액체 크로마토그래피의 검출기의 종류에는 UV 흡수 검출기, IR 흡수 검출기, 전도도 검출기, 형광 검출기, 전기 화학 검출기, 굴절률 검출기, 질량분석 검출기 등이 있다.

| 정답 | 16 ㉱ 17 ㉱ 18 ㉯ 19 ㉯ 20 ㉱

21. 다음 중 비극성인 물질은 어느 것인가?

㉮ H_2O
㉯ NH_3
㉰ HF
㉱ C_6H_6

해설
물이 극성이므로 물에 녹는 물질은 극성이다. 따라서 비극성 물질은 물에 녹지 않는 벤젠(C_6H_6)이 정답이다.

22. 같은 온도와 압력에서 한 용기 속에 수소 분자 3.3×10^{23}개가 들어 있을 때 같은 부피의 다른 용기 속에 들어 있는 산소분자의 수는 얼마인가?

㉮ 3.3×10^{23}개
㉯ 4.5×10^{23}개
㉰ 6.4×10^{23}개
㉱ 9.6×10^{23}개

해설
온도, 압력, 부피가 동일한 경우 수소분자의 수나 산소분자의 수는 동일하다.

23. 다음 중 이상기체의 성질과 가장 가까운 기체는 무엇 인가?

㉮ 헬륨
㉯ 산소
㉰ 질소
㉱ 메탄

해설
이상기체의 성질은 분자 크기가 작고 분자 간 인력이 작으며, 온도는 높고 압력은 낮아야 하므로 헬륨(He)이 정답이다.

24. 20°C에서 부피 1L를 차지하는 기체가 압력의 변화 없이 부피가 3배로 팽창하였을 때 절대온도(K)는 얼마인가? (단, 이상기체로 가정한다.)

㉮ 859K
㉯ 869K
㉰ 879K
㉱ 889K

해설
압력이 일정하고 온도와 부피의 변화가 있으므로 샤를의 법칙을 이용한다.

$$\frac{V_1}{T_1} = \frac{V_2}{T_2}$$

$$\frac{1L}{(273+20)K} = \frac{3 \times 1L}{T_2}$$

$$\therefore T_2 = \frac{(273+20)K \times 3 \times 1L}{1L} = 879K$$

25. A+2B → 3C+4D와 같은 기초 반응에서 A, B의 농도를 각각 2배로 하면 반응 속도는 몇 배가 되겠는가?

㉮ 2배
㉯ 4배
㉰ 8배
㉱ 16배

해설
$A + 2B \rightarrow 3C + 4D$ 에서
반응 속도(V) = $[A][B]^2 = [2][2]^2 = 8$배

정답 21 ㉱ 22 ㉮ 23 ㉮ 24 ㉰ 25 ㉰

26
산화시키면 카르복실산이 되고, 환원시키면 알코올이 되는 물질은 무엇 인가?

㉮ C_2H_5OH ㉯ $C_2H_5OC_2H_6$
㉰ CH_3CHO ㉱ CH_3COCH_3

27
다음 중 수소결합에 관한 내용으로 틀린 것은?

㉮ 원자와 원자 사이의 결합이다.
㉯ 전기음성도가 큰 F, O, N의 수소화합물에 나타난다.
㉰ 수소결합을 하는 물질은 수소결합을 하지 않는 물질에 비해 녹는점과 끓는점이 높다.
㉱ 대표적인 수소결합 물질로는 HF, H_2O, NH_3 등이 있다.

28
전이금속 화합물에 관한 내용으로 틀린 것은?

㉮ 철은 활성이 매우 커서 단원자 상태로 존재한다.
㉯ 황산제일철($FeSO_4$)은 푸른색 결정으로 철을 황산에 녹여 만든다.
㉰ 철(Fe)은 +2 또는 +3의 산화수를 가지며 +3의 산화수 상태가 가장 안정하다.
㉱ 사산화삼철(Fe_3O_4)은 자철광의 주성분으로 부식을 방지하는 용도로 사용된다.

29
원자번호 20인 Ca의 원자량은 40이다. 원자핵의 중성자 수는 얼마인가?

㉮ 19 ㉯ 20
㉰ 30 ㉱ 40

30
원자번호 3인 Li의 화학적 성질과 비슷한 원소의 원자번호는 어느 것인가?

㉮ 8 ㉯ 10
㉰ 11 ㉱ 18

---

26 해설
아세트알데히드(CH_3CHO)에 대한 설명이다.

TIP
① $CH_3CHO + O_2 \xrightarrow{산화} CH_3COOH$ (아세트산)
② $CH_3CHO + H_2 \xrightarrow{환원} C_2H_5OH$ (에틸알콜)

27 해설
㉮ 분자와 분자 사이의 결합이다.

28 해설
㉮ 철은 활성이 매우 커서 단원자 상태로 존재하지 않고, 주로 산화철로 존재한다.

29 해설
질량수 = 양성자수 + 중성자수
따라서 중성자수 = 질량수 − 양성자수 = 40 − 20 = 20

TIP
① 원자의 표시: $_{원자번호}^{질량수}X^{전하량}_{원자수}$
② 원자번호 − 양성자수 = 전자수
③ 질량수 = 양성자수 + 중성자수

30 해설
원자번호 3인 리튬(Li)은 1족원소이므로 1족원소인 나트륨($_{11}Na$), 칼륨($_{19}K$), 루비듐($_{37}Rb$), 세슘($_{55}Cs$), 프랑슘($_{87}Fr$)이 화학적 성질과 비슷한 원소이다.

정답 26 ㉰ 27 ㉮ 28 ㉮ 29 ㉯ 30 ㉰

31 에틸알코올의 화학 기호로 알맞은 것은?

㉮ C_2H_5OH ㉯ C_6H_5OH
㉰ $HCHO$ ㉱ CH_3COCH_3

32 다음 중 펜탄(C_5H_{12})의 이성질체는 몇 개인가?

㉮ 2개 ㉯ 3개
㉰ 4개 ㉱ 5개

33 가수분해 생성물이 포도당과 과당인 물질은?

㉮ 맥아당 ㉯ 설탕
㉰ 젖당 ㉱ 글리코겐

34 다음 중 방향족 탄화수소가 아닌 것은?

㉮ 벤젠(C_6H_6) ㉯ 자일렌(C_8H_{10})
㉰ 톨루엔(C_7H_8) ㉱ 아닐린(C_6H_7N)

31

명칭
㉮ C_2H_5OH : 에틸알콜 ㉯ C_6H_5OH : 페놀
㉰ $HCHO$: 폼알데하이드 ㉱ CH_3COCH_3 : 아세톤

32

펜탄(C_5H_{12})은 노말(n), 이소(iso), 네오(neo)의 3가지 이성질체를 가진다.

! TIP

① 구조이성질체는 분자식은 같으나 서로 다른 물질이며, 원자의 결합 순서가 다르다.
② $n-C_5H_{12}$는 $CH_3-CH_2-CH_2-CH_2-CH_3$
③ $iso-C_5H_{12}$는 $CH_3-CH_2-CH-CH_3$
　　　　　　　　　　　　　　$|$
　　　　　　　　　　　　　CH_3
④ $neo-C_5H_{12}$는
　　　　　　　　CH_3
　　　　　　　　$|$
　　CH_3-C-CH_3
　　　　　　　　$|$
　　　　　　　　CH_3

33

각 물질의 가수분해 시 생성물
㉮ 맥아당 : 포도당
㉯ 설탕 : 포도당, 과당
㉰ 젖당 : 포도당, 갈락토오스
㉱ 글리코겐 : 포도당

34

방향족 탄화수소란 벤젠고리를 가지고 있는 불포화 탄화수소이다. 문제에서 ㉱ 아닐린(C_6H_7N)은 방향족 탄화수소 유도체이다.

정답 31 ㉮ 32 ㉯ 33 ㉯ 34 ㉱

35 0.1M NaOH 0.5L와 0.2M HCl 0.5L를 혼합한 용액의 몰 농도(M)는?

㉮ 0.05　　㉯ 0.1
㉰ 0.3　　㉱ 1

36 LiH에 관한 내용으로 알맞은 것은?

㉮ Li_2H, Li_3H 등의 화합물이 존재한다.
㉯ 물과 반응하여 O_2 기체를 발생시킨다.
㉰ 아주 안정한 물질이다.
㉱ 수용액의 액성은 염기성이다.

37 다음 중 원자에 대한 법칙이 아닌 것은?

㉮ 질량불변의 법칙　　㉯ 일정성분비의 법칙
㉰ 기체반응의 법칙　　㉱ 배수비례의 법칙

38 요소 비료 중에 포함된 질소의 함량(%)은 얼마인가? (단, C = 12, N = 14, O = 16, H = 1)

㉮ 44.7%　　㉯ 45.7%
㉰ 46.7%　　㉱ 47.7%

39 0℃의 얼음 2g을 100℃의 수증기로 변화시키는데 필요한 열량(cal)은 얼마인가? (단, 기화잠열 = 539cal/g, 융해열 = 80cal/g)

㉮ 1,209cal　　㉯ 1,438cal
㉰ 1,665cal　　㉱ 1,980cal

---

35 해설

혼합공식을 이용한다.

혼합농도 (C_m) = $\dfrac{Q_1C_1 - Q_2C_2}{Q_1 + Q_2}$

= $\dfrac{0.2\,M \times 0.5\,L - 0.1\,M \times 0.5\,L}{0.5\,L + 0.5\,L}$ = $0.05\,M$

TIP

혼합공식

① 액성이 같은 경우 : $C_m = \dfrac{Q_1C_1 + Q_2C_2}{Q_1 + Q_2}$

② 액성이 다른 경우 : $C_m = \dfrac{Q_1C_1 - Q_2C_2}{Q_1 + Q_2}$

36 해설

㉮ Li_2H, Li_3H 등의 화합물은 존재하지 않는다.
㉯ 물과 반응하여 H_2 기체를 발생시킨다.
㉰ 아주 불안정한 물질이다.

37 해설

㉰ 기체반응의 법칙은 분자에 대한 법칙이다.

38 해설

요소는 $(NH_2)_2CO$ 이며 분자량은 60이다.
따라서 질소의 함량(%) = $\dfrac{2 \times 14\,g}{60\,g} \times 100 = 46.67\%$

39 해설

열량 = 현열 + 융해열 + 기화잠열
① 현열 = $m \times C \times \Delta t$
　　= $2\,g \times 1\,cal/g\cdot℃ \times (100℃ - 0℃) = 200\,cal$
② 융해열 = $80\,cal/g \times 2g = 160\,cal$
③ 기화잠열 = $539\,cal/g \times 2g = 1,078\,cal$
④ 열량 = $200\,cal + 160\,cal + 1,078\,cal = 1,438\,cal$

정답　35 ㉮　36 ㉱　37 ㉰　38 ㉰　39 ㉯

40 다음 금속 중 이온화 경향이 가장 큰 물질은 어느 것인가?

㉮ Na ㉯ Mg
㉰ Ca ㉱ K

41 10g의 프로판이 연소할 때 발생되는 CO_2의 양(g)은 얼마인가? (단, 반응식은 $C_3H_8 + 5O_2 \rightarrow 3CO_2 + 4H_2O$, 원자량은 C = 12, O = 16, H = 1이다.)

㉮ 25g ㉯ 27g
㉰ 30g ㉱ 33g

42 1N NaOH 용액 250mL를 제조하려고 한다. 이 때 필요한 NaOH의 양(g)은 얼마인가? (단, NaOH의 분자량은 40이다.)

㉮ 0.4g ㉯ 4g
㉰ 10g   ㉱ 40g

43 0.4g의 NaOH를 물에 녹여 1L의 용액을 만들었을 때, 이 용액의 몰 농도는 얼마인가?

㉮ 1M   ㉯ 0.1M
㉰ 0.01M ㉱ 0.001M

---

40 해설

이온화 경향은 K > Ca > Na > Mg 순이다.

41 해설

$C_3H_8 + 5O_2 \rightarrow 3CO_2 + 4H_2O$
44g : 3×44g
10g : X

$\therefore X = \dfrac{10g \times 3 \times 44g}{44g} = 30g$

TIP
① 프로판 = 프로페인 = C_3H_8
② C_3H_8의 분자량 $= 3 \times 12 + 8 \times 1 = 44g$
③ 이산화탄소 = 탄산가스 = CO_2
④ CO_2의 분자량 $= 1 \times 12 + 2 \times 16 = 44g$

42 해설

$N(eq/L) = \dfrac{질량(g)}{부피(L)} \times \dfrac{1\,eq}{분자량(g)/가수}$

$1\,eq/L = \dfrac{질량(g)}{0.25L} \times \dfrac{1\,eq}{40g/1}$

따라서 질량$(g) = \dfrac{1\,eq/L \times 0.25L \times 40g/1}{1\,eq} = 10g$

TIP
① 수산화나트륨 = 가성소다 = NaOH
② NaOH의 분자량 $= 23 + 16 + 1 = 40g$
③ $1\,eq = \dfrac{분자량(g)}{가수} = \dfrac{40g}{1}$
④ NaOH는 OH가 1개이므로 1가(1당량) 물질이다.

43 해설

$M(mol/L) = \dfrac{질량(g)}{부피(L)} \times \dfrac{1\,mol}{분자량(g)}$

$= \dfrac{0.4g}{1L} \times \dfrac{1\,mol}{40g} = 0.01M$

TIP
① 수산화나트륨 = 가성소다 = NaOH
② NaOH의 분자량 $= 23 + 16 + 1 = 40g$
③ NaOH 1mol = 분자량(g) = 40g

정답 40 ㉱ 41 ㉰ 42 ㉰ 43 ㉰

44 다음 중 산성 산화물은 어느 것인가?

㉮ P_2O_5 ㉯ Na_2O
㉰ MgO ㉱ CaO

44

각 화합물의 액성
㉮ P_2O_5 : 산성
㉯ Na_2O : 염기성
㉰ MgO : 염기성
㉱ CaO : 염기성

45 3N 황산 용액 200mL 중에 포함되어 있는 H_2SO_4의 양(g)은 얼마인가? (단, S의 원자량은 32이다.)

㉮ 29.4g ㉯ 58.8g
㉰ 98.0g ㉱ 117.6g

45

$$N(eq/L) = \frac{질량(g)}{부피(L)} \times \frac{1\,eq}{분자량(g)/가수}$$

$$3\,eq/L = \frac{질량(g)}{0.2L} \times \frac{1\,eq}{98g/2}$$

따라서 질량$(g) = \frac{3\,eq/L \times 0.2L \times 98g/2}{1\,eq} = 29.4\,g$

TIP

① 황산 = H_2SO_4
② H_2SO_4의 분자량 = $2 \times 1 + 32 + 4 \times 16 = 98\,g$
③ $1\,eq = \frac{분자량(g)}{가수} = \frac{98\,g}{2}$
④ H_2SO_4는 H가 2개이므로 2가(2당량) 물질이다.

46 고체의 용해도는 온도의 상승에 따라 증가한다. 그러나 이와 반대 현상을 나타내는 고체도 있다. 다음 중 이 고체에 해당되지 않는 것은?

㉮ 황산리튬   ㉯ 수산화칼슘
㉰ 수산화나트륨 ㉱ 황산칼슘

46

㉰ 수산화나트륨($NaOH$)은 온도가 상승하면 용해도는 증가한다.

TIP

보기 중에서 온도가 상승하면 용해도가 감소하는 물질은 황산리튬(Li_2SO_4), 수산화칼슘($Ca(OH)_2$), 황산칼슘($CaSO_4$)이다.

47 미지 물질의 분석에서 용액이 강한 산성일 때의 처리 방법으로 알맞은 것은?

㉮ 암모니아수로 중화한 후 질산으로 약산성이 되게 한다.
㉯ 질산을 넣어 분석한다.
㉰ 탄산나트륨으로 중화한 후 처리한다.
㉱ 그대로 분석한다.

47

미지 물질의 분석에서 용액이 강한 산성일 때의 처리 방법은 암모니아수로 중화한 후 질산으로 약산성이 되게 한다.

정답 44 ㉮ 45 ㉮ 46 ㉰ 47 ㉮

48 침전적정에서 Ag⁺에 의한 은법 적정 중 지시약법으로 틀린 것은?

㉮ Mohr법
㉯ Fajans법
㉰ Volhard법
㉱ 네펠로법(nephelometry)

48 ✓ 해설

침전적정에서 Ag^+에 의한 은법 적정 중 지시약법으로는 모르(Mohr)법, 파얀스(Fajans)법, 폴하르트(Volhard)법이 있다.

! TIP

> 네펠로법(nephelometry)은 기기분석법 중 탁도 측정법에 해당한다.

49 시안화칼륨을 넣으면 처음에는 흰 침전이 생기나 다시 과량으로 넣으면 흰 침전은 녹아 맑은 용액으로 된다. 이와 같은 성질을 가진 염의 양이온은 어느 것인가?

㉮ Cu^{2+} ㉯ Al^{3+}
㉰ Zn^{2+} ㉱ Hg^{2+}

49 ✓ 해설

아연이온(Zn^{2+})에 대한 설명이다.

50 "20wt% 소금용액 d = 1.10g/cm³"로 표시된 시약이 있다. 소금의 몰(M) 농도는 얼마인가? (단, d는 밀도이며 Na은 23g, Cl는 35.5g으로 계산한다.)

㉮ 1.54 ㉯ 2.47
㉰ 3.76 ㉱ 4.23

50 ✓ 해설

$$M(mol/L) = \frac{밀도(g)}{(mL)} \times \frac{10^3 mL}{1L} \times \frac{1 mol}{분자량(g)} \times \frac{\% 농도}{100}$$

$$= \frac{1.10g}{mL} \times \frac{10^3 mL}{1L} \times \frac{1 mol}{58.5g} \times \frac{20\%}{100} = 3.76 M$$

! TIP

> ① 염화나트륨 = NaCl
> ② NaCl의 분자량 = 23 + 35.5 = 58.5g
> ③ NaCl 1mol = 분자량(g) = 58.5g
> ④ 밀도 1.10g/cm³ = 밀도 1.10g/mL

51 양이온의 계통적인 분리 검출법에서는 방해 물질을 제거시켜야 한다. 다음 중 방해 물질이 아닌 것은?

㉮ 유기물 ㉯ 옥살산 이온
㉰ 규산 이온 ㉱ 암모늄 이온

51 ✓ 해설

양이온의 계통적인 분리 검출법에서 방해 물질은 유기물, 옥살산 이온, 규산 이온 등이 있다.

정답 48 ㉱ 49 ㉰ 50 ㉰ 51 ㉱

52. 다음 반응에서 반응계에 압력을 증가시켰을 때 평형이 이동하는 방향은?

$$2SO_2 + O_2 \rightleftharpoons 2SO_3$$

㉮ SO_3가 많이 생성되는 방향
㉯ SO_3가 감소되는 방향
㉰ SO_2가 많이 생성되는 방향
㉱ 이동이 없다.

52

압력을 증가시켰을 때 평형이 이동하는 방향은 몰수가 큰 반응물에서 몰수가 작은 생성물 방향으로 이동한다.

53. 질산나트륨은 20℃ 물 50g에 44g 녹는다. 20℃에서 물에 대한 질산나트륨의 용해도(%)는 얼마인가?

㉮ 22.0%   ㉯ 44.0%
㉰ 66.0%   ㉱ 88.0%

53

$$용해도(\%) = \frac{용질(g)}{용매(g)} \times 100$$
$$= \frac{44\,g}{50\,g} \times 100 = 88.0\%$$

54. $Hg_2(NO_3)_2$ 용액에 다음과 같은 시약을 가했다. 수은을 유리시킬 수 있는 시약으로만 짝지어진 것은?

㉮ NH_4OH, $SnCl_2$ ㉯ $SnCl_4$, $NaOH$
㉰ $SnCl_2$, $FeCl_2$ ㉱ $HCHO$, $PbCl_2$

54

수은을 유리시킬 수 있는 시약은 NH_4OH와 $SnCl_2$이다.

55. 제2족 구리족 양이온과 제2족 주석족 양이온을 분리하는 시약으로 알맞은 것은?

㉮ HCl   ㉯ H_2S
㉰ Na_2S ㉱ $(NH_4)_2CO_3$

55

제2족 구리족 양이온과 제2족 주석족 양이온을 분리하는 시약은 황화수소(H_2S)이다.

정답 52 ㉮ 53 ㉱ 54 ㉮ 55 ㉯

56 0.01N HCl 용액 200mL를 NaOH로 적정하니 80.00mL가 소요되었다면, 이때 NaOH의 농도(N)는 얼마인가?

㉮ 0.05N ㉯ 0.025N
㉰ 0.125N ㉱ 2.5N

56 해설

노르말 공식 $N_1 \times V_1 = N_2 \times V_2$를 이용한다.
$0.01\,N \times 200mL = N_2 \times 80mL$
$\therefore N_2 = \dfrac{0.01\,N \times 200mL}{80\,mL} = 0.025N$

57 0.1N KMnO₄ 표준용액을 적정할 때에 사용하는 시약은 어느 것인가?

㉮ NaOH ㉯ Na₂C₂O₄
㉰ K₂CrO₄ ㉱ NaCl

57 해설

0.1N 과망간산칼륨($KMnO_4$) 표준용액을 적정할 때에 사용하는 시약은 옥살산나트륨($Na_2C_2O_4$)이다.

58 수소 발생장치를 이용하여 비소를 검출하는 방법은 어느 것인가?

㉮ 구짜이트 반응 ㉯ 추가에프 반응
㉰ 마시의 시험반응 ㉱ 베텐도르프 반응

58 해설

수소 발생장치를 이용하여 비소를 검출하는 방법은 마시의 시험반응이다.

59 뮤렉사이드(MX) 금속 지시약은 다음 중 어떤 금속 이온의 검출에 사용되는가?

㉮ Ca, Ba, Mg ㉯ Co, Cu, Ni
㉰ Zn, Cd, Pb ㉱ Ca, Ba, Sr

59 해설

뮤렉사이드(MX) 금속 지시약은 코발트(Co), 구리(Cu), 니켈(Ni) 이온의 검출에 사용된다.

60 염화물 시료 중의 염소 이온을 폴하르드(Volhard)법으로 적정하고자 할 때 주로 사용하는 지시약은 어느 것인가?

㉮ 철명반 ㉯ 크롬산칼륨
㉰ 플루오레세인 ㉱ 녹말

60 해설

염화물 시료 중의 염소 이온을 폴하르드법으로 적정하고자 할 때 주로 사용하는 지시약은 철명반($Fe_2(SO_4)_3$)이다.

정답 56 ㉯ 57 ㉯ 58 ㉰ 59 ㉯ 60 ㉮

제10회 실전 모의고사

01 다음 전기 회로에서 전류는 몇 암페어(A)인가?

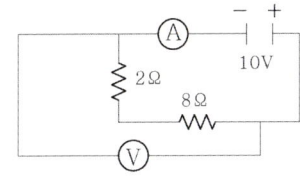

㉮ 0.5 ㉯ 1
㉰ 2.8 ㉱ 5

02 광원으로부터 들어온 여러 파장의 빛을 각 파장별로 분산하여 한 가지 색에 해당하는 파장의 빛을 얻어내는 장치는 어느 것인가?

㉮ 검출 장치 ㉯ 빛 조절관
㉰ 단색화 장치 ㉱ 색 인식 장치

03 원자흡수분광계에서 속빈 음극램프의 음극 물질로 Li이나 As를 사용할 경우 충전기체로 알맞은 것은?

㉮ Ne ㉯ Ar
㉰ He ㉱ H_2

04 불꽃 없는 원자흡수분광법 중 차가운 증기 생성법(cold vapor generation method)을 이용하는 금속 원소는 어느 것인가?

㉮ Na ㉯ Hg
㉰ As ㉱ Sn

---

01 해설

$$I = \frac{V}{R}$$

여기서 I : 전류(A)
　　　V : 전압(V)
　　　R : 저항(Ω)

따라서 $I = \frac{V}{R} = \frac{10\,V}{(2\Omega + 8\Omega)} = 1\,A$

02 해설

㉰ 단색화 장치에 대한 설명이다.

03 해설

충전기체로는 불활성 기체인 아르곤(Ar)을 사용한다.

04 해설

차가운 증기 생성법(냉증기 – 원자흡수분광법)을 이용하는 물질은 수은(Hg)이다.

| 정답 | 01 ㉯ 02 ㉰ 03 ㉯ 04 ㉯

05 다음은 원자 흡수와 원자 방출을 나타낸 것이다. A와 B에 들어갈 내용으로 알맞은 것은?

$$M + E \underset{B}{\overset{A}{\rightleftarrows}} M^+$$
중성원자   에너지   들뜬상태

㉮ A : 방출, B : 흡수
㉯ A : 방출, B : 방출
㉰ A : 흡수, B : 방출
㉱ A : 흡수, B : 흡수

 해설

① A : 바닥 상태(기저 상태)에서 들뜬 상태(여기 상태)로 가기 위해서는 에너지를 흡수한다.
② B : 들뜬 상태(여기 상태)에서 바닥 상태(기저 상태)로 가기 위해서는 에너지를 방출한다.

06 폴라로그래피에서 사용하는 기준 전극과 작업 전극은 각각 무엇인가?

㉮ 유리 전극과 포화 칼로멜 전극
㉯ 포화 칼로멜 전극과 수은적하 전극
㉰ 포화 칼로멜 전극과 산소 전극
㉱ 염화칼륨 전극과 포화 칼로멜 전극

 해설

폴라로그래피에서 사용하는 기준 전극은 포화 칼로멜 전극이고 작업 전극은 수은적하 전극이다.

07 강산이 피부나 의복에 묻었을 경우 중화시키기 위해 사용하는 약품으로 알맞은 것은?

㉮ 묽은 암모니아수
㉯ 묽은 아세트산
㉰ 묽은 황산
㉱ 글리세린

 해설

강산을 중화시켜야 하므로 알칼리성 약품인 묽은 암모니아수를 사용한다.

| 정답 | 05 ㉯ 06 ㉯ 07 ㉮

08 전위차 적정법에서 종말점을 찾을 수 있는 가장 좋은 방법은 어느 것인가?

㉮ 전위차를 세로축으로, 적정 용액의 부피를 가로축으로 해서 그래프를 그린다.
㉯ 일정 적하량당 기전력의 변화율이 최대로 되는 점부터 구한다.
㉰ 지시약을 사용하여 변색 범위에서 적정 용액을 넣어 종말점을 찾는다.
㉱ 전위차를 계산하여 필요한 적정 용액의 mL 수를 구한다.

09 오스트발트 점도계를 사용하여 다음의 값을 얻었다. 액체의 점도는 얼마인가?

㉠ 액체의 밀도 : 0.97g/cm³
㉡ 물의 밀도 : 1.00g/cm³
㉢ 액체가 흘러내리는데 걸린 시간 : 18.6초
㉣ 물이 흘러내리는데 걸린 시간 : 20초
㉤ 물의 점도 : 1cP

㉮ 0.9021cP   ㉯ 1.0430cP
㉰ 0.9021p   ㉱ 1.0430p

10 두 가지 이상의 혼합 물질을 단일 성분으로 분리하여 분석하는 방법으로 알맞은 것은?

㉮ 크로마토그래피
㉯ 핵자기 공명 흡수법
㉰ 전기무게 분석법
㉱ 분광광도법

11 분광광도계의 시료 흡수 용기 중 자외선 영역에서 사용할 수 있는 셀로 알맞은 것은?

㉮ 석영셀   ㉯ 시료셀
㉰ 플라스틱셀 ㉱ KBr셀

08

전위차 적정법에서 종말점을 찾을 수 있는 가장 좋은 방법은 일정 적하량당 기전력의 변화율이 최대로 되는 점부터 구하는 것이다.

09

$$\frac{\text{물이 흘러내리는데 걸린시간}(\sec) \times \text{물의 밀도}(g/cm^3)}{\text{물의 점도}(cP)}$$
$$= \frac{\text{액체가 흘러내리는데 걸린시간}(\sec) \times \text{액체의 밀도}(g/cm^3)}{\text{액체의 점도}(cP)}$$

따라서 $\frac{20\sec \times 1.0 g/cm^3}{1 cP} = \frac{18.6\sec \times 0.97 g/cm^3}{X(cP)}$

$\therefore X = \frac{1cP \times 18.6\sec \times 0.97 g/cm^3}{20\sec \times 1.0 g/cm^3}$
$= 0.9021 cP$

10

두 가지 이상의 혼합 물질을 단일 성분으로 분리하여 분석하는 방법은 크로마토그래피이다.

11 해설

셀과 흡수파장 영역
㉮ 석영셀 : 자외선 영역
㉰ 플라스틱셀 : 적외선 영역
㉱ KBr셀 : 적외선 영역

정답 08 ㉯ 09 ㉮ 10 ㉮ 11 ㉮

12 다음 중 pH 미터의 보정에 사용하는 용액은 어느 것인가?
㉮ 증류수
㉯ 식염수
㉰ 완충용액
㉱ 강산용액

해설
pH 미터의 보정에 사용하는 용액은 완충용액이다.

13 유리 기구의 취급에 관한 내용으로 틀린 것은?
㉮ 두꺼운 유기 용기를 급격히 가열하면 파손되므로 불에 서서히 가열한다.
㉯ 유리 기구는 철제, 스테인리스강 등 금속으로 만든 실험 실습 기구와 따로 보관한다.
㉰ 메스플라스크, 뷰렛, 메스실린더, 피펫 등 눈금이 표시된 유리 기구는 가열하여 건조시킨다.
㉱ 밀봉한 관이나 마개를 개봉할 때에는 내압이 걸려 있으면 내용물이 분출하거나 폭발하는 경우가 있으므로 주의한다.

해설
㉰ 메스플라스크, 뷰렛, 메스실린더, 피펫 등 눈금이 표시된 유리 기구는 가열하여 건조하면 안 된다.

14 적외선분광광도계에 의한 고체시료의 분석 방법 중 시료의 취급 방법으로 틀린 것은?
㉮ 용액법
㉯ 페이스트(paste)법
㉰ 기화법
㉱ KBr 정제법

해설
적외선분광광도계에 의한 고체 시료의 분석 방법 중 시료의 취급 방법으로는 용액법, 페이스트법, KBr 정제법이 있다.

15 유리 전극 pH 미터에 증폭 회로가 필요한 가장 큰 이유로 알맞은 것은?
㉮ 유리막의 전기 저항이 크기 때문이다.
㉯ 측정 가능 범위를 넓게 하기 때문이다.
㉰ 측정 오차를 작게 하기 때문이다.
㉱ 온도의 영향을 작게 하기 때문이다.

해설
유리전극 pH 미터에 증폭 회로가 필요한 가장 큰 이유는 유리막의 전기 저항이 크기 때문이다.

정답 12 ㉰ 13 ㉰ 14 ㉰ 15 ㉮

16 다음 중 가장 에너지가 큰 것은 무엇 인가?

㉮ 적외선   ㉯ 자외선
㉰ X - 선   ㉱ 가시광선

17 다음 크로마토그래피 구성 중 가스 크로마토그래피에는 없고 액체 크로마토그래피에는 있는 것은 무엇 인가?

㉮ 펌프   ㉯ 검출기
㉰ 주입구   ㉱ 기록계

18 다음 중 기체 크로마토그래피용 검출기로 틀린 것은?

㉮ FID(Flame Ionization Detector)
㉯ ECD(Electron Capture Detector)
㉰ DAD(Diode Array Detector)
㉱ TCD(Thermal Conductivity Detector)

19 종이 크로마토그래피법에서 이동도(R_f)를 구하는 공식으로 옳은 것은? (단, C : 기본선과 이온이 나타난 사이의 거리 (cm), K : 기본선과 전개 용매가 전개한 곳까지의 거리 (cm))

㉮ $R_f = \dfrac{C}{K}$ ㉯ $R_f = C \times K$

㉰ $R_f = \dfrac{K}{C}$ ㉱ $R_f = K \times C$

16

에너지는 파장에 반비례하므로 파장이 가장 작은 X – 선이 정답이다.

TIP

흡수파장(nm)의 크기 ⟷반대⟶ 에너지의 크기

① X - 선 : 0 ~ 200nm
② 자외선(UV) : 200 ~ 400nm
③ 가시광선 : 400 ~ 800nm
④ 적외선 : 800 ~ 10^5nm
⑤ 마이크로파 : 10^5 ~ 10^8nm

17

액체 크로마토그래피에는 펌프가 있다.

18

㉰ DAD(Diode Array Detector)는 고성능 액체 크로마토그래피(HPLC)에서 사용된다.

19

종이 크로마토그래피법에서 이동도(R_f) 공식

이동도(R_f) = $\dfrac{\text{기본선과 이온이 나타난 사이의 거리}(C)}{\text{기본선과 전개 용매가 전개한 곳까지의 거리}(K)}$

정답 16 ㉰ 17 ㉮ 18 ㉰ 19 ㉮

실전 모의고사(속.풀.이-속 시원하게 풀고 보는 이득 문제 /해설)

20 눈으로 감지할 수 있는 가시광선의 파장 범위로 알맞은 것은?

㉮ 0~190nm ㉯ 200~400nm
㉰ 400~700nm ㉱ 1~5nm

20 ✓ 해설

가시광선의 파장 범위는 400~800nm 정도이다.

! TIP

① X-선 : 0~200 nm
② 자외선 : 200~400 nm
③ 가시광선 : 400~800 nm
④ 적외선 : 800~10^5 nm
⑤ 마이크로파 : 10^5~10^8 nm

21 금속 결합의 특징에 관한 내용으로 틀린 것은?

㉮ 양이온과 자유전자 사이의 결합이다.
㉯ 열과 전기의 부도체이다.
㉰ 연성과 전성이 크다.
㉱ 광택을 가진다.

21 ✓ 해설

㉯ 열과 전기의 도체이다.

22 다음 중 펠링 용액을 환원시킬 수 있는 물질은?

㉮ CH_3COOH ㉯ CH_3OH
㉰ C_2H_5OH ㉱ $HCHO$

22 ✓ 해설

펠링 용액을 환원시킬 수 있는 물질은 폼알데하이드($HCHO$)이다.

23 다음 중 화학결합물 분자의 입체 구조가 정사면체 모양이 아닌 것은?

㉮ CH_4 ㉯ BH_4^-
㉰ NH_3 ㉱ NH_4^+

23 ✓ 해설

㉰ 암모니아(NH_3)는 삼각뿔 모양이다.

24 일정한 압력하에서 10℃의 기체가 2배로 팽창하였을 때의 온도(℃)는 얼마인가?

㉮ 172℃ ㉯ 293℃
㉰ 325℃ ㉱ 487℃

24 ✓ 해설

샤를 법칙을 이용한다.
$$\frac{V_1}{T_1} = \frac{V_2}{T_2}$$
$$\frac{1V_1}{(273+10)K} = \frac{2V_1}{T_2}$$
$$\therefore T_2 = \frac{(273+10)K \times 2V_1}{1V_1} = 566K$$

따라서 566K − 273 = 293℃

| 정답 | 20 ㉰ 21 ㉯ 22 ㉱ 23 ㉰ 24 ㉯ |

25. pH 5인 염산과 pH 10인 수산화나트륨을 어떤 비율로 섞으면 완전 중화가 되는가? (단, 염산 : 수산화나트륨의 비)

㉮ 1 : 2 ㉯ 2 : 1
㉰ 10 : 1 ㉱ 1 : 10

해설

$pH = -\log[H^+]$ 에서 $[H^+] = 10^{-pH}\,mol/L$
$pOH = -\log[OH^-]$ 에서 $[OH^-] = 10^{-pOH}\,mol/L$
① pH 5인 염산의 $[H^+] = 10^{-5}\,mol/L$
② pH 10인 수산화나트륨의 $pOH = 14 - pH = 14 - 10 = 4$
③ pH 10인 수산화나트륨의 $[OH^-] = 10^{-4}\,mol/L$
④ 염산에 비해 수산화나트륨이 농도가 10배 강하므로 염산 : 수산화나트륨 = 10 : 1 의 비율로 섞으면 완전 중화된다.

26. 탄소화합물의 특성에 관한 내용으로 틀린 것은?

㉮ 화합물의 종류가 많다.
㉯ 대부분 무극성이나 극성이 약한 분자로 존재하므로 분자 간 인력이 약해 녹는점, 끓는점이 낮다.
㉰ 대부분 비전해질이다.
㉱ 원자 간 결합이 약해 화학 반응을 하기 쉽다.

해설

㉱ 원자 간 결합은 단일결합은 강하고, 이중결합과 삼중결합은 약하다. 그리고 화학적으로 안정하여 반응이 약하다.

27. 다음 중 비전해질 물질은?

㉮ NaOH ㉯ HNO₃
㉰ CH₃COOH ㉱ C₂H₅OH

해설

① 전해질 물질 : 수산화나트륨($NaOH$), 질산(HNO_3), 아세트산(CH_3COOH)
② 비전해질 물질 : 에틸알코올(C_2H_5OH)

TIP

전해질이란 물 등의 용매에 녹아서 이온으로 해리되어 전류를 흐르게 하는 물질

28. 다음 원소 중 원자의 반지름이 가장 큰 원소는 무엇 인가?

㉮ Li ㉯ Be
㉰ B ㉱ C

해설

같은 주기에서는 원자번호가 증가할수록 원자의 반지름이 감소하므로 원자의 반지름이 가장 큰 원소는 리튬(Li)이다.

TIP

원자의 반지름
① 원자의 반지름이란 같은 원자로 이루어진 분자에서 두 원자의 원자핵 사이 거리의 반을 의미한다.
② 같은 족에서는 원자번호가 증가할수록 원자의 반지름은 증가한다.
③ 같은 주기에서는 원자번호가 증가할수록 원자의 반지름이 감소한다.

정답 25 ㉰ 26 ㉱ 27 ㉱ 28 ㉮

29
다음 중 상온에서 찬물과 반응하여 심하게 수소를 발생시키는 물질은 어느 것인가?

㉮ K ㉯ Mg
㉰ Al ㉱ Fe

30
공업용 NaOH의 순도를 알고자 4.0g을 물에 용해시켜 1L로 하고 그 중 25mL를 취하여 0.1N H_2SO_4로 중화시키는데 20mL가 소요되었다. 이 NaOH의 순도(%)는 얼마인가? (단, 원자량은 Na = 23, S = 32, H = 1, O = 16이다.)

㉮ 60% ㉯ 70%
㉰ 80% ㉱ 90%

31
물 1몰을 전기 분해하여 산소를 얻을 때 필요한 전하량(F)은 얼마인가?

(단, 물의 산화 반응은 $H_2O \rightarrow \frac{1}{2}O_2 + 2H^+ + 2e^-$)

㉮ 1 ㉯ 2
㉰ 40 ㉱ 96,500

32
포화탄화수소에 관한 내용으로 알맞은 것은?

㉮ 2중 결합으로 되어 있다.
㉯ 치환 반응을 한다.
㉰ 첨가 반응을 잘한다.
㉱ 기하 이성질체를 갖는다.

33
다음 화합물 중 염소(Cl)의 산화수가 +3인 물질은 어느 것인가?

㉮ HClO ㉯ $HClO_2$
㉰ $HClO_3$ ㉱ $HClO_4$

29 해설
상온에서 찬물과 반응하여 심하게 수소를 발생시키는 물질은 알칼리 금속이므로 보기 중에서 칼륨(K)이 정답이 된다.

30 해설
① NaOH의 N 농도를 구한다.

$$N(eq/L) = \frac{질량(g)}{부피(L)} \times \frac{1\,eq}{분자량(g)/당량수}$$

$$= \frac{4.0\,g}{1\,L} \times \frac{1\,eq}{40\,g/1}$$

$$= 0.1\,N$$

② 중화적정공식을 사용하여 순도(%)를 계산한다.

$$0.1\,N \times 25\,mL \times 순도(\%) = 0.1\,N \times 20\,mL \times 100\%$$

$$\therefore 순도 = \frac{0.1\,N \times 20\,mL \times 100\%}{0.1\,N \times 25\,mL}$$

$$= 80\%$$

31 해설
㉯ 산소와 수소는 각각 2g 당량을 가지므로 전하량은 2F가 된다.

32 해설
㉮, ㉰, ㉱는 불포화탄화수소에 대한 설명이다.

33 해설
염소(Cl)의 산화수
㉮ HClO 에서 H는 +1, Cl은 +1, O는 -2
㉯ $HClO_2$ 에서 H는 +1, Cl은 +3, O는 -4
㉰ $HClO_3$ 에서 H는 +1, Cl은 +5, O는 -6
㉱ $HClO_4$ 에서 H는 +1, Cl은 +7, O는 -8

정답 29 ㉮ 30 ㉰ 31 ㉯ 32 ㉯ 33 ㉯

34 다음 중 산성염에 해당하는 물질은?

㉮ NH_4Cl
㉯ $CaSO_4$
㉰ $NaHSO_4$
㉱ $Mg(OH)Cl$

35 다음 반응식 중 첨가반응에 해당하는 것은?

㉮ $3C_2H_2 \rightarrow C_6H_6$
㉯ $C_2H_4 + Br_2 \rightarrow C_2H_4Br_2$
㉰ $C_2H_5OH \rightarrow C_2H_4 + H_2O$
㉱ $CH_4 + Cl_2 \rightarrow CH_3Cl + HCl$

36 Fe^{3+}과 반응하여 청색 침전을 만드는 물질은 어느 것인가?

㉮ KSCN
㉯ $PbCrO_4$
㉰ $K_3Fe(CN)_6$
㉱ $K_4Fe(CN)_5$

37 물 200g에 $C_6H_{12}O_6$(포도당) 18g을 용해하였을 때 용액의 Wt% 농도는 얼마인가?

㉮ 7%
㉯ 8.26%
㉰ 9%
㉱ 10.26%

38 600K를 랭킨온도 °R로 표시하면 얼마가 되는가?

㉮ 327°R
㉯ 600°R
㉰ 1,080°R
㉱ 1,112°R

---

34 해설

산성염에 해당하는 물질은 H^+를 가지고 있는 물질이므로 $NaHSO_4$가 된다.

TIP

$$NaHSO_4 \rightarrow Na^+ + H^+ + SO_4^{2-}$$

35 해설

㉯ 브롬수 탈색반응이 첨가반응이다.

36 해설

Fe^{3+}은 육시아노철(Ⅱ)산칼륨과 반응하여 청색 침전을 형성한다.

37 해설

$$wt(\%) = \frac{용질(g)}{용질(g) + 용매(g)} \times 100$$
$$= \frac{18g}{18g + 200g} \times 100 = 8.26\%$$

TIP

① $C_6H_{12}O_6$ = 포도당 = 글루코스
② Wt% = w/w% = 중량%

38 해설

① K → ℃ : K − 273 = ℃ 이므로 600K − 273 = 327℃
② ℃ → °F : ℃ × 1.8 + 32 이므로 327℃ × 1.8 + 32 = 620.6°F
③ °F → °R : °F + 460 = 620.6°F + 460 = 1,080.6°R

TIP

온도 표시
① ℃ : 섭씨온도
② K : 절대온도
③ °F : 화씨온도
④ °R : 랭킨온도

정답 34 ㉰ 35 ㉯ 36 ㉰ 37 ㉯ 38 ㉰

실전 모의고사(속.풀.이-속 시원하게 풀고 보는 이득 문제 /해설)

39 혼합물과 이를 분리하는 방법 및 원리를 잘못 연결한 것은?

	혼합물	적용 원리	분리 방법
㉮	NaCl, KNO₃	용해도의 차	분별 결정
㉯	H₂O, C₂H₅OH	끓는점의 차	분별 증류
㉰	모래, 요오드	승화성	승화
㉱	석유, 벤젠	용해성	분액 깔때기

39 해설

㉱ 석유, 벤젠 혼합물의 적용 원리는 끓는점 차이이며, 분리 방법은 분별 증류이다.

40 다음 중 방향족 화합물은 어느 것인가?

㉮ CH_4　　㉯ C_2H_4
㉰ C_3H_8　　㉱ C_6H_6

40 해설

방향족 화합물은 벤젠고리를 가지고 있는 불포화 탄화수소이므로 벤젠(C_6H_6)이 정답이 된다.

41 다음 중 보일-샤를의 법칙이 가장 잘 적용되는 기체는 어느 것인가?

㉮ O_2　　㉯ CO_2
㉰ NH_3　　㉱ H_2

41 해설

보일-샤를의 법칙은 이상기체에 적용되는 법칙으로 이상기체에 가까우려면 분자량이 적고 비점이 낮아야 하므로 수소(H_2)가 정답이다.

42 다음 중 알칼리 금속에 해당하지 않는 것은?

㉮ Li　　㉯ Na
㉰ K　　㉱ Ca

42 해설

알칼리 금속은 수소를 제외한 1족 금속 원소이며, Li, Na, K, Rb, Cs가 있다.

43 지방족 탄화수소 중 알칸(alkane)류에 해당하며 탄소가 5개로 이루어진 유기화합물의 구조적 이성질체수는 모두 몇 개인가?

㉮ 2　　㉯ 3
㉰ 4　　㉱ 5

43 해설

펜탄(C_5H_{12})은 노말(n), 이소(iso), 네오(neo)의 3가지 이성질체를 가진다.

> **TIP**
> ① 구조이성질체는 분자식은 같으나 서로 다른 물질이며, 원자의 결합 순서가 다르다.
> ② $n-C_5H_{12}$는 $CH_3-CH_2-CH_2-CH_2-CH_3$
> ③ $iso-C_5H_{12}$는 $CH_3-CH_2-CH-CH_3$
> |
> CH_3
> ④ $neo-C_5H_{12}$는
> $$CH_3-\underset{\underset{CH_3}{|}}{\overset{\overset{CH_3}{|}}{C}}-CH_3$$

| 정답 | 39 ㉱　40 ㉱　41 ㉱　42 ㉱　43 ㉯ |

44 용액의 끓는점 오름은 어느 농도에 비례하는가?

㉮ 백분율 농도　㉯ 몰 농도
㉰ 몰랄 농도　㉱ 노르말 농도

45 염이 수용액에서 전리할 때 생기는 이온의 일부가 물과 반응하여 수산이온이나 수소이온을 냄으로써 수용액이 산성이나 염기성을 나타내는 것을 가수분해라 한다. 다음 중 가수분해하여 산성을 나타내는 물질은 어느 것인가?

㉮ K_2SO_4　㉯ NH_4Cl
㉰ NH_4NO_3　㉱ CH_3COONa

46 다음 중 금속 지시약이 아닌 것은?

㉮ EBT(Eriochrome Black T)
㉯ MX(Murexide)
㉰ 플루오레세인(fluorescein)
㉱ PV(Pyrocatechol Violet)

47 하버 – 보시법에 의하여 암모니아를 합성하고자 한다. 다음 중 어떠한 반응 조건에서 더 많은 양의 암모니아를 얻을 수 있는가?

$$N_2 + 3H_2 \xrightarrow{\text{촉매}} 2NH_3 + 열$$

㉮ 많은 양의 촉매를 가한다.
㉯ 압력을 낮추고 온도를 높인다.
㉰ 질소와 수소의 분압을 높이고 온도를 낮춘다.
㉱ 생성되는 암모니아를 제거하고 온도를 높인다.

44

끓는점 오름 = 끓는점 오름상수 × 몰랄 농도

45

① 이온화 반응 : $NH_4Cl \rightarrow NH_4^+ + Cl^-$
② 가수분해 반응 : $NH_4^+ + H_2O \rightarrow NH_3 + H_3O^+$
따라서 H_3O^+를 발생시켜 산성을 나타내게 된다.

46

㉰ 플루오레세인은 침전 적정 시 사용하는 지시약이다.

TIP

금속 지시약
EBT, MX, PV, PC(Phthalein Complexone)

47

암모니아의 생성 조건 : 질소와 수소의 분압은 높이고 온도는 낮춘다

정답　44 ㉰　45 ㉯　46 ㉰　47 ㉰

실전 모의고사(속·풀·이-속 시원하게 풀고 보는 이득 문제 /해설)

48 CuSO₄·5H₂O 중의 Cu를 정량하기 위해 시료 0.5012g을 칭량하여 물에 녹여 KOH를 가했을 때 Cu(OH)₂의 청백색 침전이 생긴다. 이때 이론상 KOH는 약 몇 g이 필요한가? (단, 원자량은 각각 Cu = 63.54, S = 32, K = 39이다.)

㉮ 0.1125g ㉯ 0.2250g
㉰ 0.4488g ㉱ 1.0024g

49 양이온 정성 분석에서 디메틸글리옥심을 넣었을 때 빨간색 침전이 되는 물질은 어느 것인가?

㉮ Fe^{3+} ㉯ Cr^{3+}
㉰ Li^{2+} ㉱ Al^{3+}

50 산화·환원 반응을 이용한 부피 분석법은 어느 것인가?

㉮ 산화·환원 적정법
㉯ 침전 적정법
㉰ 중화 적정법
㉱ 중량 적정법

51 다음 중 화학 평형의 이동과 관계 없는 것은?

㉮ 입자의 운동 에너지 증감
㉯ 입자 간 거리의 변동
㉰ 입자수의 증감
㉱ 입자 표면적의 크고 작음

52 다음 금속이온 중 수용액 상태에서 파란색을 띠는 이온은 어느 것인가?

㉮ Rb^{++} ㉯ CO^{++}
㉰ Mn^{++} ㉱ Cu^{++}

48

CuSO₄·5H₂O : 2KOH
249.54g   : 2×56g
0.5012g   : X

∴ $X = \dfrac{0.5012\,g \times 2 \times 56\,g}{249.54\,g} = 0.225\,g$

TIP

① CuSO₄·5H₂O의 분자량 = 63.54 + 32 + 4×16 + 5×18 = 249.54g
② CuSO₄·5H₂O + 2KOH → Cu(OH)₂ + K₂SO₄ + 5H₂O

49

Li^{2+}에 디메틸글리옥심을 넣었을 때 빨간색 침전이 생성된다.

50

산화·환원 반응을 이용한 부피 분석법은 산화·환원 적정법이다.

51

㉱ 입자 표면적의 크기와는 무관하다.

52

수용액 상태에서 파란색을 띠는 이온은 구리이온(Cu^{++})이다.

정답 48 ㉯ 49 ㉰ 50 ㉮ 51 ㉱ 52 ㉱

53 다음 반응에서 침전물의 색깔은 무엇인가?

$$Pb(NO_3)_2 + K_2CrO_4 \rightarrow PbCrO_4 \downarrow + 2KNO_3$$

㉮ 검은색 ㉯ 빨간색
㉰ 흰색   ㉱ 노란색

53
크로뮴산납($PbCrO_4$) 침전물의 색깔은 노란색이다.

54 양이온 제2족의 구리족에 속하지 않는 것은?

㉮ Bi_2S_3 ㉯ CuS
㉰ CdS ㉱ Na_2SnS_3

54
양이온 제2족의 구리족에는 Pb^{2+}, Bi^{3+}, Cu^{2+}, Cd^{2+}가 있다.

55 산화·환원 적정법에 해당되지 않는 것은?

㉮ 요오드법   ㉯ 과망간산염법
㉰ 아황산염법 ㉱ 중크롬산염법

55
산화·환원 적정법에는 요오드법, 과망간산염법, 중크롬산염법이 있다.

56 어떤 물질의 포화 용액 120g 속에 40g의 용질이 녹아 있다. 이 물질의 용해도(%)는 얼마인가?

㉮ 40%   ㉯ 50%
㉰ 60%   ㉱ 70%

56
용해도 $= \dfrac{용질(g)}{용매(g)} \times 100(\%)$

$= \dfrac{40g}{80g} \times 100 = 50\%$

TIP
용매 = 용액 - 용질 = 120g - 40g = 80g

57 다음 중 붕사 구슬 반응에서 산화 불꽃으로 태울 때 적자색(빨간 자주색)으로 나타나는 양이온은 어느 것인가?

㉮ Ni^{+2} ㉯ Mn^{+2}
㉰ Co^{+2} ㉱ Fe^{+2}

57
㉯ 망간이온(Mn^{2+})에 대한 설명이다.

정답 53 ㉱ 54 ㉱ 55 ㉰ 56 ㉯ 57 ㉯

58
0.5L의 수용액 중에 수산화나트륨이 40g 용해되어 있으면 몇 노르말(N) 농도인가? (단, 원자량은 각각 Na = 23, H = 1, O = 16이다.)

㉮ 0.5N
㉯ 1N
㉰ 2N
㉱ 5N

58 해설

$$N(eq/L) = \frac{질량(g)}{부피(L)} \times \frac{1\,eq}{분자량(g)/가수}$$

$$N = \frac{40\,g}{0.5\,L} \times \frac{1\,eq}{40g/1} = 2N$$

TIP

① 수산화나트륨 = 가성소다 = NaOH
② NaOH의 분자량 = 23 + 16 + 1 = 40g
③ $1\,eq = \frac{분자량(g)}{가수} = \frac{40\,g}{1}$
④ NaOH는 OH가 1개이므로 1가(1당량) 물질이다.

59
물의 경도, 광물 중의 각종 금속의 정량, 간수 중의 칼슘의 정량 등에 가장 적합한 분석법은 어느 것인가?

㉮ 중화적정법
㉯ 산·염기 적정법
㉰ 킬레이트 적정법
㉱ 산화·환원 적정법

59 해설

㉰ 킬레이트 적정법에 대한 설명이다.

60
KMnO₄ 표준용액으로 적정할 때 산성 용액으로 HCl을 사용하지 않는 주된 이유는 무엇인가?

㉮ MnO₂가 생성하므로
㉯ Cl₂가 발생하므로
㉰ 높은 온도로 가열해야 하므로
㉱ 종말점 판정이 어려우므로

60 해설

$KMnO_4$ 표준 용액으로 적정할 때 산성 용액으로 주로 황산(H_2SO_4)을 사용하며, 염산(HCl)을 사용하지 않는 주된 이유는 Cl_2가 발생하기 때문이다.

정답 58 ㉰ 59 ㉰ 60 ㉯

제11회 실전 모의고사

| 수험자명 | 예상점수 | 실제점수 |

---

01 원자흡수분광법의 시료 전처리에서 착화제를 가하여 착화합물을 형성한 후, 유기용매로 추출하여 분석하는 용매추출법을 이용하는 주된 이유는 어느 것인가?

㉮ 분석 재현성이 증가하기 때문에
㉯ 감도가 증가하기 때문에
㉰ pH의 영향이 적어지기 때문에
㉱ 조작이 간편하기 때문에

01 해설
용매추출법을 이용하는 이유는 감도가 증가하기 때문이다.

---

02 적외선 분광기의 광원으로 사용되는 램프로 알맞은 것은?

㉮ 텅스텐 램프
㉯ 네른스트 램프
㉰ 음극 방전관(측정하고자 하는 원소로 만든 것)
㉱ 모노크로미터

02 해설
적외선 분광기의 광원으로 사용되는 램프는 네른스트 램프이다.

---

03 다음 중 1nm에 해당되는 값은 어느 것인가?

㉮ 10^{-7}m
㉯ $1\mu m$
㉰ 10^{-9}m
㉱ 1Å

03 해설
$1\text{nm} = 10^{-6}\text{mm} = 10^{-7}\text{cm} = 10^{-9}\text{m}$

---

04 분광광도계 실험에서 과망간산칼륨 시료 1000ppm을 40ppm으로 희석시키려면, 100mL 플라스크에 시료 몇 mL를 넣고 표선까지 물을 채워야 하는가?

㉮ 2mL
㉯ 4mL
㉰ 20mL
㉱ 40mL

04 해설
① 희석배수치 $= \dfrac{\text{희석 전 농도}}{\text{희석 후 농도}} = \dfrac{1000\,\text{ppm}}{40\,\text{ppm}} = 25$
② 시료량 $= \dfrac{\text{조제 용량}}{\text{희석 배수치}} = \dfrac{100\,\text{mL}}{25} = 4\,\text{mL}$

정답 01 ㉯ 02 ㉯ 03 ㉰ 04 ㉯

05 화학 실험 시 사용하는 약품의 보관에 관한 내용으로 틀린 것은?

㉮ 폭발성 또는 자연발화성 약품은 화기를 멀리 한다.
㉯ 흡습성 약품은 완전히 건조시켜 건조한 곳이나 석유 속에 보관한다.
㉰ 모든 화합물은 될 수 있는 대로 같은 장소에 보관하고 정리정돈을 잘한다.
㉱ 직사광선을 피하고, 약품에 따라 유색병에 보관한다.

05

㉰ 모든 화합물은 될 수 있는 대로 다른 장소에 보관하고 정리정돈을 잘한다.

06 다음 중 기체 크로마토그래피의 검출기가 아닌 것은?

㉮ 열전도도 검출기   ㉯ 불꽃이온화 검출기
㉰ 전자포획 검출기   ㉱ 광전증배관 검출기

06

㉱ 광전증배관 검출기는 자외선 가시선 분광광도계의 광자검출기 중 광전류기에 해당한다.

07 전위차 적정으로 중화 적정을 할 때 필요로 하지 않는 것은?

㉮ pH 미터   ㉯ 자석 교반기
㉰ 페놀프탈레인   ㉱ 뷰렛과 피펫

07

㉰ 페놀프탈레인 지시약은 산·염기 적정에 사용하는 지시약이다.

08 pH 측정기에 사용하는 유리 전극의 내부에는 보통 어떤 용액이 들어 있는가?

㉮ 0.1N - HCl 표준용액
㉯ pH 7의 KCl 포화용액
㉰ pH 9의 KCl 포화용액
㉱ pH 7의 NaCl 포화용액

08

유리 전극의 내부에는 pH 7의 KCl(염화칼륨) 포화용액이 들어 있다.

09 전위차 적정에 의한 당량점 측정 실험에서 필요하지 않은 재료는 어느 것인가?

㉮ 0.1N - HCl   ㉯ 0.1N - NaOH
㉰ 증류수   ㉱ 황산구리

09

전위차 적정에 의한 당량점 측정 실험에서 필요한 재료는 0.1N – HCl, 0.1N – NaOH, 증류수 등 이다.

| 정답 | 05 ㉰ 06 ㉱ 07 ㉰ 08 ㉯ 09 ㉱

10 실험실 안전 수칙에 관한 내용으로 틀린 것은?

㉮ 시약병 마개를 실습대 바닥에 놓지 않도록 한다.
㉯ 실험 실습실에 음식물을 가지고 올 때에는 한쪽에서 먹는다.
㉰ 시약병에 꽂혀 있는 피펫을 다른 시약병에 넣지 않도록 한다.
㉱ 화학 약품의 냄새는 직접 맡지 않도록 하며 부득이 냄새를 맡아야 할 경우에는 손을 사용하여 코가 있는 방향으로 증기를 날려서 맡는다.

10

㉯ 실험 실습실에 음식물을 반입해서는 안 된다.

11 이상적인 pH 전극에서 pH가 1단위 변할 때 pH 전극의 전압은 약 얼마나 변하는가?

㉮ 96.5mV ㉯ 59.2mV
㉰ 96.5V   ㉱ 59.2V

11

이상적인 pH 전극에서 pH가 1단위 변할 때 pH 전극의 전압은 59.2mV 변한다.

12 AAS(원자흡수분광법)를 화학분석에 이용하는 특징으로 틀린 것은?

㉮ 선택성이 좋고 감도가 좋다.
㉯ 방해물질의 영향이 비교적 적다.
㉰ 반복하는 유사분석을 단시간에 할 수 있다.
㉱ 대부분의 원소를 동시에 검출할 수 있다

12

㉱ 대부분의 원소를 동시에 검출할 수 없다.

13 다음 결합 중 적외선흡수분광법에서 파수가 가장 큰 것은?

㉮ C-H 결합   ㉯ C-N 결합
㉰ C-O 결합   ㉱ C-Cl 결합

13

㉮ C-H 결합 : $3,000 \sim 2,850 \, cm^{-1}$
㉯ C-N 결합 : $1,350 \sim 1,000 \, cm^{-1}$
㉰ C-O 결합 : $1,300 \sim 1,000 \, cm^{-1}$
㉱ C-Cl 결합 : $785 \sim 540 \, cm^{-1}$

| 정답 | 10 ㉯ 11 ㉱ 12 ㉱ 13 ㉮ |

14 다음 중 눈에 산이 들어갔을 때 가장 적절한 조치는 어느 것인가?

㉮ 메틸알코올로 씻는다.
㉯ 즉시 물로 씻고, 묽은 나트륨 용액으로 씻는다.
㉰ 즉시 물로 씻고, 묽은 수산화나트륨 용액으로 씻는다.
㉱ 즉시 물로 씻고, 묽은 탄산수소나트륨 용액으로 씻는다.

14 해설

눈에 산이 들어갔을 때에는 즉시 물로 씻고, 묽은 탄산수소나트륨 용액으로 씻는다.

15 다음 중 수소이온농도(pH)의 정의로 알맞은 것은?

㉮ $pH = \dfrac{1}{[H^+]}$ ㉯ $pH = [H^+]$

㉰ $pH = -\dfrac{1}{[H^-]}$ ㉱ $pH = -\log[H^+]$

15 해설

① $pH = \log\dfrac{1}{[H^+]} = -\log[H^+]$

② $pOH = \log\dfrac{1}{[OH^-]} = -\log[OH^-]$

16 poise는 무엇을 나타내는 단위인가?

㉮ 비열 ㉯ 무게
㉰ 밀도 ㉱ 점도

16 해설

poise(g/cm·s)는 점도(점성도)를 나타내는 단위이다.

17 적외선 흡수 스펙트럼의 1700Cm^{-1} 부근에서 강한 신축진동(stretching vibration) 피크를 나타내는 물질은 어느 것인가?

㉮ 아세틸렌 ㉯ 아세톤
㉰ 메탄 ㉱ 에탄올

17 해설

적외선 흡수 스펙트럼의 1700 cm^{-1} 부근에서 강한 신축 진동 피크를 나타내는 물질은 케톤(C = O)을 가지고 있는 물질이다. 따라서 보기 중에서 ㉯ 아세톤이 정답이 된다.

정답 14 ㉱ 15 ㉱ 16 ㉱ 17 ㉯

18 선광도 측정에 관한 내용으로 틀린 것은?

㉮ 선광성은 관측자가 보았을 때 시계 방향으로 회전하는 것을 좌선성이라 하고 선광도에 [-]를 붙인다.
㉯ 선광계의 기본 구성은 단색 광원, 편광을 만드는 편광 프리즘, 시료 용기, 원형 눈금을 가진 분석용 프리즘과 검출기로 되어 있다.
㉰ 유기 화합물에서는 액체나 용액 상태로 편광하고 그 진행 방향을 회전시키는 성질을 가진 것이 있다. 이러한 성질을 선광성이라 한다.
㉱ 빛은 그 진행 방향과 직각인 방향으로 진행하고 있는 횡파이지만, 니콜 프리즘을 통해 일정 방향으로 파동하는 빛이 된다. 이것을 편광이라 한다.

18

㉮ 선광성은 관측자가 보았을 때 시계 반대 방향으로 회전하는 것을 좌선성이라 하고 선광도에 [-]를 붙인다.

19 기체 크로마토그래피법에서 이상적인 검출기가 갖추어야 할 특성으로 틀린 것은?

㉮ 적당한 감도를 가져야 한다.
㉯ 안정성과 재현성이 좋아야 한다.
㉰ 실온에서 약 600℃까지의 온도 영역을 꼭 지녀야 한다.
㉱ 유속과 무관하게 짧은 시간에 감응을 보여야 한다.

19

㉰ 실온에서 약 400℃까지의 온도 영역을 꼭 지녀야 한다.

20 전위차법에서 사용되는 기준 전극의 구비 조건으로 틀린 것은?

㉮ 반전지 전위값이 알려져 있어야 한다.
㉯ 비가역적이고 편극 전극으로 작동하여야 한다.
㉰ 일정한 전위를 유지하여야 한다.
㉱ 온도 변화에 히스테리시스 현상이 없어야 한다.

20

㉯ 가역적이고 이상적인 비편극 전극으로 작동하여야 한다.

① 히스테리스란 전진각과 후진각의 차이를 의미한다.
② 전진각이란 액체를 기판 에 떨어뜨린 다음 바늘을 통해 액체의 양을 서서히 증가시키면서 3상(고체, 액체, 기체)의 계면을 관찰할 때 계면이 움직이기 직전의 각을 의미한다.
③ 후진각이란 바늘을 통해 서서히 액체의 양을 감소시키면서 3상(고체, 액체, 기체)의 계면을 관찰할 때 계면이 움직이기 바로 직전의 각을 의미한다.
④ 가역적 반응 : 자발적으로 정반응과 역반응이 동시에 일어나는 반응
⑤ 비가역적 반응 : 자발적으로 역반응이 일어나지 않는 반응

정답 18 ㉮ 19 ㉰ 20 ㉯

실전 모의고사(속.풀.이-속 시원하게 풀고 보는 이득 문제 /해설)

21
전기 전하를 나타내는 Faraday의 식 q = nF 에서 F의 값은 얼마인가?

㉮ 96,500coulomb
㉯ 9,650coulomb
㉰ 6,023coulomb
㉱ 6.023×10^{23} coulomb

22
101.325kPa에서 부피가 22.4L인 어떤 기체가 있다. 이 기체를 같은 온도에서 압력을 202.650kPa로 하면 이 기체의 부피(L)는 얼마인가?

㉮ 5.6L ㉯ 11.2L
㉰ 22.4L ㉱ 44.8L

23
0℃의 얼음 1g을 100℃의 수증기로 변화시키는데 필요한 열량(cal)은 얼마인가?

㉮ 539cal ㉯ 639cal
㉰ 719cal ㉱ 839cal

24
한 원소의 화학적 성질을 주로 결정하는 것은 무엇인가?

㉮ 원자량 ㉯ 전자의 수
㉰ 원자번호 ㉱ 최외각의 전자수

---

21 해설
F는 페러데이 상수로서 96,500coulomb을 가진다.

TIP

쿨롬(coulomb)
쿨롬은 전하(charge, electric charge)의 단위로서 국제 단위계의 유도단위이며, 기호로 C를 사용한다. 1C은 1A의 전류가 흐르는 단면적을 1초 동안 지나간 순 전하(net charge)의 양이다.

22 해설
보일의 법칙을 이용한다.
$P_1 \times V_1 = P_2 \times V_2$
$101.325\,kPa \times 22.4\,L = 202.650\,kPa \times V_2$
$\therefore V_2 = \dfrac{101.325\,kPa \times 22.4\,L}{202.650\,kPa} = 11.2\,L$

23 해설
① 현열 = 질량(G)×물의 비열(C)×온도차(△t)
  = $1g \times 1.0\,cal/g \cdot ℃ \times (100-0)℃ = 100\,cal$
② 얼음의 융해잠열 = 질량(G)×얼음의 융해잠열(r)
  = $1g \times 80\,cal/g = 80\,cal$
③ 물의 증발잠열 = 질량(G)×물의 기화잠열(r)
  = $1g \times 539\,cal/g = 539\,cal$
④ 필요한 열량 = 현열 + 얼음의 융해잠열 + 물의 증발잠열
  = $100\,cal + 80\,cal + 539\,cal$
  = $719\,cal$

TIP

잠열
① 얼음의 융해잠열 = 80cal/g
② 물의 증발잠열 = 539cal/g

24 해설
한 원소의 화학적 성질을 주로 결정하는 것은 최외각의 전자수이다.

| 정답 | 21 ㉮ | 22 ㉯ | 23 ㉰ | 24 ㉱ |

25 금속결합 물질에 관한 내용으로 틀린 것은?

㉮ 금속 원자끼리의 결합이다.
㉯ 금속결합의 특성은 이온전자 때문에 나타난다.
㉰ 고체 상태나 액체 상태에서 전기를 통한다.
㉱ 모든 파장의 빛을 반사하므로 고유한 금속 광택을 가진다.

26 반응 속도에 영향을 주는 인자로 틀린 것은?

㉮ 반응 온도 ㉯ 반응식
㉰ 반응물의 농도 ㉱ 촉매

27 R-O-R′의 일반식을 가지는 지방족 탄화수소의 명칭은 무엇인가?

㉮ 알데히드 ㉯ 카르복실산
㉰ 에스테르 ㉱ 에테르

28 다음 중 착이온을 형성할 수 없는 이온이나 분자는?

㉮ H_2O ㉯ NH_4^+
㉰ Br^- ㉱ NH_3

29 다음 수성가스 반응의 표준 반응열(cal)은 얼마인가?

$C + H_2O(L) \rightleftarrows CO + H_2$
(단, 표준생성열은 290K에서
$\triangle H_f(H_2O) = -68,317 cal$,
$\triangle H_f(CO) = -26,416 cal$이다.)

㉮ 68,317cal ㉯ 26,416cal
㉰ 41,901cal ㉱ 94,733cal

---

25 해설

㉯ 금속결합의 특성은 자유전자 때문에 나타난다.

26 해설

반응 속도에 영향을 주는 인자로는 반응 온도, 반응물의 농도, 촉매 등이 있다.

27 해설

R-O-R′의 일반식을 가지는 지방족 탄화수소는 에테르이다.

28 해설

착이온은 중심 금속 이온에 리간드가 결합하여 이루어진 이온을 말한다.

29 해설

표준 반응열 = 생성물의 반응열 − 반응물의 반응열
= −26,416cal − (−68,317cal)
= 41,901cal

정답 25 ㉯ 26 ㉯ 27 ㉱ 28 ㉯ 29 ㉰

30 어떤 원소(M)의 1g당량과 원자량이 같을 때 이 원소 산화물의 일반적인 표현으로 알맞은 것은 어느 것인가?

㉮ M_2O ㉯ MO
㉰ MO_2 ㉱ M_2O_2

31 단백질의 검출에 이용되는 정색 반응으로 틀린 것은?

㉮ 뷰렛 반응
㉯ 크산토프로테인 반응
㉰ 닌하이드린 반응
㉱ 은거울 반응

32 다음 중 분자 1개의 질량이 가장 작은 것은?

㉮ H_2 ㉯ NO_2
㉰ HCl ㉱ SO_2

33 주기율표에서 전형원소에 관한 내용으로 틀린 것은?

㉮ 전형원소는 1족, 2족, 12~18족이다.
㉯ 전형원소는 대부분 밀도가 큰 금속이다.
㉰ 전형원소는 금속원소와 비금속원소가 있다.
㉱ 전형원소는 원자가 전자수가 족의 끝 번호와 일치한다.

34 pH가 3인 산성용액이 있다. 이 용액의 몰(M) 농도는 얼마인가? (단, 용액은 100% 이온화된다.)

㉮ 0.0001 ㉯ 0.001
㉰ 0.01   ㉱ 0.1

---

30 해설

1g당량과 원자량이 같으면 1족 원소이다.
따라서 $M^+ + O^{2-} \rightarrow M_2O$

31 해설

㉱ 은거울 반응은 알데하이드의 환원성을 알아보는 반응이다.

32 해설

분자 1개의 질량이 가장 작은 물질은 분자량이 작은 물질이므로 수소(H_2)가 정답이 된다.

TIP

분자량 = 원자량 + 원자량
㉮ $H_2 = 2 \times 1 = 2g$
㉯ $NO_2 = 14 + 2 \times 16 = 46g$
㉰ $HCl = 1 + 35.5 = 36.5g$
㉱ $SO_2 = 32 + 2 \times 16 = 64g$

33 해설

㉯ 전형원소는 대부분 밀도가 작은 금속이다.

34 해설

$pH = -\log[H^+]$ 에서
$[H^+] = 10^{-pH} \text{mol/L} = 10^{-3} \text{mol/L} = 0.001 \text{mol/L}$

| 정답 | 30 ㉮ 31 ㉱ 32 ㉮ 33 ㉯ 34 ㉯ |

35 수산화나트륨과 같이 공기 중의 수분을 흡수하여 스스로 녹는 성질을 무엇이라 하는가?

㉮ 조해성 ㉯ 승화성
㉰ 풍해성 ㉱ 산화성

36 어떤 기체의 공기에 대한 비중이 1.10이라면 이것은 어떤 기체의 분자량과 동일한가? (단, 공기의 평균 분자량은 29이다.)

㉮ H_2 ㉯ O_2
㉰ N_2 ㉱ CO_2

37 나트륨(Na) 원자는 11개의 양성자와 12개의 중성자를 가지고 있다. 원자번호와 질량수는 각각 얼마인가?

㉮ 원자번호 : 11, 질량수 : 12
㉯ 원자번호 : 12, 질량수 : 11
㉰ 원자번호 : 11, 질량수 : 23
㉱ 원자번호 : 11, 질량수 : 10

38 페놀과 중화 반응하여 염을 만드는 물질은 어느 것인가?

㉮ HCl ㉯ NaOH
㉰ $C_6H_5CO_2$ ㉱ $C_6H_5CH_3$

39 다음 물질 중 0℃, 1기압하에서 물에 대한 용해도가 가장 큰 물질은 어느 것인가?

㉮ CO_2 ㉯ O_2
㉰ CH_3COOH ㉱ N_2

35

조해성이란 공기 중의 수분을 흡수하여 스스로 녹는 성질을 말한다.

36

기체의 비중 = $\dfrac{\text{기체의 분자량(kg)}}{\text{공기의 분자량(kg)}} = \dfrac{\text{기체의 분자량(kg)}}{29\,kg}$

따라서 기체의 분자량 = 기체의 비중 × 29kg
= 1.10 × 29kg = 31.9kg

따라서 보기 중 분자량이 32kg인 가스가 정답이 된다.
㉮ 2kg ㉯ 32kg ㉰ 28kg ㉱ 44kg 이므로 ㉯ O_2가 정답이 된다.

37

① 원자번호 = 양성자수 = 11
② 질량수 = 양성자수 + 중성자수 = 11+12 = 23

TIP
① 원자의 표시 : $_{\text{원자번호}}^{\text{질량수}}X_{\text{원자수}}^{\text{전하량}}$
② 원자번호 = 양성자수 = 전자수
③ 질량수 = 양성자수 + 중성자수

38

페놀(C_6H_5OH)은 약산성이므로 중화반응을 하려면 염기성(알칼리성) 물질(NaOH)과 반응해야 한다.

TIP

반응식
C_6H_5OH(페놀) + NaOH(수산화나트륨)
→ C_6H_5ONa(나트륨페놀라이트) + H_2O(물)

39

물에 대한 용해도가 가장 큰 물질은 물에 잘 녹는 물질이다. 아세트산(CH_3COOH)은 수용성 물질이며, 이산화탄소(CO_2), 산소(O_2), 질소(N_2)는 난용성 물질이다.

정답 35 ㉮ 36 ㉯ 37 ㉰ 38 ㉯ 39 ㉰

40 0.205M의 Ba(OH)₂ 용액이 있다. 이 용액의 몰랄 농도(M)는 얼마인가? (단, Ba(OH)₂의 분자량은 171.34이다.)

㉮ 0.205 ㉯ 0.212
㉰ 0.351 ㉱ 3.51

40 해설

$$\text{몰랄 농도}\left(\frac{mol}{kg}\right) = \frac{M\text{농도}(mol)}{(L)} \times \frac{(L)}{\text{밀도}(kg)}$$

$$= \frac{0.205\,mol}{L} \times \frac{L}{1.0\,kg}$$

$$= 0.205\,mol/kg$$

TIP

4℃ 물의 밀도는 1.0kg/L이다.

---

41 다음 탄수화물 중 단당류에 해당하는 것은?

㉮ 녹말   ㉯ 포도당
㉰ 글리코겐 ㉱ 셀룰로오스

41 해설

① 다당류 : ㉮ 녹말, ㉰ 글리코겐, ㉱ 셀룰로오스
② 단당류 : ㉯ 포도당

---

42 포화탄화수소 중 알케인(alkane) 계열의 일반식은?

㉮ C_nH_{2n} ㉯ C_nH_{2n+2}
㉰ C_nH_{2n-2} ㉱ C_nH_{2n-1}

42 해설

㉮ C_nH_{2n} : Alkene 계열의 일반식
㉯ C_nH_{2n+2} : Alkane 계열의 일반식
㉰ C_nH_{2n-2} : Alkyne 계열의 일반식

---

43 원자의 K 껍질에 들어 있는 오비탈은 어느 것인가?

㉮ s   ㉯ p
㉰ d   ㉱ f

43 해설

전자껍질과 오비탈

전자껍질	K껍질 (n = 1)	L껍질 (n = 2)	M껍질 (n = 3)	N껍질 (n = 4)
오비탈	$1s^2$	$2s^2, 2p^6$	$3s^2, 3p^6, 3d^{10}$	$4s^2, 4p^6, 4d^{10}, 4f^{14}$

---

44 결합 전자쌍이 전기음성도가 큰 원자쪽으로 치우치는 공유결합을 무엇이라 하는가?

㉮ 극성공유결합 ㉯ 다중공유결합
㉰ 이온공유결합 ㉱ 배위공유결합

44 해설

극성공유결합은 결합 전자쌍이 전기음성도가 큰 원자쪽으로 치우치는 공유결합을 말한다.

정답 | 40 ㉮ 41 ㉯ 42 ㉯ 43 ㉮ 44 ㉮

45 할로겐 분자의 일반적인 성질에 대한 내용으로 틀린 것은?

㉮ 특유한 색깔을 가지며, 원자번호가 증가함에 따라 색깔이 진해진다.
㉯ 원자번호가 증가함에 따라 분자 의 인력이 커지므로 녹는점과 끓는점이 높아진다.
㉰ 수소기체와 반응하여 할로겐화수소를 만든다.
㉱ 원자번호가 작을수록 산화력이 작아진다.

46 0.2mol/L H_2SO_4 수용액 100mL를 중화시키는데 필요한 NaOH의 질량(g)은 얼마인가?

㉮ 0.4g ㉯ 0.8g
㉰ 1.2g ㉱ 1.6g

47 제3족 Al^{3+}의 양이온을 NH_4OH로 침전시킬 때 $Al(OH)_3$가 콜로이드로 되는 것을 방지하기 위하여 함께 가하는 물질은 어느 것인가?

㉮ NaOH ㉯ H_2O_2
㉰ H_2S ㉱ NH_4Cl

48 산화·환원 적정법 중의 하나인 과망간산칼륨 적정은 주로 산성 용액 상태에서 이루어진다. 이때 분석액을 산성화하기 위하여 주로 사용하는 산은 어느 것인가?

㉮ 황산(H_2SO_4) ㉯ 질산(HNO_3)
㉰ 염산(HCl) ㉱ 아세트산(CH_3COOH)

45

㉱ 원자번호가 작을수록 산화력이 커진다.

46

$H_2SO_4 \rightarrow 2H^+ + SO_4^{2-}$
XM   2XM   XM
이므로 [H^+]이온은 2×XM이므로
[H^+] = 2×0.2mol/L = 0.4mol/L
따라서 중화에 필요한 [OH^-]는 0.4mol/L이다.
그리고 [OH^-]는 1가 물질이므로 M 농도와 N 농도가 동일하다.
따라서 $NaOH(g) = \dfrac{0.4\,eq}{L} \times \dfrac{0.1\,L}{} \times \dfrac{40\,g}{1\,eq} = 1.6\,g$

! TIP

① M(몰) 농도 = mol/L
② N(노르말) 농도 = eq/L
③ M 농도 × 가수 = N 농도
④ H_2SO_4에서 가수는 H의 개수이므로 2가이다.

47

Al^{3+}의 양이온을 NH_4OH로 침전시킬 때 $Al(OH)_3$가 콜로이드로 되는 것을 방지하기 위하여 함께 가하는 물질은 염화암모늄(NH_4Cl)이다.

48

과망간산칼륨($KMnO_4$) 적정은 주로 산성 용액 상태에서 이루어지며, 이때 분석액을 산성화하기 위하여 주로 사용하는 산은 황산(H_2SO_4)이다.

실전 모의고사(속.풀.이-속 시원하게 풀고 보는 이득 문제 /해설)

49 다음의 반응으로 철을 분석한다면 N/10 KMnO₄(f = 1.000) 1mL에 대응하는 철의 양(g)은 얼마인가? (단, Fe의 원자량은 55.85이다.)

$$10FeSO_4 + 8H_2SO_4 + 2KMnO_4 \rightarrow 5Fe_2(SO_4)_3 + K_2SO_4$$

㉮ 0.005585g Fe ㉯ 0.05585g Fe
㉰ 0.5585g Fe   ㉱ 5.858g Fe

49 ✓ 해설

$10FeSO_4 + 8H_2SO_4 + 2KMnO_4 \rightarrow 5Fe_2(SO_4)_3 + K_2SO_4$ 에서
$10Fe$: $2KMnO_4$
$10 \times 55.85g$: $2 \times 158g$
   X   : $0.00316g$
∴ X = 0.005585g

! TIP
① $KMnO_4$의 분자량 = 158g
② $KMnO_4$은 5eq(당량)이므로 1eq = $\dfrac{158g}{5}$
③ N(노르말) 농도 = eq/L
④ $KMnO_4(g) = \dfrac{0.1eq}{L} \times \dfrac{158g/5}{1eq} \times \dfrac{1mL}{1} \times \dfrac{1L}{10^3 L}$
        = 0.00316g

50 중화적정법에서 당량점(equivalence point)에 관한 내용으로 틀린 것은?

㉮ 실질적으로 적정이 끝난 점을 말한다.
㉯ 적정에서 얻고자 하는 이상적인 결과이다.
㉰ 분석물질과 가해준 적정액의 화학양론적 양이 정확하게 동일한 점을 말한다.
㉱ 당량점을 정하는데는 지시약 등을 이용한다.

50 ✓ 해설

㉮ 실질적으로 적정이 끝난 점은 종말점이다.

51 공기중에 방치하면 불안정하여 검은 갈색으로 변화되는 수산화물은 어느 것인가?

㉮ $Cu(OH)_2$ ㉯ $Pb(OH)_2$
㉰ $Fe(OH)_3$ ㉱ $Cd(OH)_2$

51 ✓ 해설

수산화구리($Cu(OH)_2$)를 공기 중에 방치하면 불안정하여 검은 갈색으로 변한다.

52 양이온 정성분석에서 어떤 용액에 황화수소(H_2S) 가스를 통하였을 때 황화물로 침전되는 족은?

㉮ 제1족   ㉯ 제2족
㉰ 제3족   ㉱ 제4족

52 ✓ 해설

황화수소(H_2S) 가스를 통하였을 때 황화물로 침전되는 족은 제2족이다.

| 정답 | 49 ㉮ 50 ㉮ 51 ㉮ 52 ㉯

53 다음 중 산의 성질로 틀린 것은?

㉮ 신맛이 있다.
㉯ 붉은 리트머스를 푸르게 변색시킨다.
㉰ 금속과 반응하여 수소를 발생한다.
㉱ 염기와 중화반응한다.

54 다음 중 강산과 약염기의 반응으로 생성된 염은 어느 것인가?

㉮ NH_4Cl　　㉯ $NaCl$
㉰ K_2SO_4　　㉱ $CaCl_2$

55 SO_4^{2-} 이온을 함유하는 용액으로부터 황산바륨의 침전을 만들기 위하여 염화바륨 용액을 사용할 수 있으나 질산바륨은 사용할 수 없다. 주된 이유로 알맞은 것은?

㉮ 침전을 생성시킬 수 없기 때문에
㉯ 질산기가 황산바륨의 용해도를 크게 하기 때문에
㉰ 침전의 입자를 작게 생성하기 때문에
㉱ 황산기에 흡착되기 때문에

56 다음 중 Ni의 검출반응으로 알맞은 것은?

㉮ 모셀 반응　　㉯ 리만그리인 반응
㉰ 추가에프 반응　㉱ 테나르 반응

57 다음 중 융점(녹는점)이 가장 낮은 금속은?

㉮ W　　㉯ Pt
㉰ Hg　　㉱ Na

---

53 해설
㉯번은 염기성(알칼리성)의 성질에 해당한다.

54 해설
강산과 약염기의 반응식 : $HCl + NH_4OH \rightarrow NH_4Cl + H_2O$
　　　　　　　　　　　　강산　 약염기　 　생성물

55 해설
질산바륨을 사용할 수 없는 주된 이유는 질산기가 황산바륨의 용해도를 크게 하기 때문이다.

56 해설
Ni의 검출반응은 추가에프 반응이다.

TIP
추가에프 반응
1g의 디메틸글리옥심($C_4H_8N_2O_2$)을 에탄올(98%) 100mL에 녹인 용액을 니켈염 용액에 넣은 다음 암모니아를 약알칼리성을 나타낼 때까지 주입한 다음 가열하여 니켈디메틸글리옥심의 적색 침전물을 형성하는 반응이다.

57 해설
융점(녹는점)
㉮ W(텅스텐) : 3,370℃
㉯ Pt(백금) : 1,549~2,700℃
㉰ Hg(수은) : -38.9℃
㉱ Na(나트륨) : 97.5℃

정답 53 ㉯　54 ㉮　55 ㉯　56 ㉰　57 ㉰

58 다음 반응에서 생성되는 침전물의 색상으로 알맞은 것은?

$$Pb^{2+} + H_2SO_4 \rightarrow PbSSO_4 + 2H^+$$

㉮ 흰색   ㉯ 노란색
㉰ 초록색 ㉱ 검은색

59 다음 중 용해도의 정의로 가장 적절한 것은?

㉮ 용액 100g 중에 녹아 있는 용질의 질량
㉯ 용액 1L 중에 녹아 있는 용질의 몰수
㉰ 용매 1kg 중에 녹아 있는 용질의 몰수
㉱ 용매 100g에 녹아서 포화 용액이 되는데 필요한 용질의 g 수

60 황산(H_2SO_4)의 1당량은 얼마인가? (단, 황산의 분자량은 98g/mol이다.)

㉮ 4.9g   ㉯ 49g
㉰ 9.8g   ㉱ 98g

58

납 이온(Pb^{2+})이 황산과 반응하면 $PbSO_4$(황산납)의 흰색 침전물이 생성된다.

59

용해도는 고체를 액체에 녹일 때 일정 온도에서 일정량의 용매에 녹일 수 있는 용질의 최대량이다.

60

H_2SO_4의 $1eq = \dfrac{분자량(g)}{가수} = \dfrac{98g}{2} = 49g$

① 1eq(당량) $= \dfrac{분자량(g)}{가수}$
② 가수는 산성물질에서는 H의 개수
③ 가수는 염기성(알칼리성)물질에서는 OH의 개수
④ H_2SO_4에서 가수는 H의 개수이므로 2가(2당량)이다.

정답 58 ㉮   59 ㉱   60 ㉯

제12회 실전 모의고사

| 수험자명 | 예상점수 | 실제점수 |

01 유리기구의 취급 방법에 관한 내용으로 틀린 것은?

㉮ 유리기구를 세척할 때에는 중크롬산칼륨과 황산의 혼합용액을 사용한다.
㉯ 유리기구와 철제, 스테인리스강 등 금속으로 만들어진 실험 실습기구는 같이 보관한다.
㉰ 메스플라스크, 뷰렛, 메스실린더, 피펫 등 눈금이 표시된 유리기구는 가열하지 않는다.
㉱ 깨끗이 세척된 유리기구는 유리기구의 벽에 물방울이 없으며, 깨끗이 세척되지 않은 기구의 벽은 물방울이 남아 있다.

01 **해설**

㉯ 유리 기구와 철제, 스테인리스강 등 금속으로 만들어진 실험 실습 기구는 따로 보관한다.

02 비색계의 원리와 관계가 없는 것은?

㉮ 두 용액의 물질의 조성이 같고 용액의 깊이가 같을 때 두 용액의 색깔의 짙기는 같다.
㉯ 용액층의 깊이가 같을 때 색깔의 짙기는 용액의 농도에 반비례한다.
㉰ 농도가 같은 용액에서 그 색깔의 짙기는 용액층의 깊이에 비례한다.
㉱ 두 용액의 색깔이 같고 색깔의 짙기가 같을 때라도 같은 물질이 아닐 수 있다.

02 **해설**

㉯ 용액층의 깊이가 같을 때 색깔의 짙기는 용액의 농도에 비례한다.

03 pH 4인 용액 농도는 pH 6인 용액 농도의 몇 배에 해당하는가?

㉮ $\dfrac{1}{2}$ ㉯ $\dfrac{1}{200}$
㉰ 2 ㉱ 100

03 **해설**

① $pH = -\log[H^+] \Rightarrow [H^+] = 10^{-pH} \text{mol/L}$
② $\dfrac{pH\ 4}{pH\ 6} = \dfrac{10^{-4}\text{mol/L}}{10^{-6}\text{mol/L}} = 100$

정답 01 ㉯ 02 ㉯ 03 ㉱

04 기체 크로마토그래피(GC)에서 운반가스로 주로 사용되는 것은 어느 것인가?

㉮ O_2, H_2
㉯ O_2, N_2
㉰ He, Ar
㉱ CO_2, CO

04

운반가스로 주로 사용되는 것은 불활성 기체로 He, Ar, N_2 등이다.

05 전위차법에서 사용되는 기준전극의 구비조건으로 틀린 것은?

㉮ 반전지 전위값이 알려져 있어야 한다.
㉯ 비가역적이고 편극전극으로 작동하여야 한다.
㉰ 일정한 전위를 유지하여야 한다.
㉱ 온도 변화에 히스테리시스 현상이 없어야 한다.

05

㉯ 가역적이고 비편극 전극으로 작동하여야 한다.

TIP

① 히스테리시스란 전진각과 후진각의 차이를 의미한다.
② 전진각이란 액체를 기판 위에 떨어뜨린 다음 바늘을 통해 액체의 양을 서서히 증가시키면서 3상(고체, 액체, 기체)의 계면을 관찰할 때 계면이 움직이기 직전의 각을 의미한다.
③ 후진각이란 바늘을 통해 서서히 액체의 양을 감소시키면서 3상(고체, 액체, 기체)의 계면을 관찰할 때 계면이 움직이기 바로 직전의 각을 의미한다.
④ 가역적 반응: 자발적으로 정반응과 역반응이 동시에 일어나는 반응
⑤ 비가역적 반응: 자발적으로 역반응이 일어나지 않는 반응

06 다음 ( )에 들어갈 용어는 무엇인가?

점성유체의 흐르는 모양, 또는 유체역학적인 문제에 있어서는 점도를 그 상태의 유체 ( )로 나눈 양에 지배되므로 이 양을 동점도라 한다.

㉮ 밀도
㉯ 부피
㉰ 압력
㉱ 온도

06

$$동점도(cm^2/s) = \frac{점성계수(g/cm·s)}{밀도(g/cm^3)}$$

07 원자를 증기화하여 생긴 기저 상태의 원자가 그 원자층을 투과하는 특유 파장의 빛을 흡수하는 성질을 이용한 것으로 극소량의 금속성분 분석에 많이 사용되는 분석법은?

㉮ 가시·자외선흡수분광법
㉯ 원자흡수분광법
㉰ 적외선흡수분광법
㉱ 기체 크로마토그래피법

07

㉯ 원자흡수분광법에 대한 설명이다.

정답 04 ㉰ 05 ㉯ 06 ㉮ 07 ㉯

08 적외선 흡수분광법에서 액체 시료는 어떤 시료판에 떨어뜨리거나 발라서 측정하는가?

㉮ K_2CrO_4 ㉯ KBr
㉰ CrO_3 ㉱ $KMnO_4$

해설
적외선 흡수분광법에서 액체 시료는 브롬화칼륨(KBr) 시료판에 떨어뜨리거나 발라서 측정한다.

09 적외선 흡수 스펙트럼의 1700Cm^{-1} 부근에서 강한 신축 진동(stretching vibration) 피크를 나타내는 물질은?

㉮ 아세틸렌   ㉯ 아세톤
㉰ 메탄   ㉱ 에탄올

해설
적외선 흡수 스펙트럼의 1700 cm^{-1} 부근에서 강한 신축 진동 피크를 나타내는 물질은 아세톤(C_3H_6O)이다.

10 이상적인 pH 전극에서 pH가 1단위 변할 때 pH 전극의 전압은 약 얼마나 변하는가?

㉮ 96.52mV   ㉯ 59.25mV
㉰ 96.5V   ㉱ 59.2V

해설
이상적인 pH 전극에서 pH가 1단위 변할 때 pH 전극의 전압은 59.25mV 변한다.

11 고성능 액체 크로마토그래피는 고정상의 종류에 의해 4가지로 분류된다. 다음 중 해당되지 않는 것은 어느 것인가?

㉮ 분배   ㉯ 흡수
㉰ 흡착   ㉱ 이온교환

해설
고성능 액체 크로마토그래피의 고정상의 종류에는 분배, 흡착, 이온교환, 크기별 배제 크로마토그래피가 있다.

12 강산이나 강알칼리 등과 같은 유독한 액체를 취할 때 실험자가 입으로 빨아올리지 않기 위하여 사용하는 기구는 어느 것인가?

㉮ 피펫필러   ㉯ 자동뷰렛
㉰ 홀피펫   ㉱ 스포이드

해설
㉮ 피펫필러에 대한 설명이다.

정답 08 ㉯ 09 ㉯ 10 ㉯ 11 ㉯ 12 ㉮

13. 분광광도계의 광원 중 중수소램프는 어느 범위에서 사용하는 광원인가?
   ㉮ 자외선
   ㉯ 가시광선
   ㉰ 적외선
   ㉱ 감마선

13 해설
분광광도계의 광원 중 중수소램프는 자외선에서 사용하는 광원이며, 텅스텐램프는 가시광선에서 사용하는 광원이다.

14. 기체 크로마토그래피의 검출기에서 황, 인을 포함한 화합물을 선택적으로 검출하는 검출기는 어느 것인가?
   ㉮ 열전도도 검출기(TCD)
   ㉯ 불꽃광도 검출기(FPD)
   ㉰ 열이온화 검출기(TID)
   ㉱ 전자포획형 검출기(ECD)

14 해설
㉯ 불꽃광도 검출기(FPD)에 대한 설명이다.

15. 옷, 종이, 고무, 플라스틱 등의 화재로, 소화 방법으로는 물을 뿌리는 방법이 주로 이용되는 화재는 어느 것인가?
   ㉮ A급 화재
   ㉯ B급 화재
   ㉰ C급 화재
   ㉱ D급 화재

15 해설
화재의 종류
㉮ A급 화재 : 옷, 종이, 고무, 플라스틱 등
㉯ B급 화재 : 유류, 가스
㉰ C급 화재 : 전기
㉱ D급 화재 : 금속류

16. 어떤 시료를 분광광도계를 이용하여 측정하였더니 투과도가 10%(T)이었다. 이때 흡광도는 얼마인가?
   ㉮ 0.1
   ㉯ 0.8
   ㉰ 1
   ㉱ 1.6

16 해설
$$흡광도(A) = \log \frac{1}{투과도} = \log \frac{1}{0.1} = 1.0$$

17. 기체 크로마토그래피의 주요 구성부로 틀린 것은?
   ㉮ 시료주입부
   ㉯ 운반기체부
   ㉰ 시료원자화부
   ㉱ 데이터처리장치

17 해설
기체 크로마토그래피의 주요 구성부로는 운반기체부, 유량계, 시료주입부, 전기오븐, 분리관, 데이터처리장치가 있다.

정답 13 ㉮ 14 ㉯ 15 ㉮ 16 ㉰ 17 ㉰

18 불꽃이온화 검출기의 특징에 관한 내용으로 알맞은 것은?

㉮ 유기 및 무기 화합물을 모두 검출할 수 있다.
㉯ 검출 후에도 시료를 회수할 수 있다.
㉰ 감도가 비교적 낮다.
㉱ 시료를 파괴한다.

19 분석하려는 시료 용액에 음극과 양극을 담근 후 음극의 금속을 전기 화학적으로 도금하여 전해 전·후의 음극 무게 차이로부터 시료에 있는 금속의 양을 계산하는 분석법은 어느 것인가?

㉮ 전위차법(potentiometry)
㉯ 전해무게 분석법(electrogravimetry)
㉰ 전기량법(coulometry)
㉱ 전압전류법(voltammetry)

20 중크롬산칼륨 표준용액 1000ppm으로 10ppm의 시료용액 100mL를 제조하고자 한다. 필요한 표준용액의 양(mL)은 얼마인가?

㉮ 1mL
㉯ 10mL
㉰ 100mL
㉱ 1,000mL

21 다음 중 승화와 관계 없는 물질은?

㉮ 드라이아이스
㉯ 나프탈렌
㉰ 알코올
㉱ 요오드(아이오드)

22 다음 물질 중 물에 가장 잘 녹는 기체는?

㉮ NO
㉯ C_2H_2
㉰ NH_3
㉱ CH_4

18

㉮, ㉯, ㉰는 열전도도 검출기(TCD)에 대한 설명이다.

19

㉯ 전해무게 분석법(electrogravimetry)에 대한 설명이다.

20

① 희석 배수치 = $\dfrac{\text{표준용액 농도}}{\text{시료용액의 농도}}$ = $\dfrac{1,000\,\text{ppm}}{10\,\text{ppm}}$ = 100배

② 필요한 표준용액의 양(mL) = $\dfrac{\text{시료용액의 양(mL)}}{\text{희석 배수치}}$
= $\dfrac{100\,\text{mL}}{100}$ = 1 mL

21

㉰ 알코올은 승화와 관계없다.

22

암모니아(NH_3)는 물에 잘 녹는 수용성 기체이다.

| 정답 | 18 ㉱ 19 ㉯ 20 ㉮ 21 ㉰ 22 ㉰

실전 모의고사(속.풀.이-속 시원하게 풀고 보는 이득 문제 /해설)

23 다음 중 주기율표상 V족 원소에 해당되지 않는 것은?

㉮ P ㉯ As
㉰ Si ㉱ Bi

24 금속결합의 특징이 아닌 것은?

㉮ 양이온과 자유전자 사이의 결합이다.
㉯ 열과 전기의 부도체이다.
㉰ 연성과 전성이 크다.
㉱ 광택을 가진다.

25 0°C, 2atm에서 산소 분자수가 2.15×10^{21}개다. 이때 부피(mL)는 얼마인가?

㉮ 40mL ㉯ 80mL
㉰ 100mL ㉱ 120mL

26 0.001M HCl 용액의 pH는 얼마인가?

㉮ 2 ㉯ 3
㉰ 4 ㉱ 5

27 원자번호 7번인 질소(N)는 2p 궤도에 몇 개의 전자를 갖는가?

㉮ 3 ㉯ 5
㉰ 7 ㉱ 14

---

23 ✓ 해설

V족 원소로는 질소(N), 인(P), 비소(As), 안티모니(Sb), 비스무트(Bi)가 있다.

24 ✓ 해설

㉯ 열과 전기의 도체이다.

25 ✓ 해설

$PV = nRT$
여기서 P : 압력(atm)
V : 체적(L)
n : 몰수
R : 기체상수(0.082atm·L/mol·K)
T : 절대온도(K)
따라서
$2\,\text{atm} \times V = \dfrac{2.15 \times 10^{21}\text{개}}{6.02 \times 10^{23}\text{개}/1\,\text{mol}} \times 0.082\,\text{atm}\cdot\text{L/mol}\cdot\text{K} \times 273\,\text{K}$
$\therefore V = 0.04\,\text{L} = 40\,\text{mL}$

26 ✓ 해설

$\text{HCl} \rightarrow \text{H}^+ + \text{Cl}^-$
$\quad x\text{M} \quad\;\; x\text{M} \quad\;\; x\text{M}$
따라서 $x\text{M} = 0.001\text{M}$ 이므로 $[\text{H}^+] = 0.001\,\text{M}$ 이 된다.
$\therefore \text{pH} = -\log[\text{H}^+] = -\log[0.001\,\text{M}] = 3.0$

! TIP

① 산성 물질에서 $\text{pH} = -\log[\text{H}^+]$
② 알칼리성(염기성) 물질에서 $\text{pH} = 14 + \log(\text{OH}^-)$

27 ✓ 해설

질소(N)의 궤도는 $1s^2 2s^2 2p^3$이 된다. 따라서 2p궤도의 전자는 3개이다.

| 정답 | 23 ㉰ 24 ㉯ 25 ㉮ 26 ㉯ 27 ㉮ |

28. $HClO_4$에서 할로겐 원소가 갖는 산화수는 얼마인가?

    ㉮ +1
    ㉯ +3
    ㉰ +5
    ㉱ +7

29. 황산(H_2SO_4) 용액 100mL에 황산이 4.9g 용해되어 있다. 이 황산 용액의 노르말 농도(N)는 얼마인가?

    ㉮ 0.5N
    ㉯ 1N
    ㉰ 4.9N
    ㉱ 9.8N

30. 다음 중 포화탄화수소 화합물은 어느 것인가?

    ㉮ 요오드 값이 큰 것
    ㉯ 건성유
    ㉰ 사이클로헥산
    ㉱ 생선 기름

31. 다음 중 식물 세포벽의 기본 구조 성분은 어느 것인가?

    ㉮ 셀룰로오스
    ㉯ 나프탈렌
    ㉰ 아닐린
    ㉱ 에틸에테르

28

$HClO_4$에서 $H^{+1}Cl^{+7}O_4^{-8}$된다. 따라서 할로겐 원소(Cl)의 산화수는 +7이다.

29

$$N(eq/L) = \frac{질량(g)}{부피(L)} \times \frac{1\,eq}{1당량\,g}$$
$$= \frac{4.9\,g}{0.1\,L} \times \frac{1\,eq}{98\,g/2} = 1\,N$$

TIP

① H_2SO_4의 분자량 = $2 \times 1 + 32 + 4 \times 16 = 98g$
② H_2SO_4 1mol = 분자량(g) = 98g
③ H_2SO_4 1eq = $\frac{분자량(g)}{가수} = \frac{98\,g}{2}$
④ 용액 100mL = 용액 1L

30

포화탄화수소 화합물은 탄소원자 사이의 결합이 단일결합으로 이루어진 탄화수소를 말하며, 종류로는 사슬 모양의 탄화수소인 알케인(C_nH_{2n+2})과 고리 모양 탄화수소인 사이클로알케인(C_nH_{2n})이 있다.

31

식물 세포벽의 기본 구조 성분은 셀룰로오스이다.

정답 28 ㉱ 29 ㉯ 30 ㉰ 31 ㉮

32 펜탄의 구조 이성질체는 몇 개인가?

㉮ 2 ㉯ 3
㉰ 4 ㉱ 5

33 열의 일당량의 값으로 알맞은 것은?

㉮ 427kgf·m/kcal
㉯ 539kgf·m/kcal
㉰ 632kgf·m/kcal
㉱ 778kgf·m/kcal

34 다음 중 명명법이 틀린 것은?

㉮ $NaClO_3$: 아염소산나트륨
㉯ $NaSO_3$: 아황산나트륨
㉰ $(NH_4)_2SO_4$: 황산암모늄
㉱ $SiCl_4$: 사염화규소

35 다음 중 요오드포름 반응도 일어나고 은거울 반응도 일어나는 물질은 무엇 인가?

㉮ CH_3CHO ㉯ CH_3CH_2OH
㉰ $HCHO$ ㉱ CH_3COCH_3

36 에탄올에 진한 황산을 촉매로 사용하여 160~170℃의 온도를 가해 반응시켰을 때 만들어지는 물질은?

㉮ 에틸렌 ㉯ 메탄
㉰ 황산 ㉱ 아세트산

---

32 해설

펜탄(C_5H_{12})은 노말(n), 이소(iso), 네오(neo)의 3가지 이성질체를 가진다.

TIP

① 구조이성질체는 분자식은 같으나 서로 다른 물질이며, 원자의 결합 순서가 다르다.
② $n-C_5H_{12}$는 $CH_3-CH_2-CH_2-CH_2-CH_3$
③ $iso-C_5H_{12}$는 $CH_3-CH_2-CH-CH_3$
                                      |
                                    CH_3

④ $neo-C_5H_{12}$는
$$CH_3-\underset{\underset{CH_3}{|}}{\overset{\overset{CH_3}{|}}{C}}-CH_3$$

33 해설

열의 일당량은 427kgf·m/kcal이다.

34 해설

㉮ $NaClO_3$: 염소산나트륨

TIP

$NaClO_2$: 아염소산나트륨

35 해설

요오드포름(아이오드포름) 반응도 일어나고 은거울 반응도 일어나는 물질은 아세트알데히드(CH_3CHO)이다.

36 해설

에탄올에 진한 황산을 촉매로 사용하여 160~170℃의 온도를 가해 반응시키면 에틸렌(C_2H_4)이 발생한다.

| 정답 | 32 ㉯ 33 ㉮ 34 ㉮ 35 ㉮ 36 ㉮ |

37 원자의 K껍질에 들어 있는 오비탈은 어느 것인가?

㉮ s ㉯ p
㉰ d ㉱ f

38 착이온 $Fe(CN)_6^{-4}$의 중심 금속 전하수는 얼마인가?

㉮ +2 ㉯ −2
㉰ +3 ㉱ −3

39 결정의 구성단위가 양이온과 전자로 이루어진 결정 형태는 무엇인가?

㉮ 금속 결정 ㉯ 이온 결정
㉰ 분자 결정 ㉱ 공유 결합 결정

40 비활성 기체에 관한 내용으로 틀린 것은?

㉮ 다른 원소와 화합하지 않고 전자 배열이 안정하다.
㉯ 가볍고 불연소성이므로 기구, 비행기 타이어 등에 사용된다.
㉰ 방전할 때 특유한 색상을 나타내므로 야간 광고용으로 사용된다.
㉱ 특유의 색깔, 맛, 냄새가 있다.

41 다음 중 비전해질은 어느 것인가?

㉮ NaOH ㉯ HNO_3
㉰ CH_3COOH ㉱ C_2H_5OH

42 다이아몬드, 흑연은 같은 원소로 되어 있다. 이러한 단체를 무엇이라고 하는가?

㉮ 동소체 ㉯ 전이체
㉰ 혼합물 ㉱ 동위 화합물

---

37 해설

각 전자껍질에 존재하는 오비탈의 종류

전자껍질	오비탈의 종류
K(n = 1)	1s
L(n = 2)	2s, 2p
M(n = 3)	3s, 3p, 3d
N(n = 4)	4s, 4p, 4d, 4f

38 해설

$Fe^{2+} + 6CN^- \rightarrow Fe(CN)_6^{-4}$ 이므로 중심 금속 전하수는 +2이다.

39 해설

결정의 구성 단위가 양이온과 전자로 이루어진 결정 형태는 금속 결정이다.

40 해설

㉱ 특유의 색깔, 맛, 냄새가 없다.

41 해설

비전해질이란 수용액에서 해리되지 않는 물질을 말하니, 보기 중에서 ㉱ 에틸알코올이 해당된다.

42 해설

다이아몬드와 흑연은 동소체이다.

정답 37 ㉮ 38 ㉮ 39 ㉮ 40 ㉱ 41 ㉱ 42 ㉮

43. 이소프렌, 부타디엔, 클로로프렌은 다음 중 무엇을 제조할 때 사용되는가?

㉮ 합성섬유　　㉯ 합성고무
㉰ 합성수지　　㉱ 세라믹

해설
이소프렌, 부타디엔, 클로로프렌은 합성고무를 제조할 때 사용된다.

44. 이산화탄소가 쌍극자 모멘트를 가지지 않는 주된 이유는 무엇인가?

㉮ C = O 결합이 무극성이 때문이다.
㉯ C = O 결합이 공유 결합이기 때문이다.
㉰ 분자가 선형이고 대칭이기 때문이다.
㉱ C와 O의 전기 음성도가 비슷하기 때문이다.

해설
이산화탄소(CO_2)가 쌍극자 모멘트를 가지지 않는 주된 이유는 분자가 선형이고 대칭이기 때문이다.

45. 용액의 끓는점 오름은 어느 농도에 비례하는가?

㉮ 백분율 농도　　㉯ 몰 농도
㉰ 몰랄 농도　　㉱ 노르말 농도

해설
용액의 끓는점 오름은 몰랄 농도에 비례한다.

46. $KMnO_4$는 어디에 보관하는 것이 가장 적당한가?

㉮ 에보나이트병　　㉯ 폴리에틸렌병
㉰ 갈색 유리병　　㉱ 투명 유리병

해설
과망간산칼륨($KMnO_4$)은 햇빛에 의해 이산화망간(MnO_2)으로 분해되는 것을 방지하기 위해 갈색 유리병에 보관한다.

47. 화학반응에서 촉매작용에 관한 내용으로 틀린 것은?

㉮ 평형 이동과 무관하다.
㉯ 물리적 변화를 일으킬 수 있다.
㉰ 어떠한 물질이라도 반응이 일어나게 된다.
㉱ 반응 속도에는 소량을 가하더라도 영향이 미친다.

해설
㉰ 촉매는 주로 반응속도에 영향을 미친다.

정답 43 ㉯　44 ㉰　45 ㉰　46 ㉰　47 ㉰

48 AgCl의 용해도가 0.0016g/L일 때 AgCl의 용해도 곱은 약 얼마인가? (단, Ag의 원자량은 108, Cl의 원자량은 35.5이다.)

㉮ 1.12×10^{-5}
㉯ 1.12×10^{-3}
㉰ 1.2×10^{-5}
㉱ 1.2×10^{-10}

48 해설

① $AgCl \rightarrow Ag^+ + Cl^-$
　　xM　　xM　xM
② AgCl의 M농도를 계산한다.
$$mol/L = \frac{질량(g)}{분자량(g)} \times \frac{1 mol}{분자량(g)}$$
$$= \frac{0.0016g}{1L} \times \frac{1mol}{143.5g} = 1.1 \times 10^{-5} mol/L$$
③ $xM = 1.1 \times 10^{-5} mol/L$
④ 용해도곱(ksp) = $[Ag^+][Cl^-] = x \times x = x^2$
　　　　= $(1.1 \times 10^{-5})^2 = 1.21 \times 10^{-10}$

49 염소산 화합물의 세기 순서로 알맞은 것은?

㉮ $HOCl > HClO_2 > HClO_3 > HClO_4$
㉯ $HClO_4 > HOCl > HClO_3 > HClO_2$
㉰ $HClO_4 > HClO_3 > HClO_2 > HOCl$
㉱ $HOCl > HClO_3 > HClO_2 > HClO_4$

49 해설

염소산 화합물의 세기 순서
과염소산($HClO_4$) > 염소산($HClO_3$) > 아염소산($HClO_2$) > 차아염소산($HClO$)

50 양이온 계통 분석에서 가장 먼저 검출하여야 하는 이온은 어느 것인가?

㉮ Ag^+
㉯ Cu^{2+}
㉰ Mg^{2+}
㉱ NH_4^+

50 해설

양이온 계통 분석에서 가장 먼저 검출하여야 하는 이온은 양이온 제1족 물질인 Ag^+이다.

51 다음 반응에서 침전물의 색깔로 알맞은 것은 어느 것인가?

$$Pb(NO_3)_2 + K_2CrO_4 \rightarrow PbCrO_4 \downarrow + 2KNO_3$$

㉮ 검은색
㉯ 빨간색
㉰ 흰색
㉱ 노란색

51 해설

크롬산납($PbCrO_4$) 침전물의 색깔은 노란색이다.

52 황산(H_2SO_4 = 98) 1.5N 용액 3L를 1N 용액으로 만들고자 한다. 필요한 물의 양(L)은 얼마인가?

㉮ 1.5L
㉯ 2.5L
㉰ 3.5L
㉱ 4.5L

52 해설

① 노르말 공식 $N_1 \times V_1 = N_2 \times V_2$ 를 이용한다.
　$1.5N \times 3L = 1N \times V_2$
　$\therefore V_2 = \frac{1.5N \times 3L}{1N} = 4.5L$
② 필요한 물의 양 = 1N 용액량 − 1.5N 용액량
　　　　　　　 = 4.5L − 3L = 1.5L

정답　48 ㉱　49 ㉰　50 ㉮　51 ㉱　52 ㉮

53 기체의 용해도에 관한 내용으로 알맞은 것은?

㉮ 질소는 물에 잘 녹는다.
㉯ 무극성인 기체는 물에 잘 녹는다.
㉰ 기체는 온도가 올라가면 물에 녹기 쉽다.
㉱ 기체의 용해도는 압력에 비례한다.

54 미지 농도의 염산 용액 100mL를 중화하는데 0.2N NaOH 용액 250mL가 소모되었다. 염산 용액의 농도는 얼마인가?

㉮ 0.05N ㉯ 0.1N
㉰ 0.2N ㉱ 0.5N

55 다음 중 제3족 양이온으로 분류하는 이온은 어느 것인가?

㉮ Al^{3+} ㉯ Mg^{2+}
㉰ Ca^{2+} ㉱ As^{3+}

56 페놀류의 정색반응에 사용되는 약품은 어느 것인가?

㉮ CS_2 ㉯ KI
㉰ $FeCl_3$ ㉱ $(NH_4)_2Ce(NO_3)_6$

57 메탄올(CH_3OH, 밀도 0.8g/mL) 25mL를 클로로포름에 녹여 500mL를 만들었다. 용액 중의 메탄올의 몰 농도(M)는 얼마인가?

㉮ 0.16 ㉯ 1.6
㉰ 0.13 ㉱ 1.25

---

53 해설

㉮ 질소는 물에 잘 녹지 않는다.
㉯ 무극성인 기체는 물에 잘 녹지 않는다.
㉰ 기체는 온도가 올라가면 물에 잘 녹지 않는다.

TIP
㉮ 질소는 물에 잘 녹지 않는 난용성 물질이므로 헨리법칙에 적용 받는다.
㉯ 물이 극성 물질이므로 물에 녹기 위해서는 극성인 기체물질이어야 한다.
㉰ 기체는 온도가 높을수록, 압력이 낮을수록 물에 잘 녹지 않는다.

54 해설

노르말 공식 $N_1 \times V_1 = N_2 \times V_2$ 를 이용한다.
$N_1 \times 100mL = 0.2N \times 250mL$
$\therefore N_1 = \dfrac{0.2N \times 250mL}{100mL} = 0.5N$

55 해설

제3족 양이온으로 분류하는 이온은 알루미늄이온(Al^{3+})이다.

56 해설

페놀류의 정색 반응에 사용되는 약품은 염화제2철($FeCl_3$)이다.

57 해설

$M(mol/L) = \dfrac{질량(g)}{부피(L)} \times \dfrac{1\,mol}{분자량(g)}$
$= \dfrac{0.8g/mL \times 25mL}{0.5L} \times \dfrac{1\,mol}{32g} = 1.25M$

TIP
① CH_3OH 의 분자량 = $1 \times 12 + 3 \times 1 + 16 + 1 = 32g$
② CH_3OH 1mol = 분자량(g) = 32g
③ CH_3OH 의 질량
  = 메탄올의 밀도(g/mL) × 메탄올 부피(mL)
  = 0.8g/mL × 25mL
④ 용액 500mL = 용액 0.5L

| 정답 | 53 ㉱ 54 ㉱ 55 ㉮ 56 ㉰ 57 ㉱

58. 다음 반응식에서 브뢴스테드 - 로우리가 정의한 산으로만 짝지어진 것은?

$$HCl + NH_3 \rightleftharpoons NH_4^+ + Cl^-$$

㉮ HCl, NH_4^+ ㉯ HCl, Cl^-
㉰ NH_3, NH_4^+ ㉱ NH_3, Cl^-

58. 해설

$HCl + NH_3 \rightleftharpoons NH_4^+ + Cl^-$
① HCl은 Cl^-의 짝산
② NH_3는 NH_4^+의 짝염기
③ NH_4^+는 NH_3의 짝산
④ Cl^-는 HCl의 짝염기

TIP

브뢴스테드 - 로우리 정의
① 산 : 양성자[H^+]을 내어 주는 물질
② 염기 : 양성자[H^+]를 받는 물질

59. 제4족 양이온 분족 시 최종 확인시약으로 디메틸글리옥심을 사용하는 것은?

㉮ 아연   ㉯ 철
㉰ 니켈   ㉱ 코발트

59. 해설

제4족 양이온 분족 시 최종 확인시약으로 디메틸글리옥심($C_4H_8N_2O_2$)을 사용하는 것은 니켈(Ni)이다.

60. 침전적정법 중에서 모르(Mohr)법에 사용하는 지시약은 어느 것인가?

㉮ 질산은   ㉯ 플루오르세인
㉰ NH_4SCN ㉱ K_2CrO_4

60. 해설

침전 적정법 중에서 모르(Mohr)법에 사용하는 지시약은 크롬산칼륨(K_2CrO_4)이다.

| 정답 | 58 ㉮ 59 ㉰ 60 ㉱

제13회 실전 모의고사

01 어떤 용액의 전도도를 측정하였더니 $0.5\Omega^{-1}$이었다. 이 용액의 저항(Ω)은 얼마인가?

㉮ 0.5Ω ㉯ 1Ω
㉰ 1.5Ω ㉱ 2Ω

해설

전도도 = $\dfrac{1}{저항}$

∴ 저항 = $\dfrac{1}{전도도} = \dfrac{1}{0.5\Omega^{-1}} = 2\Omega$

02 오르자트(Orsat) 장치는 어떤 물질의 분석에 사용되는 장치인가?

㉮ 기체 분석   ㉯ 액체 분석
㉰ 고체 분석   ㉱ 고 - 액 분석

해설

오르자트(Orsat) 장치는 흡수법으로 기체물질(CO_2, O_2, CO)의 분석에 사용되는 장치이다.

03 전위차 적정의 원리식(Nernst식)에서 n이 의미하는 것은 무엇인가?

$$E = E_o + \dfrac{0.0591}{n}\log C$$

㉮ 표준 전위차   ㉯ 단극 전위차
㉰ 이온 농도   ㉱ 산화수 변화

해설

$E = E_o + \dfrac{0.0591}{n}\log C$

여기서 E_o : 표준 전위차
  n : 산화수 변화
  C : 이온 농도
  E : 단극 전위차

04 선광계(편광계)의 광원으로 알맞은 것은?

㉮ 속빈 음극램프   ㉯ Nernst램프
㉰ 나트륨증기램프   ㉱ 텅스텐램프

해설

선광계(편광계)의 광원으로 사용되는 것은 나트륨증기램프이다.

정답 01 ㉱ 02 ㉮ 03 ㉱ 04 ㉰

05 20°C에서 글리세린의 점도를 측정했더니 2,300cP이었다. 동점도(ν)로는 약 몇 stokes인가? (단, 글리세린의 밀도는 1.6g/cm³이다.)

㉮ 1.44
㉯ 14.38
㉰ 3.68
㉱ 36.8

05 해설

동점도 = $\dfrac{\text{점성계수}(g/cm \cdot s)}{\text{밀도}(g/cm^3)} = \dfrac{23\,g/cm \cdot s}{1.6\,g/cm^3} = 14.38\,cm^2/s$

TIP

① cP = centi poise
② cP $\xrightarrow{\times 10^{-2}}$ poise
③ Poise = g/cm·s

---

06 가스 분석에서 분석 성분과 흡수제가 알맞게 연결된 것은?

㉮ CO_2 - 발연황산
㉯ CO - 50% KOH 용액
㉰ H_2 - 암모니아성 Cu_2Cl_2 용액
㉱ O_2 - 알칼리성 피로카롤 용액

06 해설

오르자트 가스분석계의 분석가스와 흡수액
① CO_2 : 30% KOH 용액
② CO : 암모니아성 염화제1동 용액
③ O_2 : 알칼리성 피로카롤 용액

---

07 다음 중 가장 에너지가 큰 것은 어느 것인가?

㉮ 적외선
㉯ 자외선
㉰ X-선
㉱ 가시광선

07 해설

에너지 값은 파장에 반비례하므로 파장이 가장 작은 X-선이 에너지가 가장 크다.

TIP

흡수파장(nm)의 크기 $\xleftrightarrow{\text{반대}}$ 에너지의 크기

① X-선 : 0~200nm
② 자외선 : 200~400nm
③ 가시광선 : 400~800nm
④ 적외선 : 800~10^5nm

---

08 일반적으로 화학 실험실에서 발생하는 폭발 사고의 유형으로 틀린 것은?

㉮ 조절 불가능한 발열 반응
㉯ 이산화탄소 누출에 의한 폭발
㉰ 불안전한 화합물의 가열·건조·증류 등에 의한 폭발
㉱ 에테르 용액 증류 시 남아 있는 과산화물에 의한 폭발

08 해설

㉯ 이산화탄소(CO_2)는 불연성 물질이므로 폭발에 의한 사고는 발생하지 않는다.

정답 05 ㉯ 06 ㉱ 07 ㉰ 08 ㉯

09 분광광도계 흡광도가 0.300, 시료의 몰흡광계수가 0.02 L/mol·cm, 광도의 길이가 1.2cm라면 시료의 농도(mol/L)는 얼마인가?

㉮ 0.125 ㉯ 1.25
㉰ 12.5   ㉱ 125

10 Wheatstone bridge(휘트스톤 브리지)의 원리를 이용하여 측정 가능한 것은 어느 것인가?

㉮ 굴절률   ㉯ 선광도
㉰ 전위차   ㉱ 전도도

11 기체 크로마토그래피에서 비결합 전자를 갖는 원소 화합물을 분리할 때 주로 사용되는 충전분리관의 재질은 어느 것인가?

㉮ 알루미늄 ㉯ 강철
㉰ 유리   ㉱ 구리

12 기체 크로마토그래피에서 정성분석의 기초가 되는 것은 어느 것인가?

㉮ 검량선
㉯ 머무름 시간
㉰ 크로마토그램의 봉우리 높이
㉱ 크로마토그램의 봉우리 넓이

09

$A = \epsilon \times C \times L$

여기서 A : 흡광도
ϵ : 몰흡광계수(L/mol·cm)
C : 시료의 농도(mol/L)
L : 광도의 길이(cm)

따라서 $0.3 = 0.02\,L/mol·cm \times C \times 1.2\,cm$

$\therefore C = \dfrac{0.3}{0.02\,L/mol·cm \times 1.2\,cm} = 12.5\,mol/L$

10

Wheatstone bridge(휘트스톤 브리지)의 원리를 이용하여 측정 가능한 것은 전도도이다.

11

비결합 전자를 갖는 원소 화합물을 분리할 때 주로 사용되는 충전분리관의 재질은 유리이다.

TIP
기체 크로마토그래피 = 가스 크로마토그래피 = GC

12

① 정성분석의 기초가 되는 것은 크로마토그램의 머무름 시간이다.
② 정량분석의 기초가 되는 것은 크로마토그램의 피크의 넓이 또는 높이이다.

정답 09 ㉰ 10 ㉱ 11 ㉰ 12 ㉯

13 흡수분광법에서 정량분석의 기본이 되는 법칙은 어느 것인가?

㉮ 람베르트 - 비어의 법칙
㉯ 훈트의 법칙
㉰ 뉴턴의 법칙
㉱ 패러데이의 법칙

13

흡수분광법에서 정량분석의 기본이 되는 법칙은 람베르트 - 비어의 법칙이다.

14 산·염기 적정에 전위차 적정을 이용할 수 있다. 다음 내용 중 틀린 것은?

㉮ 지시 전극으로는 유리 전극을 사용한다.
㉯ 측정되는 전위는 용액의 수소이온 농도에 비례한다.
㉰ 종말점 부근에는 염기 첨가에 대한 전위 변화가 매우 적다.
㉱ pH가 한 단위 변화함에 따라 측정 전위는 59.25mV 씩 변한다.

14

㉰ 종말점 부근에는 염기 첨가에 대한 전위 변화가 매우 크다.

15 Fe^{3+}용액 1L가 있다. Fe^{3+}를 Fe^{2+}로 환원시키기 위해 48.246C의 전기량을 가하였다. Fe^{2+}의 몰 농도(M)는 얼마인가?

㉮ 0.0005M   ㉯ 0.001M
㉰ 0.05M   ㉱ 1.0M

15

① $Q = n \times F$
여기서 Q : 쿨롱력(C)
n : 전자 몰수(mol)
F : 패러데이 상수(96,500C/mol)

따라서 전자 몰수$(n) = \dfrac{Q}{F} = \dfrac{48.246\,C}{96,500\,C/mol} = 0.0005\,mol$

여기서 전자 몰수 0.0005mol은 Fe^{2+}의 몰수이다.

② Fe^{2+}의 몰농도 $= \dfrac{0.0005\,mol}{1\,L} = 0.0005\,mol/L$

16 원자흡수분광도법(AAS)에서 주로 사용하는 광원은 어느 것인가?

㉮ X - 선(X - ray)
㉯ 적외선(infrared)
㉰ 마이크로파(microwave)
㉱ 자외 - 가시광선(ultraviolet - visible)

16

원자흡수분광법에서 주로 사용하는 광원은 자외 - 가시광선이다.

정답 13 ㉮ 14 ㉰ 15 ㉮ 16 ㉱

17 기체 크로마토그래피 검출기 중 유기화합물이 수소-공기의 불꽃 속에서 탈 때 생성되는 이온을 검출하는 검출기로 알맞은 것은 어느 것인가?

㉮ TCD ㉯ ECD
㉰ FID ㉱ AED

17 해설
㉰ 불꽃이온화 검출기(FID)에 대한 설명이다.

18 적외선흡수분광법(IR)에서 고체 시료를 제조하는 가장 일반적인 방법으로 알맞은 것은?

㉮ 순수한 결정을 얻어 측정한다.
㉯ 수용성 용매에 녹여서 측정한다.
㉰ 순수한 분말로 만들어 측정한다.
㉱ KBr 펠렛(pellet)을 만들어 측정한다.

18 해설
적외선흡수분광법에서 고체 시료를 제조하는 가장 일반적인 방법으로는 KBr 펠렛(pellet)을 만들어 측정하는 것이다.

19 산과 염기의 농도 분석을 전위차법으로 할 때 사용하는 전극으로 알맞은 것은 어느 것인가?

㉮ 은 전극 - 유리 전극
㉯ 백금 전극 - 유리 전극
㉰ 포화 칼로멜 전극 - 은 전극
㉱ 포화 칼로멜 전극 - 유리 전극

19 해설
산과 염기의 농도 분석을 전위차법으로 할 때 사용하는 전극으로는 포화 칼로멜 전극 - 유리 전극이 있다.

20 전기 사용에 대한 내용으로 틀린 것은?

㉮ 전기 기기는 손을 건조시킨 후에 만진다.
㉯ 전선을 연결할 때는 전원을 차단하고 작업한다.
㉰ 전기 기기는 접지를 하여 사용해서는 안 된다.
㉱ 전기 화재가 발생하였을 때는 전원을 먼저 차단한다.

20 해설
㉰ 전기 기기는 접지를 하여 사용해야 한다.

정답 17 ㉰ 18 ㉱ 19 ㉱ 20 ㉰

21 탄소족 원소로서 반도체 산업의 핵심 재료로 사용되고 있으며, 최근 친환경 농업에도 활용되고 있는 원소는 무엇 인가?

㉮ C ㉯ Ge
㉰ Se ㉱ Sn

22 다음 중 모든 화학 변화가 일어날 때 항상 따르는 현상으로 가장 알맞은 것은?

㉮ 열의 흡수 ㉯ 열의 발생
㉰ 질량의 감소 ㉱ 에너지의 변화

23 원소의 주기율에 관한 내용으로 잘못된 것은?

㉮ 최외각 전자는 족을 결정하고, 전자껍질은 주기를 결정한다.
㉯ 금속 원자는 최외각에 전자를 받아들여 음이온이 되려는 성질이 있다.
㉰ 이온화 경향이 큰 금속은 산과 반응하여 수소를 발생한다.
㉱ 같은 족에서 원자번호가 클수록 금속성이 증가한다.

24 원자번호 18번인 아르곤(Ar)의 질량수가 25일 때 중성자의 수는 얼마인가?

㉮ 7 ㉯ 8
㉰ 42 ㉱ 43

---

21 해설

탄소족 원소로서 반도체 산업의 핵심 재료로 사용되고 있으며, 최근 친환경 농업에도 활용되고 있는 원소는 게르마늄(Ge)이다.

TIP

① 산소족 : 16족으로 산소(O), 황(S), 셀레늄(Se), 텔루륨(Te), 폴로늄(Po)이 있다.
② 질소족 : 15족으로 질소(N), 인(P), 비소(As), 안티몬(Sb), 비스무트(Bi)가 있다.
③ 탄소족 : 14족으로 탄소(C), 규소(Si), 게르마늄(Ge), 주석(Sn), 납(Pb)이 있다.
④ 할로겐족 : 17족으로 플루오르(F), 염소(Cl), 브롬(Br), 요오드(I), 아스타틴(At)이 있다.

22 해설

모든 화학변화가 일어날 때 항상 에너지의 변화가 동반된다.

23 해설

㉯ 금속 원자는 최외각 전자를 내줘 양이온이 되려는 성질이 있다.

TIP

금속 원소와 비금속 원소의 특성
① 금속 원소는 전자를 잃고 양이온이 되기 쉬운 물질로 열과 전기전도성이 우수하고, 물에 녹아 염기성을 나타낸다.
② 비금속 원소는 전자를 얻어 음이온이 되기 쉬운 물질로 열과 전기전도성이 나쁘고, 물에 녹아 산성을 나타낸다.

24 해설

중성자 수 = 질량수 − 양성자 수 = 25 − 18 = 7

TIP

원자번호 및 질량수
① 원자의 표시 : $_{원자번호}^{질량수}X_{원자 수}^{전하량}$
② 원자번호 = 양성자 수 = 전자 수
③ 질량수 = 양성자 수 + 중성자 수
④ 동위원소 : 양성자 수는 같고 중성자 수가 다른 원자

정답 21 ㉯ 22 ㉱ 23 ㉯ 24 ㉮

실전 모의고사(속.풀.이-속 시원하게 풀고 보는 이득 문제 /해설)

25 다음 중 같은 족 원소로만 나열된 것은?

㉮ F, Cl, Br ㉯ Li, H, Mg
㉰ O, N, P ㉱ Ca, K, B

26 두 원자 사이에서 극성 공유결합한 것으로 구조가 대칭이 되므로 비극성 분자인 것은 어느 것인가?

㉮ CCl_4 ㉯ $CHCl_3$
㉰ CH_2Cl_2 ㉱ CH_3Cl

27 다음 할로겐화수소 중 산성의 세기가 가장 강한 물질은 어느 것인가?

㉮ HF ㉯ HCl
㉰ HBr ㉱ HI

28 다음 중 양쪽성 산화물에 해당하는 것은?

㉮ Na_2O ㉯ Al_2O_3
㉰ MgO ㉱ CO_2

---

25 ✓ 해설

㉮ F(17족), Cl(17족), Br(17족)
㉯ Li(1족), H(1족), Mg(2족)
㉰ O(16족), N(15족), P(17족)
㉱ Ca(2족), K(1족), B(13족)

! TIP

족의 성질
① 주기율표의 세로줄로 1족에서 18족까지 존재한다.
② 동족원소는 원자가 전자의 수가 동일하여 화학적으로 성질이 비슷하다.
③ 같은 족에서는 원자번호가 커짐에 따라 물리적 성질(끓는점, 녹는 점 등)이 규칙적으로 증가한다.

26 ✓ 해설

공유 결합의 구조가 대칭인 물질은 사염화탄소(CCl_4)이다.

! TIP

공유 결합의 특징
① 비금속 원소 사이에서 형성되며, 전자쌍을 공유함으로써 형성되는 결합이다.
② 끓는점과 녹는점이 낮다.
③ 전기 전도성이 거의 없다.
④ 극성물질인 물에는 잘 녹지 않지만 비극성 물질에는 잘 녹는다.

27 ✓ 해설

산성의 세기가 가장 강한 물질은 요오드화수소(HI)이다.

! TIP

① 산성의 세기 순서 : HF < HCl < HBr < HI
② 반응성(이온화) 세기 순서 : $F_2 > Cl_2 > Br_2 > I_2$
③ 할로겐 원소는 원자번호가 작을수록 반응성이 증가한다.

28 ✓ 해설

양쪽성 원소에는 알루미늄(Al), 아연(Zn), 납(Pb), 주석(Sn) 등이 있다. 따라서 이 물질로 결합되어 있는 Al_2O_3가 양쪽성 산화물에 해당한다.

! TIP

양쪽성 물질 : 알루미늄(Al), 아연(Zn), 납(Pb), 주석(Sn) 등

정답 25 ㉮ 26 ㉮ 27 ㉱ 28 ㉯

29 다음 중 1차(primary) 알코올로 분류되는 것은?

㉮ $(CH_3)_2CHOH$ ㉯ $(CH_3)_3COH$
㉰ C_2H_5OH ㉱ $(CH_2)_2Br_2$

해설

㉮ $(CH_3)_2CHOH$: 2차 알코올
㉯ $(CH_3)_3COH$: 3차 알코올
㉰ C_2H_5OH : 1차 알코올

TIP

① 알킬기(CH_3)가 1개이면 1차 알코올
② 알킬기(CH_3)가 2개이면 2차 알코올
③ 알킬기(CH_3)가 3개이면 3차 알코올

30 다음 중 황산 제2수은을 촉매로 아세틸렌을 물(묽은황산 수용액)과 부가 반응시켰을 때 주로 얻을 수 있는 물질은 무엇인가?

㉮ 디에틸에테르   ㉯ 메틸알코올
㉰ 아세톤   ㉱ 아세트알데하이드

해설

$$C_2H_2 + H_2O \xrightarrow[HgSO_4]{촉매} CH_3CHO$$

TIP

각 물질의 화학식
① 디에틸에테르 : $C_2H_5OC_2H_5$
② 메틸알코올 : CH_3OH
③ 아세톤 : CH_3COCH_3
④ 아세트알데하이드 : CH_3CHO
⑤ 아세틸렌 : C_2H_2
⑥ 황산제이수은 : $HgSO_4$

31 공유결합 분자의 기하학적인 모양을 예측할 수 있는 판단의 근거가 되는 것은 무엇인가?

㉮ 원자가 전자의 수
㉯ 전자 친화도의 차이
㉰ 원자량의 크기
㉱ 전자쌍 반발의 원리

해설

전자쌍 반발의 원리는 공유결합 분자의 기하학적인 모양을 예측할 수 있는 판단의 근거가 된다.

TIP

전자쌍 반발의 원리
전자는 모두 (-)전하를 가지고 있으므로 분자 중심 원자를 둘러싸고 있는 전자쌍들이 정전기적 반발력이 최소가 되는 쪽으로 배치되는 것을 말한다.

| 정답 | 29 ㉰ 30 ㉱ 31 ㉱

32 표준 상태(0°C, 101.3kPa)에서 22.4L의 무게가 가장 적은 기체는 어느 것인가?

㉮ 질소
㉯ 산소
㉰ 아르곤
㉱ 이산화탄소

32 해설

기체 1mol은 $\begin{cases} 분자량(g) \\ 체적(22.4L) \end{cases}$ 이므로 22.4L에서 무게가 가장 적은 기체는 분자량이 가장 적은 질소이다.

TIP

1mol의 분자량과 체적
㉮ 질소(N_2) 1mol $\begin{cases} 28g \\ 22.4L \end{cases}$
㉯ 산소(O_2) 1mol $\begin{cases} 32g \\ 22.4L \end{cases}$
㉰ 아르곤(Ar) 1mol $\begin{cases} 36g \\ 22.4L \end{cases}$
㉱ 이산화탄소(CO_2) 1mol $\begin{cases} 44g \\ 22.4L \end{cases}$

33 농도를 모르는 H_2SO_4 25mL를 완전히 중화하는데 0.2M NaOH 용액 50mL가 필요하였다. 이 H_2SO_4의 농도는 몇 M인가?

㉮ 0.1M
㉯ 0.2M
㉰ 0.3M
㉱ 0.4M

33 해설

① 중화적정공식 $N_1 \times V_1 = N_2 \times V_2$을 이용한다.
$N_1 \times 25\,mL = 0.2N \times 50\,mL$
∴ $N_1 = 0.4N$
② M 농도 = N 농도 ÷ 가수
= $0.4N \div 2 = 0.2M$

TIP

몰(M) 농도와 노르말(N) 농도의 관계
① 몰(M) 농도 × 가수 = 노르말(N) 농도
② 노르말(N) 농도 ÷ 가수 = 몰(M) 농도
③ 산성 물질에서 가수는 화합물에 있는 수소이온[H^+]의 개수
④ 알칼리성 물질에서 가수는 화합물에 있는 수산이온[OH^-]의 개수
⑤ H_2SO_4은 [H^+]가 2개이므로 2가이며, 2당량이다.
⑥ NaOH는 [OH^-]가 1개이므로 1가이며, 1당량이다.

34 산의 제법 중 연실법과 접촉법에 의해 만들어지는 산은 어느 것인가?

㉮ 질산(HNO_3)
㉯ 황산(H_2SO_4)
㉰ 염산(HCl)
㉱ 아세트산(CH_3COOH)

34 해설

연실법과 접촉법에 의해 만들어지는 산은 황산(H_2SO_4)이다.

TIP

황산제법 중 연실법과 접촉법
① 연실법(Lead chamber process) : 연실(Lead chamber) 속에서 산화질소를 촉매로 하여 황산을 제조하는 방법이다.
② 접촉법 : 이산화황을 산화하는 단계에서 산화질소류를 촉매로 하여 황산을 만드는 방법이다.

| 정답 | 32 ㉮ 33 ㉯ 34 ㉯

35 다음 중 펠링 용액(Fehling's Solution)을 환원시킬 수 있는 물질은 어느 것인가?

㉮ CH_3COOH ㉯ CH_3OH
㉰ C_2H_5OH ㉱ $HCHO$

36 프로페인(C_3H_8) 4L를 완전연소할 때 필요한 공기량(L)은 얼마인가? (단, 표준상태 기준이며, 공기 중의 O_2는 20%이다.)

㉮ 11.2L ㉯ 22.4L
㉰ 100L   ㉱ 140L

37 식물에서 클로로필은 어떤 금속 이온과 포르피린과의 착화합물이다. 이 금속 이온은 어느 것인가?

㉮ Zn^{2+} ㉯ Mg^{2+}
㉰ Fe^{2+} ㉱ Co^{2+}

---

35 해설

펠링 용액을 환원시킬 수 있는 물질은 포름알데하이드($HCHO$)이다.

TIP

알데히드의 특성 및 반응
① 알데히드는 강한 환원성이 있으며, 알데히드 검출법으로는 은거울반응을 사용하고, 알데히드는 펠링반응을 한다.
② 은거울반응(Silver Mirror Reaction) : 알데히드류(R - CHO)에 질산은암모니아용액을 가하여 가열하면 은이온이 환원되어 석출되는 반응이다.
③ 펠링반응(Fehling's Solution) : 알데히드류(R - CHO)에 펠링용액을 가하면 환원반응에 의해서 Cu_2O 침전이 일어나는 반응이다.

36 해설

① 필요한 산소량(L)을 계산한다.

$$C_3H_8 + 5O_2 \rightarrow 3CO_2 + 4H_2O$$
$$22.4L : 5 \times 22.4L$$
$$4L : X_1$$

∴ $X_1 = 20L$

② 필요한 공기량을 계산한다.

$$공기량(L) = 산소량(L) \times \frac{1}{0.20}$$
$$= 20L \times \frac{1}{0.20} = 100L$$

TIP

계산식
① 공기량(L) = 산소량(L) × $\frac{1}{0.20}$
② 공기량(g) = 산소량(g) × $\frac{1}{0.23}$
③ 질량(g) = 계수×분자량(g)
④ 체적(L) = 계수×22.4(L)
⑤ C_3H_8 1mol $\begin{cases} 44g \\ 22.4L \end{cases}$
⑥ C_3H_8 = 프로판 = 프로페인

37 해설

식물에서 클로로필은 마그네슘(Mg^{2+}) 금속 이온과 포르피린과의 착화합물이다.

정답 35 ㉱ 36 ㉰ 37 ㉯

38. 기체를 포집하는 방법으로서 방치환으로 포집해야 하는 기체는?

㉮ NH_3
㉯ CO_2
㉰ SO_2
㉱ NO_2

39. 녹는점에서 고체 1g을 모두 녹이는데 필요한 열량을 융해열이라 하고 그 물질 1몰의 융해열을 몰 융해열이라 하는데 얼음의 몰 융해열(KJ/mol)은 얼마인가?

㉮ 0.34KJ/mol
㉯ 6.03KJ/mol
㉰ 18KJ/mol
㉱ 539KJ/mol

40. 분자들 사이의 분산력을 결정하는 요인으로 가장 중요한 것은 무엇 인가?

㉮ 온도
㉯ 전기음성도
㉰ 전자수
㉱ 압력

41. 정상적인 조건에서 더 간단한 물질로 쪼개질 수 없는 것으로 물질의 가장 기본적인 단위를 무엇이라 하는가?

㉮ 원자
㉯ 원소
㉰ 화합물
㉱ 원자핵

42. 원자번호가 26인 Fe의 전자배치도에서 채워지지 않는 전자의 개수는 얼마인가?

㉮ 1개
㉯ 3개
㉰ 4개
㉱ 5개

---

38 해설

상방치환으로 포집해야 하는 기체는 물에 잘 용해되는 기체 중 공기보다 가벼운 기체이므로 암모니아(NH_3)가 해당된다.

TIP

기체를 포집하는 방법
① 수상치환법 : 물에 잘 용해되지 않는 기체를 포집할 때 사용하는 방법으로 산소(O_2)가 해당된다.
② 상방치환법 : 물에 용해가 잘 되는 기체 중 공기보다 가벼운 물질을 포집할 때 사용하는 방법으로 암모니아(NH_3)가 해당된다.
③ 하방치환법 : 물에 용해가 잘 되는 기체 중 공기보다 무거운 물질을 포집할 때 사용하는 방법으로 이산화탄소(CO_2)가 해당된다.

39 해설

얼음의 몰 융해열은 6.03KJ/mol이다.

40 해설

분자들 사이의 분산력을 결정하는 가장 중요한 요인은 전자수이다.

41 해설

원자란 정상적인 조건에서 더 간단한 물질로 쪼개질 수 없는 것으로 물질의 가장 기본 단위이다.

42 해설

$_{26}Fe = 1s^2 2s^2 2p^6 3s^2 3p^6 4s^2 3d^6$에서 d에는 전자 10개가 채워지므로 전자를 차례로 채우면 4개가 채워지지 않는다.

정답 38 ㉮ 39 ㉯ 40 ㉰ 41 ㉮ 42 ㉰

43 전기음성도가 비슷한 비금속 사이에서 주로 일어나는 결합은 무엇 인가?

㉮ 이온 결합　　㉯ 공유 결합
㉰ 배위 결합　　㉱ 수소 결합

44 알킨(alkyne)계 탄화수소의 일반식으로 알맞은 것은?

㉮ C_nH_{2n}　　㉯ C_nH_{2n+2}
㉰ C_nH_{2n-2}　　㉱ C_nH_n

45 표준상태(0℃, 101.3kPa)에서 1.12L의 부피를 차지하는 기체가 있다. 이 기체의 질량이 1.6g일 때 이 기체의 분자량(g)은 얼마인가?

㉮ 24　　㉯ 32
㉰ 44　　㉱ 64

46 AgCl의 용해도가 0.0016g/L일 때 AgCl의 용해도곱은 얼마인가? (단, Ag의 원자량은 108, Cl의 원자량은 35.5이다.)

㉮ 1.12×10^{-5}　　㉯ 1.12×10^{-3}
㉰ 1.2×10^{-5}　　㉱ 1.21×10^{-10}

47 NH_3가 물에 녹아 알칼리성을 나타내는 것은 다음 중 무엇 때문인가?

$$NH_3 + H_2O \rightleftharpoons NH_4^+ + OH^-$$

㉮ NH_3　　㉯ H_2O
㉰ NH_4^+　　㉱ OH^-

---

43 해설

두 원자의 전기음성도 차이에 의해 공유결합과 이온결합이 결정되며, 전기음성도가 비슷한 경우에는 공유결합이, 전기음성도 차이가 매우 큰 경우에는 이온결합이 형성된다.

44 해설

탄화수소의 종류
㉮ 알켄계 : C_nH_{2n}
㉯ 알칸계 : C_nH_{2n+2}
㉰ 알킨계 : C_nH_{2n-2}

45 해설

① M(mol/L)을 계산한다.
$$M = \frac{1.12 L}{22.4 L/1 mol} = 0.05 M$$
② 기체의 분자량을 계산한다.
$$M = \frac{질량(g)}{부피(L)} \times \frac{1 mol}{분자량(g)}$$
따라서 $0.05 \frac{mol}{L} = \frac{1.6 g}{1 L} \times \frac{1 mol}{분자량(g)}$
∴ 분자량$(g) = \frac{1.6 g \times 1 mol}{0.05 mol/L \times 1 L} = 32 g$

46 해설

① $AgCl \rightarrow Ag^+ + Cl^-$
　　xM　　xM　　xM
② AgCl의 M농도를 계산한다.
$$mol/L = \frac{질량(g)}{분자량(g)} \times \frac{1 mol}{분자량(g)}$$
$$= \frac{0.0016 g}{1 L} \times \frac{1 mol}{143.5 g} = 1.1 \times 10^{-5} mol/L$$
③ $xM = 1.1 \times 10^{-5} mol/L$
④ 용해도곱$(ksp) = [Ag^+][Cl^-] = x \times x = x^2$
　　　　　$= (1.1 \times 10^{-5})^2 = 1.21 \times 10^{-10}$

47 해설

산성의 액성을 나타내는 물질은 $[H^+]$이고 알칼리성의 액성을 나타내는 물질은 $[OH^-]$이다.

| 정답 | 43 ㉯　44 ㉰　45 ㉯　46 ㉱　47 ㉱ |

48
97% H_2SO_4의 비중이 1.836이라면 이 용액은 몇 노르말인가? (단, H_2SO_4의 분자량은 98.08이다.)

㉮ 28N ㉯ 30N
㉰ 33N ㉱ 36N

해설

$$eq/L = \frac{비중(g)}{(mL)} \times \frac{10^3 mL}{1L} \times \frac{1eq}{1당량\,g} \times \frac{\%농도}{100}$$

$$= \frac{1.836\,g}{mL} \times \frac{10^3\,mL}{1L} \times \frac{1\,eq}{98.08\,g/2} \times \frac{97\%}{100} = 36.32\,eq/L$$

TIP
① N 농도 = eq/L
② H_2SO_4의 분자량 = 98.08 g
③ H_2SO_4 1 mol = 98.08 g
④ H_2SO_4 1 eq = $\frac{분자량(g)}{가수} = \frac{98.08\,g}{2}$

49
양이온 제1족부터 제5족까지의 혼합액으로부터 양이온 제2족을 분리시키려고 할 때의 액성으로 알맞은 것은?

㉮ 중성
㉯ 알칼리성
㉰ 산성
㉱ 액성과는 관계가 없다.

해설

양이온 제1족부터 제5족까지의 혼합액으로부터 양이온 제2족을 분리시키려고 할 때의 액성은 산성이다.

50
CH_3COOH 용액에 지시약으로 페놀프탈레인 몇 방울을 넣고 NaOH 용액으로 적정하였더니 당량점에서 변색되었다. 이때의 색깔 변화를 바르게 나타낸 것은?

㉮ 적색에서 청색으로 변한다.
㉯ 적색에서 무색으로 변한다.
㉰ 청색에서 적색으로 변한다.
㉱ 무색에서 적색으로 변한다.

해설

무색인 CH_3COOH 용액(산성)에 지시약으로 페놀프탈레인 몇 방울을 넣고 NaOH 용액으로 적정하면 적색(염기성)이 된다.

51
암모늄염 중 암모니아 적정에서 암모니아가 완전히 추출되었는지를 확인하는데 사용되는 시약으로 알맞은 것은?

㉮ 황산암모늄 ㉯ 네슬러 시약
㉰ 톨렌 시약   ㉱ 킬레이트 시약

해설

암모늄염 중 암모니아 적정에서 암모니아가 완전히 추출되었는지를 확인하는데 사용되는 시약은 네슬러 시약이다.

정답 48 ㉱ 49 ㉰ 50 ㉱ 51 ㉯

52 Ba^{2+}, Ca^{2+}, Na^+, K^+ 4가지 이온이 섞여 있는 혼합 용액이 있다. 양이온 정성 분석 시 이들 이온을 Ba^{2+}, Ca^{2+}(5족)와 Na^+, K^+(6족) 이온으로 분족하기 위한 시약으로 알맞은 것은?

㉮ $(NH_4)_2CO_3$ ㉯ $(NH_4)_2S$
㉰ H_2S ㉱ HCl

52

5족이온의 분족시약으로는 $(NH_4)_2CO_3$이다.

구분	분족시약
1족	염화수소(HCl)
2족	황화수소(H_2S)
3족	암모니아수(NH_4OH)
4족	황화수소(H_2S), 암모니아수(NH_4OH)
5족	탄산암모늄(($NH_4)_2CO_3$)
6족	분족시약 없음

53 산화·환원 적정법 중의 하나인 요오드 적정법에서는 산화제인 요오드(I_2) 자체만의 색으로 종말점을 확인하기가 어려우므로 지시약을 사용한다. 이때 사용하는 지시약으로 알맞은 것은?

㉮ 전분(starch)
㉯ 과망간산칼륨($KMnO_4$)
㉰ EBT(에리오크롬 블랙 T)
㉱ 페놀프탈레인(phenolphthalene)

53

요오드 적정법에서는 전분을 지시약으로 사용한다.

TIP

요오드(I_2) = 아이오드

54 과망간산이온(MnO_4^-)은 진한 보라색을 가지는 대표적인 산화제이며, 센 산성 용액(pH ≤ 1)에서는 환원제와 반응하여 무색의 Mn^{2+}으로 환원된다. 1몰(mol)의 과망간산이온이 반응하였을 때 몇 당량에 해당하는 산화가 일어나게 되는가?

㉮ 1   ㉯ 3
㉰ 5   ㉱ 7

54

$MnO_4^- + 8H^+ + 5e \rightarrow Mn^{2+} + 4H_2O$에서 전자수의 변화는 5가 되므로 5당량이다.

55 은법 적정 중 하나인 모르(Mohr) 적정법은 염소이온(Cl^-)을 질산은($AgNO_3$) 용액으로 적정하면 은이온과 반응하여 적색 침전을 형성하는 반응이다. 이때 사용하는 지시약으로 알맞은 것은?

㉮ K_2CrO_4 ㉯ $K_2Cr_2O_7$
㉰ $KMnO_4$ ㉱ $Na_2C_2O_4$

55

모르 적정법에서 지시약으로 사용하는 시약은 크롬산칼륨(K_2CrO_4)이다.

정답 52 ㉮ 53 ㉮ 54 ㉰ 55 ㉮

56 EDTA 적정에서 사용하는 금속 이온 지시약으로 틀린 것은?

㉮ Murexide(MX)
㉯ PAN
㉰ Thymol blue
㉱ EBT

해설

EDTA 적정에서 사용하는 금속 이온 지시약으로는 뮤렉사이드(Murexide), PAN, EBT, PV(Pyrocatechol Violet), PC(Phthalein Complexone)가 있다.

57 $AgNO_3$ 수용액과 반응하여 흰색 침전을 생성하는 할로겐(halogen)이온은 어느 것인가?

㉮ F^-
㉯ Cl^-
㉰ Br^-
㉱ I^-

해설

$AgNO_3$ 수용액과 반응하여 흰색 침전을 생성하는 할로겐이온은 염소이온(Cl^-)이다.

58 수산화 침전물을 생성하는 물질은 몇 족의 양이온인가?

㉮ 1
㉯ 2
㉰ 3
㉱ 4

해설

수산화 침전물의 가장 대표적인 물질은 $Al(OH)_3$이다. 따라서 Al은 3족의 양이온이다.

59 다음 중 용해도의 정의를 알맞게 표현한 것은?

㉮ 용액 100g 중에 녹아 있는 용질의 질량
㉯ 용액 1L 중에 녹아 있는 용질의 몰수
㉰ 용매 1kg 중에 녹아 있는 용질의 몰수
㉱ 용매 100g에 녹아서 포화 용액이 되는데 필요한 용질의 g 수

해설

용해도란 고체를 액체에 녹일 때 일정 온도에서 일정량의 용매에 녹일 수 있는 용질의 최대량이다.

정답 56 ㉰ 57 ㉯ 58 ㉰ 59 ㉱

60 아래 그림에서 그래프의 적정 곡선은 어떤 물질의 적정에 해당하는가?

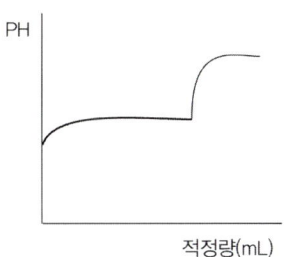

㉮ 강염기를 강산으로 적정하는 경우
㉯ 약산을 약염기로 적정하는 경우
㉰ 약산을 강염기로 적정하는 경우
㉱ 강산을 약산으로 적정하는 경우

60

그래프로 볼 때 pH가 증가하므로 약산을 강염기로 적정하는 경우이다.

CRAFTSMAN CHEMICAL ANALYSIS

04
CBT 시험

제1회 화학분석기능사 CBT 시험

01 "20wt% 소금용액 d = 1.10g/cm³"로 표시된 시약이 있다. 소금의 몰(M) 농도는 얼마인가? (단, d는 밀도이며 Na은 23g, Cl는 35.5g으로 계산한다.)

㉮ 1.54 ㉯ 2.47
㉰ 3.76 ㉱ 4.23

02 양이온의 계통적인 분리 검출법에서는 방해물질을 제거시켜야 한다. 다음 중 방해물질이 아닌 것은?

㉮ 유기물 ㉯ 옥살산 이온
㉰ 규산 이온 ㉱ 암모늄 이온

03 다음 반응에서 반응계에 압력을 증가시켰을 때 평형이 이동하는 방향은 어느 것인가?

$$2SO_2 + O_2 \rightleftarrows 2SO_3$$

㉮ SO_3가 많이 생성되는 방향
㉯ SO_3가 감소되는 방향
㉰ SO_2가 많이 생성되는 방향
㉱ 이동이 없다.

04 질산나트륨은 20℃ 물 50g에 44g 녹는다. 20℃에서 물에 대한 질산나트륨의 용해도(%)는 얼마인가?

㉮ 22.0% ㉯ 44.0%
㉰ 66.0% ㉱ 88.0%

05 $Hg(NO_3)_2$ 용액에 다음과 같은 시약을 가했다. 수은을 유리시킬 수 있는 시약으로만 짝지어진 것은?

㉮ NH_4OH, $SnCl_2$
㉯ $SnCl_2$, $NaOH$
㉰ $SnCl_2$, $FeCl_2$
㉱ $HCHO$, $PbCl_2$

06 제2족 구리족 양이온과 제2족 주석족 양이온을 분리하는 시약으로 알맞은 것은?

㉮ HCl ㉯ H_2S
㉰ Na_2S ㉱ $(NH_4)_2CO_3$

07 0.01N HCl 용액 200mL를 NaOH로 적정하는데 80.00mL가 소요되었다면, 이때 NaOH의 농도(N)는 얼마인가?

㉮ 0.05N ㉯ 0.025N
㉰ 0.125N ㉱ 2.5N

08 0.1N KMnO₄ 표준용액을 적정할 때에 사용하는 시약은 어느 것인가?

㉮ NaOH
㉯ Na₂C₂O₄
㉰ K₂CrO₄
㉱ NaCl

09 수소 발생장치를 이용하여 비소를 검출하는 방법은 어느 것인가?

㉮ 구짜이트 반응
㉯ 추가에프 반응
㉰ 마시의 시험반응
㉱ 베텐도르프 반응

10 뮤렉사이드(MX) 금속 지시약은 다음 중 어떤 금속 이온의 검출에 사용되는가?

㉮ Ca, Ba, Mg
㉯ Co, Cu, Ni
㉰ Zn, Cd, Pb
㉱ Ca, Ba, Sr

11 염화물 시료 중의 염소 이온을 폴하르드(Volhard)법으로 적정하고자 할 때 주로 사용하는 지시약은 어느 것인가?

㉮ 철명반
㉯ 크롬산칼륨
㉰ 플루오레세인
㉱ 녹말

12 비활성기체에 관한 내용으로 틀린 것은?

㉮ 다른 원소와 화합하지 않고 전자 배열이 안정하다.
㉯ 가볍고 불연소성이므로 기구, 비행기 타이어 등에 사용된다.
㉰ 방전할 때 특유한 색상을 나타내므로 야간 광고용으로 사용된다.
㉱ 특유의 색깔, 맛, 냄새가 있다.

13 다음 중 비전해질은 어느 것인가?

㉮ NaOH
㉯ HNO₃
㉰ CH₃COOH
㉱ C₂H₅OH

14 다이아몬드, 흑연은 같은 원소로 되어 있다. 이러한 단체를 무엇이라고 하는가?

㉮ 동소체
㉯ 전이체
㉰ 혼합물
㉱ 동위 화합물

15 이소프렌, 부타디엔, 클로로프렌은 다음 중 무엇을 제조할 때 사용되는가?

㉮ 합성섬유
㉯ 합성고무
㉰ 합성수지
㉱ 세라믹

16 이산화탄소가 쌍극자 모멘트를 가지지 않는 주된 이유는 무엇인가?

㉮ C = O 결합이 무극성이 때문이다.
㉯ C = O 결합이 공유결합이기 때문이다.
㉰ 분자가 선형이고 대칭이기 때문이다.
㉱ C와 O의 전기음성도가 비슷하기 때문이다.

17 용액의 끓는점 오름은 어느 농도에 비례하는가?

㉮ 백분율 농도
㉯ 몰 농도
㉰ 몰랄 농도
㉱ 노르말 농도

18. KMnO₄은 어디에 보관하는 것이 가장 적당한가?

    ㉮ 에보나이트 병 ㉯ 폴리에틸렌 병
    ㉰ 갈색 유리병   ㉱ 투명 유리병

19. 화학반응에서 촉매작용에 관한 내용으로 틀린 것은?

    ㉮ 평형 이동에는 무관하다.
    ㉯ 물리적 변화를 일으킬 수 있다.
    ㉰ 어떠한 물질이라도 반응이 일어나게 된다.
    ㉱ 반응 속도에는 소량을 가하더라도 영향이 미친다.

20. AgCl의 용해도가 0.0016g/L 일 때 AgCl의 용해도 곱은 약 얼마인가? (단, Ag의 원자량은 108, Cl의 원자량은 35.5이다.)

    ㉮ 1.12×10^{-5} ㉯ 1.12×10^{-3}
    ㉰ 1.2×10^{-5} ㉱ 1.21×10^{-10}

21. 다음 중 염소산 화합물의 세기 순서로 알맞은 것은?

    ㉮ HOCl > HClO₂ > HClO₃ > HClO₄
    ㉯ HClO₄ > HOCl > HClO₃ > HClO₂
    ㉰ HClO₄ > HClO₃ > HClO₂ > HOCl
    ㉱ HOCl > HClO₃ > HClO₂ > HClO₄

22. 양이온 계통 분석에서 가장 먼저 검출하여야 하는 이온은 어느 것인가?

    ㉮ Ag^+ ㉯ Cu^{2+}
    ㉰ Mg^{2+} ㉱ NH_4^+

23. 탄소족 원소로서 반도체 산업의 핵심 재료로 사용되고 있으며, 최근 친환경 농업에도 활용되고 있는 원소는 어느 것인가?

    ㉮ C   ㉯ Ge
    ㉰ Se   ㉱ Sn

24. 다음 중 모든 화학 변화가 일어날 때 항상 따르는 현상으로 가장 알맞은 것은?

    ㉮ 열의 흡수   ㉯ 열의 발생
    ㉰ 질량의 감소 ㉱ 에너지의 변화

25. 원소의 주기율에 관한 내용으로 잘못된 것은?

    ㉮ 최외각 전자는 족을 결정하고, 전자 껍질은 주기를 결정한다.
    ㉯ 금속 원자는 최외각에 전자를 받아들여 음이온이 되려는 성질이 있다.
    ㉰ 이온화 경향이 큰 금속은 산과 반응하여 수소를 발생한다.
    ㉱ 같은 족에서 원자번호가 클수록 금속성이 증가한다.

26. 원자번호 18번인 아르곤(Ar)의 질량수가 25일 때 중성자의 수는 얼마인가?
   ㉮ 7
   ㉯ 8
   ㉰ 42
   ㉱ 43

27. 다음 중 같은 족 원소로만 나열된 것은?
   ㉮ F, Cl, Br
   ㉯ Li, H, Mg
   ㉰ O, N, P
   ㉱ Ca, K, B

28. 두 원자 사이에서 극성 공유결합한 것으로 구조가 대칭이 되므로 비극성 분자인 것은 어느 것인가?
   ㉮ CCl_4
   ㉯ $CHCl_3$
   ㉰ CH_2Cl_2
   ㉱ CH_3Cl

29. 다음 할로겐화수소 중 산성의 세기가 가장 강한 물질은 어느 것인가?
   ㉮ HF
   ㉯ HCl
   ㉰ HBr
   ㉱ HI

30. 다음 중 양쪽성 산화물에 해당하는 것은 어느 것인가?
   ㉮ Na_2O
   ㉯ Al_2O_3
   ㉰ MgO
   ㉱ CO_2

31. 다음 중 1차(primary) 알코올로 분류되는 것은?
   ㉮ $(CH_3)_2CHOH$
   ㉯ $(CH_3)_3COH$
   ㉰ C_2H_5OH
   ㉱ $(CH_2)_2Br_2$

32. 다음 중 황산 제2수은을 촉매로 아세틸렌을 물(묽은황산 수용액)과 부가 반응시켰을 때 주로 얻을 수 있는 물질은 어느 것인가?
   ㉮ 디에틸에테르
   ㉯ 메틸알코올
   ㉰ 아세톤
   ㉱ 아세트알데하이드

33. 광원으로부터 들어온 여러 파장의 빛을 각 파장별로 분산하여 한 가지 색에 해당하는 파장의 빛을 얻어내는 장치는 어느 것인가?
   ㉮ 검출 장치
   ㉯ 빛 조절관
   ㉰ 단색화 장치
   ㉱ 색 인식 장치

34. 원자흡수분광계에서 속빈음극램프의 음극 물질로 Li이나 As를 사용할 경우 충전기체로 알맞은 것은 어느 것인가?
   ㉮ Ne
   ㉯ Ar
   ㉰ He
   ㉱ H_2

35 불꽃 없는 원자흡수분광법 중 차가운 증기 생성법(cold vapor generation method)를 이용하는 금속 원소는 어느 것인가?

㉮ Na
㉯ Hg
㉰ As
㉱ Sn

36 다음은 원자흡수와 원자방출을 나타낸 것이다. A와 B에 들어갈 내용으로 알맞은 것은?

$$M + E \xrightleftharpoons[B]{A} M^+$$
중성원자 에너지원 들뜬 상태

㉮ A : 방출, B : 흡수
㉯ A : 방출, B : 방출
㉰ A : 흡수, B : 방출
㉱ A : 흡수, B : 흡수

37 폴라로그래피에서 사용하는 기준 전극과 작업 전극은 각각 무엇인가?

㉮ 유리 전극과 포화 칼로멜 전극
㉯ 포화 칼로멜 전극과 수은적하 전극
㉰ 포화 칼로멜 전극과 산소 전극
㉱ 염화칼륨 전극과 포화칼로멜 전극

38 강산이 피부나 의복에 묻었을 경우 중화시키기 위해 사용하는 약품으로 알맞은 것은?

㉮ 묽은 암모니아수
㉯ 묽은 아세트산
㉰ 묽은 황산
㉱ 글리세린

39 전위차 적정법에서 종말점을 찾을 수 있는 가장 좋은 방법은 어느 것인가?

㉮ 전위차를 세로축으로, 적정용액의 부피를 가로축으로 해서 그래프를 그린다.
㉯ 일정 적하량당 기전력의 변화율이 최대로 되는 점부터 구한다.
㉰ 지시약을 사용하여 변색 범위에서 적정용액을 넣어 종말점을 찾는다.
㉱ 전위차를 계산하여 필요한 적정용액의 mL 수를 구한다.

40 수산화이온의 농도가 5×10^{-5}M일 때 이 용액의 pH는 얼마인가?

㉮ 7.7
㉯ 8.3
㉰ 9.7
㉱ 10.3

41 두 가지 이상의 혼합 물질을 단일 성분으로 분리하여 분석하는 방법으로 알맞은 것은?

㉮ 크로마토그래피
㉯ 핵자기 공명 흡수법
㉰ 전기무게 분석법
㉱ 분광광도법

42 분광광도계의 시료 흡수 용기 중 자외선 영역에서 사용할 수 있는 셀로 알맞은 것은?

㉮ 석영셀
㉯ 시료셀
㉰ 플라스틱셀
㉱ kBr셀

43 실험실 안전 수칙에 관한 내용으로 틀린 것은?

㉮ 시약병 마개를 실습대 바닥에 놓지 않도록 한다.
㉯ 실험 실습실에 음식물을 가지고 올 때에는 한쪽에서 먹는다.
㉰ 시약병에 꽂혀 있는 피펫을 다른 시약병에 넣지 않도록 한다.
㉱ 화학 약품의 냄새는 직접 맡지 않도록 하며 부득이 냄새를 맡아야 할 경우에는 손을 사용하여 코가 있는 방향으로 증기를 날려서 맡는다.

44 이상적인 pH 전극에서 pH가 1단위 변할 때, pH 전극의 전압은 약 얼마나 변하는가?

㉮ 96.5mV ㉯ 59.2mV
㉰ 96.5V   ㉱ 59.2V

45 AAS(원자흡수분광법)를 화학분석에 이용하는 특징으로 틀린 것은?

㉮ 선택성이 좋고 감도가 좋다.
㉯ 방해물질의 영향이 비교적 적다.
㉰ 반복하는 유사분석을 단시간에 할 수 있다.
㉱ 대부분의 원소를 동시에 검출할 수 있다.

46 다음 결합 중 적외선흡수분광법에서 파수가 가장 큰 것은?

㉮ C-H 결합 ㉯ C-N 결합
㉰ C-O 결합 ㉱ C-Cl 결합

47 눈에 산이 들어갔을 때 다음 중 가장 적절한 조치는 어느 것인가?

㉮ 메틸알코올로 씻는다.
㉯ 즉시 물로 씻고, 묽은 나트륨 용액으로 씻는다.
㉰ 즉시 물로 씻고, 묽은 수산화나트륨 용액으로 씻는다.
㉱ 즉시 물로 씻고, 묽은 탄산수소나트륨 용액으로 씻는다.

48 다음 중 수소이온 농도(pH)의 정의로 알맞은 것은?

㉮ $pH = \dfrac{1}{[H^+]}$ ㉯ $pH = \log[H^+]$

㉰ $pH = \dfrac{1}{[H^-]}$ ㉱ $pH = -\log[H^+]$

49 poise는 무엇을 나타내는 단위인가?

㉮ 비열   ㉯ 무게
㉰ 밀도   ㉱ 점도

50 적외선 흡수 스펙트럼의 $1700 cm^{-1}$ 부근에서 강한 신축 진동(stretching vibration) 피크를 나타내는 물질은 어느 것인가?

㉮ 아세틸렌 ㉯ 아세톤
㉰ 메탄   ㉱ 에탄올

51. 선광도 측정에 관한 내용으로 틀린 것은?

㉮ 선광성은 관측자가 보았을 때 시계 방향으로 회전하는 것을 좌선성이라 하고 선광도에 [-]를 붙인다.
㉯ 선광계의 기본 구성은 단색 광원, 편광을 만드는 편광 프리즘, 시료 용기, 원형 눈금을 가진 분석용 프리즘과 검출기로 되어 있다.
㉰ 유기 화합물에서는 액체나 용액 상태로 편광하고 그 진행 방향을 회전시키는 성질을 가진 것이 있다. 이러한 성질을 선광성이라 한다.
㉱ 빛은 그 진행 방향과 직각인 방향으로 진행하고 있는 횡파이지만, 니콜 프리즘을 통해 일정 방향으로 파동하는 빛이 된다. 이것을 편광이라 한다.

52. 기체크로마토그래피법에서 이상적인 검출기가 갖추어야 할 특성으로 틀린 것은?

㉮ 적당한 감도를 가져야 한다.
㉯ 안정성과 재현성이 좋아야 한다.
㉰ 실온에서 약 600℃까지의 온도 영역을 꼭 지녀야 한다.
㉱ 유속과 무관하게 짧은 시간에 감응을 보여야 한다.

53. 분광분석법에서는 파장을 nm 단위로 사용한다. 1nm는 몇 m인가?

㉮ 10^{-3} ㉯ 10^{-6}
㉰ 10^{-9} ㉱ 10^{-12}

54. 전기 무게 분석법에 사용되는 방법으로 틀린 것은?

㉮ 일정 전압 전기 분해
㉯ 일정 전류 전기 분해
㉰ 조절 전위 전기 분해
㉱ 일정 저항 전기 분해

55. 전위차법에 사용되는 이상적인 기준 전극이 갖추어야 할 조건 중 틀린 것은?

㉮ 시간에 대하여 일정한 전위를 나타내야 한다.
㉯ 분석물 용액에 감응이 잘되고 비가역적이어야 한다.
㉰ 작은 전류가 흐른 후에는 본래 전위로 돌아와야 한다.
㉱ 온도 사이클에 대하여 히스테리시스를 나타내지 않아야 한다.

56. 기체크로마토그래피의 설치 장소로 적당한 곳은?

㉮ 온도변화가 심한 곳
㉯ 진동이 없는 곳
㉰ 공급 전원의 용량이 일정하지 않은 곳
㉱ 주파수 변동이 심한 곳

57 기체크로마토그래피의 기록계에 나타난 크로마토그램을 이용하여 피크의 넓이 또는 높이를 측정하여 분석할 수 있는 것은?

㉮ 정성 분석   ㉯ 정량 분석
㉰ 이동 속도 분석   ㉱ 전위차 분석

58 원자흡광광도계로 시료를 측정하기 위하여 시료를 원자 상태로 환원해야 한다. 이때 적합한 방법은 어느 것인가?

㉮ 냉각   ㉯ 동결
㉰ 불꽃에 의한 가열   ㉱ 급속 해동

59 기체크로마토그래피에서 충전제의 입자는 일반적으로 60~100mesh 크기로 사용되는데 이보다 더 작은 입자를 사용하지 않는 주된 이유는 무엇인가?

㉮ 분리관에서 압력 강하가 발생하므로
㉯ 분리관에서 압력 상승이 발생하므로
㉰ 분리관의 청소를 불가능하게 하므로
㉱ 고정상과 이동상이 화학적으로 반응하므로

60 다음 중 실험실에서 일어나는 사고의 원인과 그 요소를 연결한 것으로 틀린 것은?

㉮ 정신적 원인 - 성격적 결함
㉯ 신체적 결함 - 피로
㉰ 기술적 원인 - 기계장치의 설계 불량
㉱ 교육적 원인 - 지각적 결함

제1회 화학분석기능사 CBT 시험 정답 및 해설

정답 (바로가기) ☞ p242 1회

01	㉢	02	㉣	03	㉮	04	㉣	05	㉮
06	㉯	07	㉯	08	㉯	09	㉢	10	㉯
11	㉮	12	㉣	13	㉣	14	㉮	15	㉯
16	㉢	17	㉢	18	㉢	19	㉢	20	㉣
21	㉢	22	㉮	23	㉯	24	㉣	25	㉢
26	㉮	27	㉮	28	㉮	29	㉣	30	㉯
31	㉢	32	㉣	33	㉢	34	㉣	35	㉢
36	㉢	37	㉯	38	㉮	39	㉢	40	㉢
41	㉮	42	㉮	43	㉯	44	㉢	45	㉢
46	㉮	47	㉣	48	㉣	49	㉣	50	㉯
51	㉮	52	㉯	53	㉢	54	㉢	55	㉯
56	㉯	57	㉯	58	㉢	59	㉮	60	㉣

01 ✓ 해설

$$M(mol/L) = \frac{밀도(g)}{(mL)} \times \frac{10^3 mL}{1L} \times \frac{1 mol}{분자량(g)} \times \frac{\%농도}{100}$$

$$= \frac{1.10 g}{mL} \times \frac{10^3 mL}{1L} \times \frac{1 mol}{58.5 g} \times \frac{20\%}{100} = 3.76 M$$

TIP
① 염화나트륨 = NaCl
② NaCl의 분자량 = 23 + 35.5 = 58.5g
③ NaCl 1mol = 분자량(g) = 58.5g
④ 밀도 $1.10 g/cm^3$ = 밀도 $1.10 g/mL$

02 ✓ 해설

양이온의 계통적인 분리 검출법에서 방해물질은 유기물, 옥살산 이온, 규산 이온 등이 있다.

03 ✓ 해설

압력을 증가시켰을 때 평형이 이동하는 방향은 SO_3가 많이 생성되는 방향으로 이동한다.

04 ✓ 해설

$$용해도(\%) = \frac{용질(g)}{용매(g)} \times 100$$

$$= \frac{44 g}{50 g} \times 100 = 88.0\%$$

05 ✓ 해설

수은을 유리시킬 수 있는 시약은 NH_4OH와 $SnCl_2$이다.

06 ✓ 해설

제2족 구리족 양이온과 제2족 주석족 양이온을 분리하는 시약은 황화수소(H_2S)이다.

07 ✓ 해설

노르말 공식 $N_1 \times V_1 = N_2 \times V_2$를 이용한다.
$0.01 N \times 200 mL = N_2 \times 80 mL$

$$\therefore N_2 = \frac{0.01 N \times 200 mL}{80 mL} = 0.025 N$$

08 ✓ 해설

0.1N 과망간산칼륨($KMnO_4$) 표준용액을 적정할 때 사용하는 시약은 옥살산나트륨($Na_2C_2O_4$)이다.

09 ✓ 해설

수소 발생장치를 이용하여 비소를 검출하는 방법은 마시의 시험 반응이다.

10 ✓ 해설

뮤렉사이드(MX) 금속 지시약은 코발트(Co), 구리(Cu), 니켈(Ni) 이온의 검출에 사용된다.

11 ✓ 해설

염화물 시료 중의 염소 이온을 폴하르드법으로 적정하고자 할 때 주로 사용하는 지시약은 철명반($Fe_2(SO_4)_3$)이다.

12 ✓ 해설

㉣ 특유의 색깔, 맛, 냄새가 없다.

13 ✓ 해설

비전해질이란 수용액에서 해리하지 않는 물질을 말하며, 보기 중에서 ㉣ 에틸알콜이 해당된다.

14 ✓ 해설

다이아몬드와 흑연은 동소체이다.

15 ✓ 해설

이소프렌, 부타디엔, 클로로프렌은 합성고무를 제조할 때 사용된다.

16 ✓ 해설

이산화탄소(CO_2)가 쌍극자 모멘트를 가지지 않는 주된 이유는 분자가 선형이고 대칭이기 때문이다.

17 ✓ 해설

용액의 끓는점 오름은 몰랄 농도에 비례한다.
즉, 끓는점 오름 = 끓는점 오름 상수×몰랄농도이다.

18 ✓ 해설

과망간산칼륨($KMnO_4$)은 햇빛에 의해 이산화망간(MnO_2)으로 분해되는 것을 방지하기 위해 갈색 유리병에 보관한다.

19 ✓ 해설

㉰ 촉매는 주로 반응 속도에 영향을 미친다.

20 ✓ 해설

① $AgCl \rightarrow Ag^+ + Cl^-$
　　xM　　xM　　xM
② AgCl의 M 농도를 계산한다.
$$mol/L = \frac{질량(g)}{부피(L)} \times \frac{1\,mol}{분자량(g)}$$
$$= \frac{0.0016\,g}{1L} \times \frac{1\,mol}{143.5\,g} = 1.1 \times 10^{-5}\,mol/L$$
③ $xM = 1.1 \times 10^{-5}\,mol/L$
④ 용해도곱(ksp) = $[Ag^+][Cl^-] = x \times x = x^2$
$= (1.1 \times 10^{-5})^2 = 1.21 \times 10^{-10}$

21 해설

염소산 화합물의 세기 순서
과염소산($HClO_4$) > 염소산($HClO_3$) > 아염소산($HClO_2$) > 차아염소산($HClO$)

22 해설

양이온 계통 분석에서 가장 먼저 검출하여야 하는 이온은 양이온 제1족 물질인 Ag^+이다.

23 해설

탄소족 원소로서 반도체 산업의 핵심 재료로 사용되고 있으며, 최근 친환경 농업에도 활용되고 있는 원소는 게르마늄(Ge)이다.

> **TIP**
> ① 산소족 : 16족으로 산소(O), 황(S), 셀레늄(Se), 텔루륨(Te), 폴로늄(Po)이 있다.
> ② 질소족 : 15족으로 질소(N), 인(P), 비소(As), 안티몬(Sb), 비스무트(Bi)이 있다.
> ③ 탄소족 : 14족으로 탄소(C), 규소(Si), 게르마늄(Ge), 주석(Sn), 납(Pb)이 있다.
> ④ 할로겐족 : 17족으로 플루오르(F), 염소(Cl), 브롬(Br), 요오드(I), 아스타틴(At)이 있다.

24 해설

모든 화학변화가 일어날 때 항상 에너지의 변화가 동반된다.

25 해설

㉯ 금속 원자는 최외각 전자를 내줘 양이온이 되려는 성질이 있다.

> **TIP**
> **금속 원소와 비금속 원소의 특성**
> ① 금속 원소는 전자를 잃고 양이온이 되기 쉬운 물질로 열과 전기전도성이 우수하고, 물에 녹아 염기성을 나타낸다.
> ② 비금속 원소는 전자를 얻어 음이온이 되기 쉬운 물질로 열과 전기전도성이 나쁘고, 물에 녹아 산성을 나타낸다.

26 해설

중성자 수 = 질량수 − 양성자 수 = 25 − 18 = 7

> **TIP**
> **원자번호 및 질량수**
> ① 원자의 표시 $^{질량수}_{원자번호}X^{전하량}_{원자 수}$
> ② 원자번호 = 양성자 수 = 전자 수
> ③ 질량수 = 양성자 수 + 중성자 수
> ④ 동위원소 : 양성자 수는 같고 중성자 수가 다른 원자

27 해설

㉮ F(17족), Cl(17족), Br(17족)
㉯ Li(1족), H(1족), Mg(2족)
㉰ O(16족), N(15족), P(17족)
㉱ Ca(2족), K(1족), B(13족)

> **TIP**
> **족의 성질**
> ① 주기율표의 세로줄로 1족에서 18족까지 존재한다.
> ② 동족원소는 원자가 전자의 수가 동일하여 화학적으로 성질이 비슷하다.
> ③ 같은 족에서는 원자번호가 커짐에 따라 물리적 성질(끓는점, 녹는점 등)이 규칙적으로 증가한다.

28

공유결합의 구조가 대칭인 물질은 사염화탄소(CCl_4)이다.

> **TIP**
>
> **공유결합의 특징**
> ① 비금속 원소 사이에서 형성되며, 전자쌍을 공유함으로써 형성되는 결합이다.
> ② 끓는점과 녹는점이 낮다.
> ③ 전기전도성이 거의 없다.
> ④ 극성 물질인 물에는 잘 녹지 않지만 비극성 물질에는 잘 녹는다.

29

산성의 세기가 가장 강한 물질은 요오드화수소(HI)이다.

> **TIP**
>
> ① 산성의 세기 순서 : $HF < HCl < HBr < HI$
> ② 반응성(이온화) 세기 순서 : $F_2 > Cl_2 > Br_2 > I_2$
> ③ 할로겐 원소는 원자번호가 작을수록 반응성이 증가한다.

30

양쪽성 원소에는 알루미늄(Al), 아연(Zn), 납(Pb), 주석(Sn)등이 있다. 따라서 이 물질로 결합되어 있는 Al_2O_3가 양쪽성 산화물에 해당한다.

31

㉮ $(CH_3)_2CHOH$: 2차 알코올
㉯ $(CH_3)_3COH$: 3차 알코올
㉰ C_2H_5OH : 1차 알코올
㉱ $(CH_2)_2Br_2$: 알코올이 아님

32

$$C_2H_2 + H_2O \xrightarrow[HgSO_4]{촉매} CH_3CHO$$

> **TIP**
>
> **각 물질의 화학식**
> ① 디에틸에테르 : $C_2H_5OC_2H_5$
> ② 메틸알코올 : CH_3OH
> ③ 아세톤 : CH_3COCH_3
> ④ 아세트알데하이드 : CH_3CHO
> ⑤ 아세틸렌 : C_2H_2
> ⑥ 황산제이수은 : $HgSO_4$

33

㉰ 단색화 장치에 대한 설명이다.

34

충전기체로는 불활성기체인 아르곤(Ar)을 사용한다.

35

차가운 증기 생성법(냉증기 – 원자흡수분광법)을 이용하는 물질은 수은(Hg)이다.

36

① A : 바닥 상태(기저 상태)에서 들뜬 상태(여기 상태)로 가기 위해서는 에너지를 흡수한다.
② B : 들뜬 상태(여기 상태)에서 바닥 상태(기저 상태)로 가기 위해서는 에너지를 방출한다.

37
폴라로그래피에서 사용하는 기준 전극은 포화칼로멜 전극이고 작업 전극은 수은적하 전극이다.

38
강산을 중화시켜야 하므로 알칼리성 약품인 묽은 암모니아수를 사용한다.

39
전위차 적정법에서 종말점을 찾을 수 있는 가장 좋은 방법은 일정 적하량당 기전력의 변화율이 최대로 되는 점부터 구하는 것이다.

40
$$\begin{aligned} pH &= 14 + \log[OH^-] \\ &= 14 + \log[5 \times 10^{-5}M] \\ &= 9.70 \end{aligned}$$

TIP

pH 계산
① 산성 물질에서 $pH = -\log[H^+]$
② 알칼리성(염기성) 물질에서 $pH = 14 + \log[OH^-]$

41
두 가지 이상의 혼합 물질을 단일 성분으로 분리하여 분석하는 방법은 크로마토그래피이다.

42
셀과 흡수파장 영역
㉮ 석영셀 : 자외선 영역
㉯ 플라스틱셀 : 적외선 영역
㉱ KBr셀 : 적외선 영역

43
㉯ 실험 실습실에 음식물을 반입해서는 안 된다.

44
이상적인 pH 전극에서 pH가 1단위 변할 때, pH 전극의 전압은 약 59.2mV 변한다.

45
㉱ 대부분의 원소를 동시에 검출할 수 없다.

46
㉮ C−H 결합 : $3,000 \sim 2,850 \, cm^{-1}$
㉯ C−N 결합 : $1,350 \sim 1,000 \, cm^{-1}$
㉰ C−O 결합 : $1,300 \sim 1,000 \, cm^{-1}$
㉱ C−Cl 결합 : $785 \sim 540 \, cm^{-1}$

47
눈에 산이 들어갔을 때에는 즉시 물로 씻고, 묽은 탄산수소나트륨 용액으로 씻는다.

48
① $pH = \log\dfrac{1}{[H^+]} = -\log[H^+]$
② $pOH = \log\dfrac{1}{[OH^-]} = -\log[OH^-]$

49 해설
poise(g/cm·s)는 점도(점성도)를 나타내는 단위이다.

50 해설
적외선 흡수 스펙트럼의 $1700\ cm^{-1}$ 부근에서 강한 신축 진동 피크를 나타내는 물질은 케톤(C = O)을 가지고 있는 물질이다. 따라서 ㉯ 아세톤이 정답이 된다.

51 해설
㉮ 선광성은 관측자가 보았을 때 시계 반대 방향으로 회전하는 것을 좌선성이라 하고 선광도에 [−]를 붙인다.

52 해설
㉰ 실온에서 약 400℃까지의 온도 영역을 꼭 지녀야 한다.

53 해설
$1nm = 10^{-6}mm = 10^{-7}cm = 10^{-9}m$

54 해설
전기 무게 분석법에 사용되는 방법
① 일정 전압 전기 분해
② 일정 전류 전기 분해
③ 조절 전위 전기 분해

55 해설
㉯ 분석물 용액에 감응이 잘 되고 가역적이어야 한다.

56 해설
㉮ 온도 변화가 없는 곳
㉰ 공급 전원의 용량이 일정한 곳
㉱ 주파수 변동이 없는 곳

57 해설
㉯ 정량 분석에 대한 설명이다.

58 해설
원자흡광광도계로 시료를 측정하기 위하여 시료를 원자 상태로 환원해야 할 때 적합한 방법은 불꽃에 의한 가열이다.

59 해설
기체크로마토그래피에서 충전제의 입자는 일반적으로 60~100mesh 크기로 사용되는데 이보다 더 작은 입자를 사용하지 않는 주된 이유는 분리관에서 압력 강하가 발생하기 때문이다.

60 해설
㉱ 교육적 원인 − 지식 습득 및 수칙 이해 부족

제2회 화학분석기능사 CBT 시험

01 다음 중 비극성인 물질은 어느 것인가?

㉮ H_2O ㉯ NH_3
㉰ HF ㉱ C_6H_6

02 어떤 석회석의 분석치는 다음과 같다. 이 석회석 5ton에서 생성되는 CaO의 양(kg)은 얼마인가? (단, Ca의 원자량은 40, Mg의 원자량은 24.8이다.)

$CaCO_3$: 92%, $MgCO_3$: 5.1%, 불용물 : 2.9%

㉮ 2,576kg ㉯ 2,776kg
㉰ 2,976 kg ㉱ 3,176kg

03 다음 물질의 공통된 성질을 나타낸 것은?

K_2O_2, Na_2O_2, BaO_2, MgO_2

㉮ 과산화물이다.
㉯ 수소를 발생시킨다.
㉰ 물에 잘 녹는다.
㉱ 양쪽성 산화물이다.

04 전이원소의 특성에 관한 내용으로 틀린 것은?

㉮ 모두 금속이며, 대부분 중금속이다.
㉯ 녹는점이 매우 높은 편이고 열과 전기 전도성이 좋다.
㉰ 색깔을 띤 화합물이나 이온이 대부분이다.
㉱ 반응성이 아주 강하며, 모두 환원제로 적용한다.

05 30% 수산화나트륨 용액 200g에 물 20g을 가하면 약 몇 %의 수산화나트륨 용액이 되겠는가?

㉮ 27.3% ㉯ 25.3%
㉰ 23.3% ㉱ 20.3%

06 다음 중 Na^+ 이온의 전자 배열에 해당하는 것은?

㉮ $1s^22s^22p^6$ ㉯ $1s^22s^23s^22p^4$
㉰ $1s^22s^23s^22p^5$ ㉱ $1s^22s^22p^63s^1$

07 다음 중 물질과 그 분류가 알맞게 연결된 것은?

㉮ 물 - 홑원소 물질
㉯ 소금물 - 균일 혼합물
㉰ 산소 - 화합물
㉱ 염화수소 - 불균일 혼합물

08 다음 중 삼원자 분자가 아닌 것은?

㉮ 아르곤 ㉯ 오존
㉰ 물 ㉱ 이산화탄소

09 탄소화합물의 특징에 관한 내용으로 알맞은 것은?

㉮ CO_2, $CaCO_3$는 유기화합물로 분류된다.
㉯ CH_4, C_2H_6, C_3H_8은 포화탄화수소이다.
㉰ CH_4에서 결합각은 90°이다.
㉱ 탄소의 수가 많아도 이성질체 수는 변하지 않는다.

10 원소는 색깔이 없는 일원자 분자 기체이며 반응성이 거의 없어 비활성 기체라고도 하는 물질은 어느 것인가?

㉮ Li, Na ㉯ Mg, Al
㉰ F, Cl ㉱ Ne, Ar

11 다음 탄수화물 중 단당류에 해당하는 것은?

㉮ 녹말 ㉯ 포도당
㉰ 글리쿠겐 ㉱ 셀룰로오스

12 포화탄화수소 중 알케인(alkane) 계열의 일반식은?

㉮ C_nH_{2n} ㉯ C_nH_{2n+2}
㉰ C_nH_{2n-2} ㉱ C_nH_{2n-1}

13 원자의 K 껍질에 들어 있는 오비탈은 어느 것인가?

㉮ s ㉯ p
㉰ d ㉱ f

14 결합 전자쌍이 전기음성도가 큰 원자쪽으로 치우치는 공유결합을 무엇이라 하는가?

㉮ 극성공유결합 ㉯ 다중공유결합
㉰ 이온공유결합 ㉱ 배위공유결합

15 할로겐 분자의 일반적인 성질에 대한 내용으로 틀린 것은?

㉮ 특유한 색깔을 가지며, 원자번호가 증가함에 따라 색깔이 진해진다.
㉯ 원자번호가 증가함에 따라 분자간의 인력이 커지므로 녹는점과 끓는점이 높아진다.
㉰ 수소기체와 반응하여 할로겐화수소를 만든다.
㉱ 원자번호가 작을수록 산화력이 작아진다.

16 0.2mol/L H_2SO_4 수용액 100mL를 중화시키는데 필요한 NaOH의 질량(g)은 얼마인가?

㉮ 0.4g ㉯ 0.8g
㉰ 1.2g ㉱ 1.6g

17 제3족 Al^{3+}의 양이온을 NH_4OH로 침전시킬 때 $Al(OH)_3$가 콜로이드로 되는 것을 방지하기 위하여 함께 가하는 물질은 어느 것인가?

㉮ NaOH ㉯ H_2O_2
㉰ H_2S ㉱ NH_4Cl

18 산화·환원 적정법 중의 하나인 과망간산칼륨 적정은 주로 산성용액 상태에서 이루어진다. 이때 분석액을 산성화하기 위하여 주로 사용하는 산은 어느 것인가?

㉮ 황산(H_2SO_4)
㉯ 질산(HNO_3)
㉰ 염산(HCl)
㉱ 아세트산(CH_3COOH)

19 다음의 반응으로 철을 분석할 때 N/10 $KMnO_4$(f = 1.000) 1mL에 대응하는 철의 양(g)은 얼마인가? (단, Fe의 원자량은 55.85이다.)

$$10FeSO_4 + 8H_2SO_4 + 2KMnO_4 \rightarrow 5Fe_2(SO_4)_3 + K_2SO_4$$

㉮ 0.005585g Fe ㉯ 0.05585g Fe
㉰ 0.5585g Fe ㉱ 5.858g Fe

20 중화적정법에서 당량점(equivalence point)에 관한 내용으로 틀린 것은?

㉮ 실질적으로 적정이 끝난 점을 말한다.
㉯ 적정에서 얻고자 하는 이상적인 결과이다.
㉰ 분석물질과 가해준 적정액의 화학양론적 양이 정확하게 동일한 점을 말한다.
㉱ 당량점을 정할 때는 지시약 등을 이용한다.

21 다음 중 보일 – 샤를의 법칙이 가장 잘 적용되는 기체는 어느 것인가?

㉮ O_2 ㉯ CO_2
㉰ NH_3 ㉱ H_2

22 다음 중 알칼리 금속에 해당하지 않는 것은?

㉮ Li ㉯ Na
㉰ K ㉱ Ca

23 지방족 탄화수소 중 알칸(alkane)류에 해당하며 탄소가 5개로 이루어진 유기화합물의 구조적 이성질체수는 모두 몇 개인가?

㉮ 2 ㉯ 3
㉰ 4 ㉱ 5

24. 용액의 끓는점 오름은 어느 농도에 비례하는가?

㉮ 백분율 농도 ㉯ 몰 농도
㉰ 몰랄 농도 ㉱ 노르말 농도

25. 염이 수용액에서 전리할 때 생기는 이온의 일부가 물과 반응하여 수산 이온이나 수소이온을 냄으로써, 수용액이 산성이나 염기성을 나타내는 것을 가수분해라 한다. 다음 중 가수분해하여 산성을 나타내는 물질은 어느 것인가?

㉮ K_2SO_4 ㉯ NH_4Cl
㉰ NH_4NO_3 ㉱ CH_3COONa

26. 다음 중 금속 지시약이 아닌 것은?

㉮ EBT(Eriochrome Black T)
㉯ MX(Murexide)
㉰ 플루오레세인(fluorescein)
㉱ PV(Pyrocatechol Violet)

27. 하버 - 보시법에 의하여 암모니아를 합성하고자 한다. 다음 중 어떠한 반응 조건에서 더 많은 양의 암모니아를 얻을 수 있는가?

$$N_2 + 3H_2 \xrightarrow{\text{촉매}} 2NH_3 + 열$$

㉮ 많은 양의 촉매를 가한다.
㉯ 압력을 낮추고 온도를 높인다.
㉰ 질소와 수소의 분압을 높이고 온도를 낮춘다.
㉱ 생성되는 암모니아를 제거하고 온도를 높인다.

28. $CuSO_4 \cdot 5H_2O$ 중의 Cu를 정량하기 위해 시료 0.5012g을 칭량하여 물에 녹여 KOH를 가했을 때 $Cu(OH)_2$의 청백색 침전이 생긴다. 이때 이론상 KOH는 약 몇 g이 필요한가? (단, 원자량은 각각 Cu = 63.54, S = 32, K = 39이다.)

㉮ 0.1125g ㉯ 0.2250g
㉰ 0.4488g ㉱ 1.0024g

29. 양이온 정성 분석에서 디메틸글리옥심을 넣었을 때 빨간색 침전이 되는 물질은 어느 것인가?

㉮ Fe^{3+} ㉯ Cr^{3+}
㉰ Li^{2+} ㉱ Al^{3+}

30. 산화·환원 반응을 이용한 부피 분석법은 어느 것인가?

㉮ 산화·환원 적정법 ㉯ 침전 적정법
㉰ 중화 적정법 ㉱ 중량 적정법

31. 다음 중 적외선 스펙트럼의 원리로 알맞은 것은 어느 것인가?

㉮ 핵자기 공명
㉯ 전하 이동 전이
㉰ 분자 전이 현상
㉱ 분자의 진동이나 회전 운동

32. 파장의 길이 단위인 1Å과 같은 길이는 어느 것인가?
   ㉮ 1nm
   ㉯ 0.1μm
   ㉰ 0.1nm
   ㉱ 100nm

33. pH미터를 사용하여 산화·환원 전위차를 측정할 때 사용되는 지시전극은 어느 것인가?
   ㉮ 백금 전극
   ㉯ 유리 전극
   ㉰ 안티몬 전극
   ㉱ 수은 전극

34. 기체-액체 크로마토그래피(GLC)에서 정지상과 이동상을 알맞게 나타낸 것은 어느 것인가?
   ㉮ 정지상 - 고체, 이동상 - 기체
   ㉯ 정지상 - 고체, 이동상 - 액체
   ㉰ 정지상 - 액체, 이동상 - 기체
   ㉱ 정지상 - 액체, 이동상 - 고체

35. pH 미터에 사용하는 유리 전극에는 어떤 용액이 채워져 있는가?
   ㉮ pH 7의 NaOH 불포화 용액
   ㉯ pH 10의 NaOH 포화 용액
   ㉰ pH 7의 KCl 포화 용액
   ㉱ pH 10의 KCl 포화 용액

36. 적외선 분광광도계의 흡수 스펙트럼으로부터 유기물질의 구조를 결정하는 방법 중 카르보닐기가 강한 흡수를 일으키는 파장의 영역으로 알맞은 것은 어느 것인가?
   ㉮ $1,300 \sim 1,000 Cm^{-1}$
   ㉯ $1,820 \sim 1,660 Cm^{-1}$
   ㉰ $3,400 \sim 2,400 Cm^{-1}$
   ㉱ $3,600 \sim 3,300 Cm^{-1}$

37. 과망간산칼륨($KMnO_4$) 표준용액 1000ppm을 이용하여 30ppm의 시료용액을 제조하고자 한다. 그 방법으로 알맞은 것은?
   ㉮ 3mL를 취하여 메스플라스크에 넣고 증류수로 채워 10mL가 되게 한다.
   ㉯ 3mL를 취하여 메스플라스크에 넣고 증류수로 채워 100mL가 되게 한다.
   ㉰ 3mL를 취하여 메스플라스크에 넣고 증류수로 채워 1,000mL가 되게 한다.
   ㉱ 30mL를 취하여 메스플라스크에 넣고 증류수로 채워 10,000mL가 되게 한다.

38. 기체크로마토그래피에서 시료 주입구의 온도 설정으로 알맞은 것은?
   ㉮ 시료 중 휘발성이 가장 높은 성분의 끓는점보다 20℃ 낮게 설정
   ㉯ 시료 중 휘발성이 가장 높은 성분의 끓는점보다 50℃ 낮게 설정
   ㉰ 시료 중 휘발성이 가장 낮은 성분의 끓는점보다 20℃ 낮게 설정
   ㉱ 시료 중 휘발성이 가장 낮은 성분의 끓는점보다 50℃ 낮게 설정

39. 용액의 두께가 10cm, 농도가 5mol/L이며 흡광도가 0.2이면 몰 흡광도(L/mol·cm) 계수는 얼마인가?
   ㉮ 0.001
   ㉯ 0.004
   ㉰ 0.1
   ㉱ 0.2

40. 다음 중 승화와 관계가 없는 물질은 어느 것인가?
   ㉮ 드라이아이스
   ㉯ 나프탈렌
   ㉰ 알코올
   ㉱ 요오드(아이오드)

41. 다음 중 물에 가장 잘 녹는 기체는 어느 것인가?
   ㉮ NO
   ㉯ C_2H_2
   ㉰ NH_3
   ㉱ CH_4

42. 다음 중 주기율표상 V족 원소에 해당되지 않는 것은?
   ㉮ P
   ㉯ As
   ㉰ Si
   ㉱ Bi

43. 금속결합의 특징으로 틀린 것은?
   ㉮ 양이온과 자유전자 사이의 결합이다.
   ㉯ 열과 전기의 부도체이다.
   ㉰ 연성과 전성이 크다.
   ㉱ 광택을 가진다.

44. 0°C, 2atm에서 산소 분자수가 2.15×10^{21}개다. 이때 부피(mL)는 얼마인가?
   ㉮ 40mL
   ㉯ 80mL
   ㉰ 100mL
   ㉱ 120mL

45. 0.001M HCl 용액의 pH는 얼마인가?
   ㉮ 2
   ㉯ 3
   ㉰ 4
   ㉱ 5

46. 원자번호 7번인 질소(N)는 2p 궤도에 몇 개의 전자를 갖는가?
   ㉮ 3
   ㉯ 5
   ㉰ 7
   ㉱ 14

47. $HClO_4$에서 할로겐 원소가 갖는 산화수는 얼마인가?
   ㉮ +1
   ㉯ +3
   ㉰ +5
   ㉱ +7

48. 황산(H_2SO_4) 용액 100mL에 황산이 4.9g 용해되어 있다. 이 황산 용액의 노르말 농도(N)는 얼마인가?
   ㉮ 0.5N
   ㉯ 1N
   ㉰ 4.9N
   ㉱ 9.8N

49. 다음 중 포화탄화수소 화합물은 어느 것인가?
   ㉮ 요오드 값이 큰 것 ㉯ 건성유
   ㉰ 사이클로헥산 ㉱ 생선 기름

50. 일반적으로 화학 실험실에서 발생하는 폭발 사고의 유형으로 틀린 것은?
   ㉮ 조절 불가능한 발열 반응
   ㉯ 이산화탄소 누출에 의한 폭발
   ㉰ 불안전한 화합물의 가열·건조·증류 등에 의한 폭발
   ㉱ 에테르 용액 증류시 남아 있는 과산화물에 의한 폭발

51. 분광광도계 흡광도가 0.300, 시료의 몰흡광계수가 0.02 L/mol·cm, 광도의 길이가 1.2cm라면 시료의 농도(mol/L)얼마인가?
   ㉮ 0.125 ㉯ 1.25
   ㉰ 12.5 ㉱ 125

52. Wheatstone bridge(휘트스톤 브리지)의 원리를 이용하여 측정 가능한 것은 어느 것인가?
   ㉮ 굴절률 ㉯ 선광도
   ㉰ 전위차 ㉱ 전도도

53. 기체크로마토그래피에서 비결합 전자를 갖는 원소 화합물을 분리할 때 주로 사용되는 충전 분리관의 재질은 어느 것인가?
   ㉮ 알루미늄 ㉯ 강철
   ㉰ 유리 ㉱ 구리

54. 기체크로마토그래피에서 정성분석의 기초가 되는 것은?
   ㉮ 검량선
   ㉯ 머무름 시간
   ㉰ 크로마토그램의 봉우리 높이
   ㉱ 크로마토그램의 봉우리 넓이

55. 흡수분광법에서 정량분석의 기본이 되는 법칙은 어느 것인가?
   ㉮ 램비어트 - 비어의 법칙
   ㉯ 훈트의 법칙
   ㉰ 뉴턴의 법칙
   ㉱ 패러데이의 법칙

56. 산·염기 적정에 전위차 적정을 이용할 수 있다. 다음 중 틀린 것은?
   ㉮ 지시 전극으로는 유리 전극을 사용한다.
   ㉯ 측정되는 전위는 용액의 수소이온 농도에 비례한다.
   ㉰ 종말점 부근에는 염기 첨가에 대한 전위 변화가 매우 적다.
   ㉱ pH가 한 단위 변화함에 따라 측정 전위는 59.25mV씩 변한다.

57. 원자흡수분광광도법(AAS)에서 주로 사용하는 광원은 어느 것인가?
   ㉮ X - 선(X - ray)
   ㉯ 적외선(infrared)
   ㉰ 마이크로파(microwave)
   ㉱ 자외 - 가시광선(ultraviolet - visible)

58 기체크로마토그래피 검출기 중 유기화합물이 수소 – 공기의 불꽃 속에서 탈 때 생성되는 이온을 검출하는 검출기로 알맞은 것은?

㉮ TCD   ㉯ ECD
㉰ FID   ㉱ AED

59 적외선흡수분광법(IR)에서 고체 시료를 제조하는 가장 일반적인 방법으로 알맞은 것은?

㉮ 순수한 결정을 얻어 측정한다.
㉯ 수용성 용매에 녹여서 측정한다.
㉰ 순수한 분말로 만들어 측정한다.
㉱ KBr 펠렛(pellet)을 만들어 측정한다.

60 다음 중 전기 사용에 대한 내용으로 틀린 것은?

㉮ 전기 기기는 손을 건조시킨 후에 만진다.
㉯ 전선을 연결할 때는 전원을 차단하고 작업한다.
㉰ 전기 기기는 접지를 하여 사용해서는 안 된다.
㉱ 전기 화재가 발생하였을 때는 전원을 먼저 차단한다.

제 2 회 화학분석기능사 CBT 시험 정답 및 해설

정답 (바로가기 ☞ p256 2회)

01	라	02	가	03	가	04	라	05	가
06	가	07	나	08	가	09	나	10	라
11	나	12	나	13	가	14	가	15	라
16	라	17	라	18	가	19	가	20	가
21	라	22	라	23	나	24	다	25	나
26	다	27	다	28	다	29	나	30	가
31	라	32	다	33	가	34	다	35	다
36	나	37	나	38	라	39	나	40	다
41	다	42	다	43	나	44	가	45	나
46	가	47	라	48	나	49	다	50	나
51	다	52	다	53	다	54	나	55	가
56	다	57	다	58	다	59	라	60	다

01 해설
극성 물질은 물에 녹는 물질이고 비극성 물질은 물에 녹지 않는 물질이므로, 비극성 물질은 벤젠(C_6H_6)이 정답이다.

02 해설
$$CaCO_3 \rightarrow CaO + CO_2$$
$$100\,kg : 56\,kg$$
$$5 \times 10^3\,kg \times 0.92 : X$$
$$\therefore X = 2,576\,kg$$

03 해설
보기의 물질들은 O_2를 가지고 있으므로 과산화물에 해당한다.

04 해설
라 반응성이 약하다.

05 해설
$$30\% \times 200\,g = X\% \times (200\,g + 20\,g)$$
$$\therefore X = \frac{30\% \times 200\,g}{(200\,g + 20\,g)} = 27.3\%$$

06 해설
Na^+ 이온의 전자수는 10개이므로 전자배열은 $1s^2 2s^2 2p^6$ 이다.

07 해설
가 물 – 화합물
다 산소 – 홑원소 물질
라 염화수소 – 균일 혼합물

08 해설
가 아르곤(Ar)은 단원자 분자이다.

! TIP

오존(O_3), 물(H_2O), 이산화탄소(CO_2)는 삼원자 분자에 속한다.

09 ✓ 해설

㉮ CO_2, $CaCO_3$는 무기화합물로 분류된다.
㉰ CH_4에서 결합각은 약 109°이다.
㉱ 탄소의 수가 많아지면 이성질체 수도 많아진다.

10 ✓ 해설

비활성기체는 최외각 전자가 8개로 안정한 단원자 분자로 헬륨(He), 네온(Ne), 아르곤(Ar) 등이 있다.

11 ✓ 해설

① 다당류 : ㉮ 녹말, ㉰ 글리코겐, ㉱ 셀룰로오스
② 단당류 : ㉯ 포도당

12 ✓ 해설

㉮ C_nH_{2n} : Alkene 계열의 일반식
㉯ C_nH_{2n+2} : Alkane 계열의 일반식
㉰ C_nH_{2n-2} : Alkyne 계열의 일반식

13 ✓ 해설

전자껍질과 오비탈

전자껍질	K껍질 (n = 1)	L껍질 (n = 2)	M껍질 (n = 3)	N껍질 (n = 4)
오비탈	$1s^2$	$2s^2$, $2p^6$	$3s^2$, $3p^6$, $3d^{10}$	$4s^2$, $4p^6$, $4d^{10}$, $4f^{14}$

14 ✓ 해설

극성공유결합은 결합 전자쌍이 전기음성도가 큰 원자쪽으로 치우치는 공유결합을 말한다.

15 ✓ 해설

㉱ 원자번호가 작을수록 산화력이 커진다.

16 ✓ 해설

$H_2SO_4 \rightarrow 2H^+ + SO_4^{2-}$
 XM   2XM   XM
이므로 [H^+]이온은 2×XM이므로
[H^+] = 2×0.2mol/L = 0.4mol/L
따라서 중화에 필요한 [OH^-]는 0.4mol/L이다.
그리고 [OH^-]는 1가 물질이므로 M 농도와 N 농도가 동일하다.
따라서 $NaOH(g) = \dfrac{0.4\,eq}{L} \times \dfrac{0.1\,L}{} \times \dfrac{40\,g}{1\,eq} = 1.6\,g$

!TIP

① M(몰) 농도 = mol/L
② N(노르말) 농도 = eq/L
③ M 농도×가수 = N 농도
④ H_2SO_4에서 가수는 H의 개수이므로 2가이다.

17 ✓ 해설

Al^{3+}의 양이온을 NH_4OH로 침전시킬 때 $Al(OH)_3$가 콜로이드로 되는 것을 방지하기 위하여 함께 가하는 물질은 염화암모늄(NH_4Cl)이다.

18 ✓ 해설

과망간산칼륨($KMnO_4$) 적정은 주로 산성용액 상태에서 이루어지며, 이때 분석액을 산성화하기 위하여 주로 사용하는 산은 황산(H_2SO_4)이다.

19 ✓ 해설

$10FeSO_4 + 8H_2SO_4 + 2KMnO_4 \rightarrow 5Fe_2(SO_4)_3 + K_2SO_4$ 에서
10Fe   : $2KMnO_4$
10×55.85 g : 2×158 g
 x   : 0.00316 g
∴ x = 0.005585 g

CBT 시험

TIP

① $KMnO_4$의 분자량 = 158g
② $KMnO_4$은 5eq(당량)이므로 $1eq = \dfrac{158g}{5}$
③ N(노르말) 농도 = eq/L
④ $KMnO_4(g) = \dfrac{0.1\,eq}{L} \times \dfrac{158\,g/5}{1\,eq} \times \dfrac{1\,mL}{} \times \dfrac{1\,L}{10^3\,L}$
$\qquad\qquad\quad = 0.00316\,g$

20 해설

실질적으로 적정이 끝난 점은 종말점이다.

21 해설

보일-샤를의 법칙은 이상기체에 적용되는 법칙으로 이상기체에 가까우려면 분자량이 적고 비점이 낮아야 하므로 수소(H_2)가 정답이다.

22 해설

알칼리 금속은 수소를 제외한 1족 금속 원소이며, Li, Na, K, Rb, Cs가 있다.

23 해설

펜탄(C_5H_{12})은 노말(n), 이소(iso), 네오(neo)의 3가지 이성질체를 가진다.

24 해설

끓는점 오름 = 끓는점 오름 상수 × 몰랄 농도
따라서 끓는점 오름은 몰랄 농도에 비례한다.

25 해설

① 이온화 반응 : $NH_4Cl \rightarrow NH_4^+ + Cl^-$
② 가수분해 반응 : $NH_4^+ + H_2O \rightarrow NH_3 + H_3O^+$
따라서 H_3O^+를 발생시켜 산성을 나타내게 된다.

26 해설

㉰ 플루오레세인은 침전적정 시 사용하는 지시약이다.

27 해설

암모니아의 생성 조건 : 질소와 수소의 분압은 높이고 온도는 낮춘다.

28 해설

$CuSO_4 \cdot 5H_2O$: $2KOH$
249.54g : 2×56g
0.5012g : X

$\therefore X = \dfrac{0.5012\,g \times 2 \times 56\,g}{249.54\,g} = 0.225\,g$

TIP

① $CuSO_4 \cdot 5H_2O$의 분자량 = 63.54+32+4×16+5×18
$\qquad\qquad\qquad\qquad\quad$ = 249.54g
② $CuSO_4 \cdot 5H_2O + 2KOH \rightarrow Cu(OH)_2 + K_2SO_4 + 5H_2O$

29 해설

Li^{2+}에 디메틸글리옥심을 넣었을 때 빨간색 침전이 생성된다.

30 해설

산화·환원 반응을 이용한 부피 분석법은 산화·환원 적정법이다.

31
적외선 스펙트럼의 원리는 분자의 진동이나 회전 운동이다.

32
1Å는 0.1nm이다.

33
pH 미터를 사용하여 산화·환원 전위차를 측정할 때 사용되는 지시전극은 백금 전극이다.

34
기체-액체 크로마토그래피에서 정지상(고정상)은 액체, 이동상은 기체이다.

35
pH 미터에 사용하는 유리 전극에는 pH 7의 염화칼륨(KCl) 포화용액이 채워져 있다.

36
카르보닐기가 강한 흡수를 일으키는 파장의 영역은 1,820~1,660 cm^{-1} 이다.

37
① 희석배수치 = $\frac{표준용액}{시료용액}$ = $\frac{1000\,ppm}{30\,ppm}$ = 33.33배

② 표준용액의 양 = $\frac{용액의 양(mL)}{희석배수치}$

③ 용액의 양을 10mL 조제할 경우 표준용액의 양
  = $\frac{10\,mL}{33.33}$ = 0.3 mL

④ 용액의 양을 100mL 조제할 경우 표준용액의 양
  = $\frac{100\,mL}{33.33}$ = 3.0 mL

⑤ 용액의 양을 1,000mL 조제할 경우 표준용액의 양
  = $\frac{1,000\,mL}{33.33}$ = 30 mL

⑥ 용액의 양을 10,000mL 조제할 경우 표준용액의 양
  = $\frac{10,000\,mL}{33.33}$ = 300 mL

38
기체크로마토그래피에서 시료 주입구의 온도 설정은 시료 중 휘발성이 가장 낮은 성분의 끓는점보다 50℃ 낮게 설정한다.

39
$A = \epsilon \times C \times L$

여기서 A : 흡광도
  ϵ : 몰흡광도계수(L/mol·cm)
  C : 농도(mol/L)
  L : 용액의 두께(cm)

$0.2 = \epsilon \times 5\,mol/L \times 10\,cm$

$\therefore \epsilon = \frac{0.2}{5\,mol/L \times 10\,cm} = 0.004\,L/mol \cdot cm$

40
④ 알코올은 승화와 관계없다.

41
암모니아(NH_3)는 물에 잘 녹는 수용성기체이다.

42
V족 원소로는 질소(N), 인(P), 비소(As), 안티모니(Sb), 비스무트(Bi)가 있다.

43 ✅ 해설

④ 열과 전기의 도체이다.

44 ✅ 해설

$PV = nRT$

여기서 P : 압력(atm)
V : 체적(L)
n : 몰수
R : 기체수(0.082 atm·L/mol·K)
T : 절대온도(K)

따라서

$2\,atm \times V = \dfrac{2.15 \times 10^{21}개}{6.02 \times 10^{23}개/1\,mol} \times 0.082\,atm·L/mol·K \times 273\,K$

$\therefore V = 0.04\,L = 40\,mL$

45 ✅ 해설

$HCl \rightarrow H^+ + Cl^-$
xM   xM   xM

따라서 xM = 0.001M 이므로 [H^+] = 0.001M 이 된다.

$\therefore pH = -\log[H^+] = -\log[0.001M] = 3.0$

❗ TIP

① 산성 물질에서 $pH = -\log[H^+]$
② 알칼리성(염기성) 물질에서 $pH = 14 + \log[OH^-]$

46 ✅ 해설

질소(N)의 궤도는 $1s^2 2s^2 2p^3$이 된다. 따라서 2p 궤도의 전자는 3개이다.

47 ✅ 해설

$HClO_4$에서 $H^{+1}Cl^{+7}O_4^{-8}$이 된다. 따라서 할로겐 원소(Cl)의 산화수는 +7이다.

48 ✅ 해설

$N(eq/L) = \dfrac{질량(g)}{부피(L)} \times \dfrac{1\,eq}{1당량\,g}$

$= \dfrac{4.9\,g}{0.1\,L} \times \dfrac{1\,eq}{98\,g/2} = 1\,N$

❗ TIP

① H_2SO_4의 분자량 = 2×1+32+4×16=98g
② H_2SO_4 1mol = 분자량(g) = 98g
③ H_2SO_4 1eq = $\dfrac{분자량(g)}{가수} = \dfrac{98\,g}{2}$
④ 용액 100mL = 용액 1L

49 ✅ 해설

포화탄화수소 화합물은 탄소원자 사이의 결합이 단일결합으로 이루어진 탄화수소를 말하며, 종류로는 사슬 모양의 탄화수소인 알케인(C_nH_{2n+2})과 고리모양 탄화수소인 사이클로알케인(C_nH_{2n})이 있다.

50 ✅ 해설

④ 이산화탄소(CO_2)는 가연성 물질이 아니므로 폭발에 의한 사고는 발생하지 않는다.

51 ✅ 해설

$A = \epsilon \times C \times L$

여기서 A : 흡광도
ϵ : 몰흡광계수(L/mol·cm)
C : 시료의 농도(mol/L)
L : 광도의 길이(cm)

따라서 $0.3 = 0.02\,L/mol·cm \times C \times 1.2\,cm$

$\therefore C = \dfrac{0.3}{0.02\,L/mol·cm \times 1.2\,cm} = 12.5\,mol/L$

52 해설
Wheatstone bridge(휘트스톤 브리지)의 원리를 이용하여 측정 가능한 것은 전도도이다.

53 해설
비결합 전자를 갖는 원소 화합물을 분리할 때 주로 사용되는 충전 분리관의 재질은 유리이다.

> **TIP**
> 기체크로마토그래피 = 가스크로마토그래피 = GC

54 해설
① 정성분석의 기초가 되는 것은 크로마토그램의 머무름 시간이다.
② 정량분석의 기초가 되는 것은 크로마토그램의 피크의 넓이 또는 높이이다.

55 해설
흡수분광법에서 정량분석의 기본이 되는 법칙은 램비어트-비어의 법칙이다.

56 해설
㉰ 종말점 부근에는 염기 첨가에 대한 전위 변화가 매우 크다.

57 해설
원자흡수분광법에서 주로 사용하는 광원은 자외-가시광선이다.

58 해설
㉰ 불꽃이온화 검출기(FID)에 대한 설명이다.

59 해설
적외선흡수분광법에서 고체 시료를 제조하는 가장 일반적인 방법은 KBr 펠렛(pellet)을 만들어 측정하는 것이다.

60 해설
㉰ 전기 기기는 접지를 하여 사용해야 한다.

제3회 화학분석기능사 CBT 시험

01 주기율표상에서 원자번호 7의 원소와 비슷한 성질을 가진 원소의 원자번호는 다음 중 어느 것인가?
 ㉮ 2
 ㉯ 11
 ㉰ 15
 ㉱ 17

02 다음 중 분자 간에 수소결합을 하지 않는 것은 어느 것인가?
 ㉮ HF
 ㉯ CH_3F
 ㉰ CH_3COOH
 ㉱ NH_3

03 다음에 열거한 원소 중 이온화 에너지가 가장 큰 것은 어느 것인가?
 ㉮ C
 ㉯ N
 ㉰ O
 ㉱ F

04 다음 중 물에 대한 용해도가 가장 작은 것은 어느 것인가?
 ㉮ HCl
 ㉯ NH_3
 ㉰ CO_2
 ㉱ HF

05 기체는 어느 경우에 물에 잘 녹는가?
 ㉮ 압력, 온도가 모두 낮을 때
 ㉯ 압력, 온도가 모두 높을 때
 ㉰ 압력은 낮고, 온도가 높을 때
 ㉱ 압력은 높고, 온도가 낮을 때

06 흡광광도계의 장치구성으로 알맞은 것은 어느 것인가?
 ㉮ 광원부 - 파장선택부 - 측광부 - 시료부
 ㉯ 파장선택부 - 시료부 - 광원부 - 측광부
 ㉰ 광원부 - 시료부 - 파장선택부 - 측광부
 ㉱ 파장선택부 - 광원부 - 측광부 - 시료부

07 다음 중 포화탄화수소 화합물은 어느 것인가?
 ㉮ 아이오딘값이 큰 것
 ㉯ 건성유
 ㉰ 사이클로헥산
 ㉱ 생선기름

08 실험실에서 유리기구 등에 묻은 기름을 산화시켜 제거하는데 쓰이는 클리닝용액(Cleaning Solution)은 다음 중 어느 것인가?
 ㉮ 크롬산칼륨 + 진한 황산
 ㉯ 중크롬산칼륨 + 황산제일철
 ㉰ 브롬화은 + 하이드로퀴논
 ㉱ 질산은 + 폼알데하이드

09 당량에 대한 정의로서 알맞은 것은 어느 것인가?
 ㉮ 분자량의 절반
 ㉯ 원자가 × 원자량
 ㉰ 표준온도와 표준압력에서 22.4L의 무게
 ㉱ 어떤 원소가 수소 1과 결합 또는 치환할 수 있는 원소의 양

10. 돌턴의 원자설에 대한 설명 중 틀린 내용은 어느 것인가?
   ㉮ 물질은 분자라고 하는 더 이상 쪼갤 수 없는 작은 입자로 구성되어 있다.
   ㉯ 원소에서 화합물이 생길 때 각 원소의 원자는 간단한 정수비로 결합한다.
   ㉰ 원자는 화학변화를 일으킬 때 새로 생성되지도 않고 소멸되지도 않는다.
   ㉱ 주어진 원소의 원자들은 질량과 모든 성질에서 동일하다.

11. 온도가 10℃ 올라감에 따라 반응속도는 2배 빨라진다. 20℃ 때보다 60℃에서는 반응속도가 몇 배 더 빨라지겠는가?
   ㉮ 8배
   ㉯ 16배
   ㉰ 60배
   ㉱ 64배

12. 강산이 피부나 의복에 묻었을 경우 중화시키기 위해 사용하는 시약은 어느 것인가?
   ㉮ 묽은 염산
   ㉯ 묽은 황산
   ㉰ 묽은 아세트산
   ㉱ 묽은 암모니아수

13. HF의 끓는점이 HCl의 끓는점보다 높은 이유는 무엇인가?
   ㉮ 분산력
   ㉯ 반발력
   ㉰ 수소결합
   ㉱ 반데르발스 힘

14. 다음 중 기기분석의 장점으로 틀린 것은 어느 것인가?
   ㉮ 높은 감도의 결과를 얻을 수 있다.
   ㉯ 분석결과를 신속히 얻을 수 있다.
   ㉰ 소량의 시료도 분석할 수 있다.
   ㉱ 분석시료는 대부분 전처리가 필요없다.

15. 발색시약의 조건으로 틀린것은 어느 것인가?
   ㉮ 목적성분 외에 다른 성분하고도 반응하여야 한다.
   ㉯ 발색된 색이 안정하여야 한다.
   ㉰ 발색 후 조성이 확실해야 한다.
   ㉱ 람베르트-비어의 법칙을 따라야 한다.

16. 어떤 용기에 20℃, 2기압의 산소 8g이 들어있을 때 부피(L)는 얼마인가? (단, 산소는 이상기체로 가정하고, 이상기체상수 R의 값은 0.082atm · L/mol · K이다.)
   ㉮ 3L
   ㉯ 6L
   ㉰ 9L
   ㉱ 12L

17. 다음 중 같은 양의 물과 함께 넣어 흔들면 섞이지 않고 상층액으로 분리되는 물질은 어느 것인가?
   ㉮ 에탄올
   ㉯ 에테르
   ㉰ 폼산
   ㉱ 아세트산

18. 물, 벤젠, 석유의 3가지 용매가 있다. 이 중 서로 혼합되는 것으로만 짝지어진 것은?
   ㉮ 물, 벤젠
   ㉯ 물, 석유
   ㉰ 벤젠, 석유
   ㉱ 물, 벤젠, 석유

19. 황산구리 용액에 아연을 넣을 경우 구리가 석출되는 것은 아연이 구리보다 무엇의 크기가 크기 때문인가?
   ㉮ 이온화 경향
   ㉯ 전기저항
   ㉰ 원자가전자
   ㉱ 원자번호

20. 다음은 혼합물과 이를 분리하는 방법 및 원리를 연결한 것이다. 잘못된 것은?

㉮ 혼합물 : NaCl, KNO₃, 적용원리 : 용해도차
   분리방법 : 분별결정
㉯ 혼합물 : H₂O, C₂H₅OH, 적용원리 : 끓는점의 차
   분리방법 : 분별증류
㉰ 혼합물 : 모래, 아이오딘, 적용원리 : 승화성
   분리방법 : 승화
㉱ 혼합물 : 석유, 벤젠, 적용원리 : 용해성
   분리방법 : 분액깔때기

21. 나프탈렌의 분자식은 어느 것인가?

㉮ C_6H_6
㉯ $C_{10}H_8$
㉰ $C_{14}H_{80}$
㉱ $C_{20}H_{22}$

22. 다음 물질 중 무극성 분자에 해당되는 것은?

㉮ HF
㉯ H_2O
㉰ CH_4
㉱ NH_3

23. 용매 1,000g 중에 포함된 용질의 몰수로서 나타내는 농도는?

㉮ 몰농도
㉯ 몰랄농도
㉰ g농도
㉱ 노르말농도

24. 분자가 자외선과 가시광선 영역의 광(빛) 에너지를 흡수할 때 전자가 낮은 에너지 상태에서 높은 에너지 상태로 변화할 때 흡수하는 에너지를 무엇이라 하는가?

㉮ 광에너지
㉯ 기저에너지
㉰ 바닥에너지
㉱ 여기에너지

25. 산화시키면 카복실산이 되고, 환원시키면 알코올이 되는 것은 어느 것인가?

㉮ C_2H_5OH
㉯ $C_2H_5OC_2H_5$
㉰ CH_3CHO
㉱ CH_3COCH_3

26. 다음 물질 중 가수 분해되어 산성이 되는 염은 어느 것인가?

㉮ $NaHCO_3$
㉯ $NaHSO_4$
㉰ NaCN
㉱ NH_4CN

27. 하버-보시법에 의하여 암모니아를 합성하고자 할 때 어떠한 반응조건을 주면 많은양의 암모니아를 얻을 수 있는가?

$$N_2 + 3H_2 \xrightarrow{촉매} 2NH_3 + 열$$

㉮ 많은 양의 촉매를 가한다.
㉯ 압력을 낮추고 온도를 높인다.
㉰ 질소와 수소의 분압을 높이고 온도를 낮춘다.
㉱ 생성되는 암모니아를 제거하고 온도를 높인다.

28. 다음 중 화학 평형상수에 영향을 주는 인자는?

㉮ 표면적의 크고 작음
㉯ 촉매나 부촉매의 유무
㉰ 반응열의 발생 및 흡수
㉱ 화합물의 부피

29. 다음 이온곱과 용해도곱 상수(K_{SP})의 관계 중에서 침전을 생성시킬 수 있는 관계는 어느 것인가?

㉮ 이온곱 > K_{SP}
㉯ 이온곱 = K_{SP}
㉰ 이온곱 < K_{SP}
㉱ 이온곱 = K_{SP} × 해리상수

30. 다음 수산화물 중 공기 중에서 방치하면 불안정하여 검은 갈색으로 변화되는 물질은?

㉮ $Cu(OH)_2$
㉯ $Pb(OH)_2$
㉰ $Fe(OH)_3$
㉱ $Cd(OH)_2$

31. Pb_3O_4을 포함한 시료 10g을 침전시켜 $PbSO_4$ 6g을 얻었다. 이 시료 중 Pb의 함유율(%)은 얼마인가? (단, Pb, O 및 S의 원자량은 207.2, 16.0, 32.0)

㉮ 41.0
㉯ 60.0
㉰ 68.3
㉱ 90.7

32. 다음 중 침전물이 노란색인 화합물은?

㉮ $BaCO_3$
㉯ $BaCrO_4$
㉰ $CaCO_3$
㉱ $SrCO_3$

33. 다음 반응에서 침전물 색깔은?

$$Pb(NO_3)_2 + K_2CrO_4 \rightarrow 2KNO_3 + PbCrO_4$$

㉮ 검은색
㉯ 빨간색
㉰ 흰색
㉱ 노란색

34. 전해질의 전리도 비교는 주로 무엇을 측정하여 구할 수 있는가?

㉮ 용해도
㉯ 어는점 내림
㉰ 융점
㉱ 중화적정량

35. 네슬러 시약의 조제에 사용되지 않는 약품은 어느 것인가?

㉮ KI
㉯ HgI_2
㉰ KOH
㉱ I_2

36. $AgNO_3$ 10g을 정확히 칭량하여 물에 녹인 뒤 500mL 메스플라스크의 눈금까지 희석시켰다. 이 용액은 몇 N인가?(단, $AgNO_3$의 분자량은 169.89이다)

㉮ 0.118
㉯ 0.169
㉰ 0.391
㉱ 0.503

37. 과망간산이온(MnO_4^-)은 진한 보라색을 가지는 대표적 산화제이며, 센 산성용액(pH≤1)에서는 환원제와 반응하여 무색의 Mn^{2+}으로 환원된다. 1몰의 과망간산이온이 반응하였을 때, 몇 당량에 해당하는 산화가 일어나는가?

㉮ 1
㉯ 3
㉰ 5
㉱ 7

38. 다음 중 분석물질과 적정액 사이의 착물형성반응을 이용한 적정법은 어느 것인가?

㉮ 중화적정법
㉯ 침전적정법
㉰ 산화환원적정법
㉱ 킬레이트적정법

39 기체의 용해도에 관한 설명 중 옳은 것은?

㉮ 이산화탄소는 물에 잘 녹는다.
㉯ 무극성인 기체는 물에 녹기가 더욱 쉽다.
㉰ 기체는 온도가 올라가면 물에 녹기 쉽다.
㉱ 무극성인 기체는 용해하는 질량이 압력에 비례한다.

40 다음 중 약염기 BOH의 이온화상수(K)는?

$$BOH \rightleftarrows B^+ + OH^-$$

㉮ [BOH] / [B$^+$][OH$^-$]
㉯ [BOH][B$^+$] / [OH$^-$]
㉰ [B$^+$][OH$^-$] / [BOH]
㉱ [B$^+$] / [BOH][OH$^-$]

41 다음은 광전비색계를 이용한 물질의 농도 측정과정을 기술한 것이다. 그 순서가 올바른 것은 어느 것인가?

(ㄱ) 표준용액의 조제
(ㄴ) 시료의 정량
(ㄷ) 검량선 그리기
(ㄹ) 비색계의 조작

㉮ (ㄷ) - (ㄴ) - (ㄱ) - (ㄹ)
㉯ (ㄴ) - (ㄷ) - (ㄱ) - (ㄹ)
㉰ (ㄷ) - (ㄱ) - (ㄴ) - (ㄹ)
㉱ (ㄱ) - (ㄹ) - (ㄷ) - (ㄴ)

42 pH 4인 용액과 pH 6인 용액의 농도 차는 얼마인가?

㉮ 1/2배
㉯ 1/200배
㉰ 2배
㉱ 100배

43 다음 중 톨루엔에 대한 내용으로 알맞은 것은 어느 것인가

㉮ 방향족화합물이다.
㉯ 독성이 거의 없다.
㉰ 물에 잘 녹는 물질이다.
㉱ 화기에 안전한 물질이다.

44 다음 중 적외선 스펙트럼의 원리로 맞는 것은?

㉮ 핵자기공명
㉯ 전하이동전이
㉰ 분자전이현상
㉱ 분자 내 원자들의 진동

45 기체크로마토그래피의 검출기 중에서 유기할로겐화합물, 나이트로화합물, 유기금속화합물을 선택적으로 검출할 수 있는 검출기는 어느 것인가?

㉮ 열전도도 검출기(TCD)
㉯ 불꽃이온화 검출기(FID)
㉰ 전자포획형 검출기(ECD)
㉱ 불꽃광도형 검출기(FPD)

46 파장이 10^{-3}m인 것을 주파수(cm^{-1})로 환산하면?

㉮ 10
㉯ 100
㉰ 1,000
㉱ 10,000

47 금속나트륨(Na)을 보관하려면 어느 물질 속에 저장하여야 하는가?

㉮ 물
㉯ 석유
㉰ 알코올
㉱ 이산화탄소

48 적외선분광광도계에 의한 고체 시료의 분석방법 중 고체 시료의 취급방법이 아닌 것은 어느 것인가?
- ㉮ 용액법
- ㉯ 페이스트(Paste)법
- ㉰ 기화법
- ㉱ KBr 정제법

49 아베굴절계로 굴절률 측정 시 눈금판의 색깔이 선명하지 않을 때 어떻게 해야 하는가?
- ㉮ 프리즘을 열고 시료 용액을 많이 넣는다.
- ㉯ 보조 프리즘의 개폐 클램프를 풀고 보조 프리즘을 들어 올린다.
- ㉰ 보정 나사를 천천히 돌려서 명암 경계선을 시야 중 십자선의 교차점에 일치시킨다.
- ㉱ 분산 조절나사를 천천히 회전시켜 굴절 시야의 명암 경계가 확실히 나타나도록 한다.

50 분광광도계가 광전 비색계와 다른 점은 어느 것인가?
- ㉮ Beer-Lambert 법칙을 적용시킨다.
- ㉯ 검량선을 작성하여 정량분석을 한다.
- ㉰ 단색화 장치로 프리즘이나 회절격자를 사용한다.
- ㉱ 시료의 색깔이 없을 때 발색시약을 사용하여 발색시킨다.

51 적외선 분광 광도계의 흡수 스펙트럼으로부터 유기 물질의 구조를 결정하는 방법 중 카르보닐기가 강한 흡수를 일으키는 파장의 영역은?
- ① $1,000 \sim 1,300 cm^{-1}$
- ④ $1,660 \sim 1,820 cm^{-1}$
- ③ $2,400 \sim 3,400 cm^{-1}$
- ④ $3,300 \sim 3,600 cm^{-1}$

52 전위차 적정에 의한 당량점 측정 실험에서 필요하지 않은 재료는?
- ㉮ 0.1N-HCl
- ㉯ 0.1N-NaOH
- ㉰ 증류수
- ㉱ 황산구리

53 콜로이드 물질을 분리하는데 이용되는 것은 어느 것인가?
- ㉮ 틴들현상
- ㉯ 투석
- ㉰ 브라운운동
- ㉱ 삼투현상

54 고성능 액체 크로마토그래피(HPLC)의 기기 구성요소 중에서 실질적인 시료의 분리가 일어나는 곳은 어디인가?
- ㉮ 펌프(Pump)
- ㉯ 칼럼(Column)
- ㉰ 오븐(Oven)
- ㉱ 검출기(Dector)

55 다음 기체크로마토그래피 정성분석 방법으로 맞는 것은?
- ㉮ 내부표준법
- ㉯ 면적측정법
- ㉰ 외부표준법
- ㉱ 표준물질 첨가법

56 브롬수가 피부에 묻으면 어떤 처리를 해야 하는가?
- ㉮ 염기로 세척한다.
- ㉯ 아세톤으로 닦는다.
- ㉰ 자연적으로 없어지게 그냥 둔다.
- ㉱ 다량의 글리세린으로 문질러 닦아낸다.

57 기체 크로마토그래피에 사용하는 운반기체로 적당하지 않은 것은?
- ㉮ He
- ㉯ N_2
- ㉰ H_2
- ㉱ Cl_2

58 전해분석 방법 중 폴라로그래피(Polarography)에서 작업전극으로 주로 사용하는 전극은?

㉮ 포화칼로멜전극　㉯ 수은적하전극
㉰ 백금전극　　　　㉱ 유리막전극

59 아세톤, 메탄올에 대한 설명 중 틀린 것은?

㉮ 인화점이 높은 물질이다.
㉯ 저장장소에 화기엄금 표시를 한다.
㉰ 가열 및 충격을 피한다.
㉱ 저장 시 정전기 발생을 방지하여야 한다.

60 기체크로마토그래피에서 충전제의 입자는 일반적으로 60~100mesh 크기로 사용되는데 이보다 더 작은 입자를 사용하지 않는 이유는 무엇인가?

㉮ 분리관의 청소를 불가능하게 하므로
㉯ 분리관에서 압력상승이 발생하기 때문에
㉰ 분리관에서 압력강하가 발생하기 때문에
㉱ 고정상과 이동상이 화학적으로 반응하므로

제3회 화학분석기능사 CBT 시험 정답 및 해설

정답 (바로가기) ☞ p270 3회

01	㉢	02	㉡	03	㉣	04	㉢	05	㉣
06	㉮	07	㉢	08	㉮	09	㉣	10	㉮
11	㉡	12	㉣	13	㉢	14	㉣	15	㉮
16	㉮	17	㉡	18	㉢	19	㉮	20	㉣
21	㉡	22	㉢	23	㉡	24	㉣	25	㉢
26	㉡	27	㉡	28	㉢	29	㉣	30	㉮
31	㉮	32	㉡	33	㉣	34	㉡	35	㉣
36	㉮	37	㉢	38	㉣	39	㉣	40	㉢
41	㉣	42	㉣	43	㉮	44	㉣	45	㉢
46	㉮	47	㉡	48	㉢	49	㉣	50	㉢
51	㉡	52	㉣	53	㉡	54	㉡	55	㉣
56	㉮	57	㉮	58	㉢	59	㉮	60	㉢

01 해설
원소와 비슷한 성질을 가지기 위해서는 최외각전자수가 동일한 같은 족의 원소이며, 원자번호 7번의 원소는 질소(N)이며 같은 족의 원소는 15번의 인(P), 33번의 비소(As), 51번 안티몬(Sb)등 이다.

02 해설
수소결합은 수소(H)와 불소(F), 산소(O), 질소(N)와 결합을 해야 하며, 특징으로는 비공유전자쌍을 가지고 있어야 한다.

03 해설
6번 탄소(C), 7번 질소(N), 8번 산소(O), 9번 불소(F)는 같은 주기 원소이며, 이온화에너지가 큰 원소는 같은 주기에서 원자번호가 가장 큰 원소이므로 9번 불소(F)가 정답이 된다.

04 해설
① 극성물질은 비대칭구조이며, 물에 잘 녹는 물질이며, 염화수소(HCl), 암모니아(NH_3), 불화수소(HF)가 해당한다.
② 비극성물질은 대칭구조이며, 물에 잘 녹지 않는 물질이며, 이산화탄소(CO_2)가 해당한다.

05 해설
물에 잘 녹는 조건
① 기체물질은 온도가 낮고, 압력이 높은 경우
② 액체 및 고체물질은 온도가 높고, 압력이 낮은 경우

06 해설
흡광광도계의 장치구성은 광원부 - 파장선택부 - 측광부 - 시료부로 구성되어 있다.

07 해설
① 포화탄화수소는 탄소와 수소로 이루어진 탄화수소 중에서 탄소와 탄소의 결합이 모두 단일 결합으로 이루어진 화합물이다.
② 고리가 없는 포화탄화수소는 알칸이다.
③ 고리가 있는 포화탄화수소는 사이클로알칸이다.

08 해설
유리기구를 세척하는 클리닝용액은 크롬산칼륨 + 진한 황산을 사용한다.

09 해설
당량의 정의
① 어떤 원소가 수소 1과 결합 또는 치환할 수 있는 원소의 양
② 원소의 원자량을 원자가로 나눈 것

10 해설
㉮ 물질은 원자라고 하는 더 이상 쪼갤 수 없는 작은 입자로 구성되어 있다.

11 해설
① 온도($10 \times n$)℃ 올라갈때마다 반응속도는 2^n 배가 된다.
② 60℃ - 20℃ = 40℃이므로 ($10 \times n$)℃ = 40℃
따라서 n은 4가 된다.
③ 반응속도 = $2^n = 2^4 = 16$

12 해설
강산이 피부나 의복에 묻었을 경우 중화시키기 위해 사용하는 시약은 약염기성인 묽은 암모니아수를 사용한다.

13 해설
HF의 끓는점이 HCl의 끓는점보다 높은 이유는 수소결합을 하기 때문이다.

! TIP

수소결합
① 수소(H)와 불소(F), 산소(O), 질소(N)와 결합해야 한다.
② 비공유전자쌍을 가지고 있어야 한다.

14 해설
㉣ 분석시료는 대부분 전처리가 필요하다.

15 해설
㉮ 목적성분 외에 다른 성분하고도 반응하지 말아야 한다.

16 해설

$$2\,\text{atm} \times V = \frac{8g}{32g} \times 0.082\,\text{atm}\cdot\text{L/mol}\cdot\text{K} \times (273+20)\text{K}$$

$$\therefore V = \frac{8g \times 0.082\,\text{atm}\cdot\text{L/mol}\cdot\text{K} \times (273+20)\text{K}}{2\,\text{atm} \times 32g} = 3.0\,\text{L}$$

TIP

이상기체상태 방정식

$P \times V = \frac{W}{M} \times R \times T$

여기서 P : 압력(atm)
V : 부피(L)
W : 질량(g)
M : 분자량(g)
R : 기체상수($\text{atm}\cdot\text{L/mol}\cdot\text{K}$)
T : 절대온도(K)

17 해설

같은 양의 물과 함께 넣어 흔들면 섞이지 않고 상층액으로 분리되는 물질은 물에 녹지 않는 비극성물질이므로 에테르가 정답이 된다.

TIP

화학식

㉮ 에탄올 : C_2H_5OH
㉯ 에테르 : $R-O-R'$ (예) 에틸에테르 : $C_2H_5OC_2H_5$
㉰ 폼산(포름산 = 개미산) : $HCOOH$
㉱ 아세트산 : CH_3COOH

18 해설

극성물질 + 극성물질 또는 비극성물질 + 비극성물질이 혼합되므로 벤젠 + 석유가 혼합이 되는 물질이다.

TIP

물(극성물질), 벤젠(비극성물질), 석유(비극성물질)

19 해설

황산구리 용액에 아연을 넣을 경우 구리가 석출되는 것은 아연이 구리보다 이온화경향이 크기 때문이다.

TIP

이온화경향이 작은 구리(Cu)가 포함되어 있는 용액에 이온화 경향이 큰 아연(Zn)을 넣으면 이온화 경향이 큰 아연(Zn)은 이온으로, 이온화 경향이 작은 구리(Cu)는 석출된다.

20 해설

㉱ 혼합물 : 석유, 벤젠
적용원리 : 끓는점의 차이
분리방법 : 분별증류

21 해설

나프탈렌의 분자식은 $C_{10}H_8$이다.

22 해설

무극성(비극성) 분자는 물에 녹지 않는 물질이므로 메탄(CH_4)이 정답이 된다.

23 해설

용매 1,000g 중에 포함된 용질의 몰수로서 나타내는 농도는 몰랄농도에 대한 설명이다.

CBT 시험

TIP

① 몰농도 : 용액 1L 중에 들어있는 용질의 몰 수
② 노르말농도(규정농도) : 용액 1L 중에 녹아있는 용질의 g 당량 수

24 ✅ 해설

㉣ 여기에너지에 대한 설명이다.

25 ✅ 해설

① 아세트알데하이드(CH_3CHO) $\xrightarrow[+\ 0.5O_2]{\text{산화반응}}$ CH_3COOH(아세트산)

② 아세트알데하이드(CH_3CHO) $\xrightarrow[+\ H_2]{\text{환원반응}}$ C_2H_5OH(에틸알콜)

TIP

카르복시기 : $-COOH$

26 ✅ 해설

가수 분해되어 산성이 되는 염은 산성이온인 황산이온(SO_4^{2-})을 가지고 있는 중황산나트륨($NaHSO_4$)이다.

TIP

중황산나트륨($NaHSO_4$)의 가수분해 반응

$NaHSO_4 \xrightarrow{\text{1단계}} Na^+ + HSO_4^- \xrightarrow{\text{2단계}} H^+ + SO_4^{2-}$

27 ✅ 해설

발열반응이므로 질소와 수소의 분압을 높이고 온도를 낮춘다.

TIP

① 발열반응 조건 : 압력(분압)을 높이고 온도를 낮춘다.
② 흡열반응 조건 : 압력(분압)을 낮추고 온도를 높인다.

28 ✅ 해설

화학 평형상수에 영향을 주는 인자는 보기 중에서 반응열의 발생 및 흡수이다.

TIP

평형상수는 화학반응에서 반응계와 생성계의 양적인 관계를 나타내는 상수를 의미한다.

29 ✅ 해설

침전을 생성하는 조건은 과포화상태인 이온곱 > K_{SP}이다.

TIP

① 이온곱(Q) : 현재 이온화된 물질의 농도곱
② 용해도곱(K_{SP}) : 포화상태에서 이온농도의 곱
③ 포화상태 : 이온곱 = K_{SP}
④ 과포화상태(침전물 형성) : 이온곱 > K_{SP}
⑤ 불포화상태(부식발생) : 이온곱 < K_{SP}

30 ✅ 해설

공기 중에서 방치하면 불안정하여 검은 갈색으로 변화되는 물질은 수산화구리($Cu(OH)_2$)이다.

31

① Pb의 질량(g) = PbSO$_4$의 질량 × $\dfrac{\text{Pb의 원자량}}{\text{PbSO}_4\text{의 분자량}}$

$= 6\text{g} \times \dfrac{207.2\text{g}}{303.2\text{g}} = 4.1\text{g}$

② 시료 중 Pb의 함유율(%) = $\dfrac{\text{납의 질량}}{\text{시료의 질량}} \times 100$

$= \dfrac{4.1\text{g}}{10\text{g}} \times 100 = 41\%$

TIP

PbSO$_4$의 분자량 = 207.2 + 32 + 16 × 2 = 303.2 g

32

침전물이 노란색인 화합물은 크로뮴산바륨(BaCrO$_4$)이다.

33

반응식에서 침전되는 물질은 크로뮴산납(PbCrO$_4$)이며, 색깔은 노란색이다.

34

전해질의 전리도 비교는 주로 어는점 내림을 측정하여 구한다.

35

네슬러 시약 = 아이오딘화칼륨(KI) + 아이오딘화수은(Ⅱ) + 수산화칼륨(KOH)

36

① M농도(mol/L) = $\dfrac{10\text{g}}{0.5\text{L}} \times \dfrac{1\,\text{mol}}{169.89\text{g}} = 0.118\,\text{M}$

② N농도 = $0.118\,\text{M} \times 1 = 0.118\,\text{N}$

TIP

① M농도(mol/L) = $\dfrac{\text{질량(g)}}{\text{부피(L)}} \times \dfrac{1\,\text{mol}}{\text{분자량(g)}}$

② M농도 × 가수 = N농도

③ AgNO$_3$ → Ag$^+$ + NO$_3^-$ 이므로 AgNO$_3$는 1가 물질이다.

37

① MnO$_4^-$에서 Mn의 산화수(X) + (−2) × 4 = −1

따라서 Mn의 산화수(X) = +7

② MnO$_4^-$ → Mn^{2+}에서 산화수는 +7 → +2이므로 전자이동 수는 +5이다.

③ 산화제와 환원제는 전자이동수가 당량이므로 5당량이 된다.

38

분석물질과 적정액 사이의 착물형성반응을 이용한 적정법은 킬레이트적정법이다.

39

㉮ 이산화탄소는 물에 잘 녹지 않는다.
㉯ 무극성인 기체는 물에 녹기가 어렵다.
㉰ 기체는 온도가 올라가면 물에 녹기 어렵다.

CBT 시험

40 ✓ 해설

이온화상수(K) = $\dfrac{[생성물]}{[반응물]}$ = $\dfrac{[B^+][OH^-]}{[BOH]}$

41 ✓ 해설

물질의 농도 측정과정 순서는 (ㄱ) 표준용액의 조제 → (ㄹ) 비색계의 조작 → (ㄷ) 검량선 그리기 → (ㄴ) 시료의 정량이다.

42 ✓ 해설

$\dfrac{\text{pH 4}}{\text{pH 6}} = \dfrac{10^{-4}}{10^{-6}} = 100$

⚠ TIP

$pH = -\log[H^+] \rightarrow [H^+] = 10^{-pH}\ mol/L$

43 ✓ 해설

㉯ 독성이 있다.
㉰ 물에 거의 녹지 않는 물질이다.
㉱ 화기에 불안전한 물질이다.

⚠ TIP

톨루엔의 분자식은 $C_6H_5CH_3$이다.

44 ✓ 해설

적외선 스펙트럼의 원리는 분자 내 원자들의 진동을 이용하여 정성 및 정량분석을 한다.

45 ✓ 해설

검출물질
㉮ 열전도도 검출기(TCD) : 유기 및 무기 화합물
㉯ 불꽃이온화 검출기(FID) : 탄화수소 화합물
㉰ 불꽃광도형 검출기(FPD) : 황, 인을 포함한 화합물

46 ✓ 해설

$1m : 100cm = 10^{-3}m : X$
$\therefore X = 0.1cm = 10^{-1}cm$

47 ✓ 해설

금속나트륨은 공기중에서 반응성이 크므로 석유속에서 보관한다.

48 ✓ 해설

고체 시료의 취급방법은 용액법, 페이스트(Paste)법, KBr 정제법이다.

49 ✓ 해설

아베굴절계로 굴절률 측정 시 눈금판의 색깔이 선명하지 않을 경우에는 분산 조절나사를 천천히 회전시켜 굴절 시야의 명암 경계가 확실히 나타나도록 한다.

⚠ TIP

아베굴절계는 액체 및 점성체의 굴절률을 측정하는 광학기기이다.

50 해설

단색화장치
① 분광광도계 : 프리즘, 회절격자
② 광전 비색계 : 단색필터

51 해설

카르보닐기($C=O$)가 가장 강한 흡수를 일으키는 파장의 영역은 $1,660 \sim 1,820 cm^{-1}$이다.

52 해설

전위차 적정에 의한 당량점 측정 실험에 사용하는 재료는 0.1N-HCl, 0.1N-NaOH, 증류수이다.

53 해설

투석은 반투막을 이용하여 콜로이드 물질을 분리하는 방법이다.

54 해설

고성능 액체 크로마토그래피(HPLC)의 기기 구성요소 중에서 실질적인 시료의 분리가 일어나는 곳은 칼럼(Column)이다.

55 해설

기체크로마토그래피 정성분석 방법에는 절대검정곡선법, 넓이백분율법, 보정넓이 백분율법, 상대검정곡선법, 표준물질 첨가법이 있다.

56 해설

브롬수가 피부에 묻으면 다량의 글리세린으로 문질러 닦아낸다.

57 해설

기체크로마토그래피에 사용하는 운반기체는 비활성기체로 헬륨(He), 아르곤(Ar), 질소(N_2), 수소(H_2)가 있다.

58 해설

폴라로그래피의 전극
① 기준전극 : 포화칼로멜전극
② 작업전극 : 수은적하전극

59 해설

㉮ 인화점이 낮은 물질이다.

60 해설

기체크로마토그래피에서 충전제의 입자는 일반적으로 60~100mesh 크기로 사용되는데 이보다 더 작은 입자를 사용하지 않는 이유는 분리관에서 압력강하가 발생하기 때문이다.

제4회 화학분석기능사 CBT 시험

01 한 원소의 화학적 성질을 결정하는데 가장 중요한 것은?
　㉮ 원자번호
　㉯ 원자량
　㉰ 전자의 수
　㉱ 제일 바깥 전자껍질의 전자 수

02 분자식이 $C_{18}H_{30}$인 탄화수소 1분자 속에는 이중결합이 최대 몇 개 존재할 수 있는가? (단, 삼중결합은 없다)
　㉮ 2　　㉯ 3
　㉰ 4　　㉱ 5

03 11g의 프로판(C_3H_8)을 완전연소시키면 몇 몰(mol)의 이산화탄소(CO_2)가 생성되는가? (단, C, H, O의 원자량은 각각 12, 1, 16이다)
　㉮ 0.25　　㉯ 0.75
　㉰ 1.0　　㉱ 3.0

04 다음 중 주기율표상 V족 원소에 해당되지 않는 것은?
　㉮ P　　㉯ As
　㉰ Si　　㉱ Bi

05 다음 중 같은 농도의 수용액 중에서 가장 강한 산성을 띠는 물질은?
　㉮ H_2CO_3　　㉯ HCl
　㉰ H_3PO_4　　㉱ CH_3COOH

06 결정수를 가지는 화합물을 무엇이라고 하는가?
　㉮ 이온화　　㉯ 수화물
　㉰ 승화물　　㉱ 포화용액

07 다음 유기화합물 중 반응성이 가장 큰 물질은?
　㉮ CH_4　　㉯ C_2H_6
　㉰ C_3H_8　　㉱ C_2H_2

08 6M HNO_3, 100mL을 만드는데 필요한 질산의 질량과 부피를 계산하면 얼마인가? (단, 70% HNO_3이고, 20℃일 때 밀도 1.4g/mL, 분자량은 63임)
　㉮ 54g, 38.57mL　　㉯ 70g, 50.57mL
　㉰ 37g, 50.57mL　　㉱ 50g, 37.57mL

09 전자궤도의 d 오비탈에 들어갈 수 있는 전자의 총수는 얼마인가?
　㉮ 2　　㉯ 6
　㉰ 10　　㉱ 14

10 다음 결합 중 결합력이 가장 약한 것은?
　㉮ 공유결합　　㉯ 이온결합
　㉰ 금속결합　　㉱ 반데르발스결합

11 다음 보기 중 비중이 가장 작은 금속은?

㉮ Mg   ㉯ Au
㉰ Fe   ㉱ Cu

12 용기속에 들어있는 액체 프로판 1kg을 표준상태의 기체로 기화할 때 부피(L)는 얼마인가? (단, 이상기체로 가정함)

㉮ 200L   ㉯ 509L
㉰ 710L   ㉱ 1,029L

13 다음 중 양쪽성 원소가 아닌 것은?

㉮ Ni   ㉯ Sn
㉰ Zn   ㉱ Al

14 황화수소(H_2S)의 일반적인 성질 중 틀린 것은?

㉮ 특유한 냄새를 가진 유독한 기체이다.
㉯ 환원제이다.
㉰ 물에 불용성이다.
㉱ 알칼리와 반응하여 염을 생성한다.

15 염소이온이 포함된 물에 질산은($AgNO_3$)용액 몇 방울을 적정하였더니 침전물이 생성되었다. 이 침전물의 색은 무엇인가?

㉮ 노란색   ㉯ 흰색
㉰ 적색   ㉱ 흑색

16 이온결합 물질의 특징으로 알맞은 것은?

㉮ 극성용매에 녹는다.
㉯ 연성, 전성이 있으며 광택이 있다.
㉰ 결정일 때는 전기전도성이 있다.
㉱ 결정격자로 이루어져 있으며, 녹는점과 끓는점이 높은 액체이다.

17 25℃에서 0.01M의 NaOH 수용액에서 pH값은 얼마인가? (단, 이온화도는 1이다.)

㉮ 0.01   ㉯ 2
㉰ 10   ㉱ 12

18 0.1M NaOH 0.5L와 0.2M HCl 0.5L를 혼합한 용액의 몰농도(M)는 얼마인가?

㉮ 0.05M   ㉯ 0.1M
㉰ 0.3M   ㉱ 1M

19 다음 중 극성분자는 어느 것인가?

㉮ H_2 ㉯ O_2
㉰ H_2O ㉱ CH_4

20 공업적으로 에틸렌을 진한 황산과 반응시키면 에틸황산($C_2H_5OSO_3H$)이 생긴다. 이것을 가수분해할 때 생성되는 물질은 무엇인가?

㉮ 메탄올   ㉯ 페놀
㉰ 에탄올   ㉱ 초산

21 다음 중 금(Au), 백금(Pt)을 녹일 수 있는 용액은?

㉮ 질산   ㉯ 황산
㉰ 염산   ㉱ 왕수

22. 다음 밑줄 친 원소의 산화수는 얼마인가?

$$\underline{Mn}O_4^-, \underline{N}O$$

㉮ +7, +2 ㉯ +4, +2
㉰ -1, -2 ㉱ -7, -2

23. 다음은 어떤 반응에 대한 설명인가?

$$(C_{15}H_{31}COO)_3C_3H_5 + 3NaOH \rightarrow 3C_{15}H_{31}COONa + C_3H_5(OH)_3$$

㉮ 중화 ㉯ 산화
㉰ 비누화 ㉱ 에스테르화

24. 주기율표에 대한 설명으로 틀린 것은?

㉮ 같은 주기에 있는 원자들은 모두 전자껍질수가 같다.
㉯ 0족 원소(비활성 기체)는 주기율표의 가장 오른쪽 줄에 있다.
㉰ 제2주기에는 10종류의 원소가 들어 있다.
㉱ 같은 족에 있는 원자들은 모두 원자가전자수가 같다.

25. 반감기가 5년인 방사성원소가 있다. 이 동위원소 2g이 10년이 경과한 경우 몇 g이 남아있는가?

㉮ 0.125 ㉯ 0.25
㉰ 0.5 ㉱ 1

26. 시료 중의 염화물을 정량하기 위하여 염화물을 질산은($AgNO_3$)으로 침전시켜 염화은(AgCl) 0.245g을 생성시켰다. 시료 중 염소는 몇 g인가? (단, 원자량은 Ag : 107.9, N : 14, O : 16, Cl : 35.45이다.)

㉮ 0.02g ㉯ 0.06g
㉰ 0.12g ㉱ 0.16g

27. 알칼리금속에 대한 내용으로 틀린 것은?

㉮ 공기 중에서 쉽게 산화되어 금속광택을 잃는다.
㉯ 원자가전자가 1개이므로 +1가의 양이온이 되기 쉽다.
㉰ 할로겐원소와 직접 반응하여 할로겐화합물을 만든다.
㉱ 원자번호가 증가함에 따라 금속결합력이 강해지므로 융점과 끓는점이 높아진다.

28. 다음 중 아미노산의 검출반응은?

㉮ 닌하이드린 반응
㉯ 리이베르만 반응
㉰ 아이오딘폼 반응
㉱ 은거울 반응

29. 양이온 제1족부터 제5족까지의 혼합액으로부터 양이온 제2족을 분리하려고 할 때의 액성은 무엇인가?

㉮ 중성
㉯ 알칼리성
㉰ 산성
㉱ 액성과는 관계가 없다.

30 금속지시약에 대한 내용으로 틀린 것은?

㉮ 금속염이 주성분이다.
㉯ 킬레이트 시약이다.
㉰ 킬레이트 화합물을 만든다.
㉱ 자신의 고유색을 갖는다.

31 유기정성의 위험에 관한 주의사항으로 알맞은 것은?

㉮ 인화성 액체는 보통 1~2L 정도 채취하여 실습에 임한다.
㉯ 인화성 물질은 1회 적정 시 3g 정도 채취하여 실습한다.
㉰ 염소나 브롬 등 독가스를 마셨을 때는 에틸알코올을 마신다.
㉱ 다이아조염이나 나이트로 화합물은 경제적으로 이득이 있게 다량 채취하여 실습한다.

32 염화물 침전을 세척할 때 세척액으로 알맞은 것은?

㉮ 묽은 NH_4OH ㉯ 묽은 HCl
㉰ 묽은 KCN   ㉱ 뜨거운 물

33 K_2CrO_4에 노란색 침전을 형성시켜 확인하는 물질은 무엇인가?

㉮ Ag^+ ㉯ Pb^{2+}
㉰ Hg_2^{2+} ㉱ Hg^{2+}

34 아세톤이나 에탄올 검출에 이용되는 반응은?

㉮ 은거울 반응   ㉯ 아이오딘폼 반응
㉰ 비누화 반응   ㉱ 술폰화 반응

35 고체의 용해도에 관한 내용으로 틀린 것은?

㉮ NaCl의 용해도는 온도에 따라 큰 변화가 없다.
㉯ 일반적으로 고체는 온도가 상승하면 용해도가 커진다.
㉰ 일반적으로 고체는 압력이 높아지면 용해도가 커진다.
㉱ KNO_3은 용해도가 온도에 따라 큰 차이가 있다.

36 산화·환원 적정법 중의 하나인 과망간산칼륨 적정은 주로 산성용액 상태에서 이루어진다. 이때 분석액을 산성화하기 위하여 주로 사용하는 산은 무엇인가?

㉮ 황산(H_2SO_4)
㉯ 질산(HNO_3)
㉰ 염산(HCl)
㉱ 아세트산(CH_3COOH)

37 음이온 정성분석에서 Cl^-, Br^-, I^- 이온의 침전을 생성하기 위하여 주로 사용하는 시약은 무엇인가?

㉮ $AgNO_3$ ㉯ $NaNO_3$
㉰ KNO_3 ㉱ HNO_3

38 0.01M Ca^{2+} 50.0mL와 반응하려면 0.05M EDTA 몇 mL가 필요한가?

㉮ 10   ㉯ 25
㉰ 50   ㉱ 100

39 $K_4Fe(CN)_6$ 1몰을 물에 완전히 녹일 때 생성되는 이온의 종류와 몰수로 알맞은 것은?

㉮ 2종류, 5몰   ㉯ 2종류, 6몰
㉰ 3종류, 7몰   ㉱ 3종류, 11몰

40. 다음 중 침전적정법에서 표준용액으로 KSCN 용액을 이용하고자 Fe^{3+}을 지시약으로 이용하는 방법을 무엇이라고 하는가?

㉮ Volhard법 ㉯ Fajans법
㉰ Mohr법 ㉱ Gay-Lussac법

41. 전도도의 단위는?

㉮ Ω(옴) ㉯ ℧(모)
㉰ A(암페어) ㉱ mV(밀리볼트)

42. 크로마토그래피에서 칼럼 효율은 일반적으로 이론단수(N)로 나타낸다. 다음 중 N 값에 영향을 주는 요인 중 무시할 수 있는 것은?

㉮ 실험실 온도
㉯ 칼럼 제작방법
㉰ 이동상의 흐름속도
㉱ 분리온도

43. 아세트산이온이 물 분자와 반응하여 다음과 같이 진행된다. 이 반응을 무엇이라고 하는가?

$$CH_3COO^- + H_2O \rightarrow CH_3COOH + OH^-$$

㉮ 가수분해 ㉯ 중화반응
㉰ 축합반응 ㉱ 첨가반응

44. 금속에 빛을 조사하면 빛의 에너지를 흡수하여 금속중의 자유전자가 금속표면에 방출되는 성질을 무엇이라 하는가?

㉮ 광전효과 ㉯ 틴들현상
㉰ Ramann 효과 ㉱ 브라운 운동

45. 다음의 얇은 막 크로마토그래피(TLC)법의 작동법으로 틀린 것은?

㉮ 점적의 직경은 2~5mm 정도가 좋다.
㉯ 시약량은 분석용 TLC법에서는 점적당 10~100㎍ 정도이다.
㉰ 상승전개나 하강전개법 그리고 일차원 혹은 다차원 방법을 사용할 수 있다.
㉱ 전개시간이 보통 종이 크로마토그래피법에서 보다도 얇은 막 크로마토그래피법이 더 느리다.

46. 액체 크로마토그래피의 검출기가 아닌 것은?

㉮ UV흡수 검출기 ㉯ IR흡수 검출기
㉰ 전도도검출기 ㉱ 이온화검출기

47. 전기전도도법에 관한 내용으로 틀린 것은?

㉮ 같은 전도도를 가진 용액은 구성성분과 농도가 같다.
㉯ 전류가 흐르는 정도는 이온의 수와 종류에 따라 다르다.
㉰ 전도도는 이온의 농도 및 이동도(Mobility)에 따라 다르다.
㉱ 적정을 통해 많은 물질을 정량할 수 있는 전기화학적 분석법 중의 하나이다.

48. 다음 기기분석법 중 광학적 방법이 아닌 것은?

㉮ 전위차 적정법 ㉯ 분광분석법
㉰ 적외선분광법 ㉱ X선 분석법

49. 다음 중 전위차 적정에 관한 내용으로 틀린 것은?

㉮ 일반적인 기준전극은 백금으로 만든다.
㉯ 적정분석법에서 종말점의 결정에 이용된다.
㉰ 기준전극은 Nernst 식에 따라야 한다.
㉱ 기준전극은 고정된 전위를 유지하여야 한다.

50 다음은 어떤 기기에 대한 설명인가?

- 두 전극 사이에 발생하는 전위차를 측정하는 방법이다.
- 사용 전에 캘리브레이션 작업을 해 주어야 한다.
- 용액의 액성을 정확하게 측정할 수 있다.

㉮ 비색계　　㉯ 점도계
㉰ 굴절계　　㉱ pH미터

51 적외선 분광광도계를 이용하여 알 수 없는 물질의 정보는 어느 것인가?

㉮ 유기 혼합물의 분석
㉯ 유기 혼합물의 구조
㉰ 유기 혼합물의 비점
㉱ 유기 혼합물의 불순물 유무 확인

52 듀보스크 비색계를 사용하여 농도를 측정할 때 표준용액의 농도가 1mol/L, 눈금이 20cm이었다. 시료용액의 비색관 눈금이 40cm일 때 색깔이 일치하였다면 시료용액의 농도는 몇 mol/L인가?

㉮ 0.5　　㉯ 1.0
㉰ 1.5　　㉱ 2.0

53 흡광광도 분석장치의 구성순서로 알맞은 것은?

㉮ 광원부 - 시료부 - 파장선택부 - 측광부
㉯ 광원부 - 파장선택부 - 시료부 - 측광부
㉰ 광원부 - 시료부 - 측광부 - 파장선택부
㉱ 광원부 - 파장선택부 - 측광부 - 시료부

54 실험 중에 지켜야 할 유의사항으로 틀린 것은?

㉮ 반드시 실험복을 착용한다.
㉯ 실험과정은 반드시 노트에 기록한다.
㉰ 실험대 위에는 항상 깨끗하게 정돈되어 있어야 한다.
㉱ 실험을 빨리하기 위해서는 두 가지 이상의 실험을 동시에 한다.

55 다음 정량분석방법 중 여러가지 방해작용이 우려될 경우 사용하는 분석방법은?

㉮ 검량선법(표준검정곡선법)
㉯ 내부표준법
㉰ 표준물첨가법
㉱ 면적백분율법

56 다음 보기 중 GC(기체 크로마토그래피)의 검출기가 갖추어야 할 조건으로 알맞은 것은?

[보기]
① 검출한계가 높아야 한다.
② 가능하면 모든 시료에 같은 응답신호를 보여야 한다.
③ 검출기 내에 시료의 머무는 부피는 커야 한다.
④ 응답시간이 짧아야 한다.
⑤ S/N비가 커야 한다.

㉮ ①, ②, ③　　㉯ ①, ③, ⑤
㉰ ②, ④, ⑤　　㉱ ①, ②, ⑤

57 전위차법에 사용되는 이상적인 기준전극이 갖추어야 할 조건 중 틀린 것은?

㉮ 시간에 대하여 일정한 전위를 나타내야 한다.
㉯ Nernst 식에 따라야 하며 가역적이지 말아야 한다.
㉰ 작은 전류가 흐른 후에는 본래 전위로 돌아와야 한다.
㉱ 온도 사이클에 대하여 히스테리시스를 나타내지 않아야 한다.

58 1.0×10^{-4} mol 용액의 어떤 시료를 1.5cm 용기에 넣었을 때 λ_{max} = 250nm에서 투광도 40%이다. 250nm에서 ϵ_{max} (최대 몰흡광도)의 값은 얼마인가?

㉮ 1.6×10^3 ㉯ 2.6×10^3
㉰ 3.6×10^3 ㉱ 4.6×10^3

59 전위차 전극법에서 보조전극으로 주로 사용되는 전극은?

㉮ 수소전극 ㉯ 백금전극
㉰ 칼로멜전극 ㉱ 퀸하이드론전극

60 Fe^{2+}를 황산 산성에서 MnO_4^-로 적정할 때 E^0 = 0.78V이고 Fe^{2+}의 80%가 Fe^{3+}로 산화되었을 때 전위차는? (단, $E = E^0 + 0.0591 \log C$)

㉮ 2.7210 ㉯ 0.8156
㉰ 0.7210 ㉱ 2.8156

※ 알림
CBT 시험문제는 수강생들이 복원한 문제를 중심으로 구성되어 있으므로 실제 출제된 문제와 다소 차이가 있을 수 있음을 알려드립니다.
저자는 수험생들이 원하시는 보다 알차고 보다 쉽게 공부할 수 있는 수험서를 만들기 위해 항상 최선의 노력을 다하고 있습니다.

제 4 회 화학분석기능사 CBT 시험 정답 및 해설

정답 (바로가기) ☞ p285 4회

01	㉣	02	㉰	03	㉯	04	㉰	05	㉯
06	㉯	07	㉣	08	㉮	09	㉰	10	㉣
11	㉮	12	㉯	13	㉮	14	㉰	15	㉯
16	㉮	17	㉣	18	㉮	19	㉯	20	㉯
21	㉣	22	㉮	23	㉰	24	㉯	25	㉯
26	㉯	27	㉣	28	㉮	29	㉰	30	㉮
31	㉯	32	㉯	33	㉯	34	㉯	35	㉯
36	㉮	37	㉮	38	㉮	39	㉮	40	㉮
41	㉯	42	㉮	43	㉮	44	㉮	45	㉣
46	㉣	47	㉮	48	㉮	49	㉮	50	㉣
51	㉰	52	㉮	53	㉯	54	㉣	55	㉰
56	㉰	57	㉯	58	㉯	59	㉰	60	㉯

01 해설

① 주기를 결정하는 것은 전자껍질이다.
② 족을 결정하는 것은 최외각전자이다.

02 해설

탄소(C)는 최외각전자(원자가전자)가 4개이고, 수소(H)는 1개이다.
단일결합은 알칸계열이므로 탄화수소의 일반식은 C_nH_{2n+2}이다.
단일결합을 할 경우 탄소(C)가 18개인 경우 수소(H)는 38개이다.
따라서 38 - 30 = 8에서 8개의 전자는 이중결합을 하게 되므로 8 ÷ 2 = 4, 이중결합 수는 4개이다.

03 해설

$$C_3H_8 + 5O_2 \rightarrow 3CO_2 + 4H_2O$$
44g : 3mol
11g : X

$$\therefore X = \frac{11g \times 3mol}{44g} = 0.75 mol$$

04 해설

주기율표상 V족 원소는 원자가전자가 5개인 -3가 원소이므로 $_7N$(질소), $_{15}P$(인), $_{33}As$(비소), $_{51}Sb$(안티몬), $_{83}Bi$(비스무트)가 해당한다.

05 해설

수용액 중에서 가장 강한 산성을 띠는 물질은 황산(H_2SO_4), 질산(HNO_3), 염산(HCl)이다.

06 해설

결정속에 일정한 화합비로 함유되어 있는 수분(물)을 결정수라고 한다. 따라서 결정수를 가지는 화합물은 수분(물)을 가지는 화합물이므로 수화물이 정답이 된다.

07 해설

보기중에서 삼중결합을 하는 아세틸렌(C_2H_2)이 반응성이 가장 크다.

TIP

① 반응성이 가장 큰 물질은 삼중결합〉이중결합〉단일결합 순이다.
② 이중결합과 삼중결합은 불포화탄화수소이다.
③ 단일결합은 포화탄화수소이다.

08 해설

① 몰농도 = $\dfrac{질량(g)}{부피(L)} \times \dfrac{1몰}{분자량(g)}$ 에서

$6M = \dfrac{질량(g)}{0.1L} \times \dfrac{1\,mol}{63g}$

∴ 질량 = 37.8g

따라서 HNO_3의 농도가 70%이므로

질량 = $37.8g \times \dfrac{100}{70\%}$ = 54g

② 부피 = $54g \times \dfrac{mL}{1.4g}$ = 38.57mL

TIP

① M농도의 단위는 mol/L이다.
② 1mol = 분자량(g)이다.
③ 농도(순도)가 주어진 경우의 질량 = 질량(g) $\times \dfrac{100}{농도(\%)}$
④ 질량 = 무게

09 해설

전자궤도의 d 오비탈에 들어갈 수 있는 전자의 총수는 10개이다.

TIP

오비탈(Orbital)의 이름과 전자수

오비탈의 이름	s-오비탈	p-오비탈	d-오비탈	f-오비탈
전자수	2	6	10	14

10 해설

보기중에서 결합력이 가장 약한 것은 ㉣ 반데르발스결합이다.

TIP

① 결합력은 공유결합〉이온결합〉금속결합〉수소결합〉반데르발스결합
② 공유결합 : 각 원자가 같은 수의 맨 바깥 전자껍질의 전자를 내놓아 전자쌍을 이루어 서로 공유하여 결합하는 것으로 H_2(단일결합), O_2(이중결합), N_2(삼중 결합)가 있다.
③ 이온결합 : 금속원소와 비금속원소 사이에서 이루어지는 것으로 NaCl, CaO 등이 있다.
④ 금속결합 : 금속의 양이온과 자유전자와의 결합이다.
⑤ 수소결합 : 전기음성도가 큰 F, O, N과 전기음성도가 작은 수소(H)와의 공유 결합에서 수소(H)가 F, O, N에 끌리면서 이루어지는 분자와 분자사이의 결합이다.
⑥ 반데르발스결합 : 반데르발스힘(분자와 분자 사이에 약한 전기적 쌍극자에 의해서 생기는 힘)으로 액체나 고체를 이루어지는 분자간의 결합이다.

11 해설

비중이 가장 작은 금속은 원자량이 가장 작은 원소이므로 원자번호가 가장 작은 마그네슘(Mg)이 정답이다.

TIP

$_{12}Mg(24.3) < {}_{26}Fe(55.85) < {}_{29}Cu(63.55) < {}_{79}Au(196.97)$ 순이다.

12

압력(atm) × 부피(L) = $\dfrac{질량(g)}{분자량(g)}$ × 기체상수 × 절대온도(k)

$1\,\text{atm} \times 부피(L) = \dfrac{1{,}000\,g}{44\,g} \times 0.082\,\text{atm·L/mol·k} \times (273+0)\,k$

∴ 부피 = 508.77 L

! TIP

① 표준상태는 0℃, 1atm(760mmHg)이다.
② 프로판(C_3H_8)의 분자량 = 12 × 3 + 1 × 8 = 44
③ 기체상수는 0.082 atm·L/mol·k는 암기하고 있어야 한다.
④ 절대온도(k) = 273 + ℃
⑤ 프로판(C_3H_8) = 프로페인

13

양쪽성 원소는 금속의 성질과 비금속의 성질을 모두 가지고 있는 원소를 말하며, 알루미늄(Al), 아연(Zn), 주석(Sn), 납(Pb) 등이 있다.

14

㉣ 황화수소는 수용성 물질이다.

15

염소(Cl^-) + 질산은($AgNO_3$) → 염화은($AgCl$) + 질산이온(NO_3^-)로 반응하므로 침전물은 염화은($AgCl$)이며, 색은 백색을 띤다.

16

㉯ 금속결합의 설명
㉰ 결정(이온성결정)일 때는 전기전도성이 없다.
㉱ 결정격자로 이루어져 있으며, 녹는점과 끓는점이 높은 고체이다.

17

$pH = 14 + \log[OH^-] = 14 + \log[0.01M] = 12$

! TIP

① $NaOH \xrightarrow{\text{이온화}} Na^+ + OH^-$
　　0.01M　　0.01M　0.01M
② $[OH^-]$의 농도 = 0.01M
③ 산성물질에서 $pH = -\log[H^+]$
④ 알칼리성물질에서 $pH = 14 + \log[OH^-]$

18

혼합한 용액의 몰농도(M)
$= \dfrac{0.2M \times 0.5L - 0.1M \times 0.5L}{0.5L + 0.5L} = 0.05M$

19

극성분자는 물에 잘 녹는 물질로 비대칭구조를 가지며, 비극성분자는 물에 잘 녹지않는 물질로 대칭구조를 가진다. 따라서 극성분자는 ㉯ 물(H_2O)이다.

20 해설

가수분해 시 생성물은 에탄올(C_2H_5OH)이다.

TIP

가수분해반응
C_2H_4(에틸렌) + H_2SO_4(황산) →
$C_2H_5OSO_3H$(에틸황산) + H_2O(물)
→ C_2H_5OH(에틸알콜) + H_2SO_4(황산)

21 해설

금(Au)과 백금(Pt)을 녹일 수 있는 용액은 산을 혼합한 물질인 왕수이다.

22 해설

① Mn의 산화수 + 산소의 산화수(-2×4) = -1
따라서 Mn의 산화수 = $+7$
② N의 산화수 + 산소의 산화수(-2×1) = 0
따라서 N의 산화수 = $+2$

23 해설

㉰ 비누화에 대한 설명이다.

TIP

비누화반응
$RCOOR' + 3NaOH \rightarrow 3RCOONa + R'OH$

24 해설

㉰ 제2주기에는 8종류의 원소($_3Li, _4Be, _5B, _6C, _7N, _8O, _9F, _{10}Ne$)가 들어 있다.

25 해설

① 반감기 공식: $\ln \frac{1}{2} = -k \times 5$년
따라서 $k = 0.1386$/년
② 1차 반응식: $\ln \frac{질량}{2g} = -0.1386$/년 $\times 10$년
따라서 질량 $= 2g \times e^{(-0.1386/년 \times 10년)} = 0.5g$

TIP

비누화반응
① 반감기 공식: $\ln \frac{1}{2} = -$상수(k) $\times$ 시간
② 1차 반응식:
$\ln \frac{반응 후 질량(g)}{반응 전 질량(g)} = -$상수(/년) $\times$ 시간(년)

26 해설

$AgCl \rightarrow Ag^+ + Cl^-$
143.35g : 35.45g
0.245g : X
∴ $X = 0.06g$

TIP

AgCl의 분자량 $= 107.9 + 35.45 = 143.35$

27 ✓ 해설

㉣ 원자번호가 증가함에 따라 융점(녹는점)과 끓는점(비등점)이 낮아진다.

> TIP
> ① 알칼리금속은 $_3Li$, $_{11}Na$, $_{19}K$, $_{37}Rb$ 등이 있다.
> ② 알칼리금속(같은 족)은 원자번호가 증가할수록 원자반지름이 증가한다.

28 ✓ 해설

아미노산의 검출반응은 닌하이드린 반응이다.

> TIP
> 닌하이드린 반응은 단백질용액에 1% 닌하이드린용액을 넣고 가열하면 적자색으로 발색되는 반응이다.

29 ✓ 해설

혼합액으로부터 양이온 제2족을 분리하려는 경우 분족시약은 황화수소(H_2S)이며, 액성은 약산성을 유지해야 한다.

30 ✓ 해설

㉮ 금속지시약의 종류에는 MX(Murexide), PAN, EBT(Eriochrome Black T)가 있으며, 주성분이 금속염과는 무관하다.

31 ✓ 해설

㉮ 인화성 액체는 보통 소량을 채취하여 실습에 임한다.
㉰ 염소나 브롬 등 독가스를 마셨을 때는 물을 마신다.
㉳ 다이아조염이나 나이트로 화합물은 소량을 채취하여 실습한다.

> TIP
> ① 인화성 액체를 소량으로 사용하는 이유는 발화의 위험을 낮추기 위해서이다.
> ② 다이아조염이나 나이트로 화합물을 소량으로 채취하는 이유는 폭발의 위험성을 낮추기 위해서이다.

32 ✓ 해설

염화물 침전을 세척할 때 세척액으로는 묽은 염산(HCl)을 사용한다.

33 ✓ 해설

크롬산납(K_2CrO_4)에 노란색 침전을 형성시켜 확인하는 물질은 납이온(Pb^{2+})이다.

> TIP
> K_2CrO_4(크롬산칼륨) + $PbCl_2$(염화납) → $PbCrO_4$(크롬산납) + $2KCl$(염화칼륨)

34 ✓ 해설

아세톤이나 에탄올 검출에 이용되는 반응은 아이오딘폼 반응이다.

> **TIP**
>
> 아이오딘폼 반응이란 에탄올(C_2H_5OH)에 수산화나트륨(NaOH)과 아이오드(I_2)를 반응시키면 아이오드폼(CHI_3)의 노란색 침전물이 생성되는 반응이다.

35 해설

㉯ 일반적으로 고체의 용해도는 압력에 무관하다.

> **TIP**
>
> ① 용해도(%) = $\frac{용질}{용매} \times 100(\%)$
> ② 고체의 용해도는 온도에는 관계있고 압력에는 무관하다.
> ③ NaCl의 용해도는 온도에 따른 변화가 거의 없으므로 용매의 양을 줄여 석출한다.

36 해설

과망간산칼륨 적정에서 분석액의 산성화를 위해서 황산(H_2SO_4)을 사용한다.

37 해설

침전을 위해 주로 사용하는 물질이 은이온(Ag^+)이므로 보기 중에서 ㉮ 질산은($AgNO_3$)이 정답이 된다.

38 해설

$M_1 \times V_1 = M_2 \times V_2$에서

$0.01M \times 50.0mL = 0.05M \times V_2$

따라서 $V_2 = \dfrac{0.01M \times 50.0mL}{0.05M} = 10mL$

39 해설

① 반응식 : $K_4Fe(CN)_6 \rightarrow 4K^+ + Fe(CN)_6^{4-}$
② 생성되는 이온 : K^+와 $Fe(CN)_6^{4-}$
③ 생성되는 몰수 : K^+ 4몰과 $Fe(CN)_6^{4-}$ 1몰

40 해설

㉮ 폴하르드법(Volhard법)에 대한 설명이다.

> **TIP**
>
> ① 파얀스법(Fajans법) : 침전물에 흡수된 지시약의 색으로 종말점을 찾아내는 방법이다.
> ② 모르법(Mohr법) : 염소이온(Cl^-)을 질산은($AgNO_3$)용액으로 적정하면 은이온(Ag^+)과 반응하여 적색 침전을 형성하는 반응이다.

41 해설

전기전도도는 전기저항의 역수이며, 단위는 ℧(모)이다.

42
㉮ 실험실 온도는 이론단수(N)에 영향을 주지 않는다.

43
염(CH_3COO^-)이 물(H_2O)분자와 반응하여 산(CH_3COOH)과 염기(OH^-)를 발생시키는 반응을 가수분해반응이라 한다.

> **TIP**
> ① 중화반응 : 산과 염기가 반응해 물과 염을 생성하는 반응
> ② 축합반응 : 2개의 분자가 1개로 합쳐지는 반응
> ③ 첨가반응 : 불포화결합에 다른 분자가 결합하는 반응

44
㉮ 광전효과에 대한 설명이다.

> **TIP**
> ① 틴들현상 : 어두운 방에서 문틈으로 들어오는 햇빛의 진로가 밝게 보이는 현상
> ② Ramann 효과 : 투명한 물질에 단일파장의 강한 빛을 쬐어 산란광을 분광시키면, 입사광과 같은 파장을 가진 빛 이외에 그보다 약간 긴 파장이나 짧은 파장의 스펙트럼선이 관측되는 현상
> ③ 브라운 운동 : 액체 또는 기체속에서 부유하면서 움직이는 작은 입자의 불규칙적인 운동

45
㉱ 전개시간이 보통 종이 크로마토그래피법 보다 얇은 막 크로마토그래피법이 더 빠르다.

46
㉱ 이온화검출기는 존재하지 않는다.

> **TIP**
> 액체 크로마토그래피의 검출기에는 UV흡수 검출기, IR흡수 검출기, 전도도검출기, 형광검출기, 전기화학적검출기 등이 있다.

47
㉮ 같은 전도도를 가진 용액이라고 하더라도 구성성분과 농도는 다를 수 있다.

48
㉮ 전위차 적정법은 적정법의 종류이다.

49
㉮ 일반적인 백금은 지시전극(분석물에 들어가는 전극)으로 사용된다.

50
㉱ pH미터에 대한 설명이다.

> **TIP**
> 캘리브레이션 : 계기류의 정밀도 따위를 표준기와 비교하여 바로 잡는것을 말한다.

51
적외선 분광광도계와 ㉰ 유기 혼합물의 비점(끓는점)과는 상관없다.

52

흡광도(A) = 몰흡광계수(ϵ) × 농도(C) × 셀의 두께(L)

따라서 $1\,mol/L \times 20\,cm = X\,mol/L \times 40\,cm$

$\therefore X = \dfrac{1\,mol/L \times 20\,cm}{40\,cm} = 0.5\,mol/L$

53

흡광광도 분석장치는 광원부 - 파장선택부 - 시료부 - 측광부 순이다.

54

㉣ 실험은 천천히 한가지씩 집중해서 실행한다.

55

정량분석방법 중 여러가지 방해작용이 우려될 경우 사용하는 분석방법은 ㉣ 표준물첨가법이다.

56

GC(기체 크로마토그래피)의 검출기의 조건
① 검출한계가 낮아야 한다.
② 가능하면 모든 시료에 같은 응답신호를 보여야 한다.
③ 검출기 내에 시료의 머무는 부피는 작아야 한다.
④ 응답시간이 짧아야 한다.
⑤ S/N비가 커야 한다.

57

㉣ Nernst 식에 따라야 하며 가역적이어야 한다.

> **TIP**
> 히스테리시스 : 전진각과 후진각의 차이를 의미한다.

58

흡광도(A) = 최대몰흡광도(ϵ_{max}) × 용액의 농도(C) × 시료셀 두께(L)

흡광도(A) = $\log \dfrac{1}{투광도} = \log \dfrac{1}{0.40} = 0.39794$

따라서 $0.39794 = \epsilon_{max} \times 1.0 \times 10^{-4}\,mol \times 1.5\,cm$

$\therefore \epsilon_{max} = \dfrac{0.39794}{1.0 \times 10^{-4}\,mol \times 1.5\,cm} = 2.65 \times 10^{3}\,mol^{-1} \cdot cm^{-1}$

59

전위차 전극법에서 보조전극으로 사용되는 것은 칼로멜전극이다.

60

전위차(E) = $E^{0} + 0.0591 \log C$

$= 표준전위차(E^{0}) + 0.0591 \times \log\left(\dfrac{Fe^{3+}\,농도}{Fe^{2+}\,농도}\right)$

$= 0.78\,V + 0.0591 \times \log\left(\dfrac{80\%}{20\%}\right)$

$= 0.8156$

> **TIP**
> Fe^{2+} 이온 100% 중 Fe^{3+} 이온으로 80%가 산화되었으므로 남아있는 Fe^{2+} 이온은 20%이고 Fe^{3+} 이온은 80%이다.

제 5 회 화학분석기능사 CBT 시험

01. 양성자 6개, 중성자가 7개 들어 있는 원자의 원자번호는 얼마인가?

㉮ 6 ㉯ 7
㉰ 10 ㉱ 13

02. 다음 중 수소결합에 대한 설명으로 틀린 것은?

㉮ 원자와 원자 사이의 결합이다.
㉯ 전기음성도가 큰 F, O, N의 수소화합물에 나타난다.
㉰ 수소결합을 하는 물질은 수소결합을 하지 않는 물질에 비해 녹는점과 끓는점이 높다.
㉱ 대표적인 수소결합 물질로는 HF, H_2O, NH_3 등이 있다.

03. 할로겐원소의 성질 중 원자번호가 증가할수록 작아지는 것은?

㉮ 금속성   ㉯ 반지름
㉰ 이온화 에너지 ㉱ 녹는점

04. 일정한 온도와 압력에서 20mL의 수소와 10mL의 산소가 반응하면 20mL의 수증기가 발생한다. 이 관계를 설명할 수 있는 법칙은?

㉮ 기체반응의 법칙 ㉯ 일정성분비의 법칙
㉰ 아보가드로의 법칙 ㉱ 질량보존의 법칙

05. 액체크로마토그래피에서 이동상으로 사용하는 용매의 구비조건으로 틀린 것은?

㉮ 점도가 커야 한다.
㉯ 적당한 가격으로 쉽게 구입할 수 있어야 한다.
㉰ 관 온도보다 20~50℃ 정도 끓는점이 높아야 한다.
㉱ 분석물의 피크와 겹치지 않는 고순도이어야 한다.

06. 이온의 수와 전하, 전류, 전하의 이동도 등에 영향을 받는 분석법은?

㉮ 비색법   ㉯ 전도도 측정법
㉰ 적외선 흡수분광법 ㉱ 선광도법

07. 폴라로그래피법에서 용액 속에 무엇이 들어가 있으면 질소가스 등을 수분간 통과시켜 제거해야 하는가?

㉮ 수은 ㉯ 염화수소
㉰ 산소 ㉱ 나트륨

08. 바닥 상태에 있는 원자나 분자는 자외선 및 가시광선을 흡수할 때 생기는 변화는?

㉮ 원자전이 ㉯ 전자전이
㉰ 분자전이 ㉱ 흡수전이

09 다음 화합물 중 염소(Cl)의 산화수가 +3인 것은?
㉮ HClO   ㉯ HClO$_2$
㉰ HClO$_3$ ㉱ HClO$_4$

10 수산화이온[OH$^-$]의 농도가 1.0×10^{-4}M일 때 pH는?
㉮ 4   ㉯ 6
㉰ 8   ㉱ 10

11 고체가 액체에 용해되는 경우 용해속도에 영향을 주는 인자로 틀린 것은?
㉮ 고체 표면적의 크기   ㉯ 교반속도
㉰ 압력의 증감   ㉱ 온도의 변화

12 기체의 용해도에 대한 설명으로 알맞은 것은?
㉮ 질소는 물에 잘 녹는다.
㉯ 무극성인 기체는 물에 잘 녹는다.
㉰ 기체는 온도가 올라가면 물에 녹기 쉽다.
㉱ 기체의 용해도는 압력에 비례한다.

13 다음 중 염기성이 가장 강한 것은?
㉮ 0.1M HCl   ㉯ [H$^+$] = 10^{-3}
㉰ pH = 4   ㉱ [OH$^-$] = 10^{-1}

14 알칼리금속에 속하는 원소와 할로겐족에 속하는 원소가 결합하여 화합물을 생성하였다. 이 화합물의 화학결합은? (단, 수소는 제외 함)
㉮ 이온결합   ㉯ 공유결합
㉰ 금속결합   ㉱ 배위결합

15 산화시키면 카복실산이 되고, 환원시키면 알코올이 되는 물질은?
㉮ C$_2$H$_5$OH   ㉯ C$_2$H$_5$OC$_2$H$_5$
㉰ CH$_3$CHO   ㉱ CH$_3$COCH$_3$

16 탄소 간의 이중, 삼중 결합의 검출에 이용되며 불포화화합물에 가하면 적갈색이 무색으로 변하는 할로겐 원소는?
㉮ F$_2$ ㉯ Br$_2$
㉰ Cl$_2$ ㉱ I$_2$

17 다음 중 탄소원자(C)와 탄소원자(C) 사이의 결합에너지가 가장 큰 화합물은?
㉮ CH≡CH   ㉯ CH$_2$ = CH$_2$
㉰ CH$_3$CH$_3$ ㉱ C$_2$H$_5$OH

18 탄소는 4족 원소로 모든 생명체의 가장 기본이 되는 물질이다. 다음 중 탄소의 동소체로 볼 수 없는 것은?
㉮ 원유   ㉯ 흑연
㉰ 활성탄   ㉱ 다이아몬드

19 현재 사용되는 주기율표는 다음 어느 것에 의해 만들어졌는가?
㉮ 중성자의 수   ㉯ 양성자의 수
㉰ 원자핵의 무게   ㉱ 질량수

20 다음 화합물의 액성이 모두 염기성인 것은?
㉮ SO$_2$, Na$_2$O   ㉯ CaO, KCl
㉰ Na$_2$O, K$_2$CO$_3$ ㉱ CO$_2$, NaNO$_3$

21. 일정한 온도 및 압력하에서 용질이 용매에 용해도 이하로 용해된 용액을 무엇이라고 하는가?
   ㉮ 포화용액   ㉯ 불포화용액
   ㉰ 과포화용액   ㉱ 일반용액

22. 다음 중 금속과 비금속의 경계에 위치하는 원소로 금속성과 비금속성을 동시에 지니고 있는 양쪽성 원소에 해당되지 않는 것은?
   ㉮ Al   ㉯ Zn
   ㉰ Sn   ㉱ Cu

23. NaCl과 KCl을 구별하는 가장 좋은 방법은?
   ㉮ $AgNO_3$ 용액을 가한다.
   ㉯ H_2SO_4를 가한다.
   ㉰ 불꽃반응을 실시한다.
   ㉱ 페놀프탈레인 용액을 가한다.

24. 산소의 원자 번호는 8이다. O^{2-} 이온의 바닥상태의 전자배치는?
   ㉮ $1s^2 2s^2 2p^4$ ㉯ $1s^2 2s^2 2p^6 3s^2$
   ㉰ $1s^2 2s^2 2p^6$ ㉱ $1s^2 2s^2 2s^4 3s^2$

25. 0.1M의 아세트산 용액 25mL와 0.4M의 NaOH 용액 25mL를 혼합한 용액에서 NaOH 농도는?
   ㉮ 0.15M   ㉯ 0.25M
   ㉰ 0.5M   ㉱ 0.3M

26. As_2O_3중의 As의 1g 당량(g)은? (단, As의 원자량은 74.93임)
   ㉮ 12.49   ㉯ 24.98
   ㉰ 74.93   ㉱ 149.86

27. $_{11}Na^{23}$의 알맞은 전자 배열은?
   ㉮ $1S^2 2S^2 2p^6 3s^1$
   ㉯ $1S^2 2S^2 2p^6 3s^2 3p^6 3d^4 4s^1$
   ㉰ $1S^2 2S^2 2p^6 2d^1$
   ㉱ $1S^2 2S^2 2p^6 2d^{10} 3s^2 3p^1$

28. 기체의 용해 조건으로 알맞은 것은?
   ㉮ 온도가 높고 압력이 낮을 때
   ㉯ 온도가 높고 압력이 높을 때
   ㉰ 온도가 낮고 압력이 높을 때
   ㉱ 온도가 낮고 압력이 낮을 때

29. 탄소와 모래를 전기로에 넣어서 가열하면 연마제로 쓰이는 물질이 발생하는데 알맞은 것은?
   ㉮ 카버런덤   ㉯ 카바이드
   ㉰ 카본블랙   ㉱ 규소

30. 포도당의 분자식으로 알맞은 것은?
   ㉮ $C_6H_{12}O_6$ ㉯ $C_{12}H_{22}O_{11}$
   ㉰ $(C_6H_{12}O_5)n$ ㉱ $C_{12}H_{20}O_{10}$

31. 다음은 분산력에 대한 설명이다. 틀린 것은?

   ㉮ 무극성분자와 무극성분자 사이에 작용한다.
   ㉯ 전자수가 많을수록 분산력이 커진다.
   ㉰ 분자간력 중에서 가장 약하게 작용한다.
   ㉱ 분자량이 작을수록 분산력은 커진다.

32. 묽은 염산을 가할 때 기체를 발생시키는 물질은?

   ㉮ Cu   ㉯ Hg
   ㉰ Mg   ㉱ Ag

33. 다음 중 에탄올과 아세트산에 소량의 진한 황산을 넣고 반응시켰을 때 생성되는 주생성물은?

   ㉮ HCOONa   ㉯ $(CH_3)_2CHOH$
   ㉰ $CH_3COOC_2H_5$ ㉱ HCHO

34. 다음 화합물 중 반응성이 가장 큰 것은?

   ㉮ $CH_3 - CH = CH_2$
   ㉯ $CH_3 - CH = CH - CH_3$
   ㉰ $CH \equiv C - CH_3$
   ㉱ C_4H_8

35. 티오사이안산 적정법(폴하르트법)에서 사용하는 지시약은?

   ㉮ 메틸오렌지   ㉯ 페놀프탈레인
   ㉰ 철명반   ㉱ 메틸레드

36. 0.01M NaOH 용액의 pH는?

   ㉮ 9   ㉯ 10
   ㉰ 11   ㉱ 12

37. 어떤 기체의 공기에 대한 비중이 약 1.10일 때 어떤 기체의 분자량과 같은가? (단, 공기의 평균 분자량은 29이다)

   ㉮ H_2 ㉯ O_2
   ㉰ N_2 ㉱ CO_2

38. 분광광도계 실험 시 검량선을 작성하기 위하여 1,000ppm 표준용액을 사용하여 20ppm의 표준용액 100ml를 만들고자 한다. 다음 중 제조방법이 알맞은 것은?

   ㉮ 1,000ppm 표준용액 0.02mL를 100mL 메스플라스크에 넣고 증류수로 표선까지 맞춘다.
   ㉯ 1,000ppm 표준용액 0.2mL를 100mL 메스플라스크에 넣고 증류수로 표선까지 맞춘다.
   ㉰ 1,000ppm 표준용액 2mL를 100mL 메스플라스크에 넣고 증류수로 표선까지 맞춘다.
   ㉱ 1,000ppm 표준용액 20mL를 100mL 메스플라스크에 넣고 증류수로 표선까지 맞춘다.

39. 펜탄(C_5H_{12})의 구조이성질체 수는?

   ㉮ 2   ㉯ 3
   ㉰ 4   ㉱ 5

40. 전기음성도의 크기 순서로 알맞은 것은?

   ㉮ Cl > Br > N > F   ㉯ Br > Cl > O > F
   ㉰ Br > F > Cl > N   ㉱ F > O > Cl > Br

41. 다음 과정 중 화학반응이 일어나는 것은?

   ㉮ 승화   ㉯ 용융
   ㉰ 증발   ㉱ 발효

42. pH가 8.3 이하에서는 무색이고 10 이상에서는 붉은색으로 변색되는 지시약은?

㉮ PP(페놀프탈레인) ㉯ MO(메틸오렌지)
㉰ MR(메틸레드) ㉱ TB(티몰블루)

43. 알칼리금속에 대한 설명으로 틀린 것은?

㉮ 공기 중에서 쉽게 산화되어 금속광택을 잃는다.
㉯ 원자가전자가 1개이므로 +1가의 양이온이 되기 쉽다.
㉰ 할로겐원소와 직접 반응하여 할로겐화합물을 만든다.
㉱ 염소와 1 : 2 화합물을 형성한다.

44. 다음 물질 중 전해질에 해당하는 것은?

㉮ 소금 ㉯ 설탕
㉰ 포도당 ㉱ 에탄올

45. 다음 황화물 중 흑색 침전이 아닌 것은?

㉮ PbS ㉯ CuS
㉰ HgS ㉱ CdS

46. 페놀류의 정색반응에 사용되는 약품은?

㉮ CS_2 ㉯ KI
㉰ $FeCl_3$ ㉱ $(NH_4)_2Ce(NO_3)_6$

47. 다음 중 불활성인 고체 지지체에 액체상인 정지상을 얇은 막으로 입히거나 화학결합시킨 것을 이용하며, 기체 액체 평형이 분리과정의 기본이 되는 크로마토그래피법은?

㉮ GSC(기체-고체 크로마토그래피)
㉯ LSC(액체-고체 크로마토그래피)
㉰ GLC(기체-액체 크로마토그래피)
㉱ LLC(액체-액체 크로마토그래피)

48. 눈에 산이 들어갔을 때는 조치 방법은?

㉮ 메틸알코올로 씻는다.
㉯ 즉시 물로 씻고, 묽은 나트륨 용액으로 씻는다.
㉰ 즉시 물로 씻고, 묽은 수산화나트륨 용액으로 씻는다.
㉱ 즉시 물로 씻고, 묽은 탄산수소나트륨 용액으로 씻는다.

49. 다음 설명에서 올바르게 설명한 것은?

㉮ 질산이 피부에 묻으면 화상을 입는다.
㉯ 진한 황산은 공기 중의 수분을 흡수하지 않는다.
㉰ 염산은 휘발되지 않으므로 냄새를 맡아도 된다.
㉱ 황산은 기체를 발생하지 않으므로 보안경을 쓸 필요 없다.

50. 다음 중 Na와 반응하여 H_2를 생성시키고, 은거울 반응을 하는 것은?

㉮ CH_3COOH ㉯ CH_3CH_3
㉰ HCHO ㉱ HCOOH

51. $KMnO_4$ 표준용액으로 적정할 때 HCl 산성으로 하지 않는 이유는?

㉮ MnO_2가 생성하므로
㉯ Cl_2가 발생하므로
㉰ 높은 온도로 가열해야 하므로
㉱ 종말점 판정이 어렵다.

52. EDTA 적정법에서 역적정을 이용하는 경우가 아닌 것은?
   - ㉮ 시료 중 금속이온이 지시약과 반응하는 경우
   - ㉯ 사용 할 적당한 지시약이 없는 금속이온을 분석할 경우
   - ㉰ 시료 중 금속이온이 EDTA를 가하기 전에 침전물을 형성하는 경우
   - ㉱ 시료 중 금속이온이 적정조건에서 EDTA와 너무 천천히 반응하는 경우

53. 다음 중 산화-환원 지시약이 아닌 것은?
   - ㉮ 다이페닐 아민
   - ㉯ 다이클로로 메탄
   - ㉰ 페노사프라닌
   - ㉱ 메틸렌 블루

54. 일반적으로 화학 실험실에서 발생하는 실험실 폭발사고의 유형으로 틀린 것은?
   - ㉮ 조절 불가능한 발열반응
   - ㉯ 이산화탄소 누설에 의한 폭발
   - ㉰ 불안전한 화합물의 가열, 건조, 증류 등에 의한 폭발
   - ㉱ 에테르 용액 증류 시 남아 있는 과산화물에 의한 폭발

55. 다음 중 용액의 전리도를 나타내는 식으로 알맞은 것은?
   - ㉮ $\alpha = \dfrac{\text{전리된 몰농도}}{\text{분자량}}$
   - ㉯ $\alpha = \dfrac{\text{분자량}}{\text{전리된 몰농도}}$
   - ㉰ $\alpha = \dfrac{\text{전체 몰농도}}{\text{전리된 몰농도}}$
   - ㉱ $\alpha = \dfrac{\text{전리된 몰농도}}{\text{전체 몰농도}}$

56. 어두운 곳에서 작은 구멍을 통해서 콜로이드 용액에 빛을 비추면, 빛이 콜로이드 입자에 의해서 산란되어 빛의 진로가 보이는 현상은?
   - ㉮ 브라운 운동
   - ㉯ 전기이동
   - ㉰ 틴들현상
   - ㉱ 흡착현상

57. 수소원자에서 선스펙트럼이 나타나는 경우는?
   - ㉮ 수소원자가 다른 원자와 화학결합을 할 때
   - ㉯ 수소원자가 핵반응을 일으킬 때
   - ㉰ 전자가 동일한 에너지 준위를 회전할 때
   - ㉱ 들뜬원자가 바닥상태로 떨어질 때

58. 다음은 페놀에 대한 설명으로 틀린 것은?
   - ㉮ 물에 약간 녹는다.
   - ㉯ 산과 반응하여 에스테르를 만든다.
   - ㉰ 수용액은 중성이다.
   - ㉱ 벤젠보다 높은 온도에서 끓는다.

59. 다음 중 고체 혼합물의 분리방법은?
   - ㉮ 분별결정법
   - ㉯ 여과법
   - ㉰ 증발법
   - ㉱ 분별증류법

60. 염소분자(Cl_2)에서 염소원자 사이의 결합은?
   - ㉮ 금속결합
   - ㉯ 이온결합
   - ㉰ 공유결합
   - ㉱ 배위결합

제 5 회 화학분석기능사 CBT 시험 정답 및 해설

정답 (바로가기) ☞ p299 5회

01	㉮	02	㉮	03	㉰	04	㉮	05	㉮
06	㉯	07	㉰	08	㉯	09	㉯	10	㉱
11	㉰	12	㉱	13	㉱	14	㉮	15	㉰
16	㉯	17	㉮	18	㉮	19	㉯	20	㉰
21	㉯	22	㉱	23	㉰	24	㉰	25	㉮
26	㉯	27	㉮	28	㉯	29	㉮	30	㉮
31	㉱	32	㉰	33	㉰	34	㉰	35	㉰
36	㉱	37	㉯	38	㉰	39	㉯	40	㉱
41	㉱	42	㉮	43	㉱	44	㉮	45	㉱
46	㉰	47	㉯	48	㉱	49	㉮	50	㉰
51	㉯	52	㉯	53	㉯	54	㉯	55	㉱
56	㉯	57	㉱	58	㉰	59	㉮	60	㉰

01 해설
① 질량수 = 원자번호(양성자수) + 중성자수
② 원자번호 = 양성자수이므로 6번의 원자번호를 가진다.

02 해설
㉮ 분자와 분자 사이의 결합이다.

03 해설
같은 족에서는 원자번호가 증가할수록
① 원자반지름, 금속성, 물리적 성질(끓는점, 녹는점) 증가
② 이온화 에너지, 전기음성도는 감소

04 해설

H_2 + $0.5O_2$ → H_2O
20mL : 10mL : 20mL

반응물의 기체와 생성물의 기체 사이에 일정한 정수비가 성립하므로 기체반응의 법칙이 된다.

05 해설
㉮ 점도가 작아야 한다.

08 해설
바닥 상태에 있는 원자나 분자가 자외선 및 가시광선을 흡수하면 전자의 전이가 일어난다.

09 해설
산화수 계산
㉮ $HClO$: $(+1) + x + (-2) = 0$에서 $x = +1$
㉯ $HClO_2$: $(+1) + x + (-2 \times 2) = 0$에서 $x = +3$
㉰ $HClO_3$: $(+1) + x + (-2 \times 3) = 0$에서 $x = +5$
㉱ $HClO_4$: $(+1) + x + (-2 \times 4) = 0$에서 $x = +7$

10 해설
$pH = 14 + \log[OH^-]$
$= 14 + \log[1.0 \times 10^{-4}M] = 10.0$

CBT 시험

> **TIP**
> ① 산성물질의 pH $= -\log[H^+]$
> ② 알칼리성물질의 pH $= 14 + \log[OH^-]$

11 ✓ 해설

고체의 용해도는 압력과는 무관하다.

12 ✓ 해설

㉮ 질소는 물에 잘 녹지 않는다.
㉯ 무극성인 기체는 물에 잘 녹지 않는다.
㉰ 기체는 온도가 올라가면 물에 잘 녹지 않는다.

13 ✓ 해설

pH
㉮ 0.1M HCl 일 때 pH $= -\log[0.1\text{M}] = 1.0$
㉯ $[H^+] = 10^{-3}$ 일 때 pH $= -\log[10^{-3}\text{M}] = 3.0$
㉰ pH = 4
㉱ $[OH^-] = 10^{-1}$ 일 때 pH $= 14 + \log[10^{-1}\text{M}] = 13.0$

14 ✓ 해설

알칼리금속(1A족)과 할로겐족(7B족)이 결합하면 이온결합이 된다.

15 ✓ 해설

① $CH_3CHO + 0.5O_2 \xrightarrow{\text{산화}} CH_3COOH$

② $CH_3CHO + H_2 \xrightarrow{\text{환원}} C_2H_5OH$

16 ✓ 해설

불포화탄화수소(이중, 삼중 결합)의 검출에 이용되는 할로겐 원소는 브롬(Br_2)이다.

17 ✓ 해설

탄소원자(C)와 탄소원자(C) 사이의 결합에너지는 단일결합<이중결합<삼중결합 순이다.

18 ✓ 해설

㉮ 원유는 탄소뿐만 아니고 여러 가지의 원소로 구성되어 있으므로 탄소의 동소체가 아니다.

> **TIP**
> 동소체 : 한 종류의 원소로 구성되어 있지만 그 원자의 배열 상태나 결합방법이 달라서 성질이 서로 다른 성질의 물질을 말한다.

19 ✓ 해설

주기율표는 양성자의 수에 의해 만들어졌다.

21 ✓ 해설

㉮ 포화용액 : 용해도와 동일하게 용해된 용액
㉯ 불포화용액 : 용해도 이하로 용해된 용액
㉰ 과포화용액 : 용해도 이상으로 용해된 용액

22 ✓ 해설

양쪽성 원소 : 산과 염기 모두에 반응하는 원소이며, 알루미늄(Al), 아연(Zn), 주석(Sn), 납(Pb) 등등이다.

> **TIP**
>
> ① 금속 : 산과 반응하는 원소이며, 리튬(Li), 나트륨(Na), 칼륨(K) 등등
> ② 비금속 : 알칼리(염기)와 반응하는 원소이며, 헬륨(He), 불소(F), 산소(O) 등등
> ③ 양쪽성 원소 : 산과 염기 모두에 반응하는 원소이며, 알루미늄(Al), 아연(Zn), 주석(Sn), 납(Pb) 등등
> ④ 양쪽성원소 암기법 : 알(알루미늄)아(아연)주(주석)납(납)

23 해설

NaCl과 KCl을 구별하는 가장 좋은 방법은 불꽃반응을 실시한다.

> **TIP**
>
> ① 나트륨(Na) : 노란색
> ② 칼륨(K) : 보라색
> ③ 리튬(Li) : 빨간색

24 해설

$_8O^{2-}$의 전자배치는 $1s^2 2s^2 2p^6$ 이다.

> **TIP**
>
> ① 전자배치 순서 : 1s < 2s < 2p < 3s < 3p < 4s < 3d -----
> ② 수용 전자수 : s(2개), p(6개), d(10개), f(14개)

25 해설

$$\text{혼합공식}(C_m) = \frac{M_1V_1 - M_2V_2}{V_1 + V_2}$$
$$= \frac{0.4M \times 25mL - 0.1M \times 25mL}{25mL + 25mL}$$
$$= 0.15M$$

26 해설

$$\text{As의 1g 당량(g)} = \frac{\text{원자량(g)}}{\text{가수}} = \frac{74.93g}{3} = 24.98g$$

> **TIP**
>
> ① 비소(As)는 +3가, -5가로 존재하는 물질이다.
> ② As_2O_3에서 $As_2^{+6} | O_3^{-6}$에서 As는 +3이 된다.

27 해설

$_{11}Na^{23}$에서 Na의 전자수는 11개이므로 ㉮ $1s^2 2s^2 2p^6 3s^1$ 이 정답이 된다.

> **TIP**
>
> ① 전자배치 순서 : 1s < 2s < 2p < 3s < 3p < 4s < 3d -----
> ② 수용 전자수 : s(2개), p(6개), d(10개), f(14개)

28 해설

기체는 온도가 낮고 압력이 높을 때 잘 용해된다.

29 해설

탄소와 모래를 전기로에 넣어서 가열하면 연마제인 카버런덤이 발생한다.

> **TIP**
>
> 연마제 : 물체의 겉면을 윤이나게 닦는데에 사용하는 약품

30 해설

㉮ $C_6H_{12}O_6$: 단당류로 종류에는 포도당, 과당 등이 있다.
㉯ $C_{12}H_{22}O_{11}$: 이당류로 종류에는 설탕, 젖당 등이 있다.
㉰ $(C_6H_{12}O_5)n$: 다당류로 종류에는 녹말, 셀룰로스 등이 있다.

31 해설

㉱ 분자량이 클수록 분산력은 커진다.

32 해설

금속성 물질은 산과 반응하면 수소(H_2)기체를 발생시킨다.

TIP

$$2HCl + Mg^{2+} \rightarrow MgCl_2 + H_2$$

33 해설

주생성물은 아세트산에틸($CH_3COOC_2H_5$)이다.

TIP

에스테르화반응
C_2H_5OH(에틸알콜) + CH_3COOH(아세트산)
→ $CH_3COOC_2H_5$(아세트산에틸) + H_2O(물)

34 해설

결합의 수가 많을수록 반응성이 커진다. 따라서 반응성의 순서는 단일결합 < 이중결합 < 삼중결합 순이므로 ㉰번이 정답이 된다.

35 해설

티오사이안산 적정법(폴하르트법)에서 사용하는 지시약은 철명반이다.

36 해설

$$pH = 14 + \log[OH^-]$$
$$= 14 + \log[0.01M] = 12.0$$

TIP

① $NaOH \rightarrow Na^+ + Cl^-$
   $0.01M \quad 0.01M \quad 0.01M$
② 산성물질의 $pH = -\log[H^+]$
③ 알칼리성물질의 $pH = 14 + \log[OH^-]$

37 해설

기체의 비중 = $\dfrac{\text{기체의 분자량}}{\text{공기의 분자량}}$ 이므로

기체의 분자량 = 기체의 비중 × 공기의 분자량
$= 1.10 \times 29 = 31.9$

따라서 산소(O_2)의 분자량이 32이므로 정답이 된다.

38 해설

① 희석배수 = $\dfrac{\text{원액의 농도}}{\text{표준용액의 농도}}$

$= \dfrac{1,000\,ppm}{20\,ppm} = 50$

② 분취량 = $\dfrac{\text{조제용량}(mL)}{\text{희석배수치}}$

$= \dfrac{100\,mL}{50} = 2\,mL$

39 해설

펜탄(C_5H_{12})의 이성질체

① C − C − C − C − C

②
```
        C
        |
C − C − C − C
```

③
```
    C
    |
C − C − C
    |
    C
```

40 해설

① 전기음성도는 원자가 전자를 끌어 당기는 힘이다.
② 같은 주기($_9F > _8O$)에서는 원자번호가 증가할수록 증가한다.
③ 같은 족($_9F > _{17}Cl > _{35}Br$)에서는 원자번호가 증가할수록 감소한다.

41 해설

㉱ 발효는 미생물에 의한 화학반응(혐기성반응)이다.

42 해설

① PP(페놀프탈레인) : 약알칼리성에서 주로 사용
② MO(메틸오렌지) : 산성에서 주로 사용

43 해설

㉱ 염소와 1 : 1 화합물을 형성한다.

> **TIP**
>
> 알칼리금속(Na^+) + 할로겐원소(Cl^-) → NaCl

44 해설

전해질은 물처럼 극성을 띠는 용매에 녹아서 이온을 형성하여 전기를 띠는 물질이므로 ㉮ 소금(NaCl)이 정답이다.

45 해설

㉱ 황화카드뮴(CdS)은 황색침전이다.

46 해설

페놀류의 정색반응에 사용되는 약품은 염화철($FeCl_3$)이다.

47 해설

㉰ GLC(기체-액체 크로마토그래피)에 대한 설명이다.

48 해설

눈에 산이 들어갔을 때는 즉시 물로 씻고, 묽은 탄산수소나트륨($NaHCO_3$) 용액으로 씻는다.

49 해설

㉯ 진한 황산은 공기 중의 수분을 흡수한다.
㉰ 염산은 휘발되며 흡입하면 질식할 수 있다.
㉱ 황산을 취할 경우 보안경을 착용하여야 한다.

50 해설

Na와 반응하여 H_2를 생성시키고, 은거울 반응을 하는 물질은 HCHO이다.

CBT 시험

> **TIP**
> ① 은거울반응 : 알데하이드류(R-CHO)에 암모니아성 질산은 용액을 가하여 가열하면 은이온이 환원되어 석출되는 반응이다.
> ② 암모니아성 질산은용액 = 톨렌스시약

51 ✓ 해설

$KMnO_4$ 표준용액으로 적정 시
① 황산 산성인 경우 : 수소(H_2)의 원활한 공급
② 염산 산성인 경우 : 염소(Cl_2) 발생

52 ✓ 해설

EDTA 적정법에서 역적정은 ㉮, ㉯, ㉱인 경우에 이용한다.

53 ✓ 해설

㉯ 다이클로로 메탄(CH_2Cl_2)은 무색의 액체로 주로 반응용제나 냉매 등으로 사용한다.

54 ✓ 해설

이산화탄소(CO_2)는 폭발성 물질이 아니다.

55 ✓ 해설

용액의 전리도(α) = $\dfrac{\text{전리된 몰농도}}{\text{전체 몰농도}}$

56 ✓ 해설

㉰ 틴달현상에 대한 설명이다.

57 ✓ 해설

수소원자에서 선스펙트럼이 나타나는 경우는 들뜬 원자가 바닥상태로 떨어질 때이다.

58 ✓ 해설

㉱ 수용액은 산성이다.

> **TIP**
> ① 페놀의 화학식 : C_6H_5OH
> ② $C_6H_5OH \rightarrow C_6H_5O^- + H^+$

59 ✓ 해설

㉯ 여과법 : 고체와 액체 혼합물의 분리방법
㉰ 증발법 : 고체와 액체 혼합물의 분리방법
㉱ 분별증류법 : 액체 혼합물의 분리방법

60 ✓ 해설

염소원자는 비금속이며, 비금속원자간의 결합은 ㉰ 공유결합이다.

제 6 회 화학분석기능사 CBT 시험

01 농도를 모르는 HCl(염산) 50mL를 완전히 중화하는데 0.2M NaOH(수산화나트륨) 100mL가 필요했다면 이 염산의 몰농도(M)는 얼마인가?

㉮ 0.1M　　　㉯ 0.2M
㉰ 0.3M　　　㉱ 0.4M

02 AgCl의 용해도가 0.0016g/L일 때 AgCl의 용해도곱은? (단, Ag의 원자량은 108, Cl의 원자량은 35.5임)

㉮ 1.12×10^{-5}　　　㉯ 1.12×10^{-3}
㉰ 1.2×10^{-5}　　　㉱ 1.2×10^{-10}

03 기체크로마토그래피의 정량 분석에 일반적으로 많이 사용되는 방법은?

㉮ 크로마토그램의 무게
㉯ 크로마토그램의 면적
㉰ 크로마토그램의 높이
㉱ 크로마토그램의 머무름 시간

04 다음 (　　)에 들어갈 용어는?

> "점성 유체의 흐르는 모양, 또는 유체 역학적인 문제에 있어서는 점도를 그 상태의 유체 (　　)로 나눈 양에 지배되므로 이 양을 동점도라 한다."

㉮ 밀도　　　㉯ 부피
㉰ 압력　　　㉱ 온도

05 pH 미터의 측정원리에 대한 설명으로 알맞은 것은?

㉮ 탄소전극의 전기 저항
㉯ 수은전극의 전해 전류
㉰ 유리전극과 비교전극 간의 전위차
㉱ 백금전극과 유리전극 간의 전위차

06 0℃, 1atm하에서 22.4L의 무게가 가장 적은 기체는?

㉮ 질소　　　㉯ 산소
㉰ 아르곤　　㉱ 이산화탄소

07 다음 염들 중 그 수용액의 액성이 중성인 것은?

㉮ 강산과 강염기의 염
㉯ 강산과 약염기의 염
㉰ 강염기와 약산의 염
㉱ 강염기와 유기산의 염

08 아세톤이나 에탄올 검출에 이용되는 반응은?

㉮ 은거울 반응　　㉯ 아이오딘폼 반응
㉰ 비누화　　　　㉱ 술폰화

09 다음 황화합물 중 색깔이 검은색을 띠는 것은?

㉮ CdS　　　㉯ CuS
㉰ SnS　　　㉱ As_2S_3

10 하이드로퀴논(Hydroquinone)을 다이크롬산포타슘으로 적정하는 것과 같이, 분석물질과 적정액 사이의 산화·환원반응을 이용하여 시료를 정량하는 분석법은?

㉮ 중화적정법 ㉯ 침전적정법
㉰ 킬레이트적정법 ㉱ 산화·환원적정법

11 pH Meter로 농도와 액성을 측정할 때 pH Meter의 온도는 일반적으로 몇 ℃로 놓고 조작하는가?

㉮ 10℃ ㉯ 15℃
㉰ 20℃ ㉱ 25℃

12 기체크로마토그래피(GC)의 컬럼(분리관)에서 시료가 분리되는 원리는?

㉮ 성분의 양 ㉯ 이동속도의 차
㉰ 예열 정도 ㉱ 압력의 차

13 11g의 프로판(C_3H_8)을 완전 연소시키면 몇 몰(mol)의 이산화탄소(CO_2)가 생성되는가? (단, C, H, O의 원자량은 각각 12, 1, 16이다)

㉮ 0.25 ㉯ 0.75
㉰ 1.0 ㉱ 3.0

14 다음 변화 중 물리적 변화에 해당하는 것은?

㉮ 연소
㉯ 승화
㉰ 발효
㉱ 금속이 공기 중에서 녹슬 때

15 분자량이 큰(100,000 정도) 화합물 100g을 물 1,000g에 용해시켰을 때 이것의 분자량의 측정에 가장 적당한 방법은?

㉮ 증기압 내림법 ㉯ 끓는점 오름법
㉰ 어는점 내림법 ㉱ 삼투압법

16 다음 중 반응성이 가장 작은 원소의 족은?

㉮ 0족 ㉯ 1족
㉰ 2족 ㉱ 3족

17 pH = 5일 때, pOH는?

㉮ 3 ㉯ 5
㉰ 7 ㉱ 9

18 40℃에서 어떤 물질은 그 포화용액 84g 속에 24g이 녹아 있다. 이 온도에서 이 물질의 용해도(%)는?

㉮ 30 ㉯ 40
㉰ 50 ㉱ 60

19 다음 중 화학결합물 분자의 입체구조가 정사면체 모양이 아닌 것은?

㉮ CH_4 ㉯ BH_4^-
㉰ NH_3 ㉱ NH_4^+

20 황산 표준용액을 메스플라스크에 정확히 맞추어 놓고 밀봉하였다. 다음날 오전에 자세히 보니 용액의 높이가 표선 아래로 줄어들었다. 다음 중 어떤 요인 때문인가?

㉮ 실내온도가 내려갔다.
㉯ 황산과 물이 반응한 이유이다.
㉰ 용액이 증발한 이유이다.
㉱ 처음에 정확히 맞추지 못했기 때문이다.

21 프로판기체(C_3H_8)의 연소반응식은 다음과 같다. 프로판기체 1g을 연소시켰을 때 발생하는 열량(cal)은?

$$C_3H_8 + 5O_2 \rightarrow 3CO_2 + 4H_2O + 530\,cal$$

㉮ 12.05   ㉯ 23.69
㉰ 120.5   ㉱ 530.6

22 다음 중 전해질에 해당하는 것은?

㉮ 설탕   ㉯ 에탄올
㉰ 포도당   ㉱ 아세트산

23 다음 원소 중 원자 질량을 위한 표준으로 이용되는 것은?

㉮ ^{12}C ㉯ ^{16}O
㉰ ^{13}C ㉱ ^{1}H

24 다음 등전자 이온 중에서 이온반지름이 가장 큰 것은?

㉮ $_{12}Mg^{2+}$ ㉯ $_{11}Na^+$
㉰ $_{10}Ne$ ㉱ $_9F^-$

25 다음 중 분광광도법에서 빛의 파장을 선택하기 위한 단색화장치로 알맞은 것은?

㉮ 프리즘   ㉯ 광전관
㉰ 필터   ㉱ 광전지

26 Cr과 Fe 수산화물의 혼합물을 분리하는 데 쓰이는 시약은?

㉮ NaOH   ㉯ Na_2HPO_4
㉰ $Cu(OH)_2$ ㉱ NH_4OH

27 다이크롬산칼륨($K_2Cr_2O_7$)에서 크롬의 산화수는?

㉮ 2   ㉯ 4
㉰ 6   ㉱ 8

28 0.49g의 황산을 물에 녹여 100mL로 만들었다. 이 용액을 이용하여 0.1N NaOH수용액 500mL를 중화시키려 할 때, 필요한 황산의 양(mL)은? (단, 황산의 분자량은 98이다)

㉮ 50mL   ㉯ 100mL
㉰ 500mL   ㉱ 1,000ml

29 황산제일철을 산성용액 중에서 $KMnO_4$ 표준용액으로 적정할 때 0.1N $KMnO_4$ 1L를 조제하는데 필요한 순수한 $KMnO_4$의 양은? (단, $KMnO_4$의 분자량은 158.03이다)

㉮ 1.580g   ㉯ 3.161g
㉰ 5.268g   ㉱ 15.803g

30. 다음 유리기구 중 액체 물질의 용량을 측정하는 기구가 아닌 것은?
    ㉮ 메스플라스크
    ㉯ 뷰렛
    ㉰ 피펫
    ㉱ 분액깔대기

31. 중화적정 시 물속에 함유되어 분석에 가장 큰 영향을 주는 기체는?
    ㉮ N_2
    ㉯ O_2
    ㉰ CH_4
    ㉱ CO_2

32. 다음 중 용액의 전리도(α)를 바르게 나타낸 것은?
    ㉮ 전리된 몰농도 / 분자량
    ㉯ 분자량 / 전리된 몰농도
    ㉰ 전체 몰농도 / 전리된 몰농도
    ㉱ 전리된 몰농도 / 전체 몰농도

33. 양이온 제1족을 구분하는데 주로 쓰이는 분족시약은?
    ㉮ HCl
    ㉯ H_2S
    ㉰ NH_4OH
    ㉱ $(NH_4)_2CO_3$

34. 다음 중 알데하이드 검출에 주로 쓰이는 시약은?
    ㉮ 밀론 용액
    ㉯ 비토 용액
    ㉰ 펠링 용액
    ㉱ 리베르만 용액

35. 수은을 바닥에 떨어뜨렸을 때 가장 적절한 조치사항은?
    ㉮ 빗자루로 쓸어 담아 일반 하수구에 버린다.
    ㉯ 수은은 인체에 무해하므로 그대로 두어도 무방하다.
    ㉰ 흙이나 모래 등을 가하여 수은을 흡착시킨 후 일반 하수구에 버린다.
    ㉱ 주위에 아연가루를 골고루 뿌리고 약 5%의 황산수용액으로 적셔 반죽처럼 되게 한 후처리한다.

36. 적외선 분광광도계를 취급할 때 주의사항으로 틀린 것은?
    ㉮ 온도는 10~30℃가 적당하다.
    ㉯ 습도는 크게 문제가 되지 않는다.
    ㉰ 먼지와 부식성 가스가 없어야 한다.
    ㉱ 강한 전기장, 자기장에서 떨어져 설치한다.

37. 아이오딘적정법을 사용할 때 적정한 액성의 pH범위는?
    ㉮ pH = 3~6
    ㉯ pH = 5~8
    ㉰ pH = 8~10
    ㉱ pH = 9~13

38. 다음 중 지시약이 아닌 것은?
    ㉮ 메틸오렌지
    ㉯ 브롬크레졸그린
    ㉰ 브롬티몰블루
    ㉱ 메틸에테르

39. $Cd(NO_3)_2 + 2KCN \rightarrow Cd(CN)_2 + 2KNO_3$에서 침전 생성물의 색깔은?
    ㉮ 흰색
    ㉯ 붉은색
    ㉰ 파란색
    ㉱ 검은색

40. 다음의 원자 및 분자간 결합 중 물에 가장 잘 녹을 수 있는 결합성 물질은?
    ㉮ 쌍극자-쌍극자 상호결합
    ㉯ 금속결합
    ㉰ Van der waals결합
    ㉱ 수소결합

41. 킬레이트 적정에서 EDTA 표준용액 사용 시 완충용액을 가하는 타당한 이유는?
   ㉮ 적정 시 알맞은 pH를 유지하기 위하여
   ㉯ 금속지시약 변색을 선명하게 하기 위하여
   ㉰ 표준용액의 농도를 일정하게 하기 위하여
   ㉱ 적정에 의하여 생기는 착화합물을 억제하기 위하여

42. 물의 이온과 관련된 설명으로 틀린 것은?
   ㉮ 산성에서는 $[H^+]$의 값이 $[OH^-]$보다 작다.
   ㉯ 중성에서는 $[H^+]$와 $[OH^-]$의 값은 같다.
   ㉰ 물의 이온곱은 상온에서 거의 1.0×10^{-14} 이다.
   ㉱ 알칼리성 용액에서는 $[OH^-]$의 값이 $[H^+]$보다 크다.

43. 분석법을 선택하는데 고려해야 할 사항으로 틀린 것은?
   ㉮ 신속성
   ㉯ 시료당 비용
   ㉰ 조작자의 연령
   ㉱ 장치의 가격과 이용 가능성

44. LC(액체크로마토그래피) 중 하나인 이온크로마토그래피(IC)에서 가장 널리 사용되는 검출기는?
   ㉮ UV 검출기
   ㉯ 형광 검출기
   ㉰ 전기전도도 검출기
   ㉱ 굴절률 검출기

45. 다음 중 아염소산칼륨은?
   ㉮ $KClO$
   ㉯ $KClO_2$
   ㉰ $KClO_3$
   ㉱ $KClO_4$

46. 다음 물질 중 정전기적 힘에 의한 결합으로 틀린 것은?
   ㉮ $NaCl$
   ㉯ $CaBr_2$
   ㉰ NH_3
   ㉱ KBr

47. 탄화칼슘에 물을 작용시켜 얻을 수 있는 기체로서 용접기체 또는 PVC 등의 합성수지의 원료로 사용되는 것은?
   ㉮ C_2H_2
   ㉯ H_2O_2
   ㉰ CO
   ㉱ HCN

48. 다음 중 은거울 반응을 하는 분자는?
   ㉮ 페놀
   ㉯ 에탄올
   ㉰ 폼알데하이드
   ㉱ 메틸아세테이트

49. 기체크로마토그래피(GC)에서 운반가스로 가장 많이 사용되는 기체는?
   ㉮ O_2, H_2
   ㉯ O_2, N_2
   ㉰ N_2, H_2
   ㉱ O_2, He

50. 기체크로마토그래피에 대한 설명으로 틀린 것은?
   ㉮ 운반기체는 일정한 유량으로 흘러야 한다.
   ㉯ 일반적으로 유기화합물에 대한 정성 및 정량분석에 이용한다.
   ㉰ 시료도입부, 분리관, 검출기 등은 필요한 온도로 유지해 주어야 한다.
   ㉱ 충전물로 흡착성 고체분말을 사용한 것을 기체-액체 크로마토그래피라 한다.

51 쌀이나 고구마 그리고 엿기름을 이용하여 엿을 제조할 경우 엿이 완성되었는지를 알아보는 방법은?

㉮ 뷰렛반응 ㉯ 은거울 반응
㉰ 요오드 녹말반응 ㉱ 닌하이드린 반응

52 전지를 구성할 때, 양극에서 일어나는 반응은?

㉮ 환원반응 ㉯ 산화반응
㉰ 중화반응 ㉱ 침전반응

53 다음 중 수소결합의 특성으로 틀린 것은?

㉮ 물에 잘 녹지 않는다.
㉯ 승화성이 커진다.
㉰ 끓는점이 낮아진다.
㉱ 증기압력이 커진다.

54 어떤 용액이 있다. 이것이 콜로이드 용액인지를 판별하는 가장 좋은 방법은?

㉮ 거름종이를 이용하여 걸러 본다.
㉯ 현미경으로 관찰한다.
㉰ 빛을 비추어 본다.
㉱ 증발시켜 본다.

55 다음 중 이온결합의 설명으로 틀린 것은?

㉮ 녹는점과 끓는점이 낮다.
㉯ 극성용매에 잘 녹는다.
㉰ NaCl이 해당한다.
㉱ 외부의 힘에 의해서 부스러지기 쉽다.

56 알콜에 대한 설명으로 틀린 것은?

㉮ Na와 반응하여 수소를 발생시킨다.
㉯ 산과 에스테르를 만든다.
㉰ 1차 알콜을 산화하면 알데하이드가 된다.
㉱ 물에 녹지 않는다.

57 기체가 액체로 변하는 현상은?

㉮ 승화 ㉯ 응고
㉰ 액화 ㉱ 기화

58 다음 중 배위결합을 하는 물질은?

㉮ 벤젠 ㉯ 암모늄이온
㉰ 염소이온 ㉱ 플루오린화수소

59 다음 중 공유결합의 설명으로 틀린 것은?

㉮ 두 원자가 전자쌍을 공유함으로써 형성되는 결합이다.
㉯ 전기전도성이 거의 없다.
㉰ 끓는점이 낮다.
㉱ 녹는점이 높다.

60 기체크로마토그래피에서 사용하는 정지상(고정상)에 사용하는 흡착제의 조건으로 틀린 것은?

㉮ 점성이 낮아야 한다.
㉯ 성분이 일정해야 한다.
㉰ 화학적으로 안정해야 한다.
㉱ 높은 증기압을 가져야 한다.

제 6 회 화학분석기능사 CBT 시험 정답 및 해설

정답 (바로가기) ☞ p311 6회

01	㉣	02	㉣	03	㉡	04	㉮	05	㉢
06	㉮	07	㉮	08	㉡	09	㉡	10	㉣
11	㉣	12	㉡	13	㉡	14	㉡	15	㉣
16	㉮	17	㉣	18	㉡	19	㉢	20	㉮
21	㉮	22	㉣	23	㉮	24	㉣	25	㉮
26	㉮	27	㉢	28	㉡	29	㉡	30	㉣
31	㉣	32	㉣	33	㉮	34	㉢	35	㉣
36	㉡	37	㉡	38	㉣	39	㉮	40	㉣
41	㉮	42	㉮	43	㉢	44	㉡	45	㉡
46	㉢	47	㉡	48	㉡	49	㉢	50	㉣
51	㉢	52	㉡	53	㉮	54	㉢	55	㉮
56	㉡	57	㉡	58	㉡	59	㉣	60	㉣

01 ✓ 해설

$M_1 \times V_1 = M_2 \times V_2$

$M_1 \times 50\,mL = 0.2\,M \times 100\,mL$

$\therefore M_1 = \dfrac{0.2\,M \times 100\,mL}{50\,mL} = 0.4\,M$

02 ✓ 해설

① $AgCl \rightarrow Ag^+ + Cl^-$

② AgCl의 M농도 $= \dfrac{0.0016\,g}{L} \times \dfrac{1\,mol}{143.5\,g}$
$= 1.115 \times 10^{-5}\,M$

③ 용해도곱(Ksp)
$= [Ag^+][Cl^-]$
$= [1.115 \times 10^{-5}\,M][1.115 \times 10^{-5}\,M]$
$= 1.24 \times 10^{-10}$

03 ✓ 해설

기체크로마토그래피
① 정량 분석 : 크로마토그램의 면적
② 정성분석 : 크로마토그램의 머무름 시간

04 ✓ 해설

동점도 $= \dfrac{점성계수}{밀도}$

06 ✓ 해설

pH 미터의 측정원리는 유리전극과 비교전극 간의 전위차를 이용한다.

06 ✓ 해설

무게가 가장 적은 기체는 분자량이 가장 적은 기체이므로 ㉮ 질소가 정답이 된다.

❗ TIP

① 분자량 : 질소(28), 산소(32), 아르곤(36), 이산화탄소(44)
② 아보가드로 수 : 기체 1mol ⎧ 질량 (분자량 g)
                              ⎨ 체적 (22.4 L)
                              ⎩ 갯수 (6.02×10^{23}개)

[CBT 시험 6회]

CBT 시험

07 ✓ 해설

㉮ 강산과 강염기의 염 : 중성
㉯ 강산과 약염기의 염 : 약산성
㉰ 강염기와 약산의 염 : 약염기
㉱ 약산과 약염기의 염 : 중성

08 ✓ 해설

아세톤이나 에탄올 검출에 이용되는 반응은 아이오딘폼 반응이다.

! TIP

아이오딘폼반응 : 아세틸기(CH_3CO^-) 또는 산화하면 아세틸기가 되는 $CH_3CH(OH)^-$를 가지는 화합물에 아이오딘(I_2)과 수산화나트륨(NaOH)수용액을 반응시키면 아이오딘폼이 생성되는 것을 이용한 것이며, 생성된 아이오딘폼은 특유한 냄새가 나므로 검출이 용이하며, 아세톤(CH_3COCH_3)이나 에탄올(C_2H_5OH)이나 검출반응에 주로 사용된다.

09 ✓ 해설

황화제이구리(CuS)는 검은색의 가루 또는 청흑색의 육방결정계 결정으로 구조가 복잡하다.

10 ✓ 해설

㉱ 산화·환원적정법에 대한 설명이다.

11 ✓ 해설

pH Meter의 온도는 일반적으로 25℃로 놓고 조작한다.

12 ✓ 해설

컬럼(분리관)에서 시료가 분리되는 원리는 이동속도의 차이다.

13 ✓ 해설

프로판(C_3H_8) 1 mol $\begin{cases} 44g \\ 22.4L \end{cases}$ 이므로

$C_3H_8 + 5O_2 \rightarrow 3CO_2 + 4H_2O$

44g : 3mol
11g : X

$\therefore X = \dfrac{11g \times 3mol}{44g} = 0.75\,mol$

14 ✓ 해설

보기 중에서 물리적 변화는 승화(고체가 기체가 되는 현상)이다.

15 ✓ 해설

분자량이 큰(100,000 정도) 화합물의 분자량 측정에 적당한 방법은 삼투압법이다.

16 ✓ 해설

반응성이 가장 작은 원소의 족은 가수가 0인 0족이 해당한다.

17 ✓ 해설

pH + pOH = 14 이므로
pOH = 14 − pH = 14 − 5 = 9

18 해설

$$용해도(\%) = \frac{용질(g)}{용매(g)} \times 100$$

$$= \frac{24g}{60g} \times 100 = 40\%$$

TIP

① 용질 = 24g
② 용매 = 용액 - 용질 = 84g - 24g = 60g

19 해설

㉰ 암모니아(NH_3)는 삼각뿔 모양이다.

21 해설

프로판(C_3H_8) 1mol $\begin{cases} 44g \\ 22.4L \end{cases}$ 이므로

44g : 530cal
1g : X

$\therefore X = \dfrac{1g \times 530cal}{44g} = 12.05cal$

22 해설

전해질은 수용액에서 이온을 배출해야 하므로 ㈃ 아세트산이 정답이 된다.

TIP

$CH_3COOH \xrightarrow{전리} CH_3COO^- + H^+$

23 해설

원자 질량을 위한 표준으로 이용되는 것은 ^{12}C 이다.

24 해설

전자수가 동일한 이온 중에서 원자번호가 증가할수록 이온반지름이 감소하므로 ㉱번이 정답이 된다.

25 해설

분광광도법에서 빛의 파장을 선택하기 위한 단색화장치에는 프리즘과 회절격자가 있다.

26 해설

Cr과 Fe 수산화물의 혼합물을 분리하는 데 쓰이는 시약은 수산화나트륨(NaOH)이다.

27 해설

$K_2Cr_2O_7$ 에서 크롬(Cr)의 산화수
$= (+1 \times 2) + (X \times 2) + (-2 \times 7) = 0$
따라서 X = 6

28 해설

① 황산의 N농도
$= \dfrac{질량(g)}{부피(L)} \times \dfrac{1eq}{1당량수(분자량/가수)}$

$= \dfrac{0.49g}{0.1L} \times \dfrac{1eq}{98g/2} = 0.1N$

② 중화적정 공식 : $N_1 \times V_1 = N_2 \times V_2$

$0.1N \times V_1 = 0.1N \times 500mL$

$V_1 = 500mL$

29 해설

과망간산칼륨($KMnO_4$)은 5당량이므로

$KMnO_4$의 양 $= \dfrac{0.1\,eq}{L} \times 1L \times \dfrac{158.03\,g}{5\,eq} = 3.1606\,g$

30 해설

㉣ 분액깔때기는 액체의 비중차를 이용하여 분리하는 기구이다.

31 해설

중화적정 시 물속에 함유되어 분석에 영향을 주는 기체는 액성(산성 및 알칼리성)을 띠는 기체이므로 이산화탄소(CO_2)가 정답이 된다.

32 해설

용액의 전리도(α) $= \dfrac{\text{전리된 몰농도}}{\text{전체 몰농도}}$

33 해설

분족시약(이온을 분리할 때 사용하는 시약)
㉮ HCl : 1족의 분족시약
㉯ H_2S : 2족의 분족시약
㉰ NH_4OH : 4족의 분족시약
㉱ $(NH_4)_2CO_3$: 5족의 분족시약

34 해설

알데하이드 검출에 주로 쓰이는 시약은 펠링 용액이다.

35 해설

수은은 아연가루와 반응하면 독성이 낮아지므로 ㉱번과 같이 처리한다.

36 해설

㉯ 습도는 되도록 낮게 유지한다.

37 해설

아이오딘적정법을 사용할 때 적정한 액성의 pH범위는 약산성에서 중성범위이므로 ㉰번이 정답이 된다.

38 해설

㉱ 메틸에테르($(CH_3)_2O$ 또는 CH_3OCH_3)는 주로 용제나 냉매로 사용된다.

39 해설

침전물인 질산칼륨(KNO_3)은 흰색의 침전물이다.

40 해설

물에 용해성이 큰 물질은 극성이며, 수소결합을 가진다.

41 해설

완충용액을 가하는 이유는 pH를 유지하기 위해서이다.

42
㉮ 산성에서는 [H^+]의 값이 [OH^-] 보다 크다.

43
분석법 선택과 ㉰ 조작자의 연령과는 무관하다.

44
이온크로마토그래피(IC)에서 가장 많이 사용되는 검출기는 전기전도도 검출기이다.

45
㉮ KClO : 하이포아염소산칼륨
㉯ $KClO_2$: 아염소산칼륨
㉰ $KClO_3$: 염소산칼륨
㉱ $KClO_4$: 과염소산칼륨

46
① 정전기적 힘에 의한 결합은 이온결합으로 금속 + 비금속의 결합이다.
② 암모니아(NH_3)는 비금속 + 비금속의 결합으로 공유결합에 해당한다.

47
아세틸렌(C_2H_2)에 대한 설명이다.

48
은거울반응은 알데하이드류에 암모니아성 질산은 용액을 가하여 가열하면 은이온이 환원되어 석출하는 반응이다.

49
기체크로마토그래피(GC)에서 기체가스로 사용되는 기체는 질소(N_2), 수소(H_2), 헬륨(He)이다.

50
㉱ 충전물로 흡착성 고체분말을 사용한 것을 기체-고체크로마토그래피라 한다.

51
㉯ 요오드 녹말반응에 대한 설명이다.

> **TIP**
> ① 뷰렛반응 : 수산화나트륨용액에 단백질을 녹이고, 여기에 1%의 황산구리용액을 적하하여 붉은 보라색이 나타나는 반응이다.
> ② 은거울 반응 : 알데하이드의 환원성을 알아보는 반응이다.
> ③ 닌하이드린 반응 : 단백질에 닌하이드린용액을 넣고 가열하면 푸른 보라색으로 변하는 반응이다.

52
① 양극 : 환원반응
② 음극 : 산화반응

53 해설
㉮ 수소결합을 하는 물질은 극성분자이므로 물에 잘 녹는다.

54 해설
㉰ 콜로이드 용액은 빛을 분산시키므로 빛이 진행하는 진로를 볼 수 있다.

55 해설
㉮ 녹는점과 끓는점이 높다.

56 해설
㉱ 물에 잘 녹는다.

57 해설
㉮ 승화 : 고체가 기체로 되는 현상
㉯ 응고 : 액체가 고체로 되는 현상
㉱ 기화 : 액체가 기체로 되는 현상

58 해설
배위결합은 비공유전자쌍을 가지는 ㉯ 암모늄이온(NH_4^+)이다.

59 해설
㉱ 녹는점이 낮다.

60 해설
㉱ 낮은 증기압을 가져야 한다.

제 7 회 화학분석기능사 CBT 시험

01 원자번호 18번인 아르곤(Ar)의 질량수가 25일 때 중성자 수의 갯수는?

㉮ 7 ㉯ 8
㉰ 42 ㉱ 43

02 산이나 알칼리에 반응하여 수소를 발생시키는 물질은?

㉮ Mg ㉯ Si
㉰ Al ㉱ Fe

03 두 원자 사이에서 극성 공유결합한 것으로 구조가 대칭이 되므로 비극성 분자는?

㉮ CCl_4 ㉯ $CHCl_3$
㉰ CH_2Cl_2 ㉱ CH_3Cl

04 탄산 음료수의 병마개를 개방할 때 거품(기포)이 솟아오르는 이유는?

㉮ 수증기가 생기기 때문이다.
㉯ 이산화탄소가 분해하기 때문이다.
㉰ 온도가 올라가게 되어 용해도가 증가하기 때문이다.
㉱ 액체 위의 압력이 줄어들어 용해도가 줄기 때문이다.

05 다음 중 어떤 중성 원자의 전자 배치인 A, B에 대한 설명으로 틀린 것은?

A : $1s^2 2s^2 2p^6 3s^1$ B : $1s^2 2s^2 2p^6 5s^1$

㉮ 전자 1개를 분리시키는데 A원자가 B원자보다 많은 에너지가 필요하다.
㉯ B의 상태는 A의 상태보다 원자로서 높은 에너지 상태에 있다.
㉰ B가 A로 변할 때는 빛이 방출된다.
㉱ A와 B는 서로 다른 원소이다.

06 녹말을 염산과 더불어 가수분해할 때 마지막으로 생성되는 물질은?

㉮ $C_{12}H_{22}O_{11}$ ㉯ $C_6H_{10}O_6$
㉰ $(C_6H_{10}O_5)_n$ ㉱ $C_6H_{12}O_6$

07 어떤 용액의 흡광도를 측정하기 위해 빛을 입사시켰더니 이때 20%의 빛이 투과되었다면 이 용액의 흡광도는?

㉮ -0.3010 ㉯ 0.5229
㉰ 0.6990 ㉱ 1.3010

08 다음 원소 중 양쪽성 원소에 해당하지 않는 것은?

㉮ Al ㉯ Zn
㉰ Sn ㉱ Na

09 다음 중 탄소화합물인 유기물질의 특징으로 틀린 것은?

㉮ 유기용매에 녹는 것이 많다.
㉯ 공유결합을 하며 녹는점이 매우 높다.
㉰ 유기물은 연소하여 CO_2와 H_2O이 생성된다.
㉱ 구성원소는 대부분 C, H, O로 되어 있으며 약간의 N, P, S 등의 원소로 구성되어 있다.

10 다음 화합물 중 브롬(Br)액을 적가할 때 브롬액의 적갈색을 탈색(무색)시키는 물질은?

㉮ CH_4
㉯ C_2H_4
㉰ C_6H_{10}
㉱ CH_3OH

11 크산토프로테인(Xanthoprotein) 반응은 단백질과 질산이 작용되는 반응인데 이때 단백질은 어떤 색으로 변화하는가?

㉮ 초록색
㉯ 파란색
㉰ 검은색
㉱ 노란색

12 1차 표준물질이 갖추어야 할 조건으로 틀린 것은?

㉮ 조성이 순수하고 일정해야 한다.
㉯ 분자량이 작아야 한다.
㉰ 건조 중 조성이 변하지 않아야 한다.
㉱ 습기, CO_2 등의 흡수가 없어야 한다.

13 다음 물질 중 수용액에서 전해질 물질은?

㉮ 염산
㉯ 포도당
㉰ 설탕
㉱ 에탄올

14 NaCl 용액을 기준으로 만든 비중계는?

㉮ 셀룰로스 비중계
㉯ 알코올 비중계
㉰ 보메 비중계
㉱ 오스트발트 비중계

15 굴절계를 사용하여 액체 시료의 굴절을 측정할 때 액체경계면의 빛의 분산을 없애기 위하여 사용하는 것은?

㉮ Amici 프리즘
㉯ 확대경
㉰ 임계광선 조절기
㉱ 조사용 프리즘

16 다음은 굴절계 취급에 따른 주의사항으로 틀린 것은?

㉮ 광원은 인공광원 또는 햇빛 중 어느 것이든지 편리한 것을 쓰도록 한다.
㉯ 경계선이 파형으로 나타날 때에는 프리즘의 온도가 일정하다는 증거이다.
㉰ 시료용액의 측정에서 눈금을 읽을 때에는 읽기 전과 읽은 후의 비커의 온도를 측정하는 것이 좋다.
㉱ 알콜의 경우에는 입구가 넓은 비커보다는 휘발성 액체용 그릇을 쓰는 것이 좋다.

17 컬럼 크로마토그래피의 용매의 성질로 알맞은 것은?

㉮ 흡착 시는 극성, 용출 시는 비극성 용매
㉯ 흡착 시는 비극성, 용출 시는 극성 용매
㉰ 용출, 흡착 시 모두 극성 용매
㉱ 용출, 흡착 시 모두 비극성 용매

18 발연황산을 피부에 흘렸을 때 응급처치는 다량의 물로 씻고 최종적으로 어느 물질의 수용액으로 씻어 주는가?

㉮ 탄산나트륨
㉯ 수산화나트륨
㉰ 암모니아수
㉱ 탄산수소나트륨

19 일반화학 분석과 비교할 때 전해분석의 특징으로 틀린 것은?

㉮ 신속한 분석을 할 수 있다.
㉯ 모든 화합물을 분석할 수 있다.
㉰ 정확한 분석 결과를 얻을 수 있다.
㉱ 침전, 여과 등의 분석 조작을 생략할 수 있다.

20 기체-액체크로마토그래피(GLC)에 정지상과 이동상으로 알맞은 것은?

㉮ 정지상-고체, 이동상-기체
㉯ 정지상 고체, 이동상-액체
㉰ 정지상-액체, 이동상-기체
㉱ 정지상-액체, 이동상-고체

21 원자흡수분광광도계에 사용하는 속빈 음극등(Hollow Cathode Lamp)에 대한 설명으로 틀린 것은?

㉮ 아르곤 기체가 채워져 있다.
㉯ 음극의 재질은 분석 원소의 순수한 금속이다.
㉰ 양극에는 낮은 전압을 걸어준다.
㉱ 양극의 재질은 텅스텐이다.

22 수소 2g과 산소 24g을 반응시켜 물을 생성할 때 반응하지 않고 남아있는 기체의 질량(g)은?

㉮ 산소 4g   ㉯ 산소 8g
㉰ 산소 12g   ㉱ 산소 16g

23 액체 흡착제를 기체크로마토그래피에서 사용할 때 분리의 원리가 되는 것은?

㉮ 흡착계수의 차
㉯ 분배계수의 차
㉰ 확산전류의 차
㉱ 전개가스 용적의 차

24 기체크로마토그래피에서 용출 크로마토그래프로 고정상이 고체인 경우에 칼럼 내에 사용하는 흡착제로 틀린 것은?

㉮ 활성알루미나   ㉯ 실리카겔
㉰ 활성탄소   ㉱ 유리

25 분광광도계에서 광전관, 광전자증배관, 광전도셀 또는 광전지 등을 사용하여 빛의 세기를 측정하여 전기신호로 바꾸는 장치 부분은?

㉮ 광원부   ㉯ 파장선택부
㉰ 시료부   ㉱ 측광부

26 기체크로마토그래피에 대한 설명으로 틀린 것은?

㉮ 운반가스는 일정한 유량으로 흘러야 한다.
㉯ 일반적으로 유기화합물의 정성 및 정량분석에 이용한다.
㉰ 시료도입부, 분리관, 검출기 등은 적정한 온도로 유지해 주어야 한다.
㉱ 충진물로 흡착성 고체분말을 사용한 것을 기체-액체크로마토그래피라고 한다.

27 10g의 어떤 산을 물에 녹여 200mL의 용액을 만들었을 때 그 농도가 0.5M이었다면, 이 산 1몰은 몇 g인가?

㉮ 40g   ㉯ 80g
㉰ 100g   ㉱ 1,160g

28. 다음 중 GC(기체크로마토그래피)에서 사용되는 검출기로 틀린 것은?
   ㉮ 불꽃이온화 검출기
   ㉯ 전자포획 검출기
   ㉰ 자외·가시광선 검출기
   ㉱ 열전도도 검출기

29. 다음 중 약품을 보관하는 방법으로 틀린 것은
   ㉮ 인화성 약품은 전기의 스파크로부터 멀고 찬곳에 보관한다.
   ㉯ 폭발성 약품은 완전히 건조시켜 건조한 곳이나 석유 속에 보관한다.
   ㉰ 인화성 약품은 자연발화성 약품과 함께 보관한다.
   ㉱ 나트륨(Na)의 보관장소는 석유속에 한다.

30. 적외선 분광광도계의 광원으로 많이 사용되는 것은?
   ㉮ 나트륨램프   ㉯ 텅스텐램프
   ㉰ 네른스트램프   ㉱ 할로겐램프

31. 다음 중 기기분석의 장점으로 틀린 것은?
   ㉮ 분석시료의 전처리가 불필요하다.
   ㉯ 높은 감도의 결과를 얻을 수 있다.
   ㉰ 분석결과를 신속하게 얻을 수 있다.
   ㉱ 소량 또는 극소량의 시료도 분석 가능하다.

32. 자외선 분광분석에서 용매를 선택할 때의 중요한 기준은?
   ㉮ 단파장 쪽으로 이동   ㉯ 복사선의 산란 정도
   ㉰ 복사선의 투과능력   ㉱ 장파장 쪽으로 이동

33. 기체크로마토그래피에서 주로 사용하는 운반 기체는?
   ㉮ 염소   ㉯ 아세틸렌
   ㉰ 암모니아   ㉱ 아르곤

34. 폴라로그래피에서 확산전류는 조성, 온도, 전극의 특성을 일정하게 하면 무엇에 비례하는가?
   ㉮ 전해액의 부피   ㉯ 전해조의 크기
   ㉰ 금속이온의 농도 ㉱ 대기압

35. 다음 중 HPLC(고성능 액체크로마토그래피)에 사용하는 검출기로 틀린 것은?
   ㉮ UV/VIS 검출기
   ㉯ RI(Refractive Index) 검출기
   ㉰ IR(Infrared) 검출기
   ㉱ ECD(Electron Capture Detector) 검출기

36. 화학반응에서 정반응과 역반응의 속도가 같아지는 상태를 화학평형(Chemical Equilibrium)이라 한다. 이 화학평형에 영향을 끼치는 인자는 온도, 압력 및 농도인데 평형상태에 놓여 있는 반응계의 온도, 압력, 농도를 변화시키면 그 변화에 대하여 영향을 적게 받는 쪽으로 반응이 진행된다는 법칙은?
   ㉮ 보일의 법칙   ㉯ 샤를의 법칙
   ㉰ 아레니우스의 법칙 ㉱ 르샤틀리에의 법칙

37. 탄소는 4족 원소로 모든 생명체의 가장 기본이 되는 물질이다. 다음 중 탄소의 동소체로 볼 수 없는 것은?
   ㉮ 원유   ㉯ 흑연
   ㉰ 활성탄   ㉱ 다이아몬드

38. 아세틸렌의 연소반응식이 다음과 같다. 이때 아세틸렌 104g을 완전연소 시키는데 필요한 산소의 양(g)은? (단, C, H, O의 원자량은 12, 1, 16이다)

$$2C_2H_2(g) + 5O_2(g) \rightarrow 4CO_2(g) + 2H_2O(g)$$

㉮ 80g ㉯ 160g
㉰ 320g ㉱ 640g

39. 표준상태(0℃, 1atm)에서 H_2 1몰의 부피는 22.4 L이다. 표준상태에서 N_2 1몰의 부피(L)는?

㉮ 11.2 ㉯ 22.4
㉰ 44.8 ㉱ 28

40. 다음 물질 중 밀도가 가장 큰 것은?

㉮ H_2 ㉯ O_2
㉰ Cl_2 ㉱ CO_2

41. 다음 중 독성 시약이 아닌 것은?

㉮ 수은염 ㉯ 염화나트륨
㉰ 사이안화물 ㉱ 비소화합물

42. 원자흡수분광법에서 주로 사용하는 광원은?

㉮ 중수소 램프 ㉯ 텅스텐 램프
㉰ 속빈 음극 램프 ㉱ 글로바 방전관

43. HPLC(고성능 액체크로마토그래피)가 갖추어야 할 조건으로 틀린 것은?

㉮ 펌프 내부는 용매와 화학적 상호 반응이 없어야 한다.
㉯ 최소한 5,000psi의 고압에 견디어야 한다.
㉰ 펌프에서 나오는 용매는 펄스가 일정해야 한다.
㉱ 기울기 용리가 가능해야 한다.

44. 전해분석에서 과산화물로 주로 석출되는 금속은?

㉮ Cu ㉯ Pb
㉰ Si ㉱ Sn

45. 횡파의 빛을 니콜 프리즘에 통과시키면 일정한 방향으로 진동시키는 빛을 얻는데 이것을 무엇이라 하는가?

㉮ 편광 ㉯ 전도
㉰ 굴절 ㉱ 분광

46. 전해질에는 물에 대부분 전리하는 강전해질, 일부만 전리되는 약전해질, 거의 전리되지 않는 비전해질로 구분한다. 다음 중 비전해질 물질은?

㉮ NaOH ㉯ NH_4OH
㉰ CH_3COOH ㉱ $C_{12}H_{22}O_{11}$

47. 다음 중 공유결합으로만 이루어진 것은?

㉮ NaF, KCl, NaCl
㉯ SO_2, NaCl, Na_2S
㉰ NO, NaF, H_2SO_4
㉱ CH_4, O_2, NH_3

48 NH_3가 물에 녹아 알칼리성을 나타내는 것은 어떤 물질 때문인가?

$$NH_3 + H_2O \rightarrow NH_4^+ + OH^-$$

㉮ NH_3 ㉯ H_2O
㉰ NH_4^+ ㉱ OH^-

49 다음 물질 중 분산력(반데르발스힘)이 가장 큰 물질은?

㉮ CH_4 ㉯ SiH_4
㉰ CF_4 ㉱ CCl_4

50 다음 중 상온(25°C)에서 물 또는 습기와 접촉하여 발화하는 금속은?

㉮ Na ㉯ Si
㉰ Cu ㉱ Be

51 화학반응 시 촉매 역할을 옳게 설명한 것은?

㉮ 정반응의 속도는 증가시키나 역반응의 속도는 감소시킨다.
㉯ 활성화 에너지를 증가시켜 반응속도를 빠르게 한다.
㉰ 정반응의 속도는 감소시키나 역반응의 속도는 증가시킨다.
㉱ 활성화 에너지를 감소시켜 반응속도를 빠르게 한다.

52 다음 중 원자흡수분광도계에 대한 설명으로 틀린 것은?

㉮ 공해물질의 측정에 사용된다.
㉯ 다른 분광광도계의 원리와 비슷하다.
㉰ 유기재료의 불순물 측정에는 사용되지 않는다.
㉱ 정량분석보다는 정성분석에 주로 이용된다.

53 다음 중 주기와 족에 대한 설명으로 틀린 것은?

㉮ 같은 주기에서 원자번호가 증가할수록 이온화에너지는 증가한다.
㉯ 같은 족에서 원자반지름은 원자번호가 증가할수록 작아진다.
㉰ 족을 결정하는 것은 최외각전자이다.
㉱ 주기를 결정하는 것은 전자껍질이다.

54 전기음성도에 대한 설명으로 틀린 것은?

㉮ 전기음성도는 원자가 전자를 끌어당기는 힘이다.
㉯ 같은 주기에서는 원자번호가 증가할수록 증가한다.
㉰ 같은 족에서는 원자번호가 증가할수록 증가한다.
㉱ 같은 주기에 있는 O와 F는 F > O이다.

55 다음 중 같은 주기에서 원자번호가 증가할수록 감소하는 것은?

㉮ 금속성 ㉯ 전자친화도
㉰ 이온화에너지 ㉱ 전기음성도

56 다음 중 비활성기체에 대한 설명으로 틀린 것은?

㉮ 전자배열이 안정하다.
㉯ 상온에서 무색, 무취의 기체이다.
㉰ 0족 기체이며, 헬륨, 네온, 아르곤 등이 있다.
㉱ 다른 원소와 화합하여 쉽게 반응한다.

57 다음 중 불꽃반응 색깔을 관찰할 때 노란색을 띠는 물질은?

㉮ 나트륨 ㉯ 리튬
㉰ 칼륨 ㉱ 세슘

58 다음 중 수산화나트륨에 대한 설명으로 틀린 것은?

㉮ 일명 가성소다라고 한다.
㉯ 물에 잘 녹으며, 조해성을 가진다.
㉰ 소금물을 전기분해하면 수산화나트륨과 수소와 산소가 발생한다.
㉱ 공기 중의 이산화탄소를 흡수하면 탄산나트륨이 된다.

59 다음 중 탄소화합물에 대한 설명으로 틀린 것은?

㉮ 화합물의 종류가 많다.
㉯ 대부분 전해질이다.
㉰ 화학적으로 안정하여 반응이 약하다.
㉱ 탄소수가 많아지면 이성질체 수도 증가한다.

60 다음 중 부피를 측정하는 기구가 아닌 것은?

㉮ 메스플라스크   ㉯ 뷰렛
㉰ 데시케이터   ㉱ 피펫

제 7 회 화학분석기능사 CBT 시험 정답 및 해설

정답 (바로가기) ☞ p323 7회

01	㉮	02	㉰	03	㉮	04	㉱	05	㉱
06	㉱	07	㉰	08	㉱	09	㉯	10	㉯
11	㉱	12	㉯	13	㉮	14	㉯	15	㉮
16	㉯	17	㉯	18	㉱	19	㉯	20	㉰
21	㉰	22	㉯	23	㉯	24	㉱	25	㉱
26	㉱	27	㉰	28	㉰	29	㉮	30	㉰
31	㉮	32	㉯	33	㉱	34	㉮	35	㉱
36	㉱	37	㉮	38	㉰	39	㉯	40	㉰
41	㉯	42	㉰	43	㉰	44	㉯	45	㉮
46	㉯	47	㉯	48	㉱	49	㉱	50	㉮
51	㉮	52	㉱	53	㉯	54	㉯	55	㉮
56	㉱	57	㉮	58	㉰	59	㉯	60	㉰

! TIP

① 금속 : 산과 반응하는 원소이며, 리튬(Li), 나트륨(Na), 칼륨(K) 등등
② 비금속 : 알칼리(염기)와 반응하는 원소이며, 헬륨(He), 플루오린(F), 산소(O) 등등
③ 양쪽성 원소 : 산과 염기 모두에 반응하는 원소이며, 알루미늄(Al), 아연(Zn), 주석(Sn), 납(Pb) 등등
④ 양쪽성원소 암기법 : 알(알루미늄)아(아연)주(주석)납(납)

03 해설

① 극성분자는 물에 잘 녹으며, 비대칭구조를 가진다.
② 비극성분자는 물에 잘 녹지 않으며, 대칭구조를 가진다.

04 해설

탄산 음료수의 병마개를 개방할 때 거품(기포)이 솟아오르는 이유는 액체 위의 압력이 줄어들어 용해도가 줄어 거품이 발생하기 때문이다.

05 해설

㉱ A와 B는 총전자수가 11개로 동일하므로 동일한 원소이다.

06 해설

녹말이나 셀룰로스 등의 다당류($(C_6H_{10}O_5)_n$)가 가수분해하면 단당류인 포도당($C_6H_{12}O_6$)이 발생한다.

01 해설

질량수 = 원자번호(양성자수) + 중성자수 이므로
중성자수 = 질량수 - 원자번호
       = 25 - 18 = 7

02 해설

산이나 알칼리에 반응하여 수소를 발생시키는 물질은 양쪽성 원소로 알루미늄(Al), 아연(Zn), 주석(Sn), 납(Pb) 등이다.

07

흡광도(A) = $2 - \log(\%T)$
$= 2 - \log(20\%) = 0.6990$

!TIP

흡광도(A) = $2 - \log(\%T) = \log\dfrac{1}{투과도}$

08

㉣ 나트륨(Na)는 금속원소이다.

!TIP

① 금속 : 산과 반응하는 원소이며, 리튬(Li), 나트륨(Na), 칼륨(K) 등등
② 비금속 : 알칼리(염기)와 반응하는 원소이며, 헬륨(He), 플루오린(F), 산소(O) 등등
③ 양쪽성 원소 : 산과 염기 모두에 반응하는 원소이며, 알루미늄(Al), 아연(Zn), 주석(Sn), 납(Pb) 등등
④ 양쪽성원소 암기법 : 알(알루미늄)아(아연)주(주석)납(납)

09

㉯ 아주 약한 공유결합으로 녹는점이 매우 낮다.

10

브롬(Br)액을 적가할 때 브롬액의 적갈색을 탈색(무색)시키는 물질은 이중결합을 하는 불포화탄화수소이므로 에틸렌(C_2H_4)이 정답이 된다.

11

크산토프로테인 반응은 단백질과 질산이 작용하며, 이때 단백질은 노란색으로 변한다.

12

㉰ 분자량이 커야 한다.

13

전해질은 물처럼 극성을 띤 용매에 녹아서 이온을 형성함으로써 전기를 통하는 물질이므로 ㉮ 염산(HCl)이 정답이다.

14

NaCl 용액을 기준으로 만든 비중계는 보메 비중계이다.

15

액체경계면의 빛의 분산을 없애기 위해 사용하는 것은 ㉮ Amici 프리즘이다.

16

㉯ 경계선이 파형으로 나타날 때에는 프리즘의 온도가 일정하지 않다는 증거이다.

17

컬럼 크로마토그래피에서 사용하는 용매는 흡착 시는 비극성, 용출 시는 극성을 가져야 한다.

18

황산은 강산이므로 약염기인 탄산수소나트륨($NaHCO_3$) 수용액으로 씻어 준다.

19 해설
㉯ 모든 화합물을 분석할 수 없다.

20 해설
기체-액체크로마토그래피에서 정지상은 액체이고, 이동상은 기체이다.

21 해설
㉰ 보다 정확한 분석을 위해서 양극에는 높은 전압을 걸어준다.

22 해설
$H_2 + 0.5O_2 \rightarrow H_2O$의 반응식에서
수소(H_2)와 산소(O_2)의 질량비는 2g : 16g 이므로 1 : 8이 되므로

수소(H_2) : 산소(O_2)
1 : 8
2g : X
∴ X = 16g

따라서 물을 발생시킬 때 수소 2g과 산소 16g이 반응하므로 남는 산소의 질량은 24g - 16g = 8g이 된다.

23 해설
액체 흡착제를 기체크로마토그래피에서 사용할 때 분리의 원리 분배계수의 차이다.

24 해설
㉯ 유리는 흡착제에 해당하지 않는다.

25 해설
㉰ 측광부에 대한 설명이다.

26 해설
㉯ 충진물로 흡착성 고체분말을 사용한 것을 기체-고체크로마토그래피라고 한다.

27 해설
① M농도 = $\dfrac{\text{질량}(g)}{\text{부피}(L)} \times \dfrac{1\,\text{mol}}{\text{분자량}(g)}$

0.5M = $\dfrac{10g}{0.2L} \times \dfrac{1\,\text{mol}}{\text{분자량}(g)}$

∴ 분자량 = 100g

② 1몰 = 분자량(g) = 100g

28 해설
㉰ 자외·가시광선 검출기는 이온크로마토그래피에서 사용되는 검출기이다.

29 해설
㉰ 인화성 약품은 자연발화성 약품과 구분하여 따로 보관한다.

30 해설
분광광도계의 광원
① 가시광선, 근적외선 파장 : 텅스텐램프
② 자외파장 : 중수소방전관
③ 적외선 파장 : 네른스트램프

31 ㉮ 분석시료의 전처리가 반드시 필요하다.

32 자외선 분광분석법에서 용매의 선택기준은 복사선의 투과능력이다.

33 기체크로마토그래피에서 주로 사용하는 운반 기체는 아르곤(Ar), 헬륨(He), 수소(H_2), 질소(N_2) 등이다.

34 폴라로그래피에서 확산전류는 조성, 온도, 전극의 특성을 일정하게 할 때 금속이온의 농도에 비례한다.

35 ㉯ ECD 검출기는 기체크로마토그래피에서 사용한다.

36 ㉯ 르샤틀리에의 법칙에 대한 설명이다.

37 ㉮ 원유는 탄소뿐만 아니고 여러 가지의 원소로 구성되어 있으므로 탄소의 동소체가 아니다.

> **TIP**
> 동소체 : 한 종류의 원소로 구성되어 있지만 그 원자의 배열 상태나 결합방법이 달라서 성질이 서로 다른 성질의 물질을 말한다.

38
$2C_2H_2(g) + 5O_2(g) \rightarrow 4CO_2(g) + 2H_2O(g)$
$2 \times 26g \quad : \quad 5 \times 32g$
$104g \quad : \quad X$
$\therefore X = \dfrac{104g \times 5 \times 32g}{2 \times 26g} = 320g$

39
기체 1mol $\begin{cases} 분자량(g) \\ 22.4L \\ 6.02 \times 10^{23} 개 \end{cases}$ 이므로

질소(N_2) 1몰의 부피는 22.4 L이다.

40
기체의 밀도 = $\dfrac{기체의\ 분자량(g)}{부피(22.4L)}$ 에서

기체의 밀도는 기체의 분자량에 비례관계이므로 밀도가 가장 큰 물질은 분자량이 가장 큰 물질이 되므로 ㉰ 염소(Cl_2)가 정답이 된다.

> **TIP**
> **분자량**
> ㉮ $H_2 = 1 \times 2 = 2$
> ㉯ $O_2 = 16 \times 2 = 32$
> ㉰ $Cl_2 = 35.5 \times 2 = 71$
> ㉱ $CO_2 = 12 + 16 \times 2 = 44$

41 ④ 염화나트륨(NaCl)은 중성염으로 독성이 없는 물질이다.

42 ① 분광광도법의 광원 : 중수소 램프, 텅스텐 램프
② 원자흡수분광법의 광원 : 속빈 음극 램프

43 ㉰ 펌프에서 나오는 용매는 펄스가 없어야 한다.

> **TIP**
> 펄스 : 매우 짧은 시간 동안에 큰 진폭을 내는 전압이나 전류 또는 파동을 의미한다.

44 전해분석에서 과산화물로 주로 석출되는 금속은 ㉮ 납(Pb)이다.

45 일정한 방향(한 방향)으로 진동시키는 빛을 편광이다.

46 ㉣ 설탕($C_{12}H_{22}O_{11}$)은 이온으로 존재하지 않으므로 비전해질 물질이다.

> **TIP**
> ㉮ $NaOH \xrightarrow{전리} Na^+ + OH^-$
> ㉯ $NH_4OH \xrightarrow{전리} NH_4^+ + OH^-$
> ㉰ $CH_3COOH \xrightarrow{전리} CH_3COO^- + H^+$

47 ㉮ 이온결합
㉣ 공유결합

48 ① 산성용액 : $[H^+]$ 발생
② 알칼리성용액 : $[OH^-]$ 발생

49 분산력(반데르발스힘)은 무극성물질이면서 분자량이 큰 물질이 가장 크므로 ㉣ 사염화탄소(CCl_4)가 정답이 된다.

50 상온(25℃)에서 물 또는 습기와 접촉하여 발화하는 금속은 나트륨(Na)이며, 보관 장소는 석유 속이다.

51 화학반응 시 촉매의 역할은 정반응의 속도는 증가, 역반응의 속도는 감소시킨다.

52
㉣ 정성분석보다는 정량분석에 주로 이용된다.

53
㉯ 같은 족에서 원자반지름은 원자번호가 증가할수록 커진다.

54
㉰ 같은 족에서는 원자번호가 증가할수록 감소한다.

55
같은 주기에서 원자번호가 증가할수록
① 증가 : 이온화에너지, 전자친화도, 전기음성도
② 감소 : 금속성, 원자의 크기

56
㉣ 다른 원소와 화합하여 반응을 일으키기가 어렵다.

57
불꽃반응 색깔
㉮ 나트륨(Na) : 노란색
㉯ 리튬(Li) : 빨간색
㉰ 칼륨(K) : 보라색
㉣ 세슘(Cs) : 연한 파란색

58
㉰ 소금물을 전기분해하면 수산화나트륨과 수소와 염소가 발생한다.

TIP

$$2NaCl + 2H_2O \rightarrow 2NaOH + H_2(-극) + Cl_2(+극)$$

59
㉯ 대부분 비전해질이다.

60
㉰ 데시케이터는 고체 또는 액체의 건조제를 사용하여 각종 물체를 건조시키거나 저장하는 데 사용하는 용기이다.

CRAFTSMAN CHEMICAL ANALYSIS

05

실기[필답형]

제1회 실기 필답형 과년도 실전문제

01 표준용액의 농도가 1,000ppm이고, 검량선으로부터 구한 미지시료의 농도가 60ppm 일 때 희석 배수치를 계산하시오.

 계산식

$$\text{희석 배수치} = \frac{\text{표준용액의 농도(ppm)}}{\text{검량선으로부터 구한 미지시료의 농도(ppm)}}$$

$$= \frac{1{,}000\,\text{ppm}}{60\,\text{ppm}} = 16.67\,\text{배}$$

 정답

16.67배

02 2M의 용액을 조제하기 위해서 100g의 Na$_2$C$_2$O$_4$(분자량 134)를 몇 mL에 용해시켜야 하는지 계산하시오.

 계산식

$$M = \frac{\text{질량(g)}}{\text{부피(L)}} \times \frac{1\,\text{mol}}{\text{분자량(g)}}$$

따라서 $2\,M = \frac{100\,\text{g}}{V(L)} \times \frac{1\,\text{mol}}{134\,\text{g}}$

∴ V = 0.37313 L = 373.13 mL

정답

373.13 mL

TIP

① M농도 = mol/L
② 1 mol = 분자량(g)
③ 부피(L) $\xrightarrow{\times 10^3}$ 부피(mL)
④ Na$_2$C$_2$O$_4$ = 옥살산나트륨
⑤ Na$_2$C$_2$O$_4$의 분자량 = 23 × 2 + 12 × 2 + 16 × 4 = 134

03 측정하고자 하는 용액의 투과도가 10%일 때 흡광도를 계산하시오.

✅ **계산식**

$A = 2 - \log T(\%) = 2 - \log 10\% = 1.0$

✅ **정답**

1.0

TIP

흡광도(A) 계산공식

① $A = 2 - \log T(\%)$

② $A = \log \dfrac{1}{투과도} = \log \dfrac{1}{\frac{I_t}{I_o}} = \log \dfrac{I_o}{I_t}$

여기서 A : 흡광도 I_o : 입사광의 강도 I_t : 투사광의 강도

04 분자가 자외선과 가시광선영역의 광에너지를 흡수하게 되면 전자가 낮은 에너지상태에서 높은 에너지 상태로 변화할 때 흡수된 에너지가 무엇인지 쓰시오.

✅ **정답**

여기 에너지

TIP

① 바닥상태(기저상태) —에너지 흡수→ 여기상태(들뜬상태) : 여기 에너지

② 여기상태(들뜬상태) —에너지 방출→ 바닥상태(기저상태) : 기저 에너지

③ (비교문제) 분자가 자외선과 가시광선영역의 광에너지를 방출하게 되면 전자가 높은 에너지에서 낮은 에너지 상태로 변화한다. 이때 방출된 에너지를 기저 에너지라 한다.

05 분광광도계의 파장선택부에서 일반적으로 사용되는 단색화장치를 쓰시오.

정답
① 프리즘
② 회절격자

TIP
① 단색화장치 : 두 빛의 색이 만나서 하나의 빛이 되게하는 장치이다.
② 회절격자 = 회절발

06 람베르트 - 비어의 법칙에서 투광도(T%)와 농도의 상관관계를 쓰시오.

정답
반비례 관계

TIP
① 람베르트-비어의 법칙
$$흡광도(A) = \log\frac{100}{투광도(\%)} = \epsilon \times C \times b = 2 - \log(\%T)$$
따라서 투광도는 농도에 반비례관계이다.
② 람베르트법칙 : $흡광도(A) = \log\frac{1}{투과도\left(\frac{I_t}{I_0}\right)} = kb$
따라서 입사광의 강도(I_0)와 투사광의 강도(I_t)와의 비의 대수가 물질의 두께에 비례한다는 법칙이다.
③ 비어의 법칙 : $흡광도(A) = \epsilon C b$
따라서 흡광도는 용액의 두께와 용액의 농도에 비례한다는 법칙이다.
여기서 ϵ : 몰흡광계수   C : 용액의 농도   b : 매질의 두께 또는 길이
I_0 : 입사광의 강도 I_t : 투사광의 강도

07 시료가 통과한 빛의 양을 전기적 에너지로 바꾸어 측광하여 값을 나타내는 장치를 쓰시오.

정답
광전자증배관

08 아래의 MSDS 표지판은 무엇을 의미하는지 쓰시오.

✅ 정 답

산화성물질 경고

TIP

TIP

이 문제는 MSDS 표지판이 의미하는 핵심을 정확히 숙지하여야 하며, 특히 화재 표지판은 인화성, 산화성 등으로 나누어지므로 정확히 구별할 수 있도록 수험준비를 하셔야 합니다.

09 혼합물로부터 각 성분들을 순수하게 분리하거나 확인, 정량하는데 사용하는 편리한 방법으로 물질의 분리는 혼합물이 정지상이나 이동상에 대한 친화성이 서로 다른 점을 이용하는 분석법을 쓰시오.

크로마토그래피법

10 농도가 1,000ppm인 용액을 농도가 10ppm인 용액 100mL를 조제하기 위해서 원액을 정확하게 취하는 것이 중요하다. 이때 액체를 분취하기 위해서 사용되는 유리로 된 실험기구의 명칭을 쓰시오.

피펫

제 2 회 실기 필답형 과년도 실전문제

01 반감기가 5년인 방사성원소가 있다. 이 동위원소 2g이 10년이 경과하였을 때 남은 양(g)을 계산하시오.

✅ 계산식

① 반감기 : $\ln\dfrac{1}{2} = -k \times t$

$\ln\dfrac{1}{2} = -k \times 5$년

∴ $k = \dfrac{\ln\dfrac{1}{2}}{-5\text{년}} = 0.1386/$년

② 1차 반응식 : $\ln\dfrac{C_t}{C_o} = -k \times t$

$\ln\dfrac{C_t}{2g} = -0.1386/$년 $\times 10$년

∴ $C_t = 2g \times e^{-0.1386/\text{년} \times 10\text{년}} = 0.50\ g$

✅ 정답

0.50 g

TIP

① 1차 반응식 : $\ln\dfrac{C_t}{C_o} = -k \times t$

여기서 C_o : 초기농도
C_t : t시간 후의 농도

② ln을 없애기 위해 맞은변에 e^x를 취한다.

실기[필답형]

02 파장이 500nm인 초록색 빛의 진동수(/sec)를 계산하시오.

계산식

$$진동수 = \frac{속도}{파장} = \frac{3.0 \times 10^8 \, m/sec}{500 \times 10^{-9} \, m} = 6.0 \times 10^{14}/sec$$

정답

$6.0 \times 10^{14}/sec$

TIP

① 빛의 속도 $3.0 \times 10^8 \, m/sec$ 의 값은 반드시 암기해야 합니다.
② $1nm \xrightarrow{\times 10^{-3}} \mu m \xrightarrow{\times 10^{-3}} mm \xrightarrow{\times 10^{-3}} m$

03 2N-HCl 60mL에 3N-HCl 40mL를 혼합한 혼합액의 당량농도(N)를 계산하시오.

계산식

$$혼합액의 당량농도 = \frac{2N \times 60ml + 3N \times 40mL}{60mL + 40mL} = 2.4N$$

정답

2.4N

TIP

① 당량농도는 노르말농도를 의미한다.
② 혼합공식 $= \dfrac{Q_1 C_1 + Q_2 C_2}{Q_1 + Q_2}$

04 분광광도계에서 두 빛의 색이 만나서 하나의 빛이 되게 하는 장치를 쓰시오.

단색화장치

T I P
단색화장치의 종류
① 프리즘
② 회절격자(회절발)

05 빛이 음파처럼 여러 가지 빛이 합쳐 빛의 세기를 증가하거나 서로 상쇄하여 없앨 수 있다. 예를 들면 여러 개의 종이에 같은 물감을 그린 다음 한 장만 보면 연하게 보이지만 여러 장을 겹쳐보면 진하게 보인다. 그리고 여러 가지 물감을 섞으면 본래의 색이 다르게 나타나는 현상을 쓰시오.

빛의 간섭

06 음파가 초당 진동하는 횟수를 무엇이라 하는지 쓰시오.

정답
진동수

T I P
진동수의 단위는 헤르츠(Hz)이다.

07 농도가 1,000ppm인 용액을 농도가 10ppm인 용액 100mL를 조제하기 위해서 원액을 정확하게 희석하는 것이 중요하다. 이때 희석에 사용되는 100mL 유리실험기구의 명칭을 쓰시오.

 정 답

메스플라스크

T I P

부피를 재는 도구
① 피펫 : 액체의 정확한 일정 부피를 채취하는 데 사용되는 실험기구(유리기구)이다.
② 메스플라스크 : 일정한 부피의 액체를 측정하는 기구로 용기의 모양은 다양하며, 용기에 눈금이 표시되어 있어 일정 용량만 측정할 수 있다.
③ 메스실린더 : 유리로 만든 기다란 원통형의 기구로 바닥이 넓고 평평하며, 5mL~2L까지 용량의 종류가 다양하며 mL 단위의 눈금이 새겨져 있으며, 일정량의 액체를 담고 눈 높이를 맞춘 후 눈금을 읽어 액체의 부피를 재는 기구이다.

08 흡광도(A)와 투과율(T%)와의 관계를 식으로 나타내시오.

✓ 계산식

흡광도(A) $= 2 - \log(\%\,T)$

T I P

흡광도
① 흡광도(A) $= 2 - \log(\%\,T)$
② 흡광도(A) $= \log\dfrac{100}{투과율(\%)} = \log\dfrac{100}{\dfrac{I_t}{I_o}} = \log\dfrac{I_o}{I_t}$
③ 흡광도(A) $= \epsilon \times C \times b$

09 금속에 빛을 조사하면 빛의 에너지를 흡수하여 금속 중의 자유전자가 금속표면에 방출되는 성질을 무엇이라 하는지 쓰시오.

 정 답

광전효과

10 분광광도계로 흡광도를 측정할 때 흡광도로 0점 조정을 한다면 흡광도 값은 얼마인가?

✅ 정답
0

TIP
(비교문제) 분광광도계로 흡광도를 측정할 때 흡광도로 0점 조정을 한다면 투광도는 몇 %로 하는가?
(정답) 100%

※ **알림**
지금 여러분들이 공부하시는 문제는 수강생들의 도움으로 복원된 문제이므로 실제문제와 다소 차이가 있을 수 있습니다.
실기시험을 친 수험생들은 실기문제를 복원하여 저자메일(kwe7002@hanmail.net)로 보내주시면 화학분석기능사 대표수험서를 만드는데 아주 큰 도움이 됩니다.
수험생 여러분들의 많은 협조 부탁드립니다.

제3회 실기 필답형 과년도 실전문제

01 354nm에서 용액의 %투광도는 15%이다. 이 파장에서 흡광도를 계산하시오.

✅ 계산식

흡광도(A) = $2 - \log(\%T) = 2 - \log(15\%) = 0.82$

✅ 정답

0.82

02 10ppm 용액 500mL를 만들려면, 취해야 할 1,000ppm 원액의 양(mL)을 계산하시오.

✅ 계산식

10ppm × 500mL = 1,000ppm × V
∴ V = 5mL

✅ 정답

5mL

03 1N-NaOH용액 5L를 만드는데 필요한 NaOH의 질량(g)을 계산하시오.

✅ 계산식

$N = \dfrac{\text{질량}(g)}{\text{부피}(L)} \times \dfrac{1\,eq}{1\text{당량}g}$

따라서 $1N = \dfrac{\text{질량}(g)}{5L} \times \dfrac{1\,eq}{40g}$

∴ 질량 = 200 g

✅ 정답

200g

TIP
① N농도 = eq/L
② 1당량 g = $\frac{분자량(g)}{가수}$ = $\frac{40g}{1}$
③ NaOH는 OH가 1개이므로 1가(1당량) 물질이다.
④ NaOH의 분자량 = 23 + 16 + 1 = 40

04 건조 공기속에서 네온은 0.0018%를 차지한다. 몇 ppm인지 계산하시오.

 계산식

$0.0018\% \times 10^4 = 18\,ppm$

 정답

18ppm

TIP
① % $\xrightarrow{\times 10^4}$ ppm
② ppm $\xrightarrow{\times 10^{-4}}$ %

05 분광광도계의 부분 장치 중 다음과 관련있는 장치는 무엇인지 쓰시오.

| 광전증배관, 광다이오드, 광다이오드 어레이 |

 정답

검출부

06 자외선 및 가시광선 영역에서 빛을 흡수하여 분자로 하여금 발색을 나타내게 하는 작용기를 무엇이라고 하는지 쓰시오.

 정 답

발색단

07 분광광도계를 구성하는 장치 중 일반적으로 단색화장치나 필터를 사용하는 장치의 명칭을 쓰시오.

 정 답

파장선택부

08 분광광도법에서 정량분석의 검량선 그래프에는 X축은 농도를 나타내고 Y축에는 무엇을 나타내는지 쓰시오.

 정 답

흡광도

09 흡광도는 용액층의 두께와 용액의 농도에 비례한다는 법칙을 쓰시오.

 정 답

비어의 법칙

TIP

① 람베르트-비어의 법칙

$$\text{흡광도 }(A) = \log\frac{100}{\text{투광도}(\%)} = \epsilon \times C \times b$$

따라서 투광도는 농도에 반비례관계이다.

② 람베르트의 법칙 : $\text{흡광도}(A) = \log\dfrac{1}{\text{투과도}\left(\dfrac{I_t}{I_o}\right)} = kb$

따라서 입사광의 강도(I_o)와 투사광의 강도(I_t)와의 비의 대수가 용액층의 두께에 비례한다는 법칙이다.

③ 비어의 법칙 : $\text{흡광도}(A) = \epsilon C b$

따라서 흡광도는 용액층의 두께와 용액의 농도에 비례한다는 법칙이다.

여기서 ϵ : 몰흡광계수 C : 용액의 농도 b : 매질의 두께 또는 길이
I_o : 입사광의 강도 I_t : 투사광의 강도

10 HCHO에서 비결합 전자쌍은 몇 개 존재하는지 쓰시오.

✅ 정답

2개

TIP

HCHO의 전자배치

```
        H
        ..
    C : : O
        ..
        H
```

(핵심) 오비탈의 전자배열을 통해 최외각전자를 찾아 비결합전자쌍을 찾는 문제입니다.

$_1H$는 $1s^1$ 이므로 최외각전자는 1개
$_6C$는 $1s^2 2s^2 2p^2$ 이므로 최외각전자는 4개
$_8O$는 $1s^2 2s^2 2p^4$ 이므로 최외각전자는 6개

※ **알림**
지금 여러분들이 공부하시는 문제는 수강생들의 도움으로 복원된 문제이므로 실제문제와 다소 차이가 있을 수 있습니다.
실기시험을 친 수험생들은 실기문제를 복원하여 저자메일(kwe7002@hanmail.net)로 보내주시면 화학분석기능사 대표수험서를 만드는데 아주 큰 도움이 됩니다.
수험생 여러분들의 많은 협조 부탁드립니다.

제 4 회 실기 필답형 과년도 실전문제

01 일정한 온도에서 1atm의 이산화탄소 1L와 2atm의 질소 2L를 밀폐된 용기에 넣었더니 전체 압력이 2atm이 되었다. 이 용기의 부피(L)를 계산하시오.

계산식

$$\text{용기의 부피(L)} = \frac{P_1 \times V_1 + P_2 \times V_2}{\text{전체압력}} = \frac{1\text{atm} \times 1\text{L} + 2\text{atm} \times 2\text{L}}{2\text{atm}} = 2.5\text{L}$$

정답

2.5L

02 미지농도의 염산용액 100mL를 중화하는데 0.2N NaOH 용액 250mL가 소모되었다. 염산용액의 농도(N)를 계산하시오.

계산식

$$N_1 \times V_1 = N_2 \times V_2$$
$$N_1 \times 100\text{mL} = 0.2\text{N} \times 250\text{mL}$$
$$\therefore N_1 = \frac{0.2\text{N} \times 250\text{mL}}{100\text{mL}} = 0.5\text{N}$$

정답

0.5N

03 0.1M NaOH 0.5L와 0.2M HCl 0.5L를 혼합한 용액의 몰 농도(M)를 계산하시오.

계산식

$$\text{혼합농도}(C_m) = \frac{Q_1C_1 - Q_2C_2}{Q_1 + Q_2} = \frac{0.2\text{M} \times 0.5\text{L} - 0.1\text{M} \times 0.5\text{L}}{0.5\text{L} + 0.5\text{L}} = 0.05\text{M}$$

정답

0.05M

> **TIP**
> 혼합공식
> ① 액성이 같은 경우 : $C_m = \dfrac{Q_1 C_1 + Q_2 C_2}{Q_1 + Q_2}$
> ② 액성이 다른 경우 : $C_m = \dfrac{Q_1 C_1 - Q_2 C_2}{Q_1 + Q_2}$

04 순황산 9.8g을 물에 녹여 250mL로 만든 용액의 노르말 농도(N)를 계산하시오. (단, 황산의 분자량은 98이다.)

 계산식

$$\text{eq/L} = \dfrac{\text{질량(g)}}{\text{부피(L)}} \times \dfrac{1\,\text{eq}}{1\text{당량 g}} = \dfrac{9.8\text{g}}{0.25\text{L}} \times \dfrac{1\,\text{eq}}{49\text{g}} = 0.8\,\text{eq/L} = 0.8\,\text{N}$$

✅ 정답

0.8N

> **TIP**
> ① N농도의 단위는 eq/L이다.
> ② 250mL = 0.25L
> ③ 황산(H_2SO_4)는 H^+가 2개이므로 2가(2당량)물질이다.
> ④ $1\,\text{eq} = \dfrac{1\,\text{eq}}{\text{분자량(g)/가수}} = \dfrac{1\,\text{eq}}{98\text{g}/2} = 49\text{g}$
> ⑤ 황산(H_2SO_4) 분자량 $= 2 \times 1 + 32 + 4 \times 16 = 98\text{g}$

05 pH 4인 용액이 pH 6인 용액의 몇 배에 해당하는지 계산하시오.

 계산식

① $\text{pH} = -\log[H^+] \Rightarrow [H^+] = 10^{-\text{pH}}\,\text{mol/L}$

② $\dfrac{\text{pH 4}}{\text{pH 6}} = \dfrac{10^{-4}\,\text{mol/L}}{10^{-6}\,\text{mol/L}} = 100$

✅ 정답

100배

실기[필답형]

06 강산이나 강알칼리 등과 같은 유독한 액체를 취할 때 실험자가 입으로 빨아올리지 않기 위하여 사용하는 기구를 쓰시오.

✅ **정 답**

피펫필러

07 화학반응에서 반응속도를 빠르게 하기 위한 용도로 사용하는 것을 쓰시오.

✅ **정 답**

촉매

08 스펙트럼 띠가 1차, 2차로 병렬적으로 나타나는 분광장치로 분광광도계에서 가장 많이 사용하는 것을 쓰시오.

✅ **정 답**

회절격자

TIP

회절격자 = 회절발

09 킬레이트 적정 시 금속이온이 킬레이트 시약과 반응하기 위한 최적의 pH가 있는데 적정의 진행에 따라 수소이온이 생겨 pH의 변화가 생긴다. 이것을 조절하고 pH를 일정하게 유지하기 위하여 사용하는 용액을 쓰시오.

✅ **정 답**

완충용액(buffer solution)

10 분광광도계에 이용되는 빛은 어떤 성질을 이용하는지 쓰시오.

 정 답

흡수

제 5 회 실기 필답형 과년도 실전문제

01 수소 분자 6.02×10^{23}개에 해당하는 질량(g)을 계산하시오.

　2g

T I P

　수소(H_2) 1mol $\begin{cases} 분자량\,(2g) \\ 부피\,(22.4L) \\ 6.02 \times 10^{23}\,개 \end{cases}$

02 용액의 두께가 10cm, 농도가 5mol/L이며 흡광도가 0.2이면 몰 흡광도계수(L/mol · cm)를 계산하시오. (단, 소수점 셋째자리까지 계산하시오.)

$A = \epsilon \times C \times b$

$0.2 = \epsilon \times 5\,\text{mol/L} \times 10\,\text{cm}$

$\therefore \epsilon = \dfrac{0.2}{5\,\text{mol/L} \times 10\,\text{cm}} = 0.004\,\text{L/mol·cm}$

　0.004 L/mol·cm

T I P

　$A = \epsilon \times C \times b$
　여기서　A : 흡광도
　　　　　ϵ : 몰흡광계수(L/mol · cm)
　　　　　C : 용액의 농도(mol/L)
　　　　　b : 용액층의 두께(cm)

03 분광분석법에서는 파장을 nm 단위로 사용한다. 1nm는 몇 m인지 계산하시오.

10^{-9}

TIP

① $1\text{nm} \xrightarrow{\times 10^{-3}} \mu\text{m} \xrightarrow{\times 10^{-3}} \text{mm} \xrightarrow{\times 10^{-3}} \text{m}$

② $1\text{nm} = 10^{-6}\text{mm} = 10^{-7}\text{cm} = 10^{-9}\text{m}$

04 분광광도계 실험에서 과망간산칼륨 시료 1,000ppm을 40ppm으로 희석시키려면, 100mL 플라스크에 시료 몇 mL를 넣고 표선까지 물을 채워야 하는지 계산하시오.

① 희석배수치 = $\dfrac{\text{희석 전 농도}}{\text{희석 후 농도}} = \dfrac{1,000\,\text{ppm}}{40\,\text{ppm}} = 25$

② 분취량 = $\dfrac{\text{조제용량}}{\text{희석배수치}} = \dfrac{100\,\text{mL}}{25} = 4\,\text{mL}$

정답

4mL

05 분광광도계의 광원으로 사용되는 램프의 종류를 2가지 쓰시오.

① 텅스텐 램프
② 중수소방전관

TIP

램프(광원)
① 가시부와 근적외부 파장 : 텅스텐램프
② 자외부 파장 : 중수소방전관(중수소램프)

실기[필답형]

06 광원으로부터 들어온 여러 파장의 빛을 각 파장별로 분산하여 한 가지 색에 해당하는 파장의 빛을 얻어내는 장치를 쓰시오.

✅ **정답**

단색화 장치

TIP

단색화장치
① 프리즘　　② 회절격자(회절발)

07 흡수스펙트럼에 영향을 주는 변수(인자) 2가지만 쓰시오.

✅ **정답**

① 온도
② pH

08 분광광도계에서 회절격자 광원에서 나오는 빛을 분산시켜 어떤 광으로 만드는가?

✅ **정답**

단색광

TIP

회절격자 = 회절발

09 순물질과 혼합물의 구별방법을 3가지 쓰시오.

✅ **정답**

① 비등점과 융점으로 구별하는 방법
② 성분비로 구별하는 방법
③ 분리방법으로 구별하는 방법

10 **동소체(allotropy)의 정의와 동소체의 확인방법에 대해서 쓰시오.**

> ✅ **정 답**
>
> ① 정의 : 한 종류의 원소로 구성되어 있지만, 그 원자의 배열 상태나 결합 방법이 달라서, 성질이 서로 다른 성질의 물질로 존재할 때, 이 여러 형태를 동소체라 한다.
> ② 동소체의 확인방법 : 연소 시 생성물이 같은가를 확인한다.

T I P

동소체(allotropy)
(1) 동소체의 생성원인 : 분자나 원자의 배열상태가 다르기 때문이다.
(2) 동소체의 종류
   ① 탄소(C) : 다이아몬드, 흑연, 숯
   ② 황(S) : 사방황, 단사황, 고무상황
   ③ 산소(O) : 오존(O_3), 산소(O_2)
   ④ 인(P) : 붉은인(적린), 백인(황린)

※ **알림**

지금 여러분들이 공부하시는 문제는 수강생들의 도움으로 복원된 문제이므로 실제문제와 다소 차이가 있을 수 있습니다.
실기시험을 친 수험생들은 실기문제를 복원하여 저자메일(kwe7002@hanmail.net)로 보내주시면 화학분석기능사 대표수험서를 만드는데 아주 큰 도움이 됩니다.
수험생 여러분들의 많은 협조 부탁드립니다.

[필답형 과년도 실전문제 5회]

제 6 회 실기 필답형 과년도 실전문제

01 분광광도계를 사용하여 측정한 결과 투광도가 20%일 때 흡광도를 계산하시오.

 계산식

흡광도(A) = $2 - \log(\%T) = 2 - \log(20\%) = 0.69897 = 0.70$

✅ 정답

0.70

TIP

분광광도계(흡광광도계)

① 흡광도(A) = $\log\dfrac{100}{\text{투광도}(\%)} = \log\dfrac{1}{\text{투광도}} = 2 - \log(\%T)$

② 흡광도(A) = $\epsilon \cdot C \cdot b$

③ $A = \epsilon \times C \times b = 2 - \log(\%T)$

④ $A = \epsilon \times C \times b = \log\dfrac{100}{T(\text{투광도})(\%)}$

⑤ 분광광도법에서 흡광도 공식에 관한 법칙은 람베르트 - 비어 법칙이다.

02 NaOH 20g을 1L에 녹일 때 노르말 농도를 계산하시오.

 계산식

$N = \dfrac{\text{질량}(g)}{\text{부피}(L)} \times \dfrac{1\,eq}{1\text{당량 g}} = \dfrac{20g}{1L} \times \dfrac{1\,eq}{40g} = 0.5N$

✅ 정답

0.5N

TIP

① N농도의 단위는 eq/L이다.
② NaOH의 분자량 = 23 + 16 + 1 = 40
③ NaOH는 OH⁻가 1개이므로 1가(1당량)물질이다.
④ $1\,eq = \dfrac{\text{분자량}(g)}{\text{당량수(또는 가수)}} = \dfrac{40g}{1} = 40g$
⑤ NaOH = 수산화나트륨 = 수산화소듐

03 0.01M NaOH의 pH를 계산하시오.

계산식

$pH = 14 + \log[0.01\,M] = 12.0$

정답

12.0

계산식

(다른풀이 방법)
$pOH = -\log[OH^-] = -\log[0.01\,M] = 2.0$
따라서 $pH = 14 - pOH = 14 - 2.0 = 12.0$

정답

12.0

TIP

① $NaOH \rightarrow Na^+ + OH^-$
  　　XM　　XM　　XM
② $[OH^-]$가 XM 이므로 $[OH^-] = 0.01\,M$
③ 문제조건에서 $[H^+]$의 농도가 주어질 때 $pH = -\log[H^+]$
④ 문제조건에서 $[OH^-]$의 농도가 주어질 때 $pH = 14 + \log[OH^-]$

TIP

(유사문제) 0.001M HCl 용액의 pH를 계산하시오.

(계산식) $HCl \rightarrow H^+ + Cl^-$
　　　　　XM　　XM　　XM
　　　따라서 $[H^+]$ 농도가 XM 이므로 $[H^+] = 0.001\,M$
　　　∴ $pH = -\log[H^+] = -\log[0.001\,M] = 3.0$

(정답) 3.0

실기[필답형]

04 11.1cm × 2.0cm를 유효숫자를 고려하여 계산하시오.

 계산식

11.1 cm × 2.0 cm = 22.2 cm^2 = 22 cm^2

 정답

22 cm^2

T I P
① 두 수의 곱셈과 나눗셈의 계산 결과는 두 수중 유효숫자의 갯수가 적은 것을 기준으로 반올림하여 표기하시면 됩니다.
② 문제의 11.1cm × 2.0 cm에서 11.1cm는 유효숫자 3개이고, 2.0cm는 유효숫자 2개이므로 정답을 유효숫자 2개로 표기하시면 됩니다.

05 액체를 적하시키기 위해서 사용하는 기구로 두께가 일정하고 긴 유리관에 균등한 눈금선을 새겨 끝을 가늘게 하고 콕크를 달아 액체의 적하량을 조절할 수 있는 기구의 이름을 쓰시오.

 정답

뷰렛

T I P
실험기구의 용도
① 피펫 : 액체를 정확하게 취하기 위해 사용되는 실험기구(유리기구)이다.
② 홀피펫 : 선단이 가늘고 중앙부가 부풀어 오른 유리제 또는 플라스틱제의 체적계를 말하며, 가장 많이 사용되는 피펫으로 액체를 표준선까지 끌어 올려 액체의 일정 체적을 재는 기구이다.
③ 피펫필러 : 액체를 취할 때 실험자가 입으로 빨아올리는 것을 방지하기 위해 사용하는 기구이다.
④ 메스플라스크 : 농도가 1,000ppm인 용액을 농도가 10ppm인 용액 100mL를 조제하기 위해서 원액을 정확하게 희석하는 것이 중요하다. 이때 사용되는 100mL 실험기구(유리기구)이다.

06 분광광도계에서 사용하는 램프 중 자외선영역에서 사용되는 램프를 쓰시오.

 정답

중수소방전관

> **TIP**
> 분광광도계에서 사용하는 램프
> ① 자외선 영역 : 중수소방전관
> ② 가시선 영역 : 텅스텐램프
> ③ 근적외선 영역 : 텅스텐램프

07 황산을 물에 녹일 때 가장 주의할 점을 간단히 쓰시오.

✅ 정답

황산은 강산으로 물과 접촉하면 열을 발생시키므로 물을 먼저 넣고 황산을 서서히 주입해야 한다.

08 아래의 MSDS 표지판은 무엇인지 쓰시오.

✅ 정답

환경유해성(수생식물) 표지판

> **참고**
> 환경유해물질 표지판은 물고기와 식물 등의 환경에 유해한 물질을 나타내는 표지판으로 화학물질을 함부로 폐기해서는 안된다는 의미의 표지판이다.

실기[필답형]

09 같은 온도에서 용매에 녹일 수 있는 용질의 최대량을 무엇이라 하는지 쓰시오.

✅ 정답

용해도

TIP ❶

농도의 종류

(1) 용해도
  ① 정의 : 고체를 액체에 녹일 때 일정 온도에서 일정량의 용매에 녹일 수 있는 용질의 최대량을 말한다.
  ② 용해도(%) = $\dfrac{용질(g)}{용매(g)} \times 100\,(\%)$

(2) 질량 백분율(질량 농도)
  ① 정의 : 용질의 질량을 용액의 질량으로 나눈 값을 말한다.
  ② 질량 백분율(%) = $\dfrac{용질(g)}{용질(g) + 용매(g)} \times 100$

TIP ❷

용액의 종류

① 포화용액 : 일정한 온도 및 압력하에서 용질이 용매에 최대한 녹아있는 용액을 말한다.
② 불포화용액 : 일정한 온도 및 압력하에서 용질이 용매에 용해도 이하로 용해된 용액을 말한다.
③ 과포화용액 : 일정한 온도 및 압력하에서 용질이 용해도 이상으로 용해된 용액을 말한다.

10. 고체의 물질에 소량의 불순물이 있을 때 두 물질을 모두 녹일 수 있는 용매를 사용하여 녹인 후 용해도 차이에 따라 분리하는 방법을 쓰시오.

 정답

재결정법

TIP

혼합물의 분리방법
(1) 고체 혼합물의 분리방법
  ① 재결정법 : 용해도 차이에 따라 분리하는 방법
  ② 추출법 : 특정한 용매를 이용하여 추출하는 방법
  ③ 승화법 : 승화성을 가지는 가연성 고체물질을 가열하여 분리하는 방법
(2) 액체 혼합물의 분리방법
  ① 여과법 : 고체와 액체의 혼합물을 여과의 원리를 이용하여 분리하는 방법
  ② 분별 깔때기법 : 액체물질의 비중의 차이를 이용하여 분리하는 방법
  ③ 증류법 : 액체물질의 비등점의 차이를 이용하여 분리하는 방법
(3) 기체 혼합물의 분리방법
  ① 액화 분류법 : 액체물질의 비등점의 차이를 이용하여 분리하는 방법
  ② 흡수법 : 기체물질의 흡수액을 이용하여 분석하는 방법

※ **알림**

지금 여러분들이 공부하시는 문제는 수강생들의 도움으로 복원된 문제이므로 실제문제와 다소 차이가 있을 수 있습니다.

실기시험을 친 수험생들은 실기문제를 복원하여 저자메일(kwe7002@hanmail.net)로 보내주시면 화학분석기능사 대표수험서를 만드는데 아주 큰 도움이 됩니다.

수험생 여러분들의 많은 협조 부탁드립니다.

제 7 회 실기 필답형 과년도 실전문제

01 분광광도계를 이용하여 측정한 빛의 투광도가 10%인 경우 흡광도를 계산하시오.

 계산식

$$A = 2 - \log(\%T) = 2 - \log(10\%) = 1.0$$

 정답

1.0

T I P

분광광도계(흡광광도계)
① 흡수율 + 투과율 = 100%
② 투과율 = 100 - 흡수율 = 100 - 90% = 10%
③ 흡광도(A) = $\log\dfrac{100}{투광도(\%)} = \log\dfrac{1}{투광도} = 2 - \log(\%T)$
④ 흡광도(A) = $\epsilon \cdot C \cdot b$
⑤ $\log\dfrac{1}{투광도} = \epsilon \cdot C \cdot b$
⑥ 분광광도법에서 흡광도 공식에 관한 법칙은 람베르트 - 비어 법칙이다.

02 물의 비중이 1g/mL이고 물의 질량이 2kg인 경우 체적(L)을 계산하시오.

 계산식

$$물의\ 체적(L) = \dfrac{2 \times 10^3\,\mathrm{g}}{1\mathrm{g/mL}} \times \dfrac{1\mathrm{L}}{10^3\,\mathrm{mL}} = 2\mathrm{L}$$

정답

2L

> **TIP**
>
> **단위환산**
> ① 비중의 단위 : $g/mL = g/cm^3 = g/cc = kg/L = ton/m^3$
> ② 체적(L) = $\dfrac{질량(kg)}{비중(kg/L)}$
> ③ 질량(kg) = 체적(L) × 비중(kg/L)
> ④ 4℃ 물의 비중 = 1.0
> ⑤ 4℃ 물의 비중량 = $1,000 \, kg/m^3$

03 표준용액의 농도가 1,000ppm이고, 검량선으로부터 구한 미지시료의 농도가 20ppm 일 때 희석 배수치를 계산하시오.

 계산식

$$희석배수치 = \dfrac{표준용액의\ 농도(ppm)}{검량선으로부터\ 구한\ 미지시료의\ 농도(ppm)}$$
$$= \dfrac{1,000\,ppm}{20\,ppm} = 50배$$

 정답

50배

> **TIP**
>
> **희석배수 및 분취량**
> ① 희석배수 = $\dfrac{희석\ 전\ 용액의\ 농도(원액)}{희석\ 후\ 용액의\ 농도}$
> ② 원액의 분취량(mL) = $\dfrac{조제하고자\ 하는\ 용량(mL)}{희석배수}$

실기[필답형]

04 분광광도법에서는 파장의 단위를 nm로 사용한다. 1nm는 몇 m인지 계산하시오.

정 답

1.0×10^{-9} m

TIP

단위환산

① nm $\xrightarrow{\times 10^{-3}}$ μm $\xrightarrow{\times 10^{-3}}$ mm $\xrightarrow{\times 10^{-3}}$ m

② 1nm $\xrightarrow{\times 10^{-9}}$ 1.0×10^{-9} m

③ 1m $\xrightarrow{\times 10^{9}}$ 1.0×10^{9} nm

05 벤젠 증기의 비중을 계산하시오. (단, 공기의 구성성분은 질소 79%, 산소 21%이다.)

계산식

벤젠의 증기 비중 $= \dfrac{\text{벤젠의 분자량(kg)}}{\text{공기의 분자량(kg)}} = \dfrac{78\,\text{kg}}{28.84\,\text{kg}} = 2.70$

정 답

2.70

TIP

벤젠

① 벤젠의 화학식 : C_6H_6

② 벤젠의 증기 비중 $= \dfrac{\text{벤젠의 분자량(kg)}}{\text{공기의 분자량}(28.84\,\text{kg})}$

③ 벤젠의 증기 밀도 $= \dfrac{\text{벤젠의 분자량(kg)}}{\text{체적}(22.4\,\text{Sm}^3)}$

④ 벤젠의 분자량 $= 12 \times 6 + 1 \times 6 = 78\,\text{kg}$

⑤ 공기의 분자량 $= 28\,\text{kg} \times 0.79 + 32\,\text{kg} \times 0.21 = 28.84\,\text{kg}$

06 자색을 띠는 강산화제의 명칭을 쓰시오.

과망간산칼륨

TIP

과망간산칼륨
① 과망간산칼륨의 화학식 : $KMnO_4$
② 과망간산칼륨 = 과망가니즈산칼륨
③ 분자량 : 158.04
④ 밀도 : 207.3 g/cm³
⑤ 녹는점 : 240℃
⑥ 저장방법 : 유기물, 산화되기 쉬운 것에 접촉되지 않도록 밀폐하고 빛을 차단해 저장한다.

07 심장이 멈췄을 경우 병원에서 주로 사용하는 기기의 명칭을 쓰시오.

자동제세동기 (자동심장 충격기)

TIP

① 자동제세동기 = 자동심장충격기 = AED
② 자동제세동기(자동심장충격기)란 심실세동이나 심실빈맥으로 심정지가 되어 있는 환자에게 전기충격을 주어서 심장의 리듬을 정상적으로 돌아오게 하는 기기이다.

08 분광광도계에서 사용하는 램프로 주로 자외선 영역에서 사용하는 램프를 쓰시오.

중수소방전램프

TIP

기기에서 사용하는 램프
(1) 분광광도계(자외선가시선 분광법=흡광광도법)
  ① 자외선 부분 : 중수소방전램프(중수소방전관)
  ② 가시선 부분 : 텅스텐램프
  ③ 근적외선 부분 : 텅스텐램프
(2) 원자흡수분광광도법 : 중공음극램프(속빈음극램프)

실기[필답형]

09 빛이 어느 한 물질에서 다른 물질로 진행할 때 경계면에서 진행방향이 꺾이는 현상을 빛의 무슨 현상이라 하는지 쓰시오.

✅ 정 답

굴절현상

10 다음 물질에서 산소의 산화수가 적은 순서대로 배열 하시오.

(보기) 산소, 물, 과산화수소, 이산화탄소

✅ 정 답

산소 > 과산화수소 > 이산화탄소 = 물

TIP ❶

산화수 : 화학반응에서 산화와 환원 정도를 나타내기 위해서 사용하는 숫자로 (+), (-)의 값을 가진다.
① 수소의 산화수는 항상 +1
② 수소가 금속과 이온결합을 할 경우 수소의 산화수는 -1
③ 산소의 산화수는 항상 -2
④ 산소가 과산화물인 경우 산소의 산화수는 -1
⑤ 산소가 홑원소인 경우 산소의 산화수는 0

TIP ❷

문제해설
① 홑원소 또는 단체(O_2)에서 산소의 산화수는 0
② 화합물(H_2O)에서 산소의 산화수는 -2
③ 화합물(CO_2)에서 산소의 산화수는 -2
④ 과산화물(H_2O_2)에서 산소의 산화수는 -1
⑤ 플루오린 화합물(OF_2)에서 산소의 산화수는 +2

※ 알림
지금 여러분들이 공부하시는 문제는 수강생들의 도움으로 복원된 문제이므로 실제문제와 다소 차이가 있을 수 있습니다.
실기시험을 친 수험생들은 실기문제를 복원하여 저자메일(kwe7002@hanmail.net)로 보내주시면 화학분석기능사 대표수험서를 만드는데 아주 큰 도움이 됩니다.
수험생 여러분들의 많은 협조 부탁드립니다.

제 8 회 실기 필답형 과년도 실전문제

01 빛의 흡수율이 60%인 경우 흡광도를 계산하시오.

 계산식

$$A = 2 - \log(\%T) = 2 - \log(40\%) = 0.40$$

 정답

0.40

TIP

흡광도
① 흡수율 + 투과율 = 100%
② 투과율 = 100 − 흡수율 = 100 − 60 = 40%
③ 흡광도(A) = 2 − log(%T)

02 질산은 4mol이 녹아있는 용액 속에서 그 중 0.2mol이 전리되었을 때, 전리도를 계산하시오.

 계산식

$$\text{전리도} = \frac{0.2\,\text{mol}}{4\,\text{mol}} = 0.05$$

 정답

0.05

TIP

① 전리도란 전리된 분자 수와 전체 분자 수의 비이다.
② 전리도 = $\dfrac{\text{전리된 몰농도}}{\text{전체 몰농도}}$
③ 전리도가 높을수록 강산 또는 강알칼리 물질이다.
④ 전해질의 전리도 비교는 어는점 내림을 측정하여 구할 수 있다.

03 보일-샤를의 법칙이 완벽하게 적용되는 가상의 기체가 무엇인지 쓰시오.

이상기체

TIP

법칙
① 보일의 법칙 : $P_1 \times V_1 = P_2 \times V_2$
② 샤를의 법칙 : $\dfrac{V_1}{T_1} = \dfrac{V_2}{T_2}$
③ 보일-샤를의 법칙 : $\dfrac{P_1 \times V_1}{T_1} = \dfrac{P_2 \times V_2}{T_2}$
④ 이상기체상태방정식 : $P \times V = \dfrac{w}{M} \times R \times T$

04 실험실에서 주로 이용하는 부피를 재는 기구 3가지를 쓰시오.

① 피펫
② 메스플라스크
③ 메스실린더

TIP

부피를 재는 도구
① 피펫 : 액체의 정확한 일정 부피를 채취하는 데 사용되는 실험기구(유리기구)이다.
② 메스플라스크 : 일정한 부피의 액체를 측정하는 기구로 용기의 모양은 다양하며, 용기에 눈금이 표시되어 있어 일정 용량만 측정할 수 있다.
③ 메스실린더 : 유리로 만든 기다란 원통형의 기구로 바닥이 넓고 평평하며, 5mL~2L까지 용량의 종류가 다양하며 mL 단위의 눈금이 새겨져 있으며, 일정량의 액체를 담고 눈 높이를 맞춘 후 눈금을 읽어 액체의 부피를 재는 기구이다.

05 유리나 파편 등으로부터 눈을 보호하는 장비가 무엇인지 쓰시오.

보안경

TIP

보호장비
① 방진마스크 : 공기 중에 존재하는 먼지의 흡입을 방지하기 위해 사용하는 장비이다.
② 방독마스크 : 독가스, 세균, 방사성 물질 등으로부터 보호하기 위해서 사용하는 장비이다.

06 1L에 녹아있는 용질의 몰수를 무엇이라 하는지 쓰시오.

 정답

몰 농도

TIP

농도
① 몰농도 : 용액 1L중에 들어있는 용질의 몰수이다.
② 노르말농도(규정농도) : 용액 1L 중에 녹아있는 용질의 g당량수이다.
③ 몰랄농도 : 용매 1kg에 녹는 용질의 몰수이다.

07 같은 온도에서 용매에 녹일 수 있는 용질의 최대량을 무엇이라 하는지 쓰시오.

 정답

용해도

TIP

농도의 종류
(1) 용해도
① 정의 : 고체를 액체에 녹일 때 일정 온도에서 일정량의 용매에 녹일 수 있는 용질의 최대량을 말한다.
② 용해도(%) $= \dfrac{용질(g)}{용매(g)} \times 100\,(\%)$
(2) 질량 백분율(질량 농도)
① 정의 : 용질의 질량을 용액의 질량으로 나눈 값을 말한다.
② 질량 백분율(%) $= \dfrac{용질(g)}{용질(g) + 용매(g)} \times 100$

08 아래의 MSDS 표지판의 의미와 관계없는 것을 보기에서 모두 골라 쓰시오.

(보기)
인화성, 산화성, 부식성, 발암성, 급성독성, 경고, 환경위해성, 폭발성, 호흡기과민성

산화성, 급성독성, 폭발성

T I P

MSDS(Material Safety Data Sheet ; 화학물질 등의 안전 Data 집계표)

MSDS 표지판					
명 칭	발암성 호흡기과민성	환경위해성	부식성	경고	인화성

09 아래의 내용에서 (   )안에 들어갈 알맞은 말을 쓰시오.

흡수스펙트럼은 파장과 흡광도의 (   ) 그래프이다.

검량선

T I P

흡수스펙트럼이란 일정한 농도의 용액을 가지고 파장을 변화시켜 흡광도를 측정하며, X축에는 파장을, Y축에는 흡광도를 나타낸 그래프이다.

10 S/N에서 S와 N이 의미하는 것이 무엇인지 쓰시오.

> **정답**
>
> S : 신호 전압
> N : 잡음 전압

> **TIP**
>
> ① S/N은 Signal Noise ratio
> ② S는 신호 전압 또는 신호 전류 또는 신호 전력이라 한다.
> ③ N은 잡음 전압 또는 잡음 전류 또는 잡음 전력이라 한다.
> ④ S/N의 단위는 데시벨(dB)이다.

※ **알림**

지금 여러분들이 공부하시는 문제는 수강생들의 도움으로 복원된 문제이므로 실제문제와 다소 차이가 있을 수 있습니다.

실기시험을 친 수험생들은 실기문제를 복원하여 저자메일(kwe7002@hanmail.net)로 보내주시면 화학분석기능사 대표수험서를 만드는데 아주 큰 도움이 됩니다.

수험생 여러분들의 많은 협조 부탁드립니다.

제 9 회 실기 필답형 과년도 실전문제

01 NaCl 용액 100g에 NaCl 20g이 들어있다. 이때 중량 백분율(%)을 계산하시오.

 계산식

$$중량\ 백분율(\%) = \frac{용질(g)}{용액(g)} \times 100(\%)$$
$$= \frac{20g}{100g} \times 100 = 20\%$$

 정답

20%

T I P

① 중량(질량) 백분율 : 용질의 질량을 용액의 질량으로 나눈 값을 말한다.
② 중량 백분율(%) $= \dfrac{용질(g)}{용질(g) + 용매(g)} \times 100(\%) = \dfrac{용질(g)}{용액(g)} \times 100(\%)$
③ NaCl = 염화나트륨 = 염화소듐

02 1M HCl 용액으로 0.1M HCl 500mL를 만들려고 한다. 이때 1M HCl 몇 mL가 필요한지 계산하시오.

 계산식

$N_1 \times V_1 = N_2 \times V_2$
$1N \times V_1 = 0.1N \times 500mL$
$\therefore V_1 = \dfrac{0.1N \times 500mL}{1N} = 50mL$

 정답

50mL

03 1L의 수용액 중에 수산화나트륨 20g이 용해되어 있다. 노르말농도(N)를 계산하시오.

 계산식

$$N(eq/L) = \frac{질량(g)}{부피(L)} \times \frac{1\,eq}{1당량\,g} = \frac{20\,g}{1\,L} \times \frac{1\,eq}{40\,g} = 0.5\,N$$

✅ 정답

0.5N

T I P

노르말농도 = N농도
① N농도의 단위 : eq/L
② $eq/L = \frac{질량(g)}{부피(L)} \times \frac{1\,eq}{1당량\,g}$
③ $1당량\,g = \frac{분자량(g)}{당량수}$
④ NaOH의 $1당량\,g = \frac{40\,g}{1} = 40\,g$

04 $N_2 + 3H_2 \rightarrow 2NH_3$ 엔탈피의 변화는 -239KJ/mol이다. 위의 반응에서 정반응이 일어나게 하는 조건에 대해서 물음에 답하시오.

① 압력을 (   ) 시킨다.
② 온도를 (   ) 시킨다.
③ 질소를 (   ) 시킨다.
④ 암모니아를 (   ) 시킨다.

 정답

① 압력을 (증가) 시킨다.
② 온도를 (감소) 시킨다.
③ 질소를 (증가) 시킨다.
④ 암모니아를 (감소) 시킨다.

T I P

반응
① 흡열반응 : 엔탈피 변화(ΔH)가 (+)일 경우
② 흡열반응 시 정반응 조건 : 온도 증가, 압력 감소
③ 발열반응 : 엔탈피 변화(ΔH)가 (-)일 경우
④ 발열반응 시 정반응 조건 : 온도 감소, 압력 증가

05 다음의 조건은 심폐소생술에 대한 단계를 설명한 것이다. 순서대로 알맞게 나열하시오.

① 의식확인 및 119 신고
② 가슴압박 30회
③ 기도확보 후 인공호흡 30회

 정 답

① → ② → ③

06 공장의 건물 높이가 10층이며, 암모니아의 누출사고가 5층에서 발생했을 때 공장 건물 내 사람들이 어디로 대피해야 하는지 보기에서 고르고, 그 이유를 밀도와 관련하여 쓰시오.

① 5층보다 (높은 곳/낮은 곳)으로 대피한다.
② 이유

 정 답

① 5층보다 낮은 곳으로 대피한다.
② 이유 : 암모니아(NH_3)의 분자량은 17이고, 공기의 분자량은 29이므로 암모니아는 공기보다 밀도가 작다. 따라서 누출된 암모니아는 공기보다 가벼워 5층보다 높은 곳으로 확산하게 되므로 건물 내 사람들은 5층보다 낮은 곳으로 대피하여야 한다.

07 람베르트-비어의 법칙에서 흡광도를 무차원 단위로 만드는 계수가 무엇인지 명칭과 기호를 적으시오.

 정 답

① 명칭 : 몰흡광계수
② 기호 : ϵ

TIP

$A = \epsilon \cdot C \cdot b$
A : 흡광도
ϵ : 몰흡광계수(L / mol · cm)
C : 농도(mol / L)
b : 흡수용기의 길이(cm)

08 하늘이 파랗게 보이는 이유는 빛들이 대기중의 분자, 원자, 미립자 등과 부딪히면서 빛의 흐름이 바뀌게 되어 하늘이 파랗게 보이게 된다. 이러한 현상의 이름을 쓰시오.

 정답

빛의 산란현상

09 실험실에서 부피를 측정하는 기구 3가지를 쓰시오.

 정답

① 피펫
② 메스실린더
③ 메스플라스크

T I P

실험기구의 용도
① 피펫 : 액체를 정확하게 취하기 위해 사용되는 실험기구(유리기구)이다.
② 메스실린더 : 유리로 만든 기다란 원통형의 기구로 바닥이 넓고 평평하며, 5mL~2L까지 용량의 종류가 다양하며 mL 단위의 눈금이 새겨져 있으며, 일정량의 액체를 담고 눈 높이를 맞춘 후 눈금을 읽어 액체의 부피를 재는 기구이다.
③ 메스플라스크 : 농도가 1,000ppm인 용액을 농도가 10ppm인 용액 100mL를 조제하기 위해서 원액을 정확하게 희석하는 것이 중요하다. 이때 사용되는 100mL 실험기구(유리기구)이다.

10 일정한 온도에서 일정 부피의 액체 용매에 녹는 기체의 질량, 즉, 용해도는 용매와 평형을 이루고 있는 그 기체의 부분압력에 비례한다는 법칙을 쓰시오.

 정답

헨리(Henry)법칙

※ 알림
지금 여러분들이 공부하시는 문제는 수강생들의 도움으로 복원된 문제이므로 실제문제와 다소 차이가 있을 수 있습니다.
실기시험을 친 수험생들은 실기문제를 복원하여 저자메일(kwe7002@hanmail.net)로 보내주시면 화학분석기능사 대표수험서를 만드는데 아주 큰 도움이 됩니다.
수험생 여러분들의 많은 협조 부탁드립니다.

제10회 실기 필답형 과년도 실전문제

01 어떤 용기에 20℃, 2기압의 산소 8g이 들어있을 때 부피(L)를 계산하시오. (단, 산소는 이상기체로 가정하고, 이상기체상수 R의 값은 0.082atm·L/mol·K이다.)

계산식

$$P \times V = \frac{W}{M} \times R \times T$$

$$2\,\text{atm} \times V = \frac{8\text{g}}{32\text{g}} \times 0.082\,\text{atm·L/mol·K} \times (273+20)\text{K}$$

$$\therefore V = \frac{8\text{g} \times 0.082\,\text{atm·L/mol·K} \times (273+20)\text{K}}{2\,\text{atm} \times 32\text{g}} = 3.0\,\text{L}$$

정답

3.0L

TIP

이상기체 상태 방정식 : $P \times V = \dfrac{W}{M} \times R \times T$

여기서 P : 압력(atm)　　V : 부피(L)　　W : 질량(g)
　　　 M : 분자량(g)　　R : 기체상수(atm·L/mol·K)　　T : 절대온도(K)

02 벤젠 1몰을 산소와 반응시킬 때 발생하는 이산화탄소의 부피(L)를 계산하시오.

계산식

$$C_6H_6 + \frac{15}{2}O_2 \rightarrow 6CO_2 + 3H_2O$$

1M　　 : 　　6 × 22.4L

∴ 6 × 22.4L = 134.4L

정답

134.4L

03 1,000ppm의 농도를 가지는 물질의 몰 농도를 계산하시오. (단, 물질은 158.034g/mol의 값을 가진다.)

$$M \text{ 농도} = \frac{1,000\,mg}{L} \times \frac{1\,g}{1,000\,mg} \times \frac{1\,mol}{158.034\,g}$$
$$= 0.00633\,mol/L \fallingdotseq 0.01\,mol/L = 0.01\,M$$

✅ 정답

0.01M

T I P
① M 농도의 단위는 mol/L이다.
② ppm의 단위는 mg/L이다.
③ 1,000ppm = 1,000mg/L = 1g/L

04 다음의 반응식의 (   )를 알맞게 채우시오.

NaH + H₂O → (①) + (②)

① NaOH   ② H₂

05 원자에 관한 법칙의 종류와 분자에 관한 법칙의 종류를 각각 쓰시오.

(1) 원자에 관한 법칙
   ① 질량보존의 법칙
   ② 일정 성분비의 법칙
   ③ 배수 비례의 법칙
(2) 분자에 관한 법칙
   ① 기체 반응의 법칙
   ② 아보가드로의 법칙

> **TIP**
>
> **원자에 관한 법칙과 분자에 관한 법칙**
> (1) 원자에 관한 법칙
>   ① 질량보존의 법칙 : 화학반응에서 반응 전과 반응 후의 질량의 변화는 없다라는 법칙으로 반응물의 질량 총합과 생성물의 질량 총합은 같다.
>   ② 일정 성분비의 법칙 : 한 화합물에서 성분 원소의 질량비는 항상 일정하다. 또한 화합물을 이룰 때 반응하는 성분물질의 질량사이에는 일정한 질량비가 성립한다.
>   ③ 배수 비례의 법칙 : 두 가지 원소가 반응하여 두 가지 이상의 화합물을 만들 때, 한 원소의 일정량에 대해 결합하는 다른 성분 원소의 질량 사이에서 일정한 정수비가 성립한다.
>
> (2) 분자에 관한 법칙
>   ① 기체 반응의 법칙 : 일정 온도와 압력에서, 기체와 기체가 반응하여 기체를 생성하는 기체반응에서는 기체들이 부피사이에 간단한 정수비가 성립한다.
>   ② 아보가드로의 법칙 : 모든 기체는 종류에 관계없이 같은 온도, 같은 압력에서, 같은 부피에 같은 수의 분자를 포함한다.

06 다음은 열역학 제3법칙에 대한 설명이다. (   )안에 들어갈 알맞은 말을 쓰시오.

어떠한 이상적인 방법으로도 어떤 계를 절대영도(   )에 이르게 할 수 없다.

0K

07 아래의 MSDS 표지판은 무엇을 의미하는지 쓰시오.

산화성물질 경고

TIP

MSDS(Material Safety Data Sheet : 화학물질 등의 안전 Data 집계표)

TIP

이 문제는 MSDS 표지판이 의미하는 핵심을 정확히 숙지하여야 하며, 특히 화재 표지판은 인화성, 산화성 등으로 나누어지므로 정확히 구별할 수 있도록 수험 준비를 하셔야 합니다.

08 유기화합물은 작용기에 따라 독특한 성질을 나타낸다. 분자 중의 작용기를 표시하여 화학적 성질을 알기 쉽게 나타낸 식을 무엇이라 하는지 쓰시오. (예 CH₃COOH)

✅ **정답**

시성식

TIP

① 작용기 : 몇 개의 원자가 모여 독특한 물질의 특성을 나타내는 원자의 집단으로 기(基)라고 한다.
② 분자식 : 분자의 성분원소와 원자수를 원소 기호를 사용하여 간단히 나타낸 식이며, 예를 들면 $C_2H_4O_2$ 이다.
③ 실험식 : 화합물을 구성하는 원자 또는 이온의 종류와 개수비를 가장 간단한 정수비로 나타낸 식이며, 예를 들면 CH_2O 이다.
④ 구조식 : 분자내의 원자의 결합관계를 결합선으로 연결하여 나타낸 식이며, 예를 들면

$$\begin{array}{c} HO \\ |\| \\ H-C-C-O-H \\ | \\ H \end{array}$$

09 수소와 공기의 불꽃이 연소될 때 유입된 유기물질이 양이온과 전자로 생성되는 원리를 이용하는 검출기로 탄화수소 화합물의 검출에 적합한 기체크로마토그래피의 검출기를 쓰시오.

불꽃이온화검출기(FID)

10 분광광도법에서 어떤 물질이 자외선 및 가시광선 영역에서 흡수가 없는 경우에 적당한 시약을 사용하여 흡수가 되는 새로운 화합물로 유도하고자 한다. 이때 사용하는 시약을 쓰시오.

발색시약

※ **알림**
지금 여러분들이 공부하시는 문제는 수강생들의 도움으로 복원된 문제이므로 실제문제와 다소 차이가 있을 수 있습니다.
실기시험을 친 수험생들은 실기문제를 복원하여 저자메일(kwe7002@hanmail.net)로 보내주시면 화학분석기능사 대표수험서를 만드는데 아주 큰 도움이 됩니다.
수험생 여러분들의 많은 협조 부탁드립니다.

제 11 회 실기 필답형 과년도 실전문제

01 3M HCl 50mL에 6N HCl 150mL를 혼합한 후의 노르말농도(N)를 계산하시오.

✅ 계산식

$$N = \frac{3N \times 50mL + 6N \times 150mL}{50mL + 150mL} = 5.25N$$

✅ 정답

5.25 N

TIP

① 같은 액성의 혼합용액의 농도(N) = $\dfrac{N_1 \times V_1 + N_2 \times V_2}{V_1 + V_2}$

② 다른 액성의 혼합용액의 농도(N) = $\dfrac{N_1 \times V_1 - N_2 \times V_2}{V_1 + V_2}$

③ 1가 물질은 M농도와 N농도가 같다.
④ M농도 × 가수 = N농도
⑤ HCl은 H가 1개이므로 1가 물질이다.
⑥ 3M HCl = 3N HCl

02 수산화나트륨 20g을 4℃ 물 200mL에 용해시켰을 때 중량농도(%)를 계산하시오.

✅ 계산식

중량농도(%) = $\dfrac{20g}{20g + 200g} \times 100(\%) = 9.09\%$

✅ 정답

9.09%

실기[필답형]

> **TIP**
> ① 중량농도(%) = w/w(%)
> ② 중량농도(%) = $\dfrac{\text{용질(g)}}{\text{용질(g)} + \text{용매(g)}} \times 100(\%)$
> ③ 중량(g) = 부피(mL) × 비중(g/mL)
> ④ 4℃ 물의 비중 = 1.0g/mL
> ⑤ 용매(물)의 중량(g) = 200mL × 1.0g/mL = 200g

03 0.04M NaOH 75mL와 0.1M HBr 15mL를 혼합한 용액의 pH를 계산하고, 두 용액을 중화시키려고 할 때 둘 중에 더 넣어야 할 시약과 양(mL)을 쓰시오.

> **계산식**
> ① 혼합농도(M) = $\dfrac{0.04\,\text{M} \times 75\,\text{mL} - 0.1\,\text{M} \times 15\,\text{mL}}{75\,\text{mL} + 15\,\text{mL}} = 0.0167\,\text{M}$
> $\text{pH} = 14 + \log[\text{OH}^-] = 14 + \log[0.0167\,\text{M}] = 12.22$
> ② $0.04\,\text{N} \times 75\,\text{mL} = 0.1\,\text{NM} \times V_2 \quad \therefore V_2 = 30\,\text{mL}$
> 따라서 중화를 위해 추가해야 할 시약은 HBr이며, 추가해야 할 양은 15mL이다.

> **정답**
> pH : 12.22, 추가해야 할 시약 : HBr, 추가해야 할 HBr의 양 : 15mL

> **TIP**
> ① 중화적정공식 : $N_1 \times V_1 = N_2 \times V_2$
> ② 다른 액성의 혼합농도(N) = $\dfrac{N_1 \times V_1 - N_2 \times V_2}{V_1 + V_2}$
> ③ NaOH는 OH를 가지고 있으므로 알칼리성(염기성) 물질이다.
> ④ HBr은 H를 가지고 있으므로 산성 물질이다.
> ⑤ 산성 물질의 pH = $-\log[\text{H}^+]$
> ⑥ 알칼리성(염기성) 물질의 pH = $14 + \log[\text{OH}^-]$
> ⑦ 중화에 필요한 0.1M HBr의 양은 30mL이므로 추가해야 할 0.1M HBr의 양은 15mL(30mL-15mL)이다.

04 황산 98.0g을 500mL에 녹이고 이 용액을 340nm에서 1.00cm셀을 이용하여 측정한 흡광도가 0.600이었다. 몰흡광계수($M^{-1} \cdot cm^{-1}$)를 계산하시오.

 계산식

① M농도 = $\dfrac{98.0g}{0.5L} \times \dfrac{1\,mol}{98\,g} = 2M$

② $0.600 = \epsilon \times 2M \times 1.00\,cm$

∴ $\epsilon = 0.3\,M^{-1} \cdot cm^{-1}$

✅ 정답

$0.3\,M^{-1} \cdot cm^{-1}$

TIP

① $A = \epsilon \times C \times b$

여기서 A : 흡광도 ϵ : 몰흡광계수($M^{-1} \cdot cm^{-1}$)
C : 몰농도(M) b : 시료셀의 두께(cm)

② M농도(몰농도)의 단위 : mol/L
③ 1M = 분자량(g)
④ 황산(H_2SO_4)의 분자량 = $1 \times 2 + 32 + 16 \times 4 = 98$
⑤ M농도 = $\dfrac{질량(g)}{부피(L)} \times \dfrac{1\,mol}{분자량(g)}$

05 물질에 전기가열 또는 불꽃을 가하여 원자상태로 만들고 바닥상태의 중성원자를 측정하는 측정기기로 수질오염물질 중 중금속측정에 주로 사용하는 분석기기를 쓰시오.

✅ 정답

원자흡수분광광도법

06 다음 보기의 기구를 사용하는 이화학 분석법의 이름을 쓰시오.

(보기) 전자저울, 뷰렛, 클램프, 뷰렛대, 수산화나트륨용액, 염산, 삼각플라스크, 깔때기, 지시약 등등

 정답

중화적정법

실기[필답형]

07 자일렌의 분자식, 실험식, 시성식을 각각 쓰시오.

 정 답

① 분자식 : C_8H_{10}
② 실험식 : C_4H_5
③ 시성식 : $C_6H_4(CH_3)_2$

T I P
① 분자식 : 분자의 성분원소와 원자수를 원소 기호를 사용하여 간단히 나타낸 식이다.
② 실험식 : 화합물을 구성하는 원자 또는 이온의 종류와 개수비를 가장 간단한 정수비로 나타낸 식이다.
③ 시성식 : 화학식 중의 하나로 분자가 가지는 특성을 알 수 있도록 작용기를 써서 나타낸 식이다.

08 액체 혼합물을 분리하는 방법 중 끓는점의 차이를 이용하여 물질을 분리하는 방법의 이름을 쓰시오.

 정 답

증류법

T I P
분별증류법
① 혼합물의 서로 다른 끓는점을 이용하여 분리하는 방법으로 각 물질의 끓는점에서 물질이 끓어 기화가 되면 기화된 기체를 모아서 냉각시켜 액화하는 방법이다.
② 한가지 물질만을 증류하는 단순증류법과 달리 여러 가지의 혼합물을 차례로 분리하는 방법이다.

09 아래에서 나타내고 있는 표지판의 명칭을 적고, 무엇을 의미하는지 쓰시오.

 정 답

① 표지판의 명칭 : MSDS(화학물질 안전 Data 집계표)
② 의미 : 산화성물질 경고

10 실험을 수행하는 과정에서 알칼리성 약품이 피부에 묻었을 때 가장 먼저 취해야 하는 조치 방법을 쓰시오.

✅ 정답

묽은 아세트산을 이용하여 피부를 씻은 후, 흐르는 물로 피부를 씻어준다.

T I P

① 산이 눈에 들어갔을 때의 조치방법은 즉시 물로 씻고, 묽은 탄산수소나트륨 ($NaHCO_3$)용액으로 씻는다.
② 강산의 중화제는 묽은 알칼리성물질(탄산수소나트륨($NaHCO_3$)용액) 사용
③ 강알칼리성의 중화제는 묽은 산성물실(아세트산(CH_3COOH)용액) 사용

※ 알림

지금 여러분들이 공부하시는 문제는 수강생들의 도움으로 복원된 문제이므로 실제문제와 다소 차이가 있을 수 있습니다.
실기시험을 친 수험생들은 실기문제를 복원하여 저자메일(kwe7002@hanmail.net)로 보내주시면 화학분석기능사 대표수험서를 만드는데 아주 큰 도움이 됩니다.
수험생 여러분들의 많은 협조 부탁드립니다.

제 12 회 실기 필답형 과년도 실전문제

01 1,000ppm의 $K_2Cr_2O_7$ 표준용액을 이용하여 40ppm의 수용액 100mL를 제조하고자 한다. 이때 필요한 표준용액의 양(mL)을 계산하시오.

◆ 계산식

$1,000\,\text{ppm} \times X\,\text{mL} = 40\,\text{ppm} \times 100\,\text{mL}$

따라서 $X = \dfrac{40\,\text{ppm} \times 100\,\text{mL}}{1,000\,\text{ppm}} = 4\,\text{mL}$

◆ 정답

4mL

TIP

다른 풀이방법

① 희석배수치 $= \dfrac{\text{희석 전 농도}}{\text{희석 후 농도}} = \dfrac{1,000\,\text{ppm}}{40\,\text{ppm}} = 25\,\text{배}$

② 표준용액 분취량 $= \dfrac{\text{조제용량(mL)}}{\text{희석배수치}} = \dfrac{100\,\text{mL}}{25} = 4\,\text{mL}$

02 물 100g 속에 분자량이 100g/mol인 용질 10g이 들어있다. 몰랄농도를 계산하시오.

◆ 계산식

용질의 몰수 $= \dfrac{10\,\text{g}}{100\,\text{g/mol}} = 0.1\,\text{mol}$

몰랄농도 $= \dfrac{0.1\,\text{mol}}{0.1\,\text{kg}} = 1.0\,\text{mol/kg}$

◆ 정답

$1.0\,\text{mol/kg}$

T I P

① 몰랄농도(mol/kg) = $\dfrac{\text{용질의 몰수(mol)}}{\text{용매의 질량(kg)}}$

② 몰랄농도의 단위 : mol/kg

---

03 표준상태에서 CS_2 1몰을 완전연소할 때 발생되는 유독성 가스의 명칭과 완전연소 시 발생하는 생성물의 부피의 합(L)을 계산하시오.

(1) 유독성 가스
(2) 생성물의 부피의 합

계산식

CS_2의 완전연소 반응식 : $CS_2 + 3O_2 \rightarrow CO_2 + 2SO_2$

생성물의 부피 : CO_2는 1몰이므로 부피는 $1 \times 22.4L = 22.4L$

SO_2는 2몰이므로 부피는 $2 \times 22.4L = 44.8L$

정답

(1) 유독성 가스 : SO_2
(2) 생성물의 부피의 합 : 67.2L

T I P

① 아보가드로수에 의해서 기체물질 1mol $\begin{cases} \text{분자량(g)} \\ 22.4L \\ 6.02 \times 10^{23}\text{개} \end{cases}$

② SO_2 = 아황산가스 = 이산화황

---

04 다음의 값들의 총합을 계산하시오.

(1) 물분자 6.02×10^{23}개의 몰 수
(2) 대기중의 공기를 구성하는 성분이 질소 79%, 산소 21%인 경우 공기의 평균분자량
(3) 수소분자 1몰을 완전연소하는데 필요한 산소의 분자수
(4) 벤젠의 분자량

실기[필답형]

 계산식

(1) 물분자 6.02×10^{23} 개의 몰 수 : 1몰
(2) 공기를 구성하는 성분이 질소 79%, 산소 21%인 경우
   공기의 평균분자량 $= 28 \times 0.79 + 32 \times 0.21 = 28.84$
(3) 수소분자 1몰을 완전연소 하는데 필요한 산소의 분자수
   $H_2 + 0.5O_2 \rightarrow H_2O$ 이므로 산소의 분자수는 0.5
(4) 벤젠의 분자량
   벤젠(C_6H_6)의 분자량 $= 12 \times 6 + 1 \times 6 = 78$
(5) 총합 $= 1 + 28.84 + 0.5 + 78 = 108.34$

 정답

108.34

05 용액의 흡광도가 용액층의 두께에 비례하는 람베르트비어의 법칙 A = 2-log(%T) = ϵ bC 에서 ϵ 의 단위를 쓰시오.

 정답

$M^{-1} \cdot cm^{-1}$ 또는 $L/mol \cdot cm$

T I P

$A = \epsilon \times b \times C$
여기서 A : 흡광도 ϵ : 몰흡광계수($M^{-1} \cdot cm^{-1}$ 또는 $L/mol \cdot cm$)
       C : 몰농도(M) b : 용액층(시료셀)의 두께(cm)

06 다음 보기에서 비극성물질을 고르고 분자 구조식을 그리시오.

HCl, H_2O, BF_3, CH_3F

정답

① 비극성물질 : BF_3
② 분자 구조식 :

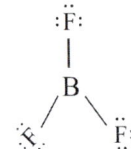

T I P
① 극성물질은 비대칭구조이며, 물에 잘 녹는 물질이며, 염화수소(HCl), 물(H_2O), 모노플루오르메탄(CH_3F)가 해당한다.
② 비극성물질은 대칭구조이며, 물에 잘 녹지 않는 물질이며, 삼불화붕소(BF_3)가 해당한다.
③ BF_3는 전기음성도가 아주 큰 F가 당기는 형상을 하고 있어서 대칭구조를 가진다.

07 제1류 위험물(산화성고체)에 의해서 화재가 발생할 경우 조연성가스로 인해 화재가 확산되어 위험해질 수 있다. 이때 발생되는 조연성가스를 쓰시오.

정답

O_2(산소)

T I P
① 제1류 위험물은 강산화성 물질로 상온에서 고체상태이고 마찰충격으로 많은 산소를 방출할 수 있는 물질로 이루어진 물질이다.
② 제1류 위험물은 불연성 고체로 산소를 많이 함유하고 있는 강산화제이며, 산소를 방출하여 가연성물질의 연소를 돕는다.
③ 종류로는 아염소산염류, 염소산염류, 과염소산염류, 무기과산화물 등이 있다.

08 자일렌의 이성질체 3가지를 쓰시오.

정답

① 오쏘(ortho) - 자일렌(xylene)
② 메타(meta) - 자일렌(xylene)
③ 파라(para) - 자일렌(xylene)

T I P

자일렌
① 자일렌의 분자식 : C_8H_{10}
② 자일렌의 실험식 : C_4H_5
③ 자일렌의 시성식 : $C_6H_4(CH_3)_2$
④ 이성질체 : 분자식은 같으나 분자내에 있는 구성원자의 연결방식이나 공간배열이 동일하지 않은 화합물을 말한다.

오쏘-자일렌   메타-자일렌   파라-자일렌

실기[필답형]

09 4℃ 물의 밀도를 단위를 포함하여 쓰시오.

1.0 g/cm³

T I P

① 4℃ 물의 밀도 값은 $1.0\,g/cm^3 = 1.0\,kg/L = 1.0\,ton/m^3$이다.
② 4℃ 물의 비중량 값은 $1,000\,kg/m^3$이다.

10 아래쪽 끝부분에 스톱꼭지가 달려있는 기구로서 적정에서 액체의 부피를 측정하는 실험기구의 이름을 쓰시오.

뷰렛

T I P

실험기구의 종류
① 피펫 : 액체의 정확한 일정 부피를 채취하는 데 사용되는 실험기구(유리기구)이다.
② 홀피펫 : 선단이 가늘고 중앙부가 부풀어 오른 유리제 또는 플라스틱제의 체적계를 말하며, 가장 많이 사용되는 피펫으로 액체를 표준선까지 끌어 올려 액체의 일정 체적을 재는 기구이다.
③ 피펫필러 : 액체를 취할 때 실험자가 입으로 빨아올리는 것을 방지하기 위해 사용하는 기구이다.
④ 메스실린더 : 유리로 만든 기다란 원통형의 기구로 바닥이 넓고 평평하며, 5mL~2L까지 용량의 종류가 다양하며 mL 단위의 눈금이 새겨져 있으며, 일정량의 액체를 담고 눈 높이를 맞춘 후 눈금을 읽어 액체의 부피는 재는 기구이다.
⑤ 분별깔때기 : 여러 성분이 섞여 있는 임의의 용액 속에서 원하는 물질을 추출할 때 사용하는 기구로 성분을 포함한 섞이지 않으면서 원하는 물질을 잘 녹이는 용매를 이용하여 원하는 물질을 추출할 때 사용하는 기구이다.

※ **알림**
지금 여러분들이 공부하시는 문제는 수강생들의 도움으로 복원된 문제이므로 실제문제와 다소 차이가 있을 수 있습니다.
실기시험을 친 수험생들은 실기문제를 복원하여 저자메일(kwe7002@hanmail.net)로 보내주시면 화학분석기능사 대표수험서를 만드는데 아주 큰 도움이 됩니다.
수험생 여러분들의 많은 협조 부탁드립니다.

제 13 회 실기 필답형 과년도 실전문제

01 수돗물 1L에 염소가 0.002g 포함되어 있다. 이 수돗물에 포함되어 있는 염소의 농도(ppm)를 계산하시오.

✅ 계산식

$$\text{ppm} = \frac{(0.002 \times 10^3)\,\text{mg}}{1\text{L}} = 2.0\,\text{mg/L} = 2.0\,\text{ppm}$$

✅ 정답

2.0ppm

TIP

① ppm = mg/L
② 염소 = Cl_2
③ $1\text{g} \xrightarrow{\times 10^3} \text{mg}$
④ $0.002\text{g} \xrightarrow{\times 10^3} 2\text{mg}$

02 농도를 알 수 없는 HCl 25mL를 중화하기 위하여 0.1N NaOH 20mL를 사용하였다. 중화에 필요한 HCl의 N농도를 계산하시오.

✅ 계산식

$$N_1 \times 25\,\text{mL} = 0.1\,\text{N} \times 20\,\text{mL}$$

$$N_1 = \frac{0.1\,\text{N} \times 20\,\text{mL}}{25\,\text{mL}} = 0.08\,\text{N}$$

✅ 정답

0.08 N

TIP
① 중화적정 공식 : $N_1 \times V_1 = N_2 \times V_2$
② M 농도 × 가수 = N 농도
③ 노르말(N) 농도의 단위 : eq/L
④ 몰(M) 농도의 단위 : mol/L

03 제6류 위험물인 과산화수소는 폭발성이 강한 물질이다. 실험실에 위험물을 보관하고자 할 경우 소화기의 대수는 소요단위를 이용하여 계산한다. 현재 실험실에 60kg의 과산화수소가 저장되어 있을 때 소요단위를 계산하시오. (1소요단위는 지정수량의 10배에 해당하며, 과산화수소의 지정수량은 300kg이다.)

 계산식

$$\text{소요단위} = \frac{60\,\text{kg}}{300\,\text{kg} \times 10} = 0.02$$

 정답

0.02 소요단위

TIP
① $\text{소요단위} = \dfrac{\text{저장수량}}{1\text{소요단위}} = \dfrac{\text{저장수량}}{\text{지정수량} \times 10}$
② 과산화수소 = H_2O_2
③ 1소요단위 = 지정수량의 10배 = $300\,\text{kg} \times 10$

04 다음의 보기에 있는 기호를 이용하여 람베르트-비어 법칙을 흡광도에 대한 식으로 표현하시오.

〈보기〉 A : 흡광도 ϵ : 몰흡광계수   b : 용액층의 두께
       C : 용액의 농도   T(%) : 투과퍼센트

 정답

$A = \epsilon \times C \times b = 2 - \log T(\%)$

TIP
① 람베르트-비어의 법칙 : $I_t = I_o \times 10^{-\epsilon \times C \times b}$
② T(투과퍼센트) = 투과도(t) × 100
③ 투과도(t) = $\dfrac{I_t}{I_o}$

05 용액 1L에 녹아있는 용질의 g 당량수를 나타내는 농도의 용어와 기호를 쓰시오.

 정답
① 용어 : 노르말농도
② 기호 : N

TIP
① 용액 1L에 녹아있는 용질의 몰수를 나타내는 농도의 명칭은 몰 농도이며, 기호는 M이며, 단위는 mol/L이다.
② 용매 1kg에 녹아있는 용질의 몰수를 나타내는 농도의 명칭은 몰랄농도이며, 기호는 m이며, 단위는 mol/kg이다.

06 분광광도법에서 어떤 물질이 자외선 및 가시광선 영역에서 흡수가 없는 경우에 적당한 시약을 사용하여 흡수가 되는 새로운 화합물로 유도하고자 한다. 이때 사용하는 시약을 쓰시오.

 정답
발색시약

07 열전도도검출기(TCD)에서 사용하는 운반기체(Carrier Gas) 3가지를 쓰시오.

 정답
질소(N_2), 수소(H_2), 헬륨(He)

TIP
① TCD = Thermal Conductivity Detector
② 운반기체는 불활성(비활성)기체를 사용하며, 종류에는 질소(N_2), 수소(H_2), 헬륨(He) 아르곤(Ar)이 있다.
③ TCD는 기체크로마토그래피에서 사용하는 검출기이다.

08 전기음성도가 비슷한 비금속 원자들에서 주로 일어나는 결합으로 두 원자가 전자쌍을 공유하여 안정한 화합물을 형성하는 결합을 쓰시오.

 정답

공유결합

T I P

① 전기음성도 : 원자가 전자를 끌어 당기는 힘
② 공유결합 : 각 원자가 같은 수의 맨 바깥 껍질의 전자를 내놓아 전자쌍을 이루어 서로 공유하여 결합하는 것을 의미한다.
③ 공유결합의 예로는 수소(H_2), 산소(O_2), 질소(N_2), 이산화탄소(CO_2), 물(H_2O) 등이다.

09 다이크로뮴산나트륨과 과망간산칼륨은 표준용액 제조에 주로 사용되는 시약으로 감광성을 가지고 있다. 이 화합물의 감광성과 보관방법을 쓰시오.

 정답

① 감광성 : 직사광선에 의해 분해되는 성질이다.
② 보관방법 : 갈색 유리병에 보관한다.

10 유독 가스를 취급할 경우 호흡기를 보호하기 위한 보호장구를 <보기>에서 모두 고르시오.

<보기> 방호복, 방독면, 실험복, 보호장갑

 정답

방독면

※ 알림
지금 여러분들이 공부하시는 문제는 수강생들의 도움으로 복원된 문제이므로 실제문제와 다소 차이가 있을 수 있습니다.
실기시험을 친 수험생들은 실기문제를 복원하여 저자메일(kwe7002@hanmail.net)로 보내주시면 화학분석기능사 대표수험서를 만드는데 아주 큰 도움이 됩니다.
수험생 여러분들의 많은 협조 부탁드립니다.

제 14 회 실기 필답형 과년도 실전문제

01 20g의 수산화나트륨을 물에 녹여 500mL의 용액을 만들었다. 이 용액의 몰 농도를 계산하시오.

계산식

$$몰\ 농도 = \frac{20g}{0.5L} \times \frac{1\,mol}{40g} = 1.0\,M$$

정답

1.0M

TIP

① 몰 농도 : 용액 1L 중에 들어 있는 용질의 몰 수
② M 농도의 단위 : mol/L
③ 수산화나트륨 = 수산화소듐 = NaOH
④ NaOH의 분자량 = 23 + 16 + 1 = 40 g

02 20℃ 물 200g에 포도당 2몰을 녹였을 때 용액 중의 포도당의 wt%를 계산하시오. (단, 포도당의 용해도는 50g/100g water이며, 용해되는 동안 온도는 20℃를 유지한다.)

계산식

$$포도당의\ 용해량(용질의\ 양) = \frac{50g}{100g\ water} \times 200g\ water = 100g$$

$$포도당의\ wt(\%) = \frac{100g}{100g + 200g} \times 100 = 33.33\%$$

정답

33.33%

TIP

① 질량백분율(%)(= wt%) : 용질의 질량을 용액의 질량으로 나눈 값
② $wt\% = \dfrac{용질(g)}{용질(g) + 용매(g)} \times 100$

실기[필답형]

03 H₂SO₄와 CaF₂를 반응시킬 때 불화수소가 생성되는 반응식을 쓰고, HF 누설 시 피난방향(상방, 하방)으로 선택하시오.

✅ 정 답

(반응식) H₂SO₄ + CaF₂ → 2HF + CaSO₄
(피난방향) 하방

TIP
① H₂SO₄ = 황산, CaF₂ = 형석, HF = 플루오르화수소산, CaSO₄ = 황산칼슘
② HF의 분자량 = 1 + 19 = 20
③ 공기의 분자량 = 29
④ HF가 공기중에 누출되면 공기보다 가벼워 상방으로 확산되므로 피난방향은 하방이 된다.

04 순도가 36%이상인 과산화수소의 분해 반응식을 쓰고, 연소를 도와주는 물질의 성질이 무엇인지 쓰시오.

✅ 정 답

(반응식) 2H₂O₂ → 2H₂O + O₂
(성질) 조연성

05 고체시료를 곱고 미세하게 가는데 사용되는 도자기로 된 시험기구의 명칭을 쓰시오.

✅ 정 답

막자사발

06 어떤 혼합물이 용매에 녹는 성질과 녹지 않는 성질을 이용하여 액체 혼합물 또는 고체-액체 혼합물을 추출하는 방법을 쓰시오.

✅ 정 답

용매추출법

07 UV-Vis 분석에서 분석대상물질의 농도를 알기 위해 표준물질을 첨가하여 분석하는 분석법을 쓰시오.

✅ 정 답

표준물첨가법

08 (1) 분자가 적외선 및 자외선의 빛에너지를 받아서 들뜬상태가 될 때 에너지의 명칭을 쓰시오.
(2) 아래 <보기>에서 전이에너지가 적은 것부터 큰 것 순서로 쓰시오.

〈보기〉 $\pi \rightarrow \pi^*$, $\sigma \rightarrow \sigma^*$, $n \rightarrow \sigma^*$

✅ 정답

(1) 여기에너지
(2) $n \rightarrow \sigma^* < \pi \rightarrow \pi^* < \sigma \rightarrow \sigma^*$

TIP

① σ는 단일결합
② π는 다중결합(이중결합, 삼중결합)
③ 전이에너지 순서
$n \rightarrow \pi^* < n \rightarrow \sigma^* < \pi \rightarrow \pi^* < \sigma \rightarrow \pi^* < \sigma \rightarrow \sigma^*$

09 불꽃시험에서 불꽃색의 파장이 짧은 것부터 긴 것 순서로 나열하시오.

〈보기〉 리튬, 나트륨, 황, 칼륨, 구리

✅ 정답

칼륨 - 황 - 구리 - 나트륨 - 리튬

TIP

① 가시광선은 무지개 색으로 구성되어 있어서 빨주노초파남보의 색깔로 대표되며, 빨간색 쪽이 파장이 길고, 보라색 쪽이 파장이 짧다.
② 불꽃색 : 리튬(빨강), 나트륨(노랑), 구리(청록), 황(파랑), 칼륨(보라)

10 원자흡수분광광도계에서 사용하는 램프를 쓰시오.

 정답

중공음극램프 또는 속빈음극램프

TIP

분광광도계에서 사용하는 램프
① 자외선 부분 : 중수소방전관
② 가시선 부분 : 텅스텐램프
③ 근적외선 부분 : 텅스텐램프

※ **알림**
지금 여러분들이 공부하시는 문제는 수강생들의 도움으로 복원된 문제이므로 실제문제와 다소 차이가 있을 수 있습니다.
실기시험을 친 수험생들은 실기문제를 복원하여 저자메일(kwe7002@hanmail.net)로 보내주시면 화학분석기능사 대표수험서를 만드는데 아주 큰 도움이 됩니다.
수험생 여러분들의 많은 협조 부탁드립니다.

제 15 회 실기 필답형 과년도 실전문제

01 순도가 98%인 이산화망간 1g을 1L에 용해시켰을 때의 농도를 ppm으로 계산하시오.

 계산식

$$\text{ppm} = \frac{1\text{g}}{1\text{L}} \times \frac{10^3 \text{mg}}{1\text{g}} \times \frac{100}{98\%} = 1{,}020.41\,\text{mg/L} = 1{,}020.41\,\text{ppm}$$

✅ 정답

1,020.41 ppm

TIP

① 이산화망간 = MnO_2
② ppm = mg/L
③ 순도 98%의 보정은 $\dfrac{100}{98\%}$ 로 하시면 됩니다.

02 물 100g속에 분자량이 100g/mol인 용질 10g이 들어있다. 몰랄농도를 계산하시오.

 계산식

$$\text{용질의 몰수} = \frac{10\text{g}}{100\text{g/mol}} = 0.1\,\text{mol}$$

$$\text{몰랄농도} = \frac{0.1\,\text{mol}}{0.1\,\text{kg}} = 1.0\,\text{mol/kg}$$

✅ 정답

1.0 mol/kg

TIP

① 몰랄농도(mol/kg) = $\dfrac{\text{용질의 몰수(mol)}}{\text{용매의 질량(kg)}}$
② 몰랄농도의 기호 : m
③ 몰랄농도의 단위 : mol/kg

실기[필답형]

03 수산화나트륨 20g을 4℃ 물 200mL에 용해시켰을 때 질량농도(%)를 계산하시오.

 계산식

$$질량농도(\%) = \frac{20\,g}{20\,g + 200\,g} \times 100(\%) = 9.09\,\%$$

✅ 정답

9.09%

T I P

① 질량농도(%) = w/w(%)
② 질량농도(%) = $\frac{용질(g)}{용질(g) + 용매(g)} \times 100(\%)$
③ 질량(g) = 부피(mL) × 비중(g/mL)
④ 4℃ 물의 비중 = 1.0g/mL
⑤ 용매(물)의 질량(g) = 200mL × 1.0g/mL = 200g
⑥ NaOH = 수산화나트륨 = 수산화소듐 = 가성소다

04 유류의 화재를 진화하고자 할 때 사용되는 소화기의 등급을 쓰시오.

 정답

B급

T I P

화재등급
① 일반화재 : A급
② 유류화재 : B급
③ 전기화재 : C급
④ 금속화재 : D급
⑤ 주방 식용유화재 : K급

05 전이에너지 표시방법 5가지를 쓰시오.

 정답

① $\sigma \rightarrow \sigma^*$ ② $\sigma \rightarrow \pi^*$ ③ $\pi \rightarrow \pi^*$ ④ $n \rightarrow \sigma^*$ ⑤ $n \rightarrow \pi^*$

TIP
① σ는 단일결합
② π는 다중결합(이중결합, 삼중결합)
③ 전이에너지 순서
n→π* < n→σ* < π→π* < σ→π* < σ→σ*

06 광원으로부터 들어온 여러 파장의 빛을 각 파장별로 분산하여 한 가지 색에 해당하는 파장의 빛을 얻어내는 장치의 이름을 쓰시오.

단색화장치

TIP
① 단색화장치 : 두 빛의 색이 만나서 하나의 빛이 되게하는 장치이다.
② 종류에는 프리즘, 회절격자(회절발)가 있다.

07 다음 <보기>의 단위를 작은 단위에서 큰 단위 순서로 배열하시오.

n, μ, k, h

n < μ < h < k

TIP

단위별 명칭과 값

10^{-12}	10^{-9}	10^{-6}	10^{-3}	10^{-2}	10^{-1}	10^{1}	10^{2}	10^{3}	10^{6}
p	n	μ	m	c	d	de	h	k	M
피코	나노	미크론	밀리	센티	데시	데카	헥토	킬로	메가
pico	nano	micro	milli	centi	deci	deka	hecto	kilo	mega

08 다음은 분광광도계에 대한 설명이다. 물음에 답하시오.

(1) 광원부에서 사용하는 광원을 파장에 따라 구분하여 쓰시오.
(2) 파장선택부에서 파장선택에 사용하는 장치 2가지를 쓰시오.
(3) 시료부에서 사용하는 흡수셀의 종류를 쓰시오.
(4) 측광부의 종류를 파장에 따라 구분하여 쓰시오.

정답

(1) ① 가시부와 근적외부의 광원 : 텅스텐램프
　　② 자외부의 광원 : 중수소방전관
(2) 단색화장치(Monochrometer), 필터(Filter)
(3) 시료셀(시료액), 대조셀(대조액)
(4) ① 광전관, 광전자증배관 : 자외내지 가시파장 범위
　　② 광전도셀 : 근적외파장 범위
　　③ 광전지 : 가시파장 범위

09 산이 눈에 들어갔을 때의 조치 방법을 간단히 쓰시오.

정답

즉시 물로 씻고, 묽은 탄산수소나트륨 용액으로 씻는다.

TIP

조치사항 및 중화제
① 알칼리성 약품이 피부에 묻었을 때에는 묽은 아세트산을 이용하여 피부를 씻은 후, 흐르는 물로 피부를 씻어준다.
② 강산의 중화제는 묽은 알칼리성물질(탄산수소나트륨($NaHCO_3$)용액) 사용
③ 강알칼리성의 중화제는 묽은 산성물질(아세트산(CH_3COOH)용액) 사용

10 다음은 수돗물에서 발생되는 현상들에 대한 설명이다. 물음에 답하시오.

> (1) 수돗물을 틀었을 때 나오는 물은 맑은 것처럼 보이지만, 큰 바가지에 담아놓으면 용액이 녹슨 것처럼 보이는데 이 현상의 이름을 쓰시오.
> (2) 녹슨 것처럼 보이게 하는 원인물질의 화학식을 쓰시오.
> (3) 이 현상이 발생되는 이유를 쓰시오.

정답

(1) 적수현상
(2) Fe
(3) 철(Fe)이 산화되어 일산화철(FeO)이나 이산화철(FeO_2)이 생성되었기 때문에

※ **알림**
지금 여러분들이 공부하시는 문제는 수강생들의 도움으로 복원된 문제이므로 실제문제와 다소 차이가 있을 수 있습니다.
실기시험을 친 수험생들은 실기문제를 복원하여 저자메일(kwe7002@hanmail.net)로 보내주시면 화학분석기능사 대표수험서를 만드는데 아주 큰 도움이 됩니다.
수험생 여러분들의 많은 협조 부탁드립니다.

제 16 회 실기 필답형 과년도 실전문제

01 0.1M HCl로 0.1N HCl 250mL를 만들려고 할 때 필요한 0.1M HCl의 양(mL)을 계산하시오.

✅ 계산식

$0.1\text{N} \times 250\text{mL} = (0.1 \times 1)\text{N} \times V_2$
$\therefore V_2 = 250\text{mL}$

✅ 정답

250mL

T I P

① 적정공식 : $N_1 \times V_1 = N_2 \times V_2$
② M 농도 $\xrightarrow{\times \text{가수}}$ N 농도
③ HCl은 화학식 중 H가 1개이므로 1가 물질이다.

02 과망간산칼륨 2g을 증류수 998g에 녹일 때 농도(ppm)를 계산하시오.

✅ 계산식

$\dfrac{2 \times 10^3 \text{mg}}{998\text{g}} \times \dfrac{1.0\text{g}}{\text{mL}} \times \dfrac{10^3 \text{mL}}{1\text{L}} = 2,004.01\,\text{mg/L} = 2,004.01\,\text{ppm}$

✅ 정답

2.00ppm

T I P

① ppm = mg/L
② 물의 비중 : $1.0\,\text{g/cm}^3 = 1.0\text{g/mL}$
③ g $\xrightarrow{\times 10^3}$ mg
④ $1\text{L} = 10^3\text{mL}$

03 분광광도법의 장치 중 파장선택부에서 복사선의 특징을 이용해 단색화하는 장치를 2가지 쓰시오.

✓ 정 답
① 프리즘
② 회절격자

TIP

분광광도법의 장치 중 파장선택부
① 파장의 선택에는 단색화장치와 필터를 사용한다.
② 단색화장치란 광원으로부터 들어온 여러 파장의 빛을 각 파장별로 분산하여 한가지 색에 해당하는 파장의 빛을 얻어내는 장치를 말한다.
③ 단색화장치는 프리즘과 회절격자(회절발)를 사용한다.
④ 필터에는 색유리 필터, 젤라틴 필터, 간접 필터를 사용한다.

04 기체크로마토그래피 - 불꽃이온화검출기(GC-FID)의 원리, 분석물질, 운반가스에 대해서 쓰시오.

✓ 정 답
① 원리 : 수소-공기에 의하여 형성되는 불꽃(flame)에서 시료를 태워 전하를 띤 이온을 형성시키고, 이 전하를 띤 이온의 농도에 비례하여 생기는 전류의 흐름변화로 검출한다.
② 분석물질 : 탄화수소 화합물
③ 운반가스 : 수소(H_2), 헬륨(He)

TIP

검출기
① 열전도도검출기(TCD) : 이동상 가스와 킬림 용출물(이동상 가스 + 시료 성분)의 열전도도 차이를 측정하며, 대부분의 화합물을 검출하며, 운반가스는 수소(H_2)와 헬륨(He)이다.
② 전자포획검출기(ECD) : 방사성 동위원소인 $_{63}Ni$의 붕괴로 생성된 베타입자가 이동상 가스와 충돌하여 낮은 에너지를 갖는 다량의 전자를 형성시키고, 전자 포획성이 있는 할로겐 원소를 갖는 화합물이 생성된 전자를 포획하여 일어나는 이온 전류의 감소를 측정하며, 운반가스로는 아르곤(Ar)과 질소(N_2)이다.

05 진공펌프를 이용하여 여과기 아래쪽 플라스크 내부의 압력을 감소시켜 여과시키는 방법으로 다른 여과법보다 빠른 시간에 훨씬 많은 양의 물질을 여과할 수 있는 여과법의 이름을 쓰시오.

감압여과법

06 MSDS에서 색채에 따른 용도를 나타낼 때, 색채가 빨간색, 노란색, 파란색인 경우 의미하는 것(용도)을 각각 쓰시오.

① 빨간색 : 금지 및 경고
② 노란색 : 경고
③ 파란색 : 지시

TIP

MSDS(Material Safety Data Sheet : 화학물질 등의 안전 Data 집계표)
① 빨간색(금지) : 정지신호, 소화설비 및 그 장소 유해행위 금지
   빨간색(경고) : 화학물질 취급장소에서의 유해, 위험 경고
② 노란색(경고) : 화학물질 취급장소에서의 유해, 위험경고
③ 녹색(안내) : 비상구 및 피난소, 사람 또는 차량의 통행표지
④ 파란색(지시) : 특정 행위의 지시 및 사실의 고지

07 귀금속을 녹일 때 주로 사용하는 왕산을 만들 때 질산과 염산을 사용한다. 다음 물음에 답하시오.

(1) 질산 + 염산의 비율을 쓰시오. (단, 몰비율, 질량비율, 부피비율 중 표기)
(2) 왕산이 염화나이트로실을 만드는 반응식을 쓰시오.
(3) 왕수를 보관할 수 있는 재질을 쓰시오.

(1) 질산 + 염산의 비율은 1 : 3(부피분율)
(2) $HNO_3 + 3HCl \rightleftarrows Cl_2 + NOCl + 2H_2O$
(3) 유리재질의 용기

TIP

왕수(aqua regia)
① 진한 염산(HCl)과 진한 질산(HNO_3)의 혼합액으로 독특한 냄새가 나고, 노란색을 띠는 액체이다.
② 왕수는 다른 산으로 녹일 수 없는 금속인 금이나 백금을 녹이는데 주로 사용된다.
③ 금은 진한 염산이나 진한 질산과는 반응하지 않으나, 진한 염산과 진한 질산의 혼합액인 왕수에는 금이 연속적으로 산화하면서 녹는다.
④ 염화나이트로실 = NOCl

08 분광광도계를 이용하여 측정할 때 자외선 영역에서 사용하는 램프(광원)의 명칭을 쓰시오.

 정답

중수소방전관

TIP

분광광도계에서 사용하는 램프(광원)
① 가시선과 근적외선 영역의 램프 : 텅스텐램프
② 자외선 영역의 램프 : 중수소방전관

09 내부에 실리카겔 등의 건조제를 넣어 놓고 습기에 민감한 물질 등을 보관하는 데에 사용을 하며, 주로 시약이나 플라스크 및 지시약 등 습기에 민감하거나 습기를 차단하여 보관이 필요한 것들에 주로 사용되는 기자재의 이름을 쓰시오.

 정답

데시게이터(Desiccator)

TIP

실험기구의 종류
① 비커 : 이화학 실험용 기구로 액체를 담는 용기이며, 재질로는 유리, 자기, 철기, 폴리에틸렌 등이며, 일반적으로 바닥이 둥글고 평평한 원기둥 모양으로 입구에는 액체를 붓는 주둥이가 있는 기구이다.
② 분별깔때기 : 여러 성분이 섞여 있는 임의의 용액 속에서 원하는 물질을 추출할 때 사용하는 기구로 성분을 포함한 섞이지 않으면서 원하는 물질을 잘녹이는 용매를 이용하여 원하는 물질을 추출할 때 사용하는 기구이다.
③ 깔때기 : 나팔꽃 모양으로 생긴 기구로 밑에 구멍이 뚫려있고 윗부분은 폭이 넓고 아랫부분은 폭이 좁게 되어 있다. 한 용기에서 다른 용기로 물질을 옮기고자 할 때 주로 사용되는 기구이다.

10 황산을 물에 녹일 때 가장 주의할 점을 간단히 쓰시오.

황산은 강산으로 물과 접촉하면 열을 발생시키므로 물을 먼저 넣고 황산을 서서히 주입해야 한다.

※ **알림**
지금 여러분들이 공부하시는 문제는 수강생들의 도움으로 복원된 문제이므로 실제문제와 다소 차이가 있을 수 있습니다.
실기시험을 친 수험생들은 실기문제를 복원하여 저자메일(kwe7002@hanmail.net)로 보내주시면 화학분석기능사 대표수험서를 만드는데 아주 큰 도움이 됩니다.
수험생 여러분들의 많은 협조 부탁드립니다.

06
실기[작업형]

실기[작업형]

1 유의사항 및 기자재 설명

다음 유의사항을 고려하여 요구사항을 완성하시오.

(1) 수험자 인적사항 및 답안작성(계산식 포함)은 검정색 필기구만 사용하여야 합니다.
그 외 연필류, 유색 필기구 등을 사용한 답항은 채점하지 않으며, 0점 처리됩니다.

(2) 계산의 소숫점처리는 셋째자리에서 반올림하여 둘째자리까지 기재합니다.

(3) 지급된 시설, 기구 및 재료를 사용하여야 하며, 개인이 지참한 경우에는 사전에 감독위원에게 화학분석기능사 실기시험에 부합하는지의 여부를 검사를 받고 사용하여야 합니다.

(4) 수험자 간에 대화나 시험에 불필요한 행위는 금지되며, 이를 위반하게 되면 퇴장되오니 주의하시기 바랍니다.

(5) 본인의 실수로 인하여 발생하는 안전사고는 본인에게 귀책사유가 있음을 특히 유의하여야 하며, 실험기구 및 약품을 다룰 때에는 항상 주의하여야 하며, 사고 발생 시 즉시 감독위원에게 알려 적절한 조치를 받아야 합니다.

(6) 분석작업이 종료되면 답안지, 지급받은 재료일체를 반납하여야 합니다.

(7) 사용한 시설 및 기구는 깨끗이 세척한 후 정리 정돈하여 감독위원의 안내에 따라 퇴장하도록 하여야 합니다.

(8) 요구사항 중 검량선 작성 및 작도는 다음의 기준에 따릅니다.
  (가) 모든 흡광도 값에는 감독위원의 확인 날인을 받아야 합니다. 특히, 농도 및 흡광도 값은 반드시 감독위원의 입회하에 수험자가 기재한 후 즉시 감독위원의 확인 날인을 받아야 하며 그렇지 않을 경우에는 실격처리 됩니다.
  (나) 문항 "1"의 흡광도 측정값이 문항 "2"그래프 작성란의 모든 값과 일치하여야 하며 하나라도 일치하지 않을 경우 해당되는 항목(문항 2, 3, 4)의 배점이 "0점"으로 처리됩니다.
  (다) 문항 "2"의 검량선에서 구한 미지시료의 값이 문항 "3" 및 "4"의 값과 일치하여야 하며 하나라도 일치하지 않을 경우 해당되는 항목(문항 3, 4)의 배점이 "0점"으로 처리됩니다.
  (라) 미지시료를 희석하지 않고 표준시료의 흡광도 값을 벗어난 수치를 결과 값으로 희석배수를 구한 경우 해당되는 항목 (문항 3, 4)이 "0점" 처리됩니다.
  (마) 미지시료의 흡광도 값이 표준용액의 흡광도 범위를 벗어났을 때 흡광도의 값이 5ppm~15ppm 농도 범위 안에 들도록 희석하지 않은 경우 해당되는 항목(문항 3, 4)이 "0점" 처리됩니다.
  (바) 표준용액 및 미지시료 흡광도 값을 그래프에 모두 바르게 표기하고, 되도록 모든 점이 통과하도록 일직선으로 그으시오.

(9) 실험복은 반드시 착용하여야 하며 미착용 시 10점 감점, 시험 도중 초자기구 등을 파손하였을 시 10점 감점, 시약을 과도하게 흘렸을 경우에는 5점이 감점됩니다.

(10) 다음 사항에 대해서는 채점대상에서 제외하니 특히 유의하시기 바랍니다.
　(가) 기권 : 복합형(작업형 + 필답형)으로 구성된 시험문제에 있어서 전과정에 응시하지 아니한 경우
　(나) 실격
　　① 감독위원의 입회하에 즉시 감독위원의 확인 날인을 받지 않을 경우
　　② 흡광도 측정값을 임의로 고친 경우나, 측정값을 검량선에 고의로 변경한 경우
　　③ 작업과정이 적절치 못하고 숙련성이 없다고 감독위원의 전원합의가 있는 경우
　　④ 실험방법 및 결과값의 도출을 정식적인 방법에 따르지 않는다고 감독위원의 전원합의가 있는 경우
　(다) 미완성
　　도중에 실험을 중단한 경우나, 표준시험 시간 내에 실험결과값(희석배수)을 제출하지 못한 경우

기자재 설명

(1) 100mL 메스플라스크가 4개~5개가 준비되어 있습니다.
　blank에 사용할 메스플라스크 1개
　(※ 주의 : 감독위원이 blank는 0으로 하라는 지시가 있으면 조제하지 않음)
　표준용액에 사용할 메스플라스크 3개
　미지시료에 사용할 메스플라스크 1개

(2) 마개가 준비되어 있는 경우는 표준용액과 미지시료의 마개가 다른 색으로 준비되어 있으며, 마개가 없으면 준비된 필름을 사용하시면 됩니다.

(3) 피펫은 5ml 또는 10mL가 준비되어 있으며, 기타 기자재는 필요시 요구하면 지급됩니다.
　(※ 주의 : 피펫이 여러개 준비되어 있는 경우에는 표준용액과 미지시료의 피펫을 구분해서 사용하시면 조금 더 정확한 실험을 하실 수 있습니다.)

(4) 폐액을 버리는 폐액통이 공용으로 사용할 수 있도록 준비되어 있으므로 반드시 폐액은 지정된 폐액통에 버려야 합니다.

(5) 작업형을 시작하기 전에 개인별로 비커에 표준용액과 미지시료가 지급됩니다.

(6) 표준용액은 1회에 한해서만 흡광도 측정이 가능하고, 미지시료는 측정된 미지시료의 흡광도 값을 확인하고 본인의 의사에 따라 여러번 조제하여 측정이 가능합니다.

실기[작업형]

(7) 미지시료의 흡광도 값은 표준용액(5ppm~15ppm) 흡광도 값의 범위 안에 들어야 채점을 합니다.

(8) 표준용액과 미지시료 조제가 끝나면 감독위원의 지시하에 흡광도 측정 순서를 정한 다음 순서에 따라 흡광도를 측정하고, 흡광도 측정이 끝나면 답안지를 작성하여 제출하시면 됩니다.

(9) 답안지를 제출한 다음 본인이 사용한 기자재를 깨끗하게 수돗물로 세척하여 실험 시작 전과 동일하게 정리한 다음 비번 제출 후 퇴실을 하시면 됩니다.

2 요구사항 및 조제방법

지급된 재료 및 시설을 사용하여 아래 작업을 완성하시오.

(1) 분석장비의 Calibration(교정)
분광광도계의 파장이 540nm로 정확하게 맞추어져 있는지, 시료 희석용 순수용액을 사용하여 분석하였을 때 100%T 또는 0.0000A(흡광도)를 정확하게 나타내는지 확인하시오.

(2) 표준용액 흡광도 측정
지급된 $KMnO_4$ 표준용액($KMnO_4$, 1,000ppm)으로 blank, 5, 10, 15ppm의 농도로 100mL 메스플라스크를 이용하여 조제한 후 이 용액을 지급된 흡수셀로 흡광도를 측정하여 답안지 "1. 흡광도 측정"에 작성하시오.
※ 주의사항
표준용액의 흡광도 측정은 원칙적으로 1회만 허용되니 각별히 유의합니다.

(3) 미지시료의 흡광도 측정
지급된 미지시료(농도 20~80ppm 범위에 있음, 희석작업과 흡광도 측정 횟수의 제한은 없습니다.)를 흡광도의 값이 5~15ppm 범위 안에 들도록 적절히 희석하여 흡광도를 측정하여 답안지 "1. 흡광도 측정"에 작성하시오.
※ 주의사항
미지시료의 흡광도 측정값이 표준용액 흡광도의 적정범위를 벗어났을 경우 흡광도의 값이 5~15ppm 농도 범위 안에 들도록 반드시 희석작업을 재 수행하시오.

(4) 분석그래프 작성 : 아래의 조건에 모두 부합하는 그래프를 답안지 "2. 그래프 작성"에 완성하시오.
 (가) 그래프의 가로축은 농도, 세로축은 흡광도로 하고, 세로축에 흡광도 측정값을 모두 포함하는 범위로 눈금 단위를 작성하시오.
 (나) 표준물질의 각 농도에 해당하는 흡광도 값을 그래프에 (·)로 모두 정확하게 표시하고, 각 점에 해당하는 값을 (농도, 흡광도)로 표기하고, 반드시 자 등을 이용하여 되도록 그래프상 모든 점들이 통과하도록 일직선이 되게 검량선을 그리시오.

(다) 미지시료 흡광도 측정 값을 세로축에 화살표(→)로 표시하고 그 값을 그래프용지 좌측에 기록하고, 가로축과 평형한 점선을 검량선과 접하게 그리고 접점에서 세로축과 평형한 점선을 그려 가로축 값에 해당하는 점을 가로축 하단에 화살표(↑)로 표시하고 그 값을 소수점 둘째자리까지 읽어 기록하시오.
(마) 지급된 미지시료 농도가 표준용액으로부터 몇 배 희석되었는지를 계산하시오.

조제방법

(1) blank 용액

blank는 증류수를 사용하여 조제하면 됩니다.

(2) 표준용액 조제방법

① 표준용액 5ppm 조제 ⇒ 1000ppm × xmL = 5ppm × 100mL ∴ x = 0.5mL

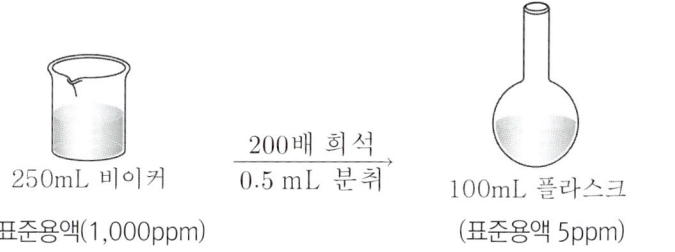

ⓐ 100mL 플라스크에 주어진 표준용액(1000ppm) 0.5mL를 피펫으로 정확히 취해서 넣는다.
ⓑ 증류수로 표선을 정확히 채운다.

② 표준용액 10ppm 조제 ⇒ 1000ppm × xmL = 10ppm × 100mL ∴ x = 1mL

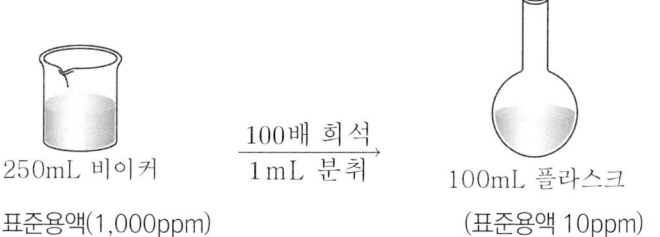

ⓐ 100mL 플라스크에 주어진 표준용액(1000ppm) 1mL를 피펫으로 정확히 취해서 넣는다.
ⓑ 증류수로 표선을 정확히 채운다.

③ 표준용액 15ppm 조제 ⇒ 1000ppm × xmL = 15ppm × 100mL   ∴ x = 1.5mL

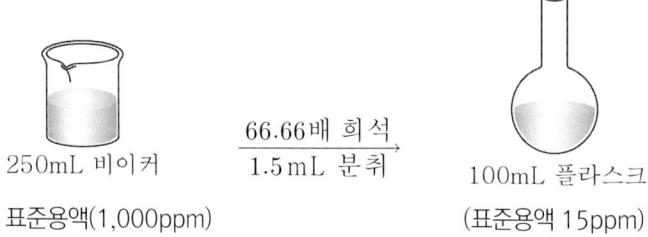

ⓐ 100mL 플라스크에 주어진 표준용액(1000ppm) 1.5mL를 피펫으로 정확히 취해서 넣는다.
ⓑ 증류수로 표선을 정확히 채운다.

Tip 표준용액의 조제가 완료되면 뚜껑이나 필름을 감아 둔다.

(3) 미지시료 조제 2가지 방법

① 주어진 미지시료의 색이 진하면 10배 희석 ⇒ 분취량(mL) = $\dfrac{100\,mL}{10배}$ = 10 mL

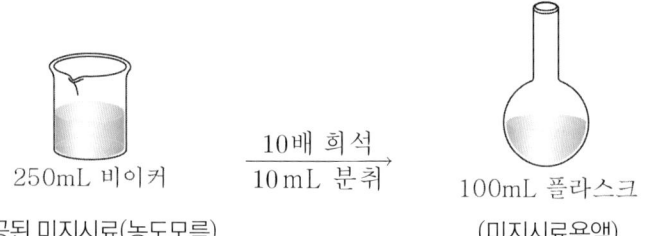

ⓐ 100mL 플라스크에 주어진 미지시료 10mL를 피펫으로 정확히 취해서 넣는다.
ⓑ 증류수로 표선을 정확히 채운다.

Tip 10배로 희석한 결과 표준용액(15 ppm)의 색보다 진하게 나온 경우

12배 희석 ⇒ 분취량(mL) = $\dfrac{100\,mL}{12배}$ = 8.33 mL

15배 희석 ⇒ 분취량(mL) = $\dfrac{100\,mL}{15배}$ = 6.67 mL

17배 희석 ⇒ 분취량(mL) = $\dfrac{100\,mL}{17배}$ = 5.88 mL

20배 희석 ⇒ 분취량(mL) = $\dfrac{100\,mL}{20배}$ = 5 mL

② 주어진 미지시료의 색이 연하면 5배 희석 ⇒ 분취량(mL) = $\dfrac{100\,\text{mL}}{5\text{배}}$ = 20 mL

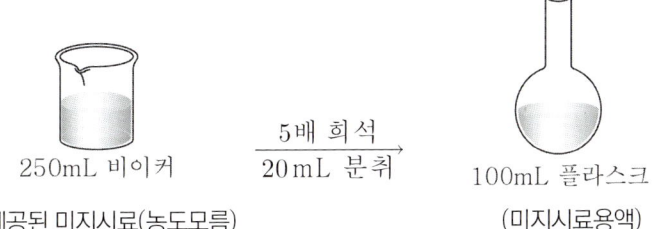

250 mL 비이커 — 5배 희석 / 20 mL 분취 → 100 mL 플라스크
제공된 미지시료(농도모름)   (미지시료용액)

ⓐ 100mL 플라스크에 주어진 미지시료 20mL를 피펫으로 정확히 취해서 넣는다.
ⓑ 증류수로 표선을 정확히 채운다.

> **Tip** 5배로 희석한 결과 표준용액(5ppm)의 색보다 엷은 색이 나온 경우
>
> 3배 희석 ⇒ 분취량(mL) = $\dfrac{100\,\text{mL}}{3\text{배}}$ = 33.33 mL
>
> 2배 희석 ⇒ 분취량(mL) = $\dfrac{100\,\text{mL}}{2\text{배}}$ = 50 mL

3 답안지

자격종목	화학분석기능사	과제명	분광광도법
비번호			

1. 흡광도 측정

농도(　)					미지시료 (최종값 기재)
흡광도 값					
감독위원 확인					

득점

※ 흡광도 측정값은 반드시 감독위원의 입회하에 수험자가 기재한 후 즉시 감독위원의 확인을 받아야 합니다.

※ 미지시료의 흡광도 값이 표준용액의 흡광도 범위를 벗어난 경우 아래 공란에 감독위원의 입회하에 수험자가 직접 흡광도 값을 기재하고 최종값은 위 표에 쓰시오.

미지시료 흡광도 값	감독위원 확인	미지시료 흡광도 값	감독위원 확인
	(인)		(인)
	(인)		(인)

2. 그래프 작성

득점

3. 그래프용지 하단에 기록된 검량선에 표시된 미지농도의 값을 쓰시오. 단, 농도단위를 기재하고, 소수점 둘째자리까지 기록하시오.)

득점

4. 지급된 미지시료의 표준용액으로부터 몇 배 희석되었는지 계산과정을 쓰고, 정답란에 몇 배 희석되었는지 쓰시오. (단, 계산과정에서 소수점 발생 시 셋째자리에서 반올림하여 둘째 자리까지 기록하시오.)

(계산식)

(정답)

득점

| 합계 | 점 |

4 답안지 작성법 해설

1. 흡광도 측정

농도(ppm)	blank	5	10	15	미지시료 (최종값 기재)
흡광도 값	0.000	0.097	0.194	0.290	0.240
감독위원 확인					

※ 흡광도 측정값은 반드시 감독위원의 입회하에 수험자가 기재한 후 즉시 감독위원의 확인을 받아야 합니다.

※ 미지시료의 흡광도 값이 표준용액의 흡광도 범위를 벗어난 경우 아래 공란에 감독위원의 입회하에 수험자가 직접 흡광도 값을 기재하고 최종값은 위 표에 쓰시오.

미지시료 흡광도 값	감독위원 확인	미지시료 흡광도 값	감독위원 확인
0.240	(인)		(인)
	(인)		(인)

2. 그래프 작성

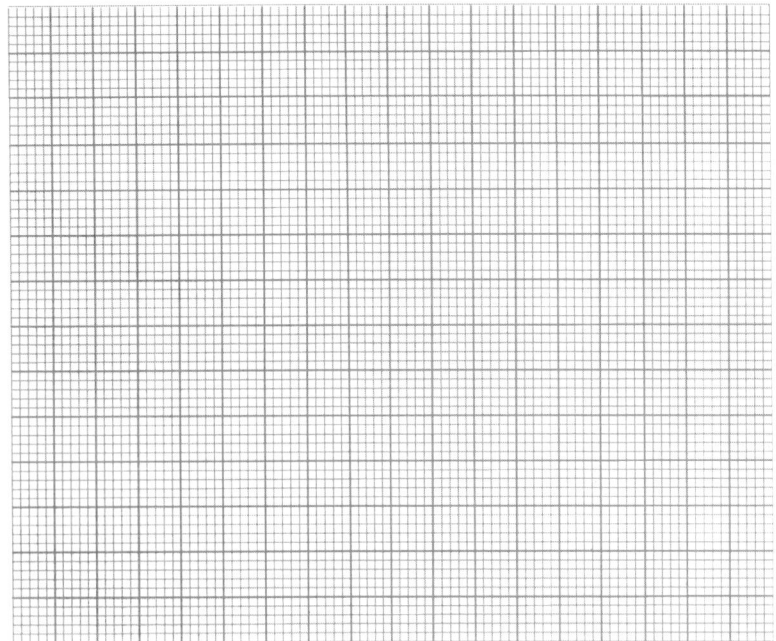

- **검량선 작성방법 해설**

① 모눈종이는 답안지에 있는 모눈종이를 사용하여 그래프를 작성하시면 됩니다.
② Y축은 흡광도를, X축은 농도를 놓고 작성을 하시면 됩니다.
③ 농도(X축) 1칸을 0.2ppm으로 하여 작성하시면 됩니다.
④ 흡광도(Y축) 1칸을 0.005로 하여 작성하시면 됩니다.
⑤ blank는 0, 표준용액 5ppm, 10ppm, 15ppm의 흡광도를 표기한 다음 0점을 기준으로 점이 가장 많이 통과하게 직선자를 이용해서 직선을 그으면 됩니다.
⑥ 표준용액의 검량선을 이용하여 미지시료의 측정된 흡광도를 (→)표기하여 작성된 검량선에 의거하여 미지시료의 농도를 찾아서 (↑)표기하고 그 값을 소수점 둘째자리까지 표기하시면 됩니다.
　(※ 주의 : 단서에 주어진 소수점자리를 반드시 확인하고 표기하셔야 합니다.)
　그리고 표준용액과 흡광도가 만나는 각 점마다 (농도, 흡광도)값을 표기하시면 됩니다.

※ 검량선 작성 단계별 해설

(1) 가로축을 농도, 세로축을 흡광도라고 표기합니다.

(2) 농도(가로축)에 5ppm, 10ppm, 15ppm 농도를 표기합니다.
　　농도(가로축)를 표기할 때 모눈종이 1칸을 0.2ppm으로 하여 작성하므로

$$\text{표준용액 농도(가로축) 칸수} = \frac{\text{표준용액 농도(ppm)}}{\text{1칸의 농도}(0.2\,\text{ppm})}$$

$$\text{blank의 칸수} = \frac{0\,\text{ppm}}{0.2\,\text{ppm}} = 0\,\text{칸}$$

$$\text{5ppm의 칸수} = \frac{5\,\text{ppm}}{0.2\,\text{ppm}} = 25\,\text{칸}$$

$$\text{10ppm의 칸수} = \frac{10\,\text{ppm}}{0.2\,\text{ppm}} = 50\,\text{칸}$$

$$\text{15ppm의 칸수} = \frac{15\,\text{ppm}}{0.2\,\text{ppm}} = 75\,\text{칸}$$

(3) 흡광도(세로축)에 0.1, 0.2, 0.3을 표기합니다.
　　흡광도(세로축)을 표기할 때 모눈종이 1칸을 0.005로 하여 작성하므로

$$\text{흡광도(세로축) 칸수} = \frac{\text{흡광도 값}}{\text{1칸의 값}(0.005)}$$

$$\text{흡광도 0.1의 칸수} = \frac{0.1}{0.005} = 20\,\text{칸}$$

$$\text{흡광도 0.2의 칸수} = \frac{0.2}{0.005} = 40\,\text{칸}$$

$$\text{흡광도 0.3의 칸수} = \frac{0.3}{0.005} = 60\,\text{칸}$$

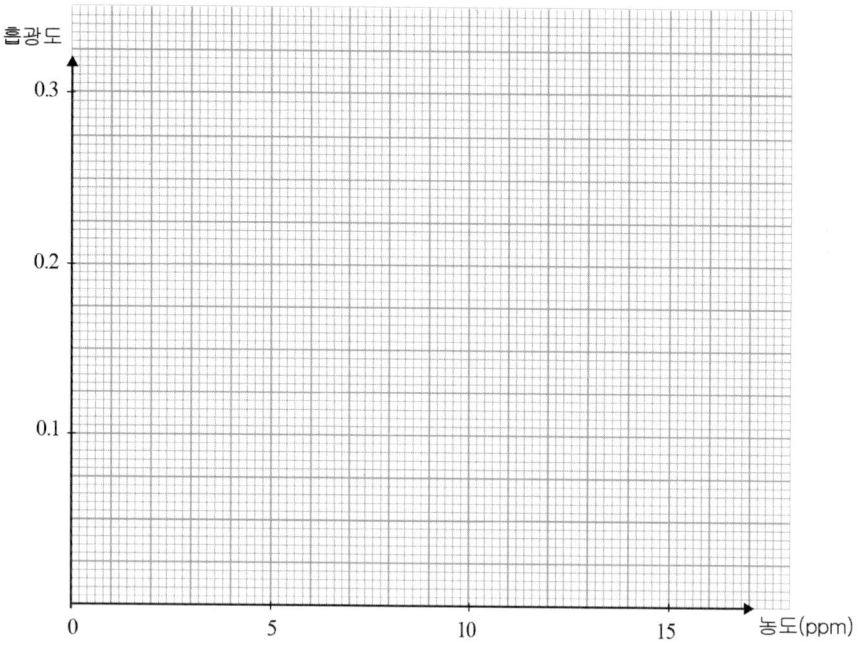

(4) 농도 5 ppm, 10 ppm, 15 ppm에 해당하는 각각의 흡광도값을 세로축에 표기를 합니다.
흡광도(세로축)을 표기할 때 모눈종이 1칸을 0.005 로 하여 작성하므로

$$흡광도(세로축) \text{ 칸수} = \frac{흡광도 \text{ 값}}{1칸의 \text{ 값}(0.005)}$$

blank 용액의 흡광도값(0.000)의 칸수 $= \frac{0.000}{0.005} = 0$ 칸

5ppm 용액의 흡광도값(0.097)의 칸수 $= \frac{0.097}{0.005} = 19.4$ 칸

10ppm 용액의 흡광도값(0.194)의 칸수 $= \frac{0.194}{0.005} = 38.8$ 칸

15ppm 용액의 흡광도값(0.290)의 칸수 $= \frac{0.290}{0.005} = 58$ 칸

(5) 농도 5 ppm, 10 ppm, 15 ppm에 해당하는 각각의 흡광도 측정값의 만나는 지점을 점(·)으로 표기를 합니다.

(6) 0점을 기준으로 그래프상의 모든 점들이 들어가게 일직선을 그어 줍니다.

(7) 미지시료의 흡광도 값을 세로축에 표기를 하고 화살표 (→)로 표시를 합니다.
흡광도(세로축)을 표기할 때 모눈종이 1칸을 0.005 로 하여 작성하므로

미지시료 흡광도 값(세로축) 칸수 = $\dfrac{\text{흡광도 값}}{\text{1칸의 값}(0.005)}$

미지시료 흡광도 값(0.240)의 칸수 = $\dfrac{0.240}{0.005}$ = 48 칸

(8) 미지시료 흡광도 측정값(0.240)을 점선으로 검량선과 접하게 그어주고 접점에서 세로축과 평형하게 그어 만나는 점을 화살표(↑)로 표시하고 미지시료 농도값을 표기합니다.
(미지시료 농도값의 소수점처리는 문제3번의 소수점처리와 동일하게 표기하여야 합니다.)
농도(가로축)를 표기할 때 모눈종이 1칸을 0.2ppm으로 하여 작성하므로
미지시료 농도 = 1칸의 농도(0.2ppm)× 칸수 = 0.2ppm × 62칸 = 12.40ppm

실기[작업형]

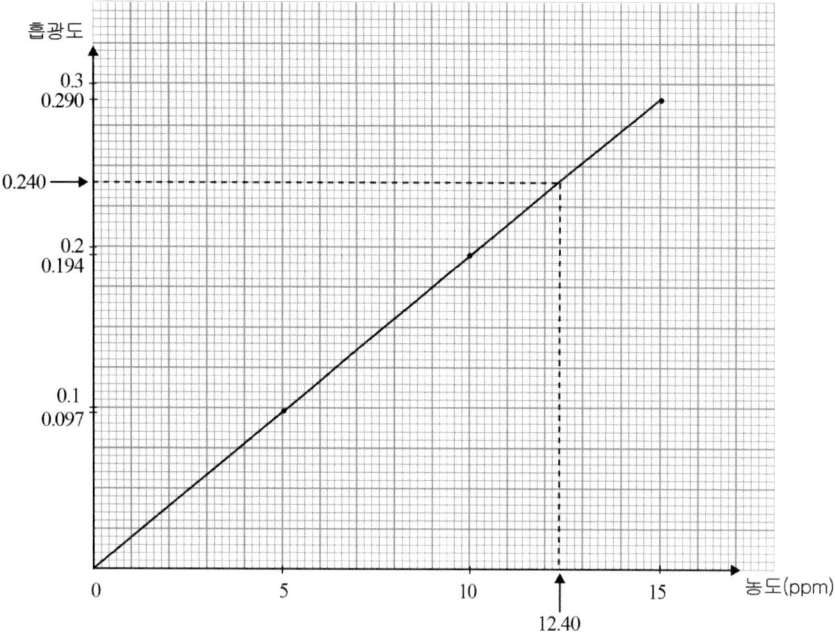

(9) 표준물질의 각 농도에 해당하는 흡광도 값과 만나는 각각의 점에 (농도, 흡광도)값을 표기합니다.

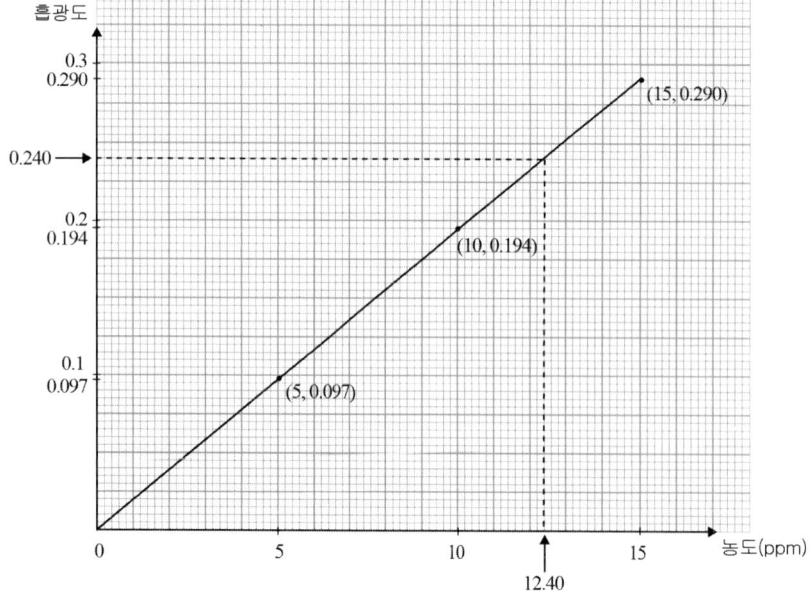

3. 그래프용지 하단에 기록된 검량선에 표시된 미지농도의 값을 쓰시오. (단, 농도단위를 기재하고, 소수점 둘째자리까지 기록하시오.)

   미지시료 농도 12.40ppm

   (※ 주의 : 단서에 주어진 소수점자리가 바뀔 수 있으므로 반드시 확인하고 기재하셔야 합니다.)

4. 지급된 미지시료의 표준용액으로부터 몇 배 희석되었는지 계산과정을 쓰고 정답란에 몇 배 희석되었는지 쓰시오. (단, 계산과정에서 소수점 발생 시 셋째자리에서 반올림하여 둘째자리까지 기록하시오.)

   | 계산식 | 주어진 미지시료를 5배 희석하여 조제하였으므로

   $$\frac{1000\,\text{ppm}}{12.40\,\text{ppm} \times 5\text{배}} = 16.13\,\text{배}$$

   | 정답 | 16.13배

   (※ 주의 : 단서에 주어진 소수점자리가 바뀔 수 있으므로 반드시 확인하고 기재하셔야 합니다.)

   | 해설 |
   ① 미지시료 조제할 때 희석한 값을 잘 기억해 두어야 합니다.
      (아래 ② 공식의 미지시료 조제시 희석배수 = 본인이 미지시료 조제시 사용한 희석배수)
   ② 문제 5번 계산식에서 희석배수 구하는 공식

   $$= \frac{1000\,\text{ppm}}{\text{검량선에서 구한 미지시료 농도(ppm)} \times \text{미지시료 조제시 희석배수}}$$

   ③ 이 문제는 반드시 계산식과 답을 기재 하셔야 합니다.
   ④ 소수점처리는 바뀔 수 있으므로 주어진 단서를 반드시 확인한 다음 단서에 알맞게 기재하셔야 합니다.

화학분석기능사 필기실기 필답형+작업형

초판 인쇄	2024년 1월 2일	
초판 발행	2024년 1월 5일	
개정 1판 발행	2025년 1월 10일	
개정 2판 발행	2026년 1월 15일	

저　　자　전화택
발　행　인　조규백
발　행　처　도서출판 구민사
　　　　　　(07293) 서울특별시 영등포구 문래북로 116, 604호 (문래동3가 46, 트리플렉스)
전　　화　02.701.7421
팩　　스　02.3273.9642
홈 페 이 지　www.kuhminsa.co.kr
신 고 번 호　제2012-000055호(1980년 2월 4일)
I S B N　979-11-6875-609-0　13530

값 26,000원

※ 낙장 및 파본은 구입하신 서점에서 바꿔드립니다.
※ 본 서를 허락없이 부분 또는 전부를 무단복제, 게재행위는 저작권법에 저촉됩니다.